Extraction and Detection Techniques for Bioavailable Heavy Metals

重金属有效态提取与检测技术

赵玉杰　李野　王海华　梁学峰　等 编著

化学工业出版社
·北京·

内容简介

本书以重金属有效态提取与检测为主线，系统介绍了重金属有效态的概念及提取检测技术的国内外进展，较为详细地论述了采用扩散梯度薄膜技术（DGT）提取与检测土壤重金属有效态的理论、操作规范以及检测不确定性，并提供了具体应用场景与应用案例。

本书具有较强的技术应用性和可操作性，可供从事土壤重金属提取、检测分析及污染控制等的工程技术人员和科研人员参考，也可供高等学校环境科学与工程、生态工程、农业工程及相关专业师生参阅。

图书在版编目（CIP）数据

重金属有效态提取与检测技术 / 赵玉杰等编著．北京：化学工业出版社，2025. 6. -- ISBN 978-7-122-47745-3

Ⅰ. X53

中国国家版本馆 CIP 数据核字第 20250US105 号

责任编辑：刘兴春　刘　婧　　　文字编辑：李　静
责任校对：李　爽　　　　　　　装帧设计：孙　沁

出版发行：化学工业出版社
（北京市东城区青年湖南街 13 号　邮政编码 100011）
印　　装：北京捷迅佳彩印刷有限公司
787mm×1092mm　1/16　印张 16¼　彩插 6　字数 351 千字
2025 年 10 月北京第 1 版第 1 次印刷

购书咨询：010-64518888　　　售后服务：010-64518899
网　　址：http：//www.cip.com.cn
凡购买本书，如有缺损质量问题，本社销售中心负责调换。

定　　价：138.00 元

《重金属有效态提取与检测技术》

编著者人员名单

编著者（按照姓氏拼音顺序排序）：

蔡彦明　李　野　李志涛　梁学峰

刘　江　刘瑞平　刘文婧　王　震

王海华　王夏晖　武　鑫　张闯闯

张铁亮　赵　萌　赵玉杰　周其文

前言

重金属进入土壤、水体及沉积物中会与环境介质发生物理及化学反应，其存在形态发生明显变化进而改变其风险属性。为了建立重金属污染物含量与危害风险之间的剂量 - 效应关系，科研人员在检测方法、模型构建、机理机制等方面做了大量研究工作。其中检测方法创新是重要一环，人们总是期望找到一种简单的分析方法，使其获得的检测结果能与重金属的危害风险直接挂钩，并习惯称这种方法获得的重金属含量为有效态含量。为此科研人员做了大量实践性研究，其中扩散梯度薄膜技术（diffusive gradient in thin-films，DGT）是代表技术之一。

DGT 技术是一种重金属有效态原位被动采样技术，是以菲克扩散定律为理论基础，通过对在特定时间内穿过特定厚度的扩散膜的某一离子或易解离配体进行定量化测量计算而获得某一元素有效态浓度的方法。自 1994 年发明以来，DGT 技术已在多个国家推广应用，取得了大量理论创新及实用性研究成果。2013 年以来，农业农村部环境保护科研监测所开展 DGT 技术研发，在多项国家及省部级科研任务支持下，经过多年努力，取得了系列研究进展，开发了以层状双金属氢氧化物（layered double hydroxides，LDH）为核心的 DGT 产品，改进了 DGT 制备工艺，创新了 DGT 解析重金属形态计算理论，优化了 DGT 产品使用方法，扩展了 DGT 应用空间，开发了 DGT 检测用标准物质并形成系列地方标准与团体标准，为 DGT 技术的研发与推广做出贡献。

DGT 技术在重金属有效态提取检测方面虽效果突出，但在国内推广应用方面仍面临诸多困难，其中之一是缺乏一部专门介绍 DGT 技术的专著，这限制了该技术的深度研发和推广应用。

本书系统介绍了重金属有效态的概念及提取检测技术的国内外进展，较为详细地论述了采用 DGT 技术提取与检测土壤重金属有效态的理论、操作规范以及检测不确定性，并提供了具体应用场景与应用案例，可作为重金属有效态提取检测的技术参考书，也可以作为 DGT 技术研究与应用的技术指引性资料。

本书共 5 章，由赵玉杰（农业农村部环境保护科研监测所）、李野（天津市滨海新区环境创新研究院）、王海华（临沂市自然资源开发服务中心）、梁学峰（农业农村部环境保护科研监测所）等编著，具体编著分工如下：第 1 章由赵玉杰组织，李野、王震（天津市农业科学院）参与编著；第 2 章由赵玉杰组织，张闯闯、李野、赵萌（北京市农林科学院）、蔡彦明参与编著；第 3 章由梁学峰组织，王夏晖、王海华、武鑫、李志涛（生态环境部土壤与农业农村生态环境监管技术中心）、王震、赵萌、刘江（中国农业大学）参与编著；第 4 章由周其文组织，梁学峰、王海华、刘瑞平（生态环境部环境规划院）、张铁亮参与编著；第 5 章由刘文婧组织，梁学峰、赵萌、刘江、周其文参与编著。全书最后由赵玉杰、李野、王海华统稿并定稿。另外，高贯威（博）、李茜童（博）、林繁、宋志廷、张璠、刘佳凤、田娜娜、鄂倩、郭新蕾、张润祺、田佩宁、孙江涛、吕丹蕾、王祖光、王傲凡、潘杨、左佳辉等参与了本书部分内容的编著工作，在此表示感谢。

本书的编著和出版得到了公益性行业（农业）科研专项（201403014-1）、国家重点研发计划（2021YFD2000203，2022YFD1700105）、天津市农委成果转化项目（201901250）、天津市“131”人才专项资金、农业农村部环境保护科研监测所基本科研业务费、农业农村部农产品质量安全环境因子风险评估专项（2012—2022）的支持，在此表示感谢。同时，感谢农业农村部成都沼气科学研究所周其文研究员、生态环境部土壤与农业农村生态环境监管技术中心李志涛研究员等给予的支持！

限于编著者水平及编著时间，书中不足和疏漏之处在所难免，敬请读者批评指正。

编著者

2024 年 11 月

目 录

第1章 概 论

1.1 重金属及其危害性

密度在 $4.5g/cm^3$ 以上的金属，称作重金属。原子序数从 23（V）至 92（U）的天然金属元素有 60 种，除其中的 6 种元素外，其余 54 种元素的密度都大于 $4.5g/cm^3$，因此从密度的意义上讲这 54 种金属都是重金属。但是，在进行元素分类时，有的属于稀土金属，有的划归于难熔金属。我们常说的重金属（含类金属）一般包括铜（Cu）、锌（Zn）、镍（Ni）、镉（Cd）、铅（Pb）、砷（As）、汞（Hg）和铬（Cr）8 种。此外，人们也常把锡（Sn）、钴（Co）、锑（Sb）、铋（Bi）、硒（Se）、铊（Tl）等作为重金属加以研究。这些元素除密度均大于 $4.5g/cm^3$ 以外，并无其他特别的共性，各种重（类）金属各有各的性质。

环境科研工作者之所以对重金属感兴趣是因为过量摄入重金属会对人体健康造成伤害，同时土壤、水体及沉积物中过量的重金属也会对生态系统中的动植物产生危害，如 Cr 会导致高血压，引起心脑血管疾病，破坏骨钙，引起肾功能失调；Hg 摄入后蓄积于肾脏、肝脏等处，对大脑和视神经破坏极大；Pb 会损伤人的脑细胞，特别是胎儿的神经板，可造成先天大脑沟回浅、智力低下，造成老年人痴呆、脑死亡等。

我国是重金属危害较严重的国家之一，尤其是 Cd、Hg、As、Cr、Pb 的污染在我国局部地区较为突出。《全国土壤污染状况调查公报》显示，全国土壤环境状况总体不容乐观，部分地区土壤污染较重，耕地土壤环境质量堪忧，工矿业废弃地土壤环境问题突出。全国土壤总的超标率为 16.1%，其中轻微、轻度、中度和重度污染点位比例分别为 11.2%、2.3%、1.5% 和 1.1%。污染类型以无机型为主，有机型次之，复合型污染比重较小，无机污染物超标点位数占全部超标点位的 82.8%。从污染分布情况看，南方土壤污染重于北方；长江三角洲、珠江三角洲、东北老工业基地等部分区域土壤污染问题较为突出，西南、中南地区土壤重金属超标范围较大；Cd、Hg、As、Pb 4 种无机污染物含量分布呈现从西北到东南、从东北到西南方向逐渐升高的态势。Cd、Hg、As、Cu、Pb、Cr、Zn、Ni 8 种无机污染物点位超标率分别为 7.0%、1.6%、2.7%、2.1%、1.5%、1.1%、0.9%、4.8%。耕地土壤点位超标率为 19.4%，其中轻微、轻度、中度和重度污染点位比例分别为 13.7%、2.8%、1.8% 和 1.1%，主要污染物为 Cd、Ni、Cu、As、Hg、Pb、滴滴涕（DDT）和多环芳烃（PAHs）。

工业排污、矿山开采引入重金属是造成农田土壤污染或超标的主要原因之一。表 1-1 列出了土壤重金属污染应重点关注的工矿企业来源类型，表 1-2 ～表 1-10 列出了各类企业及工业园可能的影响范围［引自《农用地土壤环境质量类别划分技术指南（试行）》］。农业生产活动中，不合理地使用含重金属的肥料以及污灌是引起土壤重金属含量升高的又一原因。大气沉降在我国个别地区也是农田重金属的重要来源之一，相关研究表明，在非矿业或污灌区等重金属污染来源模糊的区域，大气沉降对土壤中 As、Cd、Cr、Hg、Ni 和 Pb 等重金属的贡献为 50% ～ 93%。就 Cu 而言，农用畜禽粪便总体贡献约为 76%，大气沉降在北方地区平均贡献率占71%，在南方地区畜禽粪便对Cu的平均贡献率相比北方增长18.1%[1]。随着我国大气污染治理力度增加，相应大气沉降携带重金属的量也下降[2]。农田重金属污染的另一个重要原因为区域重金属背景值偏高，例如我国西南地区、华中地区等。背景值偏高在某些山区尤为突出，由于水土流失造成山间谷地农田重金属蓄积，这种情况具有较强的隐蔽性，需要加以关注。

表1-1 土壤重金属污染重点行业分类及企业筛选原则

大类	中类	小类	重点企业筛选原则
08黑色金属矿采选业	081铁矿采选	0810铁矿采选	所有硫铁矿采选企业；其他开采5年以内、规模1.0×10^6t/a(地下矿)或2.0×10^6t/a(露天矿)以上企业，开采5～15年、规模3.0×10^5t/a(地下矿)或6.0×10^5t/a(露天矿)以上企业，开采15年以上的所有企业
	082锰矿、铬矿采选	0820锰矿、铬矿采选	开采5年以内、规模1.0×10^5t/a以上企业，开采5～15年、规模5×10^4t/a以上企业，开采15年以上的所有企业
	089其他黑色金属矿采选	0890其他黑色金属矿采选（钒矿）	开采5年以内、规模5×10^4t/a以上企业，开采5年以上的所有企业
09有色金属矿采选业	091常用有色金属矿采选	0911铜矿采选	开采15年以上的企业，开采15年内、规模3×10^4t/a以上企业
		0912铅锌矿采选	
		0913镍钴矿采选	
		0914锡矿采选	
		0915锑矿采选	开采15年以上的企业，开采15年内、规模1×10^4t/a以上的企业
		0916铝矿采选	开采15年以上的企业，开采15年内、规模6×10^4t/a以上的企业
		0919其他常用有色金属矿采选（汞）	所有汞矿采选企业
	092贵金属矿采选	0921金矿采选	开采15年以上企业，开采15年内、含氰化浸出工艺或规模1.5×10^4t/a以上企业
		0921银矿采选	开采15年以上的企业，开采15年内、规模3×10^4t/a以上的企业
	093稀有稀土金属矿采选	0931钨钼矿采选	
		0932稀土金属矿采选	开采15年以上的企业，开采15年内、规模6×10^4t/a以上的企业
19皮革、毛皮、羽毛及其制品和制鞋业	191皮革鞣制加工	1910皮革鞣制加工	生产15年以上企业，生产15年以内、年产20万标张以上企业
	193毛皮鞣制及制品加工	1931毛皮鞣制加工及制品加工	生产15年以上企业，生产15年内、年产10万标张以上企业

续表

大类	中类	小类	重点企业筛选原则
26 化学原料和化学制品制造业	261 基础化学原料制造	2611 无机酸制造	以硫铁矿为原料生产硫酸的企业；以磷矿和黄磷为原料生产磷酸的企业；氢氟酸生产企业；原料或产品涉及镉、汞、砷、铅、铬、铜、锌等污染因子的其他生产企业
		2613 无机盐制造	原料或产品涉及镉、汞、砷、铅、铬、铜、锌、镍、锶、钡、钴的生产企业
	264 涂料、油墨、颜料及类似产品制造	2643 工业颜料制造	所有化学合成颜料生产企业
		2645 染料制造	
31 黑色金属冶炼和压延加工业	311 炼铁	3110 炼铁	生产 5 年以内、规模 1.0×10^6t/a 以上企业，生产 5～15 年、规模 5.0×10^5t/a 以上企业，生产 15 年以上所有企业
	312 炼钢	3120 炼钢	
	314 铁合金冶炼	3140 铁合金冶炼	生产 5 年以内、规模 2.5×10^4t/a 以上企业，生产 5～15 年、规模 1.25×10^4t/a 以上企业，生产 15 年以上全部企业
32 有色金属冶炼和压延加工业	321 常用有色金属冶炼	3211 铜冶炼	生产 15 年以上的企业，生产 15 年内、规模 3×10^4t/a 以上的企业
		3212 铅锌冶炼	生产 15 年以上的企业，生产 15 年内、全部铅冶炼企业和规模 3×10^4t/a 以上的锌冶炼企业
		3213 镍钴冶炼	生产 15 年以上的企业，生产 15 年内、规模 1×10^4t/a 以上的企业
		3214 锡冶炼	生产 15 年以上的企业，生产 15 年内、规模 3000t/a 以上的企业
		3215 锑冶炼	生产 15 年以上的企业，生产 15 年内、规模 1000t/a 以上的企业
		3216 铝冶炼	生产 15 年以上的企业，生产 15 年内、规模 30×10^4t/a（氧化铝）或 5×10^4t/a（电解或再生铝）以上的企业
		3217 镁冶炼	生产 15 年以上的企业，生产 15 年内、规模 5000t/a 以上的企业
		3219 其他常用有色金属冶炼	涉汞企业全部纳入
	322 贵金属冶炼	3221 金冶炼	生产 15 年以上的企业，生产 15 年内、规模 1t/a 以上的企业
		3222 银冶炼	生产 15 年以上的企业，生产 15 年内、规模 100t/a 以上的企业
	323 稀有稀土金属冶炼	3231 钨钼冶炼	生产 15 年以上的企业，生产 15 年内、规模 3000t/a 以上的企业
		3232 稀土金属冶炼	生产 15 年以上的企业，生产 15 年内、规模 2000t/a 以上的企业
33 金属制品业	336 金属表面处理及热处理加工	3360 金属表面处理及热处理加工	原辅料中含氟、氰、铜、锌、镍、铬、镉、铅、锡、汞的企业
38 电气机械和器材制造业	384 电池制造	3841 锂电子电池制造	生产 15 年以上的企业
		3842 镍氢电池制造	生产 15 年以上的企业
		3849 其他电池制造	原辅料中含铅、镉、锌、锰、银或产品为铅蓄电池、镍镉电池的企业，生产 15 年以上的硅太阳能电池生产企业

表 1-2　金属矿采选业地表产流影响范围　　单位：km

影响因素			范围调整			
垂直河流流向的影响范围	—		至河流两岸最大洪水淹没线位置			
平行河流流向的影响范围	—		黑色金属矿采选业		有色金属矿采选业	
			硫化矿	氧化矿	硫化矿	氧化矿
			距离河流最近的工业场地下游 3km		距离河流最近的工业场地下游 5km	
	开采年限/年	< 15	0	−1.0	0	−1.0
		≥ 15	+2.0	0	+3.0	0
	矿山规模	大型	+3.0	0	+4.0	0
		中型	0	−0.5	0	−0.5
		小型	−1.0	−1.0	−1.0	−1.0
	年平均降雨量/mm	> 800	+3.0	0	+4.0	0
		400 ~ 800	0	−0.5	0	−0.5
		< 400	−1.0	−1.0	−1.0	−1.0
	地表水流量/(m^3/s)	> 150	+3.0	0	+4.0	0
		15 ~ 150	0	−0.5	0	−0.5
		< 15	−1.0	−1.0	−0.5	−1.0

注：1. 若尾矿库和废石场不在同一个分水岭，则应分别划定影响范围。

2. 矿山规模依据《关于调整部分矿种矿山生产建设规模标准的通知》（国土资发〔2004〕208 号）划分。

3. 平行河流流向最小影响范围不小于 1km。

表 1-3　独立渣场影响范围

年限/年	影响范围（沿地表主导径流方向渣场长度的倍数）		
	年平均降雨量> 800mm	年平均降雨量 400 ~ 800mm	年平均降雨量< 400mm
< 5	3	2	1
5 ~ 20	6	5	3
> 20	9	7	5

表 1-4　典型工业园区大气沉降影响范围

园区主导产业	影响范围 /km
石化、化工	3.5
冶金	5.0
其他	3.0

表 1-5　金属矿采选业大气沉降影响范围　　单位：km

影响因素		范围调整		
基本范围		尾矿库	露天采场、地采污风井、选矿厂	运输道路
		1.0	0.5	0.1
年限/年	< 15	0	—	—
	≥ 15	+0.5	—	—

续表

<table>
<tr><td colspan="2">影响因素</td><td colspan="4">范围调整</td></tr>
<tr><td colspan="2" rowspan="2">基本范围</td><td colspan="2">尾矿库</td><td>露天采场、地采污风井、选矿厂</td><td>运输道路</td></tr>
<tr><td colspan="2">1.0</td><td>0.5</td><td>0.1</td></tr>
<tr><td rowspan="4">多年平均风速 /（m/s）</td><td>< 3</td><td>0</td><td rowspan="4">主导风向明显地区，主导风向下风向影响范围 +0.5</td><td>—</td><td>—</td></tr>
<tr><td>3 ～ 5</td><td>+0.5</td><td>—</td><td>—</td></tr>
<tr><td>5 ～ 7</td><td>+1.0</td><td>—</td><td>—</td></tr>
<tr><td>> 7</td><td>+2.0</td><td>—</td><td>—</td></tr>
<tr><td rowspan="3">年平均降雨量 /mm</td><td>< 400</td><td colspan="2">+1.0</td><td>—</td><td>—</td></tr>
<tr><td>400 ～ 800</td><td colspan="2">0</td><td>—</td><td>—</td></tr>
<tr><td>> 800</td><td colspan="2">−0.5</td><td>—</td><td>—</td></tr>
</table>

注：表中“—”表示无数据，需检测后确定。

表 1-6　化学原料和化学制品制造业大气沉降影响范围　　单位：km

<table>
<tr><td colspan="2">影响因素</td><td colspan="2">范围调整</td></tr>
<tr><td colspan="2">基本范围</td><td colspan="2">1.0</td></tr>
<tr><td rowspan="3">年限 / 年</td><td>< 10</td><td colspan="2">0</td></tr>
<tr><td>10 ～ 20</td><td colspan="2">+0.2</td></tr>
<tr><td>> 20</td><td colspan="2">+0.4</td></tr>
<tr><td rowspan="3">占地 /hm^2</td><td>< 10</td><td colspan="2">−0.2</td></tr>
<tr><td>10 ～ 100</td><td colspan="2">0</td></tr>
<tr><td>> 100</td><td colspan="2">+0.2</td></tr>
<tr><td rowspan="2">行业</td><td>有机化工</td><td colspan="2">−0.2</td></tr>
<tr><td>无机化工</td><td colspan="2">0</td></tr>
<tr><td rowspan="3">多年平均风速 /（m/s）</td><td>< 2</td><td>+0.2</td><td rowspan="3">主导风向明显地区，主导风向下风向影响范围 +0.5</td></tr>
<tr><td>2 ～ 4</td><td>0</td></tr>
<tr><td>> 4</td><td>−0.2</td></tr>
<tr><td rowspan="2">地形</td><td>平原 / 简单地形</td><td colspan="2">0</td></tr>
<tr><td>抬升地形</td><td colspan="2">抬升侧延伸至 1.4 倍排气筒高度等高线位置</td></tr>
<tr><td rowspan="3">年平均降雨量 /mm</td><td>< 400</td><td colspan="2">+0.2</td></tr>
<tr><td>400 ～ 800</td><td colspan="2">0</td></tr>
<tr><td>> 800</td><td colspan="2">−0.2</td></tr>
</table>

注：大气沉降影响范围为 0.5 ～ 2.5km。

表 1-7　黑色金属冶炼和压延加工业大气沉降影响范围　　单位：km

影响因素		范围调整
基本范围		1.5
年限 / 年	< 5	0
	5 ～ 15	+0.5
	> 15	+1.0

续表

<table>
<tr><th colspan="2">影响因素</th><th colspan="2">范围调整</th></tr>
<tr><td colspan="2">基本范围</td><td colspan="2">1.5</td></tr>
<tr><td rowspan="3">规模
/（10^4t/a）</td><td>＜ 50</td><td colspan="2">−0.5</td></tr>
<tr><td>50 ～ 100</td><td colspan="2">0</td></tr>
<tr><td>＞ 100</td><td colspan="2">+0.5</td></tr>
<tr><td rowspan="2">地形</td><td>平原 / 简单地形</td><td colspan="2">0</td></tr>
<tr><td>抬升地形</td><td colspan="2">抬升侧延伸至 3.0 倍排气筒高度等高线位置</td></tr>
<tr><td rowspan="3">多年平均风速
/（m/s）</td><td>＜ 2</td><td>+0.2</td><td rowspan="3">主导风向明显地区，主导风向下风向影响范围 +0.5</td></tr>
<tr><td>2 ～ 4</td><td>0</td></tr>
<tr><td>＞ 4</td><td>−0.2</td></tr>
<tr><td rowspan="3">年平均降雨量
/mm</td><td>＜ 400</td><td colspan="2">+0.2</td></tr>
<tr><td>400 ～ 800</td><td colspan="2">0</td></tr>
<tr><td>＞ 800</td><td colspan="2">−0.2</td></tr>
</table>

注：大气沉降影响范围为 1.0 ～ 4.0km，基本范围为 1.5km。

表 1-8　有色金属冶炼和压延加工业大气沉降影响范围　　单位：km

<table>
<tr><th colspan="2">影响因素</th><th colspan="5">范围调整</th></tr>
<tr><td colspan="2" rowspan="2">基本范围</td><td colspan="2">铜、镍、钴、铅、锌、锡、锑、汞</td><td colspan="2">铝</td><td>其他</td></tr>
<tr><td colspan="2">1.5</td><td colspan="2">1.0</td><td>0.5</td></tr>
<tr><td rowspan="3">年限 / 年</td><td>＜ 5</td><td colspan="2">0</td><td colspan="2">0</td><td>—</td></tr>
<tr><td>5 ～ 15</td><td colspan="2">+1.0</td><td colspan="2">+0.2</td><td>—</td></tr>
<tr><td>＞ 15</td><td colspan="2">+2.0</td><td colspan="2">+0.5</td><td>—</td></tr>
<tr><td rowspan="3">规模</td><td>小型</td><td colspan="2">−0.5</td><td>−0.2</td><td rowspan="3">含铝用碳素生产影响范围 +0.3</td><td>—</td></tr>
<tr><td>中型</td><td colspan="2">0</td><td>0</td><td>—</td></tr>
<tr><td>大型</td><td colspan="2">+0.5</td><td>+0.2</td><td>—</td></tr>
<tr><td rowspan="2">地形</td><td>平原 / 简单地形</td><td colspan="4">0</td><td>—</td></tr>
<tr><td>抬升地形</td><td colspan="4">抬升侧延伸至 2.5 倍排气筒高度等高线位置</td><td>—</td></tr>
<tr><td rowspan="3">多年平均风速
/（m/s）</td><td>＜ 2</td><td>+0.5</td><td rowspan="3">主导风向明显地区，主导风向下风向影响范围 +1.0</td><td>+0.2</td><td rowspan="3">主导风向明显地区，主导风向下风向影响范围 +0.5</td><td>—</td></tr>
<tr><td>2 ～ 4</td><td>0</td><td>0</td><td>—</td></tr>
<tr><td>＞ 4</td><td>−0.5</td><td>−0.2</td><td>—</td></tr>
<tr><td rowspan="3">年平均降雨量
/mm</td><td>＜ 400</td><td colspan="2">+0.5</td><td colspan="2">+0.2</td><td>—</td></tr>
<tr><td>400 ～ 800</td><td colspan="2">0</td><td colspan="2">0</td><td>—</td></tr>
<tr><td>＞ 800</td><td colspan="2">−0.5</td><td colspan="2">−0.2</td><td>—</td></tr>
</table>

注：1. 重有色金属冶炼大气沉降影响范围为 1.0 ～ 5.0km。

2. 电解铝大气沉降影响范围为 0.6 ～ 2.5km。

3. 企业规模参照《工程设计资质标准》（建市〔2007〕86 号）“冶金行业建设项目设计规模划分表”执行。

表 1-9　电池制造业大气沉降影响范围　　单位：km

影响因素		范围调整		
基本范围		铅蓄电池		其他电池
		1.0		0.5
年限/年	＜ 5	0		0
	5 ～ 15	+0.2		+0.2
	＞ 15	+0.5		+0.5
多年平均风速/(m/s)	＜ 2	+0.2	主导风向明显地区，主导风向下风向影响范围 +0.5	—
	2 ～ 4	0		—
	＞ 4	−0.2		—
地形	平原 / 简单地形	0		—
	抬升地形	抬升侧延伸至 1.4 倍排气筒高度等高线位置		—

注：1. 铅蓄电池大气沉降影响范围为 0.8 ～ 2.0km，其他电池大气沉降影响范围为 0.5 ～ 1.0km。

2. 若铅酸蓄电池企业含有再生铅生产，则大气沉降影响范围确定参照有色金属冶炼业。

表 1-10　危废、医废和生活垃圾处置业大气沉降影响范围　　单位：km

影响因素		范围调整		
基本范围		生活垃圾焚烧 / 危废、医废焚烧		生活垃圾填埋 / 危废、医废填埋
		3.0/2.0		0.5/0.8
年限/年	＜ 10	0		—
	≥ 10	+0.5		—
规模/(t/d)	＜ 1000（危废、医废＜ 20）	−0.5		—
	1000 ～ 2000（危废、医废 20 ～ 50）	0		—
	＞ 2000（危废、医废＞ 50）	+0.5		—
多年平均风速/(m/s)	＜ 2	+0.5	主导风向明显地区，主导风向下风向影响范围 +0.5	—
	2 ～ 4	0		—
	＞ 4	−0.5		—
地形	平原 / 简单地形	0		—
	抬升地形	生活垃圾焚烧抬升侧延伸至 3.0 倍排气筒高度等高线位置；危废、医废焚烧抬升侧延伸至 2.0 倍排气筒高度等高线位置		—
年平均降雨量/mm	＜ 400	+0.2		—
	400 ～ 800	0		—
	＞ 800	−0.2		—

注：1．生活垃圾焚烧大气沉降影响范围为 2.0 ～ 5.0km。

2．危险废物简称“危废”，医疗废物简称“医废”；危废、医废焚烧大气沉降影响范围为 1.0 ～ 4.0km。

1.2 重金属有效态基本概念

长期以来，重金属生物有效态（bioavailability）的定义众说纷纭，无统一标准化的概念或语言表达，Harmsen[3]认为某些定义太理论化、理想化而缺乏实际可操作性，科研人员一直试图在重金属生物有效态的理论定义与标准化操作之间建立一个统一体。Lanno等[4]认为生物有效性是一个动态过程，主要由三个核心组成：一是物-化过程控制的重金属在土壤中的吸附解吸过程，称为环境有效性；二是生理控制的植物或动物吸收过程，称为环境生物有效性；三是重金属在生物体内的累积过程，称为生态毒理有效性。同时一些科学家把生物有效态分为外部有效性（external bioavailability）和内部有效性（internal bioavailability），外部有效性由重金属自土壤或沉积物等介质解离和释放的能力决定，内部有效性由重金属被生物体吸收的能力及对生物体的毒害性决定。重金属外部有效性主要与环境有效性、生物可获得性（bioaccessibility）等概念联系在一起。所谓生物可获得性是指土壤中的重金属可以运移到土壤孔隙水中并在一定时间及特定环境条件下可被生物吸收，具有生物可获得性的重金属可以用一定的方法提取，也就是说生物可获得性更接近一种可操作性的方法学定义。美国国家科学研究委员会（National Research Council，NRC）[5]在2003年引入了生物有效性过程的概念，生物有效性过程是指决定生物体暴露于土壤和沉积物中存在的化学物质中的物理、化学和生物过程。此过程主要包括5个方面：

① 污染物由固相释放；

② 释放的污染物传输；

③ 污染物传输绑定到有机体的生物膜上；

④ 跨膜传输；

⑤ 代谢吸收过程。

为了获得重金属有效态含量，各种物理（光谱）、化学（提取）、生物（毒理实验）方法被发明并应用，但遗憾的是，NRC认为没有一种方法可以在所有场景通用，重金属有效态检测需要一场景一方法。

ISO/TC 190工作组[6]对生物有效性的概念进行了梳理，提出了生物有效性的3个方面：

① 环境有效性（environmental availability），指重金属在土壤中的有效性；

② 环境生物有效性（environmental bioavailability），指重金属被有机体吸收的过程；

③ 毒理生物有效性（toxicological bioavailability），指重金属在生物体蓄积和引起毒性效应的过程。

环境有效性主要包括孔隙水中的溶解态重金属和吸附（专性或非专性吸附，有机绑定，表面沉降）在土体上的潜在可获得部分的重金属。某些科学家认为重金属潜在可利用部分可细分为3部分：a.快速可解离部分（从小时到天）；b.慢速可解离部分（从周到月）；c.非常慢可解离部分（从月到年）。这些部分的差别与土壤类型和重金属自身性质息息相关。土壤矿物、氧化物及胶体对重金属的吸附起到关键作用，某些重金属会与氧化物及黏土矿物形成专性吸附，即与金属形成内球形氢氧化物配体（$MeOH^+$），专性吸附大幅度降低了重金属的运移能力和有效性。金属与氧化物及黏土矿物专性吸附能力的大小可以用氢氧化物常数 pK_a 表示：

$$pK_a = -\lg K_a$$

$$K_a = [MeOH^+] \times [H^+] / [M^{2+}][H_2O]$$

pK_a 的增加意味着土壤对其专性吸附能力的增加。不同金属的专性吸附能力大小为 $Cd^{2+} < Ni^{2+} < Zn^{2+} \ll Cu^{2+} = Pb^{2+} \ll Cr^{3+}$。除专性吸附外，土壤有机质含量及类型也对重金属的运移、吸附解吸有直接影响。一般而言，土壤腐殖酸（humic acids，HA）较富里酸（fulvic acids，FA）有更强的配位重金属的能力。在常规土壤 pH 值范围内其与有机质形成的配体稳定性大小为 Cd、Zn、Ni < Cu、Pb、Cr。且配体稳定性与土壤 pH 值有关，土壤酸性越强，配体越不稳定。当土壤 pH 值> 6 时，金属有机配体是土壤孔隙水中金属的主要存在形式，这也表明 Cu、Cr、Pb 的溶解性会随 DOC 的增加而增加。因此，向土壤中施用腐熟度不高的有机肥可能增加这些元素的活性。

重金属的环境生物可利用态是指可溶于土壤孔隙水并可被植物根或土壤中其他生物吸收的部分。显然此类重金属的利用与植物生理过程、土壤重金属的转运过程以及重金属自身理化性质差异有关。重金属自孔隙水进入植物根细胞的过程分为主动传输和被动传输两个过程，一般高离子强度（> 0.1mmol/L）的元素以主动吸收为主，主动吸收要耗费能量，而低离子强度（< 0.5μmol/L）的元素一般为被动吸收。Cd、Cr（Ⅲ）、Ni、Pb 均为被动吸收，Cu、Zn 则为主动和被动吸收相结合。采用生物（植物）实验去评价重金属生物（植物）有效性，似乎比传统的化学测定更可取。因为生物测定可以更直接地测量生物反应和生物累积，而不需要对提取浓度进行剂量 - 效应关系分析。但生物实验往往操作烦琐、技术要求高、实验时间长、成本高、对实验室设备条件要求较高，因此采用生物实验法研究重金属的生物有效性在实践中还有很多困难。基于此，科研人员希望在化学测量与生物危害（或生物吸收量）之间建立起高效的联系，以便更加简单地测定重金属的环境生物有效性。通过几十年的努力，人们开发了大量的重金属环境生物有效性测定方法，主要包括以下几类：

① 测定现实重金属有效态含量（actual available concentrations）或总溶解态含量（total dissolved concentrations）的方法，主要为中性盐化学提取法，如 0.001 ～ 0.1mol/L $CaCl_2$、0.1mol/L $NaNO_3$、1.0mol/L NH_4NO_3，还有测定自由离子（M）与易解离态（ML）总量的扩散梯度薄膜技术，测定自由离子含量的道南膜技术（Donnan membrane technique，DMT）；

② 测定潜在重金属有效性的方法，主要有化学浸提法，如强酸 0.1mol/L HCl、0.43mol/L HNO_3，重金属螯合剂 0.05mol/L EDTA（乙二胺四乙酸）、0.5mol/L DTPA（二乙烯三胺五乙酸）。

用于计算溶解态自由离子含量及现实重金属有效态含量的地化模型也可以分为三大类：

① 计算自由金属离子活度，如 MINTEQ 3.0、PHREEQ 3、ORCHESTAR；

② 计算金属与胶体或有机质绑定的模型，如 WHAM/Model Ⅶ、Visual Minteq 3；

③ 预测重金属毒性效应的模型，如生物配体模型（biotic ligand model，BLM）、陆地生物配体模型（terrestrial biotic ligand model，TBLM）等。

大量研究表明，对于 Cd、Zn 等活性强的重金属，0.01mol/L $CaCl_2$ 是较为理想的提取剂，而对于 Cu、Pb、Cr 等活性低的重金属，0.05mol/L DTPA 是较为理想的提取剂。重金属运移分析的机理模型的实际应用则受到较多限制，很少有直接用于测定大量土壤重金属有效态含量的案例。

重金属的毒理有效性是与植物生化过程相联系的重金属在植物体内蓄积，表现出生态毒性的过程，包括重金属在植物体内的传输、代谢、解毒等。人们常用传输因子（transfer factor，TF）来表征植物对重金属的富集能力，TF 与土壤类型、植物类型和金属类型相关。一般的 TF 大小顺序为叶菜类＞根类蔬菜＞豆类蔬菜。对于不同的重金属类型，TF 的大小顺序一般为：Cd、Zn ＞ Ni、Cu ＞ Pb、Cr。

由以上分析可知，重金属生物有效态的概念确实较为复杂，我们通常所说的重金属生物有效态含量主要是指重金属的环境生物有效态。这部分有效性是土壤环境与植物体耦合作用的结果，即重金属的有效性不仅要考虑土壤条件，还要与种植的植物 - 农作物联系起来，两者不能割裂开来。以土壤重金属 Cd 为例，同一土壤中，超富集植物通过分泌有机酸、调控土壤微环境（如 pH 值、DOC 含量、微生物区系、孔隙水离子含量与类型）等方式把常规植物无法利用的土壤 Cd 形态转化为可被其利用的形态从而被吸收利用[7]；在水稻生长过程中，排水、淹水过程会改变土壤 Eh 值，影响土壤 DOC 含量及组分、Fe/Mn 氧化物形态、硫化物形态等，进而改变 Cd 的生物可利用性[8, 9]；同样，添加钝化剂后也会改变土壤理化特征，如 pH 值、zeta 电位等，影响其对重金属的吸附能力，改变重金属有效性[10]。这些变化，有些是可逆的，有些是不可逆的，有些是持续时间很长的，有些是短期的改变，这充分体现了重金属有效态随环境变化的独特性，也对获得重金属有效性的“真值”提出了挑战。

1.3 初识扩散梯度薄膜技术

土壤重金属的有效性（通常指环境生物有效性，下同）最终要落到某一种方法检测的数值上来，这也是重金属有效性表征研究的热点之一。相关的方法在 1.2 部分已有说明，不再赘述。就同一种土壤、同一环境条件而言，各种重金属有效态提取方法提取出的重金属含量有很大差别，到底哪种方法提取的结果才是“真值”至今没有确切的结论。因此，重金属生物可利用态仍然停留在操作层面上。而判定提取技术好坏的标准也不统一。笔者认为，可以从以下 6 个方面加以考虑：

① 提取的重金属有效态与植物吸收量之间应有良好的关联性；

② 提取技术自身应具有良好的可重复性、可验证性；

③ 提取过程及数据计算应尽量简单易用；

④ 具有良好的可扩展性，即适用区域或适用的土壤类型应广泛；

⑤ 所用材料经济实惠，具有持续可获得性；

⑥ 有成熟的理论支撑。

在所有重金属有效态提取技术中，扩散梯度薄膜技术（diffusive gradient in thin-films，DGT）技术是其中优秀的代表技术之一，DGT 技术是一种重金属有效态原位被动采样技术，以菲克扩散定律为理论基础，通过对在特定时间内穿过特定厚度的扩散膜的某一离子或易解离配体进行定量化测量计算而获得某一元素有效态浓度的方法。1994 年由英国兰卡斯特大学 Davison W 及张昊教授发明[11]，最初用于海水中重金属有效态检测，1995 年张昊对 DGT 技术的相关原理进一步阐述，在 1998 年将 DGT 技术首次应用于土壤重金属有效态的提取检测中[12]，随后在更换结合膜后又将 DGT 技术应用于水体有效磷的检测[13]，测定重金属的结合膜材料为 Chelex-100，测定磷的结合膜材料为纳米氧化铁。而这之后，随着 Warnken、Scally、Harper、Tusseau Vuillemin 等的加入[14-17]，DGT 的理论得到很大的发展，如 DIFS 模型的开发、重金属有效态多组分分离计算、重金属解离动力学参数的计算等。当然笔者团队也为 DGT 材料的发展及理论完善做了一定的贡献[18]。

已有研究证明，DGT 可对 50 余种元素进行可靠的有效态测量[19]。Guan 等[20]在总结国内外相关研究的基础上提出 DGT 可测定元素有效态种类，如图 1-1 所示，共 51 种。近年来，DGT 的应用领域不断拓展，用于测定有机污染物如全氟化合物、抗生素的 DGT 也已见诸报道[21]。DGT 可以测定不同元素或有机物有效态含量的关键在于其多变的结合膜类型，例如 Chelex-100 可用于过渡金属有效态的提取与检测，纳米氧化铁、水合二氧化锆或二氧化钛可用于含氧阴离子（砷、硒）以及磷酸盐有效态的提取检测，碘化银（AgI）可用于测定 S^{2-}，巯基改性双层金属氢氧化物或巯基功能化硅烷可用于测定 Hg 的有效性[22]，具有亲水基团和亲油基团的两亲分子表面活性剂可用于提取极性及非极性有机污染物等。

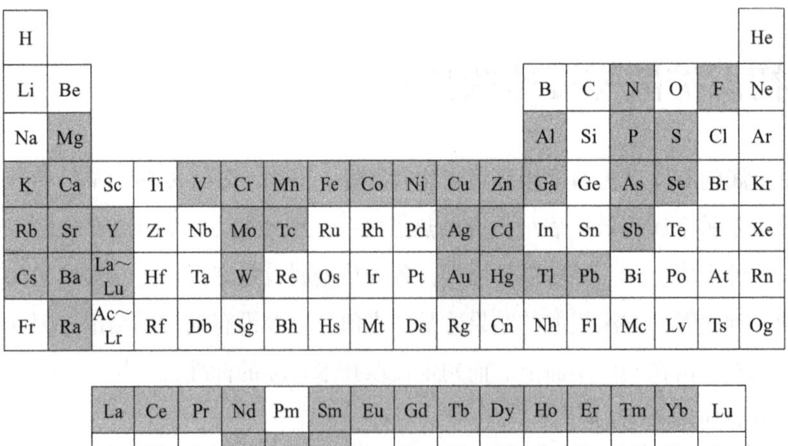

图 1-1　DGT 可测定有效态的元素类型

可以说DGT技术自诞生以来，由于其具有原位提取、操作简单、理论成熟、表征性好、检出限极低、动态检测等诸多优点，在重金属形态提取及检测领域得到广泛应用与推广。

参考文献

[1] Peng H，Chen Y，Weng L，et al. Comparisons of heavy metal input inventory in agricultural soils in North and South China：A review[J]. Science of the Total Environment，2019，660：776-786.

[2] 张国忠，黄威，潘月鹏，等. 河北典型农田大气重金属干沉降通量及来源解析[J]. 中国生态农业学报（中英文），2019，27（08）：1245-1254.

[3] Harmsen J. Measuring bioavailability：From a scientific approach to standard methods[J]. Journal of Environmental Quality，2007，36（5）：1420-1428.

[4] Lanno R，Wells J，Conder J，et al. The bioavailability of chemicals in soil for earthworms[J]. Ecotoxicology and Environmental Safety，2004，57（1）：39-47.

[5] Committee N. Bioavailability of contaminants in soils and sediments：Process，tools，and applications[M]. Washington DC：The National Academic Press，2003.

[6] ISO 17402，Soil quality—Guidance for the selection and application of methods for the assessment of bioavailability in soil and soil materials[S]. Geneva，Switzerland，2008.

[7] Li T，Di Z，Yang X，et al. Effects of dissolved organic matter from the rhizosphere of the hyperaccumulator *Sedum alfredii* on sorption of zinc and cadmium by different soils[J]. Journal of Hazardous Materials，2011，192（3）：1616-1622.

[8] 张雪霞，张晓霞，郑煜基，等. 水分管理对硫铁镉在水稻根区变化规律及其在水稻中积累的影响[J]. 环境科学，2013，34（07）：2837-2846.

[9] 龙灵芝，李忠武，罗宁临，等. 水分管理联合磷酸盐施用对水稻土中镉转化的影响[J]. 农业环境科学学报，2017，36（5）：900-906.

[10] Xu Y，Liang X，Xu Y，et al. Remediation of heavy metal-polluted agricultural soils using clay minerals：A review[J]. Pedosphere，2017，27（2）：193-204.

[11] Davison W，Zhang H. In situspeciation measurements of trace components in natural waters using thin-film gels[J]. Nature，1994，367（6463）：546-548.

[12] Zhang H，Davison W，Knight B，et al. *In situ* measurements of solution concentrations and fluxes of trace metals in soils using DGT[J]. Environmental Science & Technology，1998，32（5）：704-710.

[13] Zhang H，Davison W，Gadi R，et al. *In situ* measurement of dissolved phosphorus in natural waters using DGT[J]. Analytica Chimica Acta，1998，370（1）：29-38.

[14] Warnken K W，Davison W，Zhang H，et al. *In situ* measurements of metal complex exchange kinetics in freshwater[J]. Environmental Science & Technology，2007，41（9）：3179-3185.

[15] Scally S，Davison W，Zhang H. *In situ* measurements of dissociation kinetics and labilities of metal complexes in solution using DGT[J]. Environmental Science & Technology，2003，37（7）：1379-1384.

[16] Harper M P，Davison W，Tych W. DIFS—A modelling and simulation tool for DGT induced trace metal remobilisation in sediments and soils[J]. Environmental Modelling & Software，2000，15（1）：55-66.

[17] Tusseau Vuillemin M，Gilbin R，Taillefert M. A dynamic numerical model to characterize labile metal complexes collected with diffusion gradient in thin films devices[J].Environmental Science & Technology，2003，37（8）：1645-1652.

[18] Liu J F，Zhao Y J，Song Z T，et al. Characterization of the dissociation kinetics of Cd and Ni in soils based on diffusive gradients in thin films technique[J]. Ecotoxicology and Environmental Safety，2018，166：446-452.

[19] Garmo Ø A，Røyset O，Steinnes E，et al. Performance study of diffusive gradients in thin films for 55 elements[J]. Analytical Chemistry，2003，75（14）：3573-3580.

[20] Guan D X. Diffusive gradients in thin-films（DGT）: An effective and simple tool for assessing contaminant bioavailability in waters, soils and sediments[J]. Encyclopedia of Environmental Health, 2019: 111-124.

[21] Guibal R, Buzier R, Lissalde S, et al. Adaptation of diffusive gradients in thin films technique to sample organic pollutants in the environment: An overview of o-DGT passive samplers[J]. Science of the Total Environment, 2019, 693: 133537.

[22] Liu J, Feng X, Qiu G, et al. Prediction of methyl mercury uptake by rice plants（*Oryza sativa* L.）using the diffusive gradient in thin films technique[J]. Environmental Science & Technology, 2012, 46（20）: 11013-11020.

第2章

扩散梯度薄膜技术及设备

2.1 扩散梯度薄膜设备组成及性能

扩散梯度薄膜设备是扩散梯度薄膜技术（diffusive gradients in thin-films，DGT）的设备实现，DGT 设备比较简单，主要由 4 部分组成：

① 外部支撑框架；

② 保护膜；

③ 扩散膜；

④ 结合膜。

当然也有把保护膜与扩散膜合二为一的 DGT 设备，而外部支撑框架也有多种样式。

2.1.1 外部支撑框架

外部支撑是 DGT 的最外层，主要起到保护内部核心材料和决定 DGT 使用方式的作用。DGT 外部支撑材料主要为惰性且具有一定韧性的塑料制品，主要为 ABS［丙烯腈（A）、丁二烯（B）、苯乙烯（S）3 种单体的三元共聚］+PC（聚碳酸酯）或特氟龙。其形制多样，有长条形的、圆形的、大板形的等。在此基础上进一步细分，长条形的有传统前开口卡式的也有后开口式的，其长度有 10cm、15cm 的，也有更短的；圆形 DGT 也有较多样式，如图 2-1 所示的卡式、腔体式以及传统的压盖式。当然，为了达到不同的目的，设计形制特别的外部支撑也是常见的情况，如图 2-2 所示。

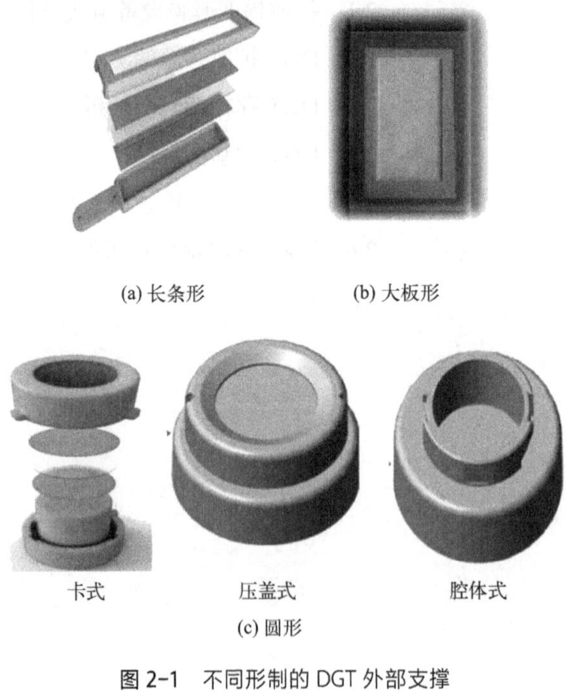

(a) 长条形　　(b) 大板形

卡式　　压盖式　　腔体式

(c) 圆形

图 2-1　不同形制的 DGT 外部支撑

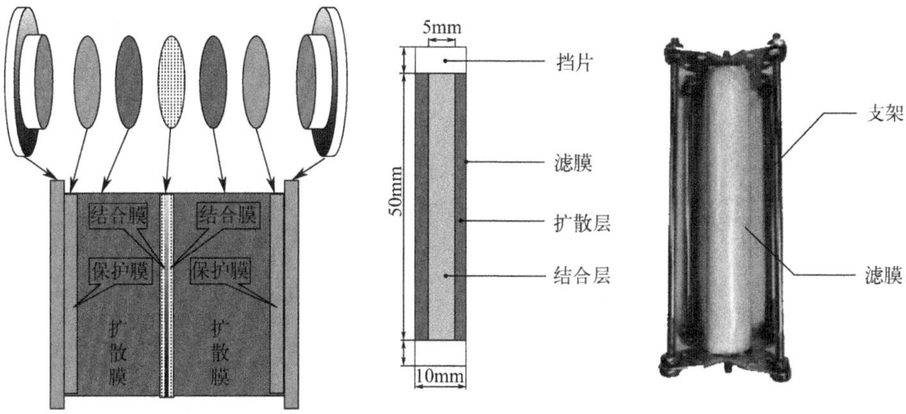

(a) 双腔体　　(b) 圆柱形

图 2-2　特别形制的 DGT 外部支撑

不同形制的 DGT 有不同的用途，如长条形的 DGT 可直接用于测定土壤、水体及沉积物垂向金属有效态含量的变化，也可以和其他显色技术结合，实现待测元素二维平面亚毫米级高分辨检测。而圆形 DGT 则主要用于室内定量测定元素有效态含量。大板形由于其长、宽大的优势，可在更大范围内测定元素运移变化态势。图 2-2（a）为左右双开口双腔体 DGT，可以设置 2 种不同类型的 DGT 膜材料，以便完成不同元素的采集；图 2-2（b）是一个圆柱形的 DGT，方便用于水体垂向污染物迁转的长期定位检测。长条形 DGT 可用于测定土壤元素活性变化（图 2-3）。

图 2-3　长条形 DGT 用于测定土壤元素活性变化

2.1.2 保护膜

DGT 的保护滤膜起保护作用，是 DGT 与土壤或水体直接接触的一层亲水性薄膜，其构成材料可为硝酸纤维素（nitrocellulose membrane，NC）、聚醚砜（polyether sulfone，PES）、聚偏二氟乙烯（polyvinylidene fluoride，PVDF）等，孔径多为0.45μm，厚度为0.10～0.14mm；当然也有其他孔径的，这可根据不同用途设置。DGT保护膜有时也可以作为某些离子的选择性透过膜，如Nafion®的全氟磺酸离子交换膜（perfluorosulfonated ionomer membrane）可以让电中性的亚砷酸［As(Ⅲ)］通过，但带负电性的砷酸盐［As(Ⅴ)］无法通过[1]。

2.1.3 扩散膜

DGT扩散膜顾名思义就是允许被测定的元素有效态自由扩散进入DGT内部，而对无法被生物（植物）吸收利用的大分子部分起到有效阻隔作用的一种厚度均匀且不与扩散物质发生反应的惰性膜材料。

DGT扩散膜主要分为以下3类。

1）以丙烯酰胺为主体的凝胶膜

其交联剂分为*N,N'*-亚甲基双丙烯酰胺或改性活性琼脂糖两种，*N,N'*-亚甲基双丙烯酰胺交联的凝胶膜孔径较小，一般不允许有机结合态绑定的金属通过。改性活性琼脂糖作为交联剂时的凝胶孔径为2～5nm，可以允许直径为0.2～0.3nm的水合金属离子无障碍地通过扩散膜[2]，而孔径大于5nm的胶体或其他形式的离子配体则不易通过。

2）琼脂糖扩散膜

琼脂糖含量一般为1.5%（质量分数），琼脂糖凝胶的孔径一般大于以改性琼脂糖作为交联剂的凝胶，其孔径为1～480nm，平均孔径为74nm，琼脂糖凝胶所含水分基本为非绑定态，大的孔径及以自由水为主导的结构特征使其具有更高的扩散性能，但由于其孔径分布的不均匀性，仅有粒径＜60nm的物质可以通过。

3）不同排阻分子量的透析膜

其排阻分子量一般在5000～15000之间[3]，采用透析膜作为扩散膜，需要注意以下几点：

① 透析膜比较薄，在测定重金属有效态时需要考虑扩散边界层对测定结果的影响[4]；

② 透析膜可使标注排阻分子量或称截留分子量（molecular weight cut-off，MWCO）1/2以下的分子自由通过，换句话说，如果需要分子量＜7000的物质透过扩散膜而被结合膜吸收，那就要选择排阻分子量为14000的扩散膜。

但透析膜也有非常明显的优点，主要是透过分子的分子量可以定制，且材料韧性强，易使用，既可以作为保护膜使用，也可以作为扩散膜使用，使二膜合一。

丙烯酰胺凝胶膜含有氨基，不适用于含氮物质尤其是铵态氮等的提取，而琼脂糖及透析膜则不受影响。此外，丙烯酰胺凝胶所含氨基功能团也对Cu、Pb及某些类型的富里酸，如森林土壤及泥炭土有一定的绑定作用，这些现象应引起注意。为了减少这些影响，在制作丙烯酰胺凝胶时要尽量保证条件一致，尤其是温度的控制及四甲基乙二胺（TEMED）用量。

还要注意各种材料的比例关系以及添加顺序，否则会影响凝胶的扩散系数，导致不同批次扩散系数存在差异。扩散膜重要的指标之一是扩散系数的大小及稳定性，扩散系数是反映某一物质或物质的某种形态被截留或允许通过的重要指标。检测发现，重金属有机配体结合态在丙烯酰胺中的扩散系数是其离子态的 20% 左右[5]，但 FA 结合的重金属往往有更高的扩散系数。此外，优良扩散膜的扩散系数受正常水体或土壤 pH 值、离子强度变化的影响应可以忽略，也与自身厚度变化无太大关联。

2.1.4 结合膜

结合膜通常放置在扩散膜下面，由凝胶和吸附（类）金属的材料配制而成。近年来，也有以液体重金属耦合材料如聚丙烯酸钠（PAAS）、羧甲基纤维素钠（CMC）等为结合膜的 DGT。

DGT 结合膜需要有强大的金属吸附能力才能保障扩散膜表面与吸附膜表面始终如一的扩散动力。第一个被用来作 DGT 结合膜吸附材料的是 Chelex-100 螯合树脂，Chelex-100 具备的亚氨基二乙酸功能基团保证了对过渡金属离子强大的吸附能力，不受大量离子如钠、钾、镁、钙的影响。在选择 DGT 结合膜材料时需要考虑以下几点。

① 要考虑竞争性离子的影响。就用于土壤中测定 Cd、Cu、Zn、Pb 等活性的 DGT 产品而言，需要考虑的竞争性阳离子主要有 Cd、Cu、Zn、Pb、Ni、Co、Fe、Mn、Ca 等，对于 As、Se、Cr 等变价元素，则需要考虑不同价态的影响，测定 As、P 有效态含量则需要考虑 As、P、S 等的相关影响。

② 材料对被检测物的吸附容量要大，否则易引起分析误差。如某些材料对 Fe、Mn、Pb 的吸附能力不强，采用该种材料制备的结合膜分析 Fe、Mn、Pb 形态变化时，会由于膜吸附能力的限制产生不正确的结论。

③ 材料对被测定物质的吸附速率快，对易解离耦合态的吸附能力强。DGT 理论认为，由于扩散膜的存在，结合膜表面活性态离子浓度与被测介质（土壤溶液、水体）在一定时间内存在恒定的离子浓度差，造成了恒定的离子扩散梯度，进而可以准确测定某元素的活性态浓度。但当结合膜吸附速率低、吸附量小时，到达结合膜表面的离子无法被快速吸附，扩散平衡被打破，引起检测误差，如图 2-4 所示。

通常来说，测定金属的扩散系数时都是采用金属离子或分子，离子或分子透过扩散膜后被结合膜吸附，根据一定时间内吸附量的大小计算扩散系数，并将这种扩散系数应用于带有离子螯合态的真实环境中。这种做法的弊端是没有考虑不同的结合膜材料对离子配体（或螯合态）竞争吸附能力的差别，如图 2-5 所示。

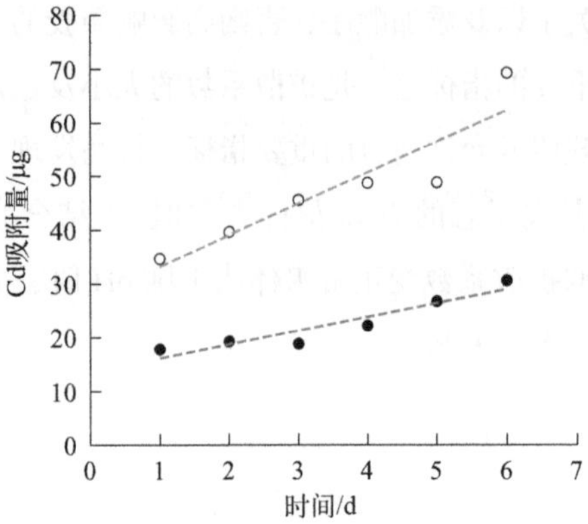

图 2-4　两种不同吸附速率的结合膜材料吸附 Cd 随时间的差异性

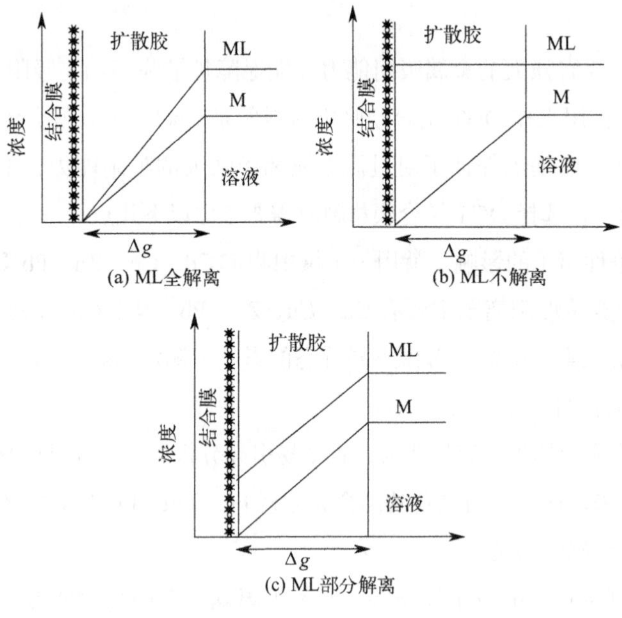

图 2-5　金属离子与耦合态 ML 与结合膜的 3 种反应形式

对于重金属 M，其有机结合态用 ML 表示，有的重金属螯合剂对 ML 有强大的竞争吸附能力，从而使 ML 解离被吸附膜吸附；而有的螯合剂竞争吸附能力弱，进入的 ML 无法被吸附，形成图 2-5（b）这种情况；还有的螯合剂对 ML 的竞争吸附能力则介于二者之间，从而形成半吸附。以上 3 种情况对于同一检测样品可能导致不同的有效态检测结果。也就是说，虽然两种材料检测的扩散系数相同，但也不能保证两种类型的结合膜检测结果一致。另外一种情况是离子阻隔效应，即在被测介质中，由于某种离子大量存在以至于结合膜表面不能吸附，则会在膜表面形成所谓的离子阻隔，如图 2-6 所示。就像我们排队进门一样，某个人虽然不进门，但他却站在门口，影响了其后面的人进入，从化学角度就是在结合膜表面形成了高“离子强度”，但现阶段这种情况没有被重视。

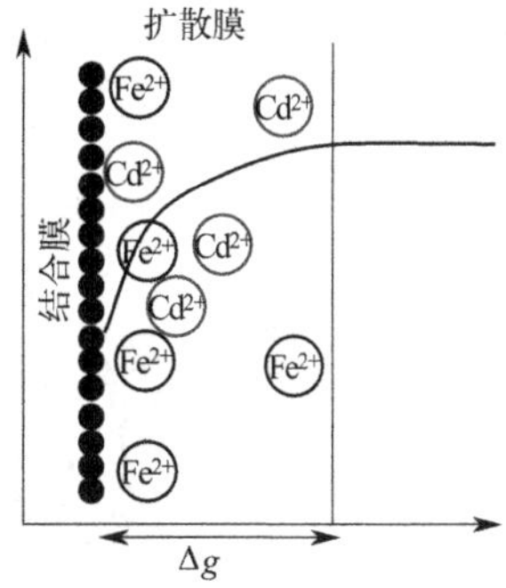

(a) 示意图

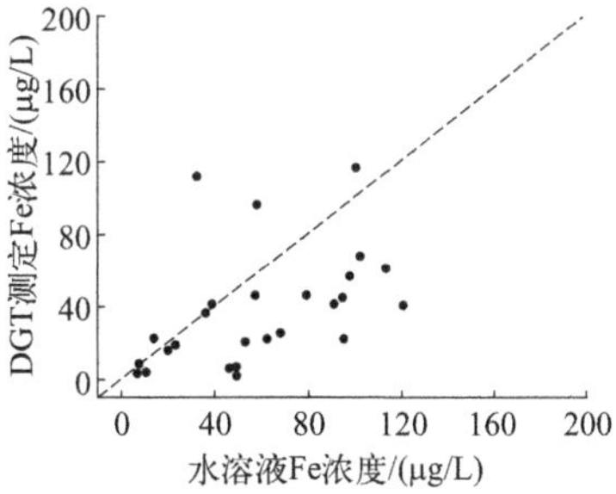

(b) 某结合膜对Fe有低吸收性，导致Fe在结合膜表面形成一定活性离子浓度

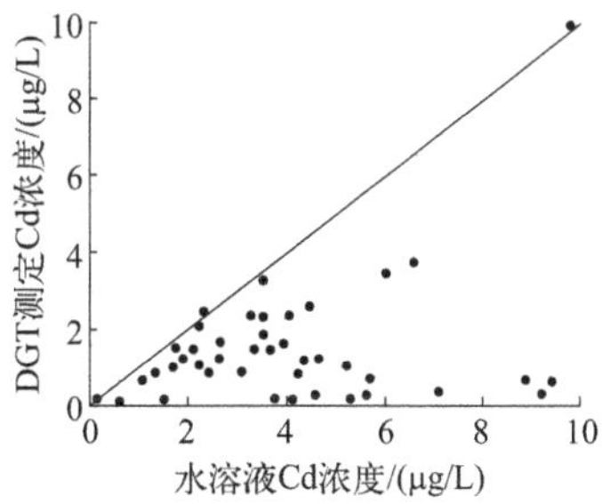

(c) 活性Fe阻隔了结合膜对Cd的吸附，导致其Cd吸附性能下降

图 2-6　离子阻隔（位隔）效应引起的监测数据的差异

④ 要注意离子吸附材料的粒径大小，粒径过大易导致膜均匀性差，且在膜的内部形成空隙，而空隙较多会导致膜的吸附性能下降，见图 2-7（书后另见彩图）。

⑤ 选择结合膜时还要考虑其对吸附离子的解离性。如解离性能不稳定，也会造成实验误差，如表 2-1 所列，Chelex-100 的脱洗率在 80%±2% 之间，也有实验认为是 90% 左右，ZrO-Chelex 复合膜的脱洗率为（85.9±3.67）%～（103.1±2.21）%。液体结合相和全解离型层状双金属氢氧化物（LDHs）可达 100% 洗脱。

⑥ 选择的结合膜要有宽的适用范围。DGT 可检测的环境介质主要有水、沉积物以及土壤，但介质条件千差万别，如 pH 值、离子强度、温度、离子类型等，因此结合膜应能适用于宽的环境条件。一般选择在 pH 5～8 范围内对离子吸附能力稳定，在离子强度 ≤ 0.01mol/L（土壤溶液的离子强度一般在 0.01mol/L 左右）时有好的抗离子强度能力的结合膜材料。

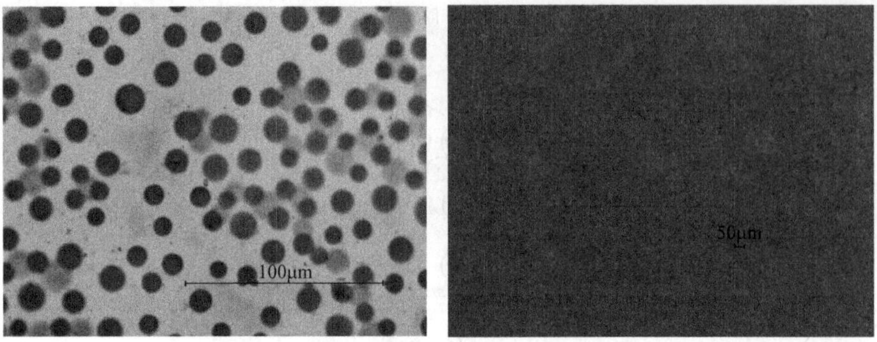

(a) 某种树脂　　　　(b) 某种纳米材料

图 2-7　不同粒径材料制备的 DGT 结合膜在电子显微镜下的表现

表 2-1　不同结合膜材料的脱洗情况

膜材料	元素	脱洗材料	时间
Chelex-100[6，7]	Cu，Cd，Fe，Mn，Ni，Zn	1mL 2mol/L HNO_3	24h
	La，Ce，Pr，Nd，Sm，Eu，Gd，Tb，Dy，Ho，Er，Tm，Yb，Lu，Y	1.8mL 2mol/L HCl	16h
SPR-IDA[8]	Co，Ni，Cu，Cd，Pb	1mL 1mol/L HNO_3	12h
Chelex-ferrihydrite[9，10]	Cd，Cu，Mn，Mo，P，Zn	1mL 1mol/L HCl	24h
	As，Cd，Cu，Pb，Zn	1.2mL 3mol/L HNO_3	
SF[11]	As，Mo，Sb，V，W	10mL 1.4mol/L HNO_3-0.1mol/L HF	24h
Metsorb[12，13]	As，Se，V，P	1mL 1mol/L NaOH	24h
	P，As，V，W，Mo，Sb	1mL 1mol/L NaOH（步骤 1） 1mL 1mol/L NaOH-1mol/L H_2O_2（步骤 2）	24h 24h
PF[12，13]	P，As，Sb，V	1mL 3.2mol/L HNO_3	24h
	P，As，Se，V	1mL 1mol/L HNO_3	24h
SPR-IDA-ZrO（HR-MBG）[14]	As，P，Cd，Cu，Co，Zn		
ZrO-Chelex[15，16]	Fe，P	20mL 1.0mol/L HNO_3 20mL 水离子水 20mL 1.0mol/L NaOH	16h 2h 16h
	Mn，Fe，Co，Ni，Cu，Zn，Cd，Pb，V，Cr，As，Se，Mo，Sb，W，P	1.8mL 1.0mol/L HNO_3 1.8mL 去离子水 1.8mL 0.2mol/L NaOH-0.5mol/L H_2O_2	16h 2h 3～5h
PZ[17]	P，As，V，Se，Mo，Sb	10mL 0.5mol/L NaOH（步骤 1） 10mL 0.5mol/L NaOH-0.5mol/L H_2O_2（步骤 2）	24h 24h
ZrO[18]	P，Cr，As，V，Se，Mo，Sb，W	1.8mL 0.2mol/L NaOH-0.5mol/L H_2O_2	3～5h
ZrO-CA[19] ZrO-CA（S）[20]	Mn，Fe，Co，Ni，Cu，Zn，Cd，Pb，V，Cr，As，Se，Mo，Sb，W，P，S（Ⅱ）	1.8mL 1.0mol/L HNO_3 1.8mL 去离子水 1.8mL 0.2mol/L NaOH-0.5mol/L H_2O_2	16h 2h 3～5h
DTPA-LDHs（农业农村部环境保护科研监测所）	Mn，Fe，Co，Ni，Cu，As（Ⅴ），Cd，Pb	8mL 0.1mol/L HNO_3	1h
SH-@SiO_2（中国科学院地理化学研究所）	Me，Hg	2mL 1.31mmol/L 硫脲 +0.1mol/L HCl	24h

pH 值及离子强度对 DTPA-LDHs-DGT 结合膜吸附能力的影响如图 2-8 所示（书后另见彩图），而离子竞争吸附对 DTPA-LDHs-DGT 的影响如图 2-9 所示（书后另见彩图）。

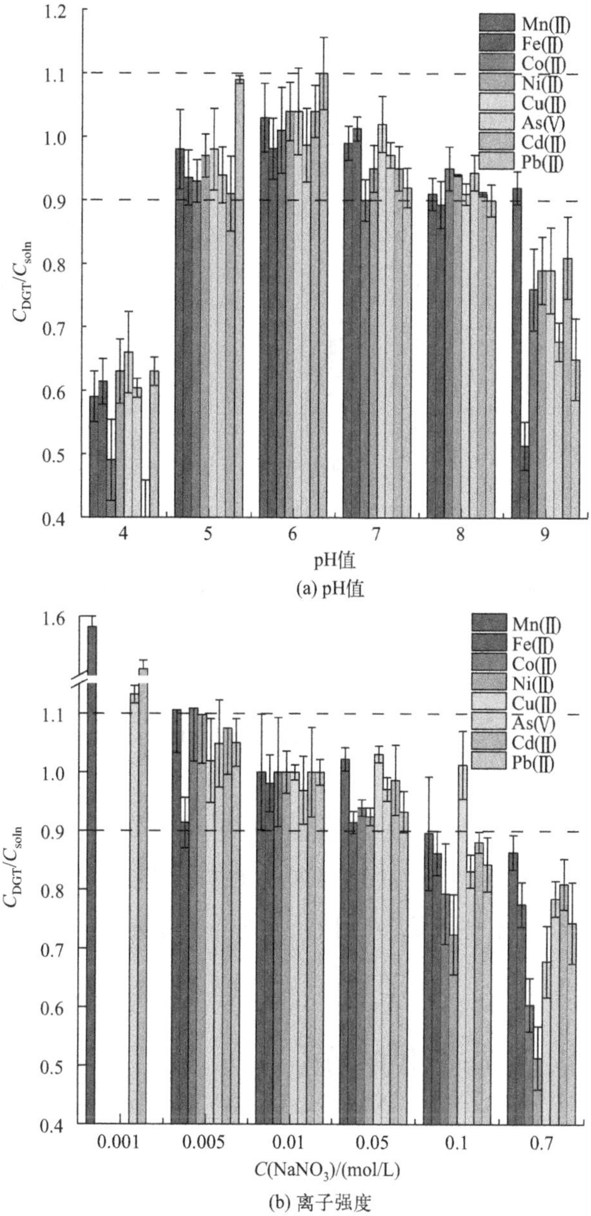

图 2-8　pH 值及离子强度对 DTPA-LDHs-DGT 结合膜吸附能力的影响

⑦ 要特别注意复合膜材料的均匀性。如果材料不均匀，很难保证平行之间的一致性。这种情况可能对低浓度元素的影响不大，但被测元素浓度高时可能产生严重的影响。

现今，科研人员已经开发出了不少 DGT 结合膜材料，主要有对阳离子有高效吸附性能的 Chelex-100 树脂、细颗粒亚氨基二乙酸盐（SPR-IDA）、聚丙烯酸钠（PAAS，溶于水，液体结合相）、对 Ca 具有专性吸附能力的苯并 -18- 冠醚 -6 改性硅胶（benzo-crown ether-

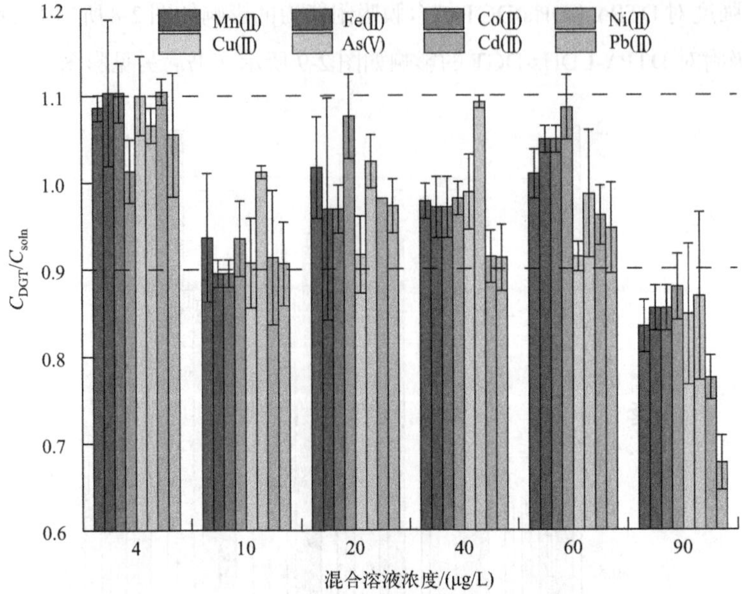

图 2-9　离子竞争吸附对 DTPA-LDHs-DGT 的影响

functionalised silica，BCES）[20]、分子印记聚合物（molecularly imprinted polymer）、聚醚酰亚胺（PEI，液体）、聚苯乙烯磺酸（液体结合相）[21]等，对阴离子有高效吸附能性的水合铁[22，23]、钛[24]、锆[17]及AgI等材料。XAD18树脂、HLB纳米材料可用于对有机污染物（极性与非极性有机污染物）如农药、抗生素等活性态的提取，三乙（或丙、丁）基胺接枝树脂可用于硝态氮吸收吸附等。

DGT结合膜材料的支撑凝胶主要有丙烯酰胺凝胶、琼脂糖凝胶、Hydrogel™ D4凝胶等。丙烯酰胺凝胶和琼脂糖凝胶一般用于普通DGT，而Hydrogel™ D4凝胶膜厚度可达100μm[14]，膜的韧性好、不易撕裂，可用于元素分布高分辨分析。

2.2　DGT扩散系数的测定

DGT扩散膜的存在使被测介质与结合膜之间形成了一个浓度梯度，活性态的重金属在通过扩散膜后被结合膜捕获，从而依据公式计算出被测介质中元素活性态浓度。其中关键参数就是被测元素在扩散膜中的扩散系数。测定扩散膜的扩散系数主要有小室法和DGT设备法两种。

（1）小室法

小室法[25]见图2-10（a）、（b）。左右两侧是两个小室，其中一侧为含某种元素的待测溶液，另一侧为水，两侧均加入约0.01mol $NaNO_3$ 或NaCl，以提供一定的离子强度。两小室中间为扩散膜，实验过程中要不断搅拌，以打破扩散边界层对扩散系数的影响。

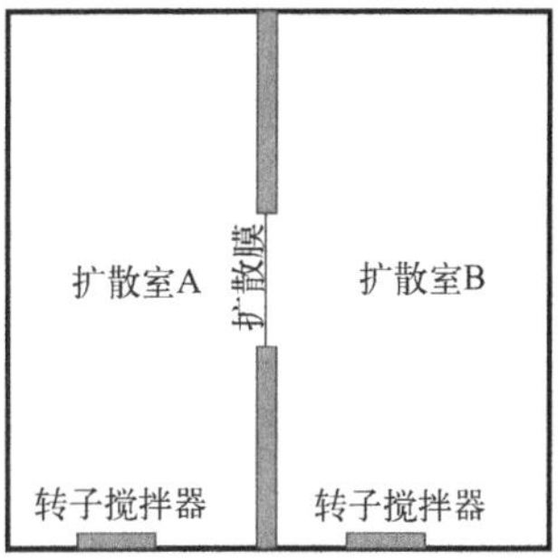

(a) 小室法示意图

(b) 小室法测量

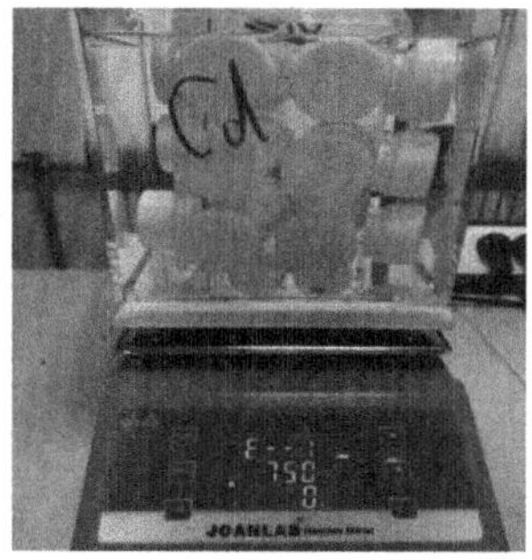

(c) DGT法直接测量

图 2-10　测定扩散膜扩散系数

搅拌是测定扩散系数必要的步骤，搅拌对测定结果的影响如图 2-11 所示，当拟合曲线通过圆点时表明无扩散边界层影响。

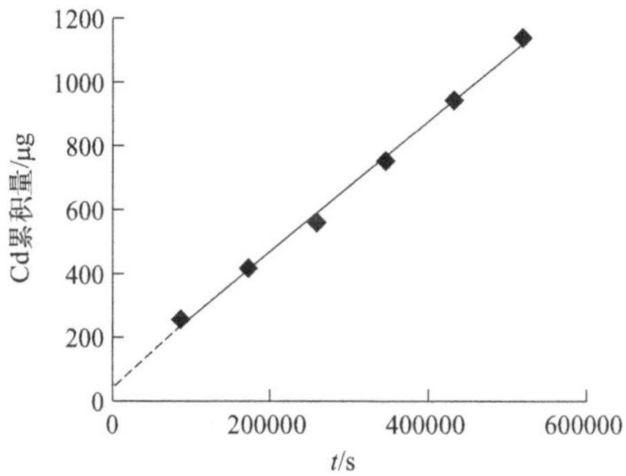

(a) 不搅拌

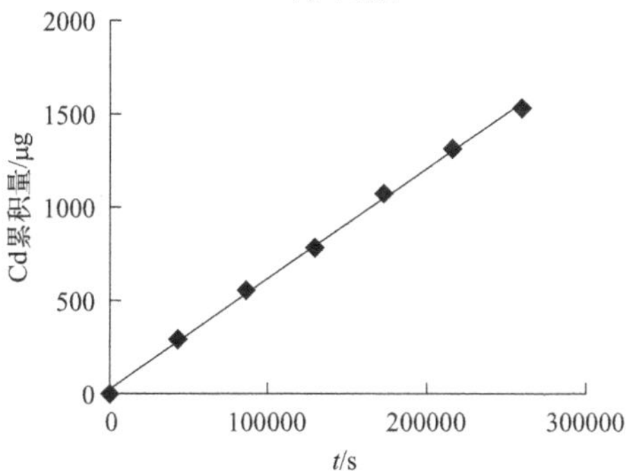

(b) 搅拌

图 2-11　不搅拌与搅拌条件下 DGT 累积的 Cd 拟合曲线的差异

不搅拌或搅拌不足拟合曲线不通过圆点，搅拌充分拟合曲线通过圆点，通过圆点说明无扩散边界层影响

Zhang 等[26]实验表明，当搅拌速率达到 400r/min 时测定结果不受扩散边界层影响，结果如图 2-12 所示。实验过程一般是 2 ～ 4h 取 1 次样，共取 6 ～ 8 次样，也可以间隔更长时间，根据检测的数据进行方程拟合，计算拟合方程的斜率，并根据式（2-1）计算扩散系数：

$$D=\frac{\text{slope}\times\Delta g}{C_{\text{sol}}\times A\times 60} \tag{2-1}$$

式中　Δg ——扩散膜厚度，cm，一般为 0.095cm，其中扩散膜厚度为 0.08cm，保护膜厚度为 0.015cm；

A ——开口面积，cm^2，缺省为 $3.14cm^2$，不同厂商有不同的形制，需加以确认；

slope ——线性关系方程的斜率；

C_{sol} ——配制待测物质的浓度。

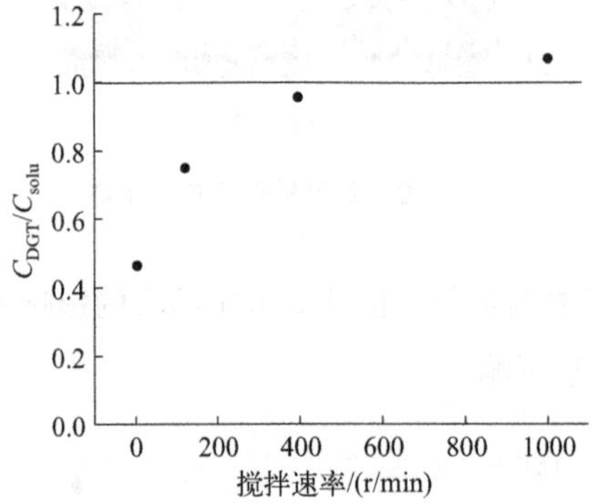

图 2-12　搅拌速率对 DGT 测定结果的影响

（2）DGT 设备法

测定扩散系数的另一种方法是直接采用 DGT 设备测定[27]，如图 2-10（c）所示。DGT 设备法就是将制备好的 DGT 直接放到已知浓度的待测溶液中，在充分搅拌条件下，每隔一定时间（通常为 4 ～ 6h）将待测 DGT 取出，测定其累积的重金属量 M，然后将时间 t 与累积量 M 作线性回归，求出回归直线的斜率，计算扩散系数 D，见式（2-1）。

两种扩散膜扩散系数测定方法各有优缺点：小室法需要专门的 DGT 扩散系数测定装置，受设备性能影响较大，如装置密闭性差，容易引起漏液，且易引起扩散膜的变形，导致实验误差；设备组装及测定过程也较为复杂，需要定时取样，但其测定值避免了结合膜的影响，可较为真实地反映扩散膜的扩散系数。正如前文所言，我们毕竟不是只用扩散膜来测定元素有效态，测定有效态更需要结合膜的配合。因此，小室法测定的扩散系数是一种理想扩散系数。而采用 DGT 设备测定扩散系数则考虑了结合膜与被测元素结合能力的强弱，是扩散膜与结合膜两者能力的共同体现，可称为真实扩散系数。在采用 DGT 设备测定扩散系数时需要注意搅拌的均匀性，如果 DGT 设备布置不合理，搅拌受力大的区域不会受扩散边界层的影响，而受力小的区域则会受到影响，造成实验平行不好。根据多次实验结果，我们设计了如图 2-10（c）所示的实验装置，可以保障实验平行的可靠性。

某种元素的某一形态在某种扩散膜中的扩散系数受很多因素的影响，主要有 pH 值、离子强度、离子竞争、有机质、温度以及膜的厚度等。一般而言，我们期望的结果是扩散系数是一个定值，不会随条件的改变而发生变化，或是根据某一确定的模型可以推算出扩散系数的变化，如根据温度的变化推算某一温度下的扩散系数。计算见式（2-2）：

$$\lg D_T = \frac{1.37023(T-25)+8.36\times10^{-4}(T-25)^2}{109+T} + \lg\left[\frac{D_{25}(272+T)}{298}\right] \tag{2-2}$$

式中　D_{25}——元素在 25℃时的扩散系数；

T——现实的温度。

对于以丙烯酰胺为核心材料的扩散膜（GE-agarose）、以 1.5% 的琼脂糖（agarose）制备的琼脂糖扩散膜的扩散系数已有较多的研究，对不同元素的扩散系数也基本上有一个约定俗成的数值。如表 2-2 及表 2-3 所列。

表 2-2　APA 凝胶膜不同元素的扩散系数

温度 /℃	扩散系数 /（$10^{-6}cm^2/s$）										
	Ag	Al	Cd	Co	Cr	Cu	Fe	Mn	Ni	Pb	Zn
1	6.58	2.22	2.84	2.77	2.36	2.91	2.85	2.73	2.69	3.75	2.84
2	6.83	2.3	2.95	2.88	2.45	3.02	2.96	2.83	2.8	3.89	2.94
3	7.09	2.39	3.06	2.99	2.54	3.13	3.07	2.94	2.9	4.04	3.05
4	7.35	2.48	3.18	3.1	2.63	3.25	3.18	3.05	3.01	4.19	3.17
5	7.62	2.57	3.29	3.21	2.73	3.36	3.3	3.16	3.12	4.34	3.28
6	7.89	2.66	3.41	3.32	2.82	3.48	3.42	3.27	3.23	4.49	3.4
7	8.17	2.75	3.53	3.44	2.92	3.61	3.54	3.39	3.34	4.65	3.52
8	8.45	2.85	3.65	3.56	3.02	3.73	3.66	3.5	3.46	4.81	3.64
9	8.74	2.94	3.78	3.68	3.13	3.86	3.79	3.62	3.58	4.98	3.77
10	9.04	3.04	3.9	3.8	3.23	3.99	3.91	3.74	3.7	5.14	3.89
11	9.34	3.14	4.03	3.93	3.34	4.12	4.04	3.87	3.82	5.31	4.02
12	9.64	3.25	4.16	4.06	3.45	4.26	4.18	4	3.94	5.49	4.15
13	9.95	3.35	4.3	4.19	3.56	4.39	4.31	4.12	4.07	5.67	4.29
14	10.27	3.46	4.43	4.32	3.67	4.53	4.45	4.26	4.2	5.85	4.42
15	10.59	3.57	4.57	4.46	3.79	4.68	4.59	4.39	4.33	6.03	4.56
16	10.92	3.68	4.72	4.6	3.91	4.82	4.73	4.52	4.47	6.21	4.7
17	11.25	3.79	4.86	4.74	4.03	4.97	4.87	4.66	4.6	6.4	4.85
18	11.59	3.9	5.01	4.88	4.15	5.12	5.02	4.8	4.74	6.6	4.99
19	11.93	4.02	5.15	5.02	4.27	5.27	5.17	4.95	4.88	6.79	5.14
20	12.28	4.14	5.3	5.17	4.39	5.42	5.32	5.09	5.02	6.99	5.29
21	12.64	4.26	5.46	5.32	4.52	5.58	5.47	5.24	5.17	7.19	5.44
22	13	4.38	5.61	5.47	4.65	5.74	5.63	5.39	5.32	7.4	5.6
23	13.36	4.5	5.77	5.63	4.78	5.9	5.79	5.54	5.47	7.61	5.76
24	13.73	4.62	5.93	5.78	4.91	6.06	5.95	5.69	5.62	7.82	5.92
25	14.11	4.75	6.09	5.94	5.05	6.23	6.11	5.85	5.77	8.03	6.08
26	14.49	4.88	6.26	6.1	5.19	6.4	6.28	6.01	5.93	8.25	6.24
27	14.88	5.01	6.43	6.27	5.32	6.57	6.45	6.17	6.09	8.47	6.41
28	15.27	5.14	6.6	6.43	5.47	6.74	6.62	6.33	6.25	8.69	6.58
29	15.67	5.28	6.77	6.6	5.61	6.92	6.79	6.5	6.41	8.92	6.75
30	16.08	5.41	6.94	6.77	5.75	7.1	6.96	6.66	6.58	9.15	6.92
31	16.49	5.55	7.12	6.94	5.9	7.28	7.14	6.83	6.74	9.39	7.1
32	16.9	5.69	7.3	7.12	6.05	7.46	7.32	7	6.91	9.62	7.28
33	17.32	5.83	7.48	7.29	6.2	7.65	7.5	7.18	7.09	9.86	7.46

表 2-3　琼脂糖凝胶中不同离子的扩散系数[27]

阴离子	D_{DGT}/($10^{-6}cm^2/s$)	阳离子	D_{DGT}/($10^{-6}cm^2/s$)
V	8.64+0.21	Mn	5.91 ± 0.11
Cr	7.95 ± 0.32	Co	6.53 ± 0.08
As	6.56 ± 0.12	Ni	6.54 ± 0.18
Se	6.75 ± 0.17	Cu	6.59 ± 0.12
Mo	6.90 ± 0.31	Zn	6.89 ± 0.43
Sb	6.69 ± 0.26	Cd	6.38 ± 0.09
W	7.47 ± 0.19	Pb	8.41 ± 0.15
P	6.86 ± 0.03	Fe	6.40 ± 0.05

事实上，随着条件的变化，元素在扩散膜中的扩散系数也会有一定变化，如 pH 值过高或过低都会影响扩散膜的稳定性，结果如图 2-13 所示。同样，膜的厚度也会对扩散系数有一定的影响，如图 2-14 所示。但在实际应用中，为了简化起见，采用了统一厚度的扩散膜，测试样品的 pH 值也不是在极端环境下测定，所以一般都把扩散系数作为固定值处理。

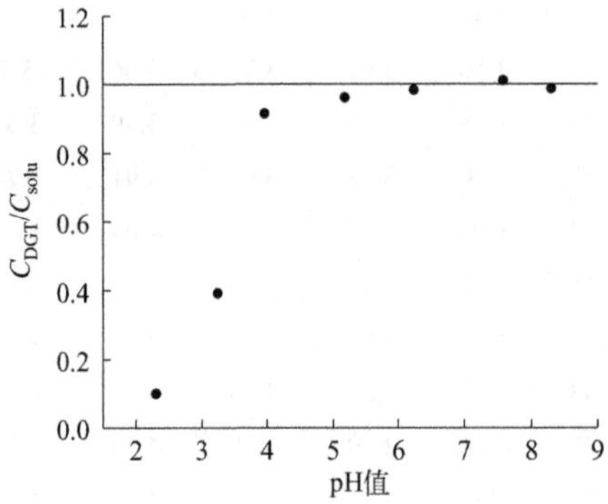

图 2-13　pH 值变化影响 Cd 的扩散系数导致检测结果的偏差

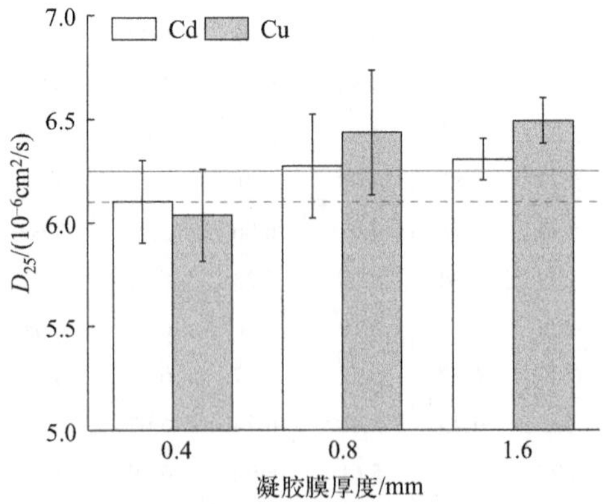

图 2-14　不同厚度 APA（以改性琼脂为交联剂的丙烯酰胺凝胶）凝胶膜对 Cd、Cu 扩散系数的影响[5]

影响扩散系数的另一个重要因素是扩散边界层，扩散边界层是扩散膜外由于离子向膜内迁移而浓度下降的一部分区域，如图 2-15 所示。

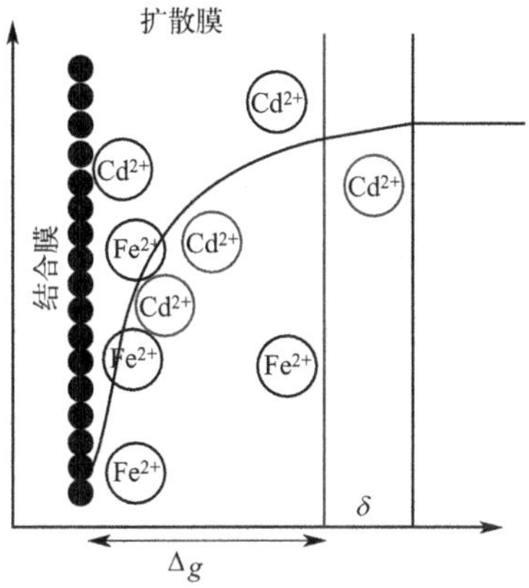

图 2-15　扩散边界层 δ 示意

对于简单无机溶液，扩散边界层的计算见式（2-3）：

$$\frac{1}{\text{mass}}=\frac{1}{C_{\text{DGT}}At}\left(\frac{\Delta g}{D_{\text{M}}}+\frac{\delta}{D_{\text{M}}^{\text{W}}}\right) \tag{2-3}$$

式中　mass——一定时间内通过扩散膜的金属离子总量，μg；

C_{DGT}——DGT 装置测得的溶液中金属有效态浓度，μg/L；

A——扩散面积，cm^2；

t——测量时间，s；

Δg——透析膜或凝胶膜的厚度，cm；

δ——扩散边界层厚度，cm；

D_{M}——金属离子在透析膜或凝胶膜中的扩散系数，cm^2/s；

D_{M}^{W}——金属离子在水中的扩散系数，cm^2/s。

我们对比了 GE-agarose 与不同排阻分子量的透析膜在测定稳定水体时扩散边界层的厚度，结果表明 GE-agarose 凝胶膜的扩散边界层与 D10000、D15000 的基本相当，但凝胶膜的厚度是透析膜的 7.8 倍，所以扩散边界层对凝胶膜、D10000、D15000 应用的影响依次增大[4]。因此，在采用透析膜作 DGT 扩散膜时应考虑这一问题。

对于含有有机配体的溶液，有机配体与金属离子的结合能力不同，可能造成扩散边界层也会有差别。具体计算要求可参见参考文献［28］。

在 DGT 使用过程中还需要注意的是金属有机配体的运移能力、解离性能和离子态金属等有非常大的差别，因此，有机配体在扩散膜中的扩散系数也与离子的扩散系数有较大差异。Scally 等[5]实验认为富里酸（FA）结合态的 Pb（FA-Pb）扩散系数是离子态的 20%，腐殖酸（HA）结合态的 Pb（HA-Pb）更是只有离子态的 8.3%。此后相当多的研究都将此作为有机配体在凝胶中的扩散系数加以使用[29]。但我们在实际检测中发现，某些金属如 Cd，当它和 FA 结合后扩散系数不但没有降低，反而有所增加，见图 2-16。其机制可能是 FA 是低分子有机酸，可以进入扩散膜，并且FA可以和Cd结合，促使Cd以打包方式进入扩散膜，虽然这种方式扩散得慢一些，但一次性进入的量多了，这种FA结合Cd的量增加也进一步增加了Cd被植物吸收的风险[30, 31]。再有FA与Cd结合，减少了Cd离子形成的道南电势效应，提高了扩散性能，FA在土壤里与颗粒物形成竞争关系，促进了颗粒吸附Cd的释放，进一步加大了DGT吸附的Cd量，见图2-17。HA与FA不同，由于HA是大分子有机物，与其结合的Cd进入扩散膜的量会非常低。

元素的性质不同，在不同条件下其活性态也会存在明显的差异。以0.01mol/L $NaNO_3$为背景，分别添加50μg/L不同元素的盐，同时添加2mg/L的HA，采用Visual Minteq 3.1分析溶液中不同盐离子的形态，结果如表2-4所列。可见，很多元素都被固体颗粒HA吸附，形成沉淀，尤其是Cu、Pb表现得更为突出，而Cd大多还以水溶解态存在。

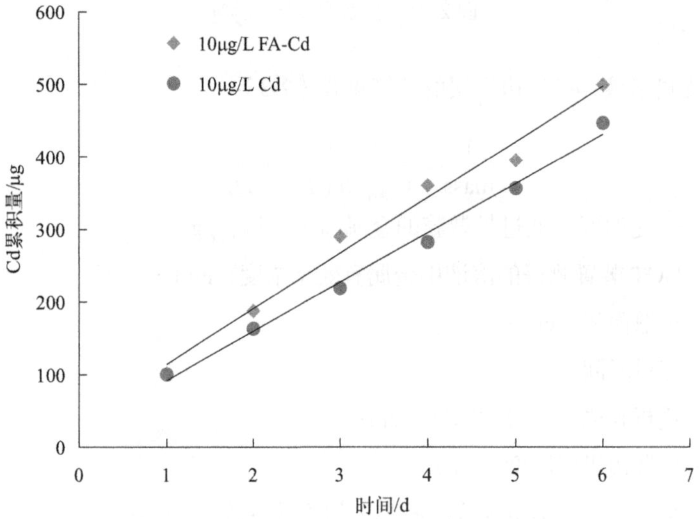

图2-16 FA的存在增加了LDHs-DGT的吸附量

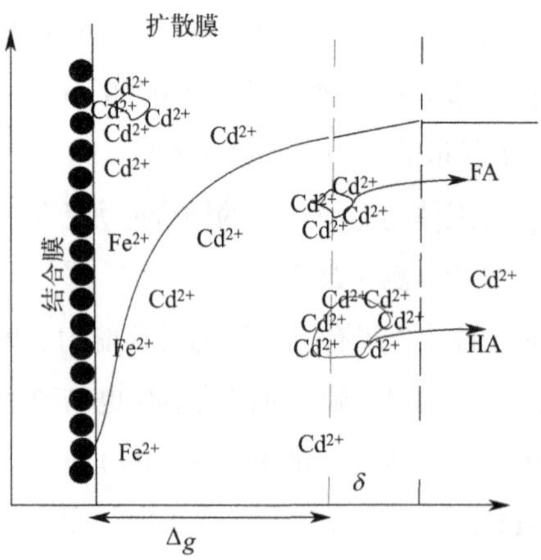

(a)

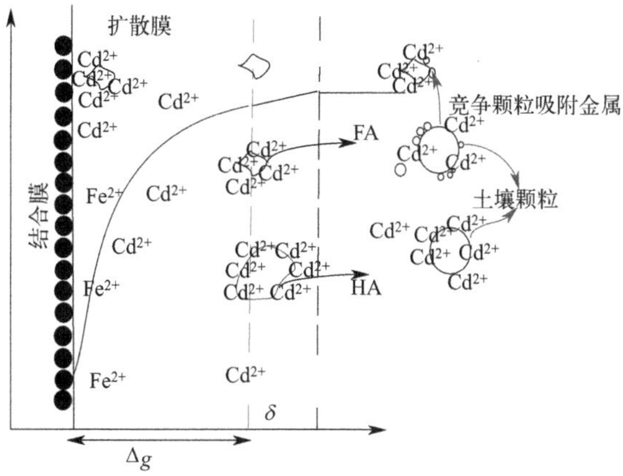

(b)

图 2-17　FA 与 HA 促进与抑制 DGT 富集 Cd 的可能机制示意

表 2-4　添加 HA 后水体中元素的形态分布

元素	形态百分比 /%	形态
Mn^{2+}	89.494	Mn^{2+}
	0.017	$MnSO_4(aq)$
	0.939	$MnNO_3^+$
	0.019	$Mn(NO_3)_2(aq)$
	3.629	(6) $Mn^{2+}D$ (s)
	5.749	HA^-Mn (6) (s)
	0.152	$HA^{2-}Mn$ (6) (s)
Fe^{2+}	74.077	Fe^{2+}
	0.019	$FeSO_4(aq)$
	3.004	(6) $Fe^{2+}D$ (s)
	22.522	HA^-Fe (Ⅱ) (6) (s)
	0.375	$HA^{2-}Fe$ (Ⅱ) (6) (s)
Ni^{2+}	86.905	Ni^{2+}
	0.019	$NiSO_4(aq)$
	1.446	$NiNO_3^+$
	3.524	(6) $Ni^{2+}D$ (s)
	8	HA^-Ni (6) (s)
	0.105	$HA^{2-}Ni$ (6) (s)
Cu^{2+}	11.124	Cu^{2+}
	0.026	$CuOH^+$
	0.24	$CuNO_3^+$
	0.451	(6) $Cu^{2+}D$ (s)
	83.237	HA^-Cu (6) (s)
	4.919	$HA^{2-}Cu$ (6) (s)

续表

元素	形态百分比 /%	形态
AsO_4^{3-}	0.133	H_3AsO_4
	1.685	$HAsO_4^{2-}$
	98.182	$H_2AsO_4^-$
Cd^{2+}	85.873	Cd^{2+}
	0.021	$CdSO_4$(aq)
	2.078	$CdNO_3^+$
	3.483	(6) $Cd^{2+}D$ (s)
	7.76	HA^-Cd (6)(s)
	0.776	$HA^{2-}Cd$ (6)(s)
Pb^{2+}	20.762	Pb^{2+}
	24.836	$HA^{2-}Pb$ (6)(s)
	0.041	$PbOH^+$
	0.011	$PbSO_4$(aq)
	2.062	$PbNO_3^+$
	0.029	$Pb(NO_3)_2$(aq)
	0.842	(6) $Pb^{2+}D$ (s)
	51.415	HA^-Pb (6)(s)
Co^{2+}	90.127	Co^{2+}
	0.019	$CoSO_4$(aq)
	0.946	$CoNO_3^+$
	0.016	$Co(NO_3)_2$(aq)
	3.655	(6) $Co^{2+}D$ (s)
	5.131	HA^-Co (6)(s)
	0.105	$HA^{2-}Co$ (6)(s)

注：s 表示固态；aq 表示水溶液形态。

2.3 DGT 存在的问题分析

现今有不少厂家或单位可以研发生产制作 DGT，各有各的特点，各有各的优点。这种百花齐放的态势推动了 DGT 技术的发展与应用。但相关的问题也逐渐凸显出来。

2.3.1 标准物质缺乏，导致 DGT 的横向比较缺乏标尺

现阶段判断 DGT 好坏主要有以下几点。

① 准确性测试主要看其测定离子态元素含量是不是和水中离子态含量一致，一般要求 C_{DGT}/C_{solu} 介于 0.9 ～ 1.1 之间。

② DGT 常规性能的评判，主要依据 pH 值的适用范围、离子强度的影响、离子竞争吸

附性能等。

③ 对使用性的评判，主要依据为是否对待测元素有大的吸附量、有强的竞争吸附能力、有快的吸附速率等。

④ 能否同时进行多元素及单一元素的测定，对多元素或单一元素同时测定的目标催生了复合型 DGT，对复合型 DGT 的性能判断也不外乎能吸附多少元素、吸附量的大小、解离效能、扩散系数等。

依据这些参考指标判定 DGT 确实有可取之处，但也存在较大的问题。原因在于土壤、水体中元素的有效态不仅包括离子态，更多的是有机易解离态，正如前文所言植物对 FA 耦合态 Cd 有更大的吸收能力。而 DGT 结合膜由于其功能基团的差异、扩散膜材料组成的不同，导致 DGT 对同一土壤、水体，即使在以上参数都合格的条件下，其测定数值也有较大差别。而高竞争吸附能力的 DGT 和中等竞争吸附能力的 DGT 谁优谁劣，就需要标准品来评判，但现阶段还没有合适的 DGT 标准品获得有关部门的批准。

对于含有有机配体的溶液，有机配体和金属离子的结合能力不同，如表 2-5 所列，可能造成扩散边界层也会有差别。具体计算要求可参见文献［16］。

表 2-5　不同配体（EDTA、HA）对重金属整合能力差异性评估

元素	形态百分比 /%	形态
Mn^{2+}	41.568	Mn^{2+}
	0.436	$MnNO_3^+$
	0.014	$Mn^{2-}DTPA^-$
	15.008	MnH-DTPA-2
	31.746	Mn-DTPA-3
	3.909	（6）$Mn^{2+}D$（s）
	7.177	HA^-Mn（6）（s）
	0.126	$HA^{2-}Mn$（6）（s）
Fe^{2+}	2.533	Fe^{2+}
	0.453	FeOH-DTPA-4
	64.748	FeH-DTPA-2
	19.48	Fe-DTPA-3
	0.238	（6）$Fe^{2+}D$（s）
	12.461	HA^-Fe（Ⅱ）（6）（s）
	0.084	$HA^{2-}Fe$（Ⅱ）（6）（s）
Ni^{2+}	86.782	NiH-DTPA-2
	13.213	Ni-DTPA-3
Cu^{2+}	0.669	$CuH^{2-}DTPA^-$
	46.684	CuH-DTPA-2
	52.389	Cu-DTPA-3
	0.173	HA^-Cu（6）（s）
	0.083	$HA^{2-}Cu$（6）（s）

续表

元素	形态百分比 /%	形态
AsO_4^{3-}	0.133	H_3AsO_4
	1.685	$HAsO_4^{2-}$
	98.182	$H_2AsO_4^-$
Cd^{2+}	48.973	CdH-DTPA-2
	50.989	Cd-DTPA-3
	0.021	HA^-Cd（6）(s)
Pb^{2+}	0.16	$HA^{2-}Pb$（6）(s)
	63.429	PbH-DTPA-2
	35.472	Pb-DTPA-3
	0.929	HA^-Pb（6）(s)
Co^{2+}	0.013	Co^{2+}
	58.016	CoH-DTPA-2
	41.958	Co-DTPA-3
	0.011	HA^-Co（6）(s)
SO_4^{2-}	96.465	SO_4^{2-}
	0.048	HSO_4^-
	3.484	$NaSO_4^-$
NO_3^-	99.772	NO_3^-
	0.228	$NaNO_3$(aq)
Na^+	99.743	Na^+
	0.228	$NaNO_3$(aq)
	0.028	（6）Na^+D（s）
HFA^-（6）(s)	45.433	HFA^-（6）(s)
	51.689	HA^-H（6）(s)
	0.022	HA^-Cu（6）(s)
	1.78	HA^-Fe（Ⅱ）(6)(s)
	1.037	HA^-Mn（6）(s)
	0.035	HA^-Pb（6）(s)
HFA^{2-}（6）(s)	4.171	HFA^{2-}（6）(s)
	95.771	$HA^{2-}H$（6）(s)
	0.013	$HA^{2-}Cu$（6）(s)
	0.015	$HA^{2-}Fe$（Ⅱ）(6)(s)
	0.022	$HA^{2-}Mn$（6）(s)
H^+D（s）(6)	0.132	（6）H^+D（s）
	0.148	（6）$Fe^{2+}D$（s）
	2.461	（6）$Mn^{2+}D$（s）
	97.261	（6）Na^+D（s）

注：表中各元素含量为 0.9μmol，HA 为 2mg/L，DTPA 为 5mg/L。

2.3.2 DGT相关标准缺乏，影响DGT技术的推广应用

DGT是原位测定元素有效态的最优秀的工具之一，其测定的重金属有效态与植物的相关性明显优于其他化学提取技术。但由于DGT相关标准缺失，DGT在实际应用中面临着巨大阻碍，其测定结果得不到法律认可，无法在风险评估、产地环境质量评价、农用地类型划分等方面发挥应有的作用。

影响DGT形成标准的原因很多。

① DGT的成本问题，现在DGT测定金属一般使用的是Chelex-100树脂，通常是需要过100～200目筛且还需要进一步研磨，以达到最佳均匀性，Chelex-100树脂成本为每克几十元，是DGT成本的大比例部分。但随着新型金属类结合材料的开发，这一局面将逐步得到改善，如我们开发的DTPA-LDHs，制作成本较Chelex树脂有较大优势，而且可以制作成纳米材料，使制膜均匀性有了保障。

② 专利问题，DGT基础专利掌握在英国DGT公司手中，但2006年专利已过期，自2010年以来我国科研人员加大了对DGT技术的研发力度，DGT的相关专利数也在国内有了较大的增长，使其他公司生产DGT有了可能。

③ 产品供应问题，现阶段国内能制作DGT的单位主要有南京智感环境科技有限公司（以锆膜为主，并有复合膜产品）、南京维申环保科技有限公司（是英国DGT公司在中国的子公司，产品类型多样）、农业农村部环境保护科研监测所（提供DTPA-LDHs-DGT复合膜、SH-LDHs-DGT）、东北大学（以液体结合膜为主）、中国环境科学研究院（以有机结合膜材料为主）、中国科学院合肥物质科学研究院（以钛膜为主）、浙江大学等。当然也有很多其他单位在进行相关方面的研究，如中国科学院城市环境研究所、中国农业科学院农业环境与可持续发展研究所等。但形成产品并有广泛销售的以南京两家单位最强。

④ 应用的广泛性问题，由于DGT的价格及产品供应问题，现阶段DGT的应用还主要集中在科研部门，虽然在其他领域的很多方面有成功应用案例，但总体而言，应用范围还是受到一定的限制。

⑤ 宣传问题，DGT虽然在1994年就出现了，但国内很多单位对此还不了解。

当前，DGT标准的缺乏不仅在使用标准方面，还有很多方面都需要规范。主要包括DGT基本概念定义标准、产品合格性评价标准、DGT在不同环境以及不同介质中的使用标准、DGT与其他技术配合的环境污染物检测标准、以DGT评估环境质量的阈值标准、以DGT检测值为核心的产地环境评估与类型划分标准等，这些问题都需要标准的形成。可喜的是，在科研人员的努力下，我国贵州省制定了第一个DGT测定土壤Cd的地方标准——《农产品产地土壤重金属镉有效态提取梯度扩散薄膜（DGT）法》（DB52/T 1465—2019），同时天津市的地方标准《蔬菜产地土壤有效态镉测定　梯度扩散薄膜提取-电感耦合等离子体质谱法》（DB12/T 1268—2023）也已颁布。

2.4 DGT的基本理论

DGT的英文名称为diffusive gradients in thin-films，中文名称为扩散梯度薄膜技术，也有人译为梯度扩散薄膜技术或薄膜梯度扩散技术，主要是利用自由扩散原理（菲克扩散定律），通过对目标物在扩散膜层的梯度扩散及其缓冲动力学过程的研究，获得目标物在环境介质中的（生物）有效态含量与空间分布、离子配合态结合动力学以及固-液之间交换动力学的信息[32]。DGT装置由固定外套、保护膜、扩散膜和结合膜叠加组成，目标离子以扩散方式穿过扩散层，扩散层形成梯度分布，随即被结合膜捕获。

当利用DGT装置进行土壤测试时，土壤溶液与DGT结合相之间通过保护膜与扩散膜隔开，两者之间形成一个浓度梯度差，重金属离子在浓度梯度作用下通过扩散膜向结合膜富集，金属离子通过扩散凝胶层扩散到结合膜的通量（F）可以用式（2-4）表示：

$$F=D(C_b-C')/\Delta g \tag{2-4}$$

式中　D——金属离子在凝胶中的扩散系数；

C_b（即C_{DGT}）——土壤中可被检测到的金属有效态浓度；

C'——存在于结合膜表面的自由态金属离子浓度。

如果存在于结合膜的自由态金属离子被未饱和的树脂层迅速吸附，那么C'趋于零，式（2-4）变为：

$$F=DC_b/\Delta g \tag{2-5}$$

根据流量的定义（$F=M/At$），通过面积A，在给定的时间t内的金属累积量M可表示为：

$$M=DC_btA/\Delta g \tag{2-6}$$

通过扩散膜被结合膜吸附的离子累积量M通过ICP-MS（电感耦合等离子体质谱法）或原子吸收分析确定，那么溶液中的金属离子浓度可被量化为：

$$C_b=C_{DGT}=\frac{M\Delta g}{DAt} \tag{2-7}$$

累积在结合相或结合膜上的金属在测定之前需要加酸进行提取，假设提取结合膜所用1mol硝酸的体积为V_e，膜的体积为V_g，结合相在1mol硝酸中的提取率为f_e，上机溶液测定的重金属浓度为C_e，则结合膜上吸附的重金属量M计算公式为：

$$M=\frac{C_e(V_g+V_e)}{f_e} \tag{2-8}$$

式（2-7）中的C_b或称C_{DGT}所反映的是DGT在土壤放置时间内平稳供给重金属的能力，随着DGT放置时间的延长，土壤溶液及土壤颗粒吸附的活性态金属含量逐步下降，最终导致土壤颗粒再无有效解离的金属补充至土壤溶液，此时计算的C_{DGT}与土壤初始溶液浓度的比值称为R_{diff}，而土壤中全部活性态重金属的浓度计算公式为：

$$C_E=C_{DGT}/R_{diff} \tag{2-9}$$

直接测量R_{diff}很难做到，但可通过DIFS（土壤中DGT诱导流量模型）进行计算获得。R_{diff}计算时考虑的参数有土壤孔隙度、扩散膜厚度、放置时间、扩散系数等。

测定土壤、沉积物中的元素活性与测定水体中的有一定的差别，原因在于土壤与沉积物大多是静止的，而水体以流体为主，当然也有静止水体存在。土壤、沉积物中，土壤溶液的流动往往受到土壤颗粒的影响，因此，存在较为明显的扩散边界层。而式（2-9）计算土壤有效态含量没有考虑扩散层对结果的影响，因此计算结果是真实有效态的近似值。为了更进一步计算土壤中的元素有效态含量，需要考虑扩散边界层的影响。采用式（2-10）[28]计算：

$$C'_{\mathrm{DGT}}=\frac{M\left(\dfrac{\Delta g}{D_{\mathrm{g}}}+\dfrac{\delta}{D_{\mathrm{s}}}\right)}{At} \tag{2-10}$$

式中 δ——扩散边界层（diffusion boundary layer，DBL）厚度；

D_{g}——金属离子在凝胶中的扩散系数；

D_{s}——金属离子在土壤中的扩散系数。

δ 的计算见式（2-11）[33]：

$$\delta=\frac{b}{m}\left[\frac{D_0}{1-\ln\phi D_{\mathrm{g}}}\right] \tag{2-11}$$

式中 m，b——由 $1/M$ 和 Δg 所绘制的图形线性拟合后的斜率和截距；

ϕ——土壤孔隙度；

D_0——元素在水体中的扩散系数，具体值可参见文献[25]，其中Cd的值为 $6.17\times10^{-6}\mathrm{cm}^2/\mathrm{s}$。

扩散膜的厚度一般取 0.53mm、0.91mm、1.13mm 及 1.73mm 4 个。将 DGT 放置在土壤中 24h 后测定每种厚度扩散膜所得 M，然后计算 m、b。

式（2-10）中 D_{s} 的计算为[34]：

$$D_{\mathrm{s}}=\frac{D_0}{1-\ln\left(\phi^2\right)} \tag{2-12}$$

ϕ 计算见式（2-13）：

$$\phi=(1-\frac{P_{\mathrm{c}}}{D_{\mathrm{p}}})\times100\% \tag{2-13}$$

式中 P_{c}——土壤容重，可以通过环刀法实际测得；

D_{p}——土壤密度，$\mathrm{g/cm^3}$，取值 $2.65\mathrm{g/cm^3}$。

2.5 DGT 应用于重金属形态分离与动力学计算的理论

DGT 之所以是一种强大的工具，不仅是因为其高效的预测性能，更是因为其提供了完善的理论体系，它不仅测定了重金属有效态，而且提供了有效态多组分分离的方法、模型，提供了金属配体解离动力学常数 K^{-1} 的计算模式，提供了与其他技术耦合的内在关联接口。这与其他金属有效态提取技术完全不同，也与离子配体模型有很大差异。重金属有效态的化学提取技术，无论是一步提取还是多步提取，都很少能提供动力学模型支持，而离子配体模型如软件 WHAM、Visual Minteq 所含模型等，其计算过程虽然简单，但数据获取过程复杂而且不确定性高。而 DGT 技术则可以通过简单提取过程的变化较为容易地获得某些元素形态变化的关键参数。下面就相关问题简单予以说明。

2.5.1 采用不同类型扩散膜分离重金属形态

对于有效态重金属来说，我们常把它分为两部分：一部分为离子态；另一部分为弱的有机配体或称易解离的有机配体形态。因此，DGT结合膜上能捕获测定的量M是这两部分的和。

$$M = M_{inorg} + M_{org} \tag{2-14}$$

根据有效态的计算公式［式（2-6）］，则 M 的进一步分解为：

$$M_{DGT} = \frac{(D_{inorg}C_{inorg} + D_{org}C_{org})At}{\Delta g} \tag{2-15}$$

对于放置时间、扩散面积、厚度相同的不同类型 DGT 而言，$At/\Delta g$ 是一个定值，假定 $At/\Delta g=K$。式（2-15）两边再统一除以 C_{inorg}，则式（2-15）变形为：

$$\frac{M_{DGT}}{KC_{inorg}} = C_{inorg} + C_{org}D_{org} / D_{inorg} \tag{2-16}$$

式（2-16）是一个二元一次方程，方程的斜率就是溶液中有机易解离配体 ML 的浓度 C_{org}，而方程的截距为溶液中离子态金属的浓度 C_{inorg}。

根据两点决定一条直接的性质，只要用两种扩散系数不同、厚度相同的扩散膜，就可以求出溶液中两种形态的金属浓度。如果一种是完全限制 ML 穿过的膜，则无机形态的计算可直接采用式（2-6），而有机形态的计算可采用式（2-15）。但这是一种绝对的形式，对于一般的扩散膜两种形态的金属都会通过，只不过有的快有的慢而已。此时再进一步解式（2-16），则有机配体与无机离子的浓度计算如下：

$$C_{org} = \frac{\dfrac{M^1}{D^1_{inorg}} - \dfrac{M^2}{D^2_{inorg}}}{\left(\dfrac{D^1_{org}}{D^1_{inorg}} - \dfrac{D^2_{org}}{D^2_{inorg}}\right)K} \tag{2-17}$$

式中　M^1，M^2——两种凝胶 1、2 在相同条件下测得的累积的金属量；

D^1_{inorg}——凝胶 1 对离子态金属的扩散系数；

D^1_{org}——凝胶 1 对有机易解离态 ML 的扩散系数；

D^2_{inorg}——凝胶 2 对离子态金属的扩散系数；

D^2_{org}——凝胶 2 对有机易解离态 ML 的扩散系数；

K——$At/\Delta g$。

计算获得了 C_{org}，就可以根据式（2-15）获得 C_{inorg}。两个浓度相加就是 C_{DGT}。

如果真是这样计算的话，虽也能计算出结果，但毕竟没有矫正。因此，常采用3种DGT扩散膜，计算3个D_{org}/D_{inorg}的值作为x，同时计算3个$\frac{M_{DGT}}{KC_{inorg}}$值为$y$，采用线性方程拟合$x$和$y$，就可以知道$C_{org}$和$C_{inorg}$了。这样做更精确。结果见图2-18[35]。

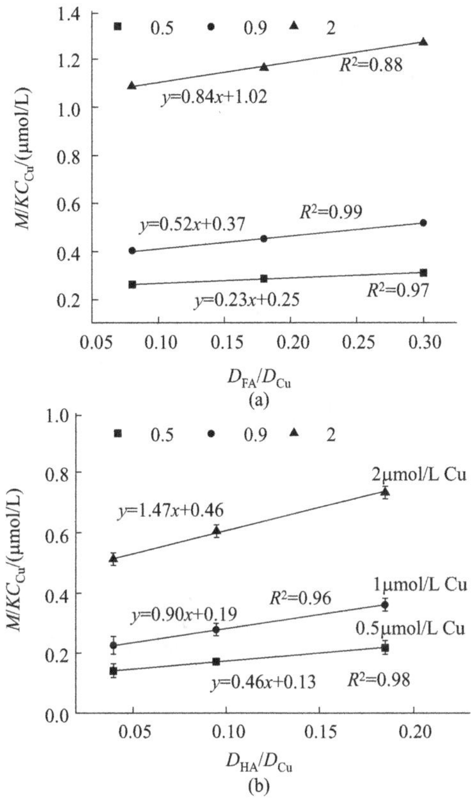

图2-18 采用不同类型扩散膜的DGT计算Cu溶液中C_{DGT-Cu}的浓度

2.5.2 采用不同DGT布置时间分离重金属形态

C_{DGT}所表达的是测量期间DGT与土壤或沉积物界面的平均浓度。为了更好地研究土壤溶液在DGT测定期间的变化程度，R即C_{DGT}与土壤溶液总浓度的比值被引入，用于描述土壤溶液中的金属被转移或消耗时，土壤颗粒补充金属的能力。当$R > 0.95$时，土壤颗粒有充足的供给能力，称为完全持续型土壤；当土壤颗粒无补充能力时，此时的R称为R_{diff}；当土壤颗粒仅有部分补充能力，但这种补充又不能使DGT的界面浓度达到C_0时，此时称为持续型土壤，$R_{diff} < R < 0.95$。

对于R值的计算，可以采用DIFS（DGT-induced fluxes in soils and sediments）软件进行模拟，并可根据模拟结果进一步计算金属在颗粒物与溶液间的分配系数K_{dl}和反应时间t_c等。具体计算如下：

$$K_{dl}=\frac{C_{ls}}{C_{d}}=\frac{k_{-1}}{P_{c}k_{-1}} \tag{2-18}$$

$$t_{c}=\frac{1}{k_{-1}+k_{1}}=\frac{1}{k_{-1}(1+K_{dl}P_{c})}\approx\frac{1}{k_{-1}K_{dl}} \tag{2-19}$$

式中　K_{dl}——金属在颗粒物与溶液间的分配系数；

C_{ls}——颗粒物上的金属有效态浓度；

C_{d}——土壤溶液金属元素的浓度；

k_{1}，k_{-1}——一次吸附反应与解离反应的速率常数；

t_{c}——土壤对待测元素浓度消减的响应时间，即 DGT 装置引入后待测元素恢复至 63% 的平衡值所需要的时间；

P_{c}——土壤容重（particle density）。

DIFS 软件界面见图 2-19。模型拟合需要的参数主要包括土壤孔隙度（ϕ_{s}）、扩散凝胶孔隙度（ϕ_{d}，一般取值 0.95）、扩散膜厚度（Δg）、土壤有效扩散系数（D_{s}）和凝胶的扩散系数（D_{d}）、放置时间（t）、模拟颗粒无补充能力时的 R_{diff}，一般将相应时间 t_{c} 设为 1×10^{10} s，K_{dl} 设置为 0cm^{3}/g，即土壤颗粒不对土壤溶液离子进行补充。

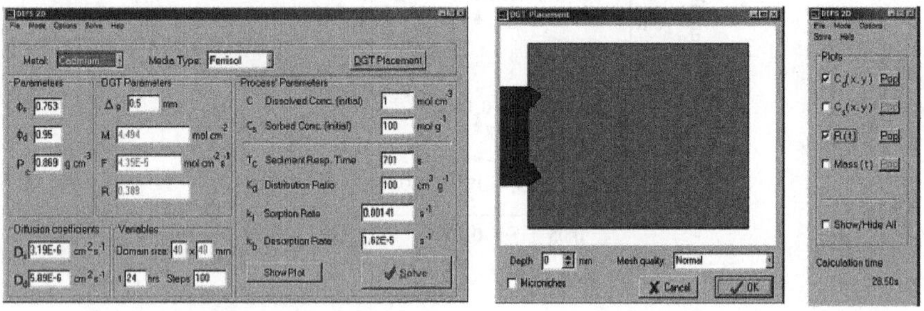

(a) 输入模式　　(b) DGT安置　　(c) 输出模式

图 2-19　2D DIFS 界面

软件模拟获得 R_{diff} 后，土壤有效态含量 C_{E} 的计算公式为 $C_{E}=C_{DGT}/R_{diff}$，实际计算表明，一般 C_{E} 为 C_{DGT} 的 10 倍左右。

把 DGT 放置在土壤中就会引起土壤中离子的流动与解离，而随着时间的进行，土壤中的离子解离能力逐步减弱直至最终耗竭，无法再进行补充。因此，测定的 C_{DGT} 并非一成不变，而是随着时间逐渐下降（此处不考虑土壤 Eh 值变化引起重金属形态改变带来的影响），见图 2-20。

Hao 等[36] 把 R 定义为 C_{DGT} 与土壤溶液 C_{solu} 的总浓度的比值。但通过大量的样品检测发现，R 值有很大一部分是＞ 1 的。也就是说测定的土壤有效态浓度有很大一部分是土壤颗粒上吸附的易解离态部分，而这部分的“浓度”要远大于土壤溶液，是一个重要的供给库。在没有动力学给其提供解离能时，这部分是无法在土壤溶液中以浓度的形式表现出来的；当放置 DGT 后，这部分有效态的特性就会表现出来，使测定的 C_{DGT} ＞ C_{solu}，而且这种大于不是小概率事件，这就往往导致 $R > 1$ 的情况出现。

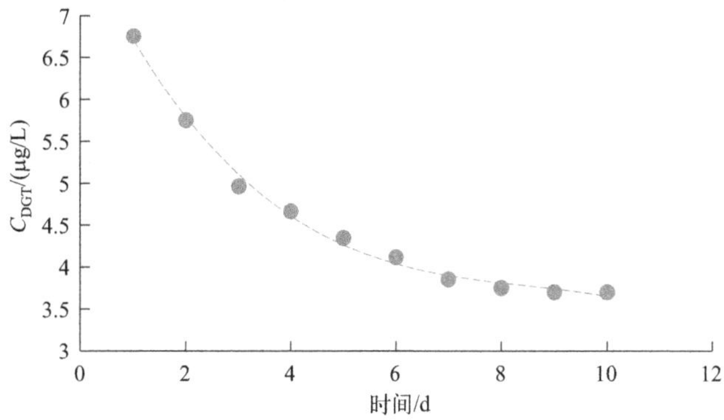

图 2-20　C_{DGT} 随时间下降的趋势

当土壤采用盐、酸及其他化学试剂浸提有效态重金属时，测定的重金属有效态浓度也较水溶液浸提大很多，也就是说土壤颗粒吸附的易于解离的重金属较土壤溶液中的溶解态重金属要多很多（图 2-21）。

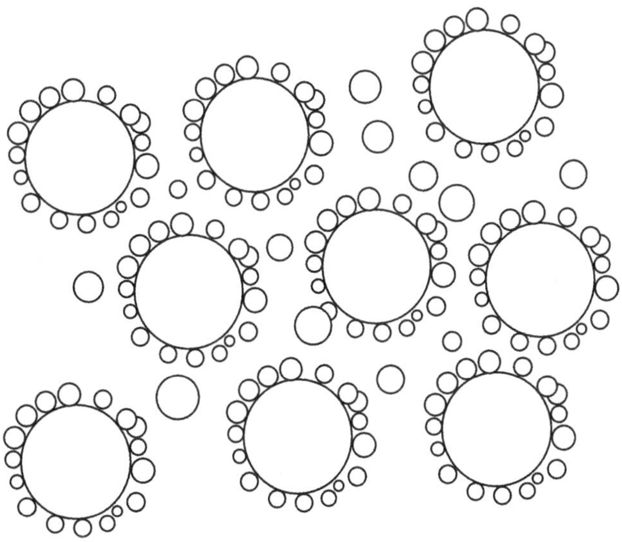

图 2-21　黏粒的吸附使土壤溶液中 Cd 含量低于 DGT 测定的数值

2.5.3　采用不同厚度的扩散膜分离金属的不同形态

采用不同类型的膜或同一类型的膜长时间放置计算金属的解离参数等工作量都不小。不同类型的膜需要分别测定金属离子和金属配体的扩散系数，需要用辅助软件如 Visual Minteq、WHAM 等计算配体含量，而长时间在同一土壤中测定金属的参数涉及的不确定性问题更多，如结合膜的饱和、土壤淹水后 Eh 值的变化和土壤水分流失等。这些问题的存在，影响了此项工作的推广。而采用同类型不同厚度的扩散膜来区分易动态的类型并计算解离常数则可以有效避免以上问题，而且计算过程简单，DGT 扩散膜的制备也不是难题。其原理是元素的配体 ML 通过扩散膜时，由于扩散梯度的存在，会解离形成 M+L，扩散膜的厚度不同，ML 通过扩散膜的时间（$t=\Delta g^2/\pi D$）也就存在差异性，差异性的存在导致 ML 在不同厚度的膜中的解离量不同，我们通过这一机制来计算金属 ML 解离的相关关键参数。

下面对此方法的一种实现形式进行说明。

2.5.3.1 理论

放置于土壤中的 DGT 会通过梯度扩散过程吸附土壤溶液中的离子态及易解离金属配体[37]，在时间 t 内 DGT 累积重金属的量计算如下：

$$M_a=\frac{(C_M D_M+C'_M D_{ML})At}{\Delta g} \quad (2\text{-}20)$$

式中 M_a——时间 t 内 DGT 结合膜上累积的重金属量；

A——窗口面积（根据厂家提供的信息确定），cm²；

C_M——土壤溶液中离子态金属 M 的浓度；

C'_M——在时间 t 内金属配体 ML 解离的可被 DGT 测量的离子浓度；

D_M，D_{ML}——离子态金属及配合态金属在扩散膜中的扩散系数，通常 D_{ML} 是 D_M 的 20%[5]，cm/s；

Δg——扩散膜厚度，cm。

C'_M 的计算见式（2-21）：

$$C'_M=C_{ML}\left\{1-\exp\left[-\frac{k_{-1}(\Delta g)^2}{2D_{ML}}\right]\right\} \quad (2\text{-}21)$$

式中 k_{-1}——ML 解离率常数；

C_{ML}——土壤中金属配体 ML 浓度；

Δg——扩散膜厚度，即 ML 解离运移最大距离，ML 在此距离内解离可以被 DGT 监测到。

DGT 扩散膜厚度 Δg 不同，提供给配合态金属 ML 的解离时间就有差异性，会造成不同扩散膜厚度 DGT 解离浓度 C'_M 不同。因此，Δg 亦可理解为 DGT 扩散膜厚度的差 $\Delta g_{(b-a)}$，而 C'_M 则为厚度差异性造成的配合态金属或称金属配体 ML 解离浓度差值。如何表征这一差异，是式（2-21）获解的关键。

当土壤溶液中只有离子态金属时，根据菲克扩散定律可知，采用 DGT 技术计算土壤溶液中金属离子的浓度 C_{DGT} 的公式为[20]：

$$C_{DGT}=\frac{M_a\Delta g}{D_M At} \quad (2\text{-}22)$$

由于不存在重金属配体 ML 的解离供给，土壤溶液中 C_{DGT} 为一定值，D_M、A、t 一定时，M_a 与 Δg 成反比。因此，只需计算通过扩散膜厚度 a 的 DGT 的 C_{DGT}，厚度 b 的 DGT 累积的 M_a^b 量可通过式（2-22）计算获得，见图 2-22。

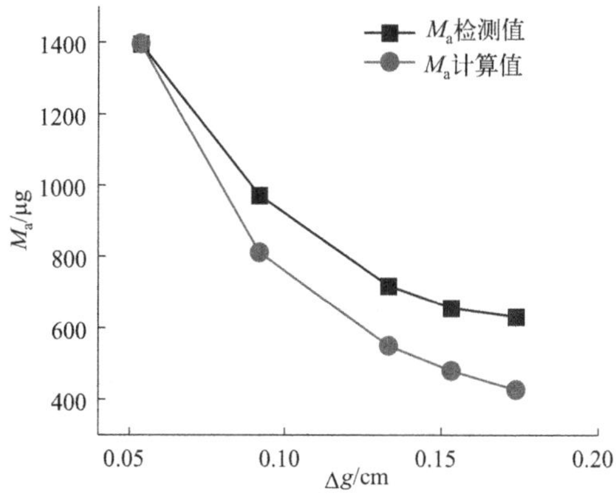

图 2-22　根据式（2-22）理论计算的值与实验测量值的差异

当土壤中的金属易动态分为离子态及配体时，扩散膜厚度增加会导致金属配体解离量上升，此时扩散膜厚度为 b（$b>a$）的 DGT 累积的金属量 M_a^{b+} 要高于通过式（2-22）理论计算的 M_a^b 值，见图 2-22。增加部分可以认为是增加的 DGT 厚度 $\Delta g_{(b-a)}$ 解离的量，其浓度差异可通过式（2-23）计算获得。

$$C_{DGT}^{\Delta g(b-a)}=\frac{(M_a^{b+}-M_a^b)\Delta g_{(b-a)}}{D_{ML}At} \tag{2-23}$$

式中　$C_{DGT}^{\Delta g(b-a)}$——扩散膜厚度为 b 的 DGT 与扩散膜厚度为 a（$b>a$）的 DGT 解离金属 ML 的浓度差，此值相当于式（2-21）中的 C'_M 值；

M_a^{b+}——厚度为 b 的 DGT 实际累积的金属量；

M_a^b——厚度为 b 的 DGT 通过式（2-22）计算的累积量。

其他参数含义与式（2-21）相同。

联合式（2-21）与式（2-22）得出，在扩散膜厚度差为 $b-a$ 上解离的重金属配合态含量见式(2-24)：

$$\frac{(M_a^{b+}-M_a^b)\Delta g_{(b-a)}}{D_{ML}At}=C_{ML}\left\{1-\exp\left[-\frac{k_{-1}(\Delta g_{(b-a)})^2}{2D_{ML}}\right]\right\} \tag{2-24}$$

式中　$\Delta g_{(b-a)}$——扩散膜 b 与 a 的厚度差。

其他参数含义见式（2-21）。

采用不同厚度扩散膜的 DGT 测量土壤中金属易动态浓度，则式（2-24）就会有多次实现，从而可以通过软件的非线性拟合方式计算获得 C_{ML}、k_{-1} 等关键参数。进而通过式(2-20)及式（2-21）计算得到 C_M，则土壤中重金属易动态总浓度为：

$$C=C_{ML}+C_M \tag{2-25}$$

根据式（2-24），当获得 C_{ML}、k_{-1} 时，通过迭代计算可以获得 C_{ML} 全解离最大厚度差 $\Delta g_{max(b-a)}$，加上初始计算时确定的 DGT 扩散膜基础厚度，则可获得 C_{ML} 全解离时 DGT 扩散膜的最大有效厚度 Δg_{max}。

$\Delta g_{(b-a)}$ 的变化引起金属配合物 ML 解离浓度 $C_{DGT}^{\Delta g(b-a)}$ 的变化，式(2-24）中 $\Delta g_{(b-a)}$

与 $C_{DGT}^{\Delta g(b-a)}$ 的关系受 C_{ML} 与 k_{-1} 两个参数的共同影响。C_{ML} 决定了 $C_{DGT}^{\Delta g(b-a)}$ 的大小，k_{-1} 则决定了 $C_{DGT}^{\Delta g(b-a)}$ 的变化速率。分别固定 C_{ML} 与 k_{-1}，研判式（2-24）中变量变化与 ML 解离浓度差 $C_{DGT}^{\Delta g(b-a)}$ 的关系，结果见图 2-23 及图 2-24。图 2-23 中假设 C_{ML} 为定值 40μg/L，D_{ML} 为 25℃时镉离子扩散系数的 20%[5]。k_{-1} 范围为 10^{-6} ～ 10^{-2}，共设计 5 个梯度变化。可见，随着 k_{-1} 的增加，扩散膜厚度差增加，导致 ML 解离浓度差增速加快，k_{-1} 越大，C_{ML} 全解离最大厚度差 $\Delta g_{max(b-a)}$ 越小。图 2-24 中设 D_{ML} 为 25℃时镉离子扩散系数的 20%，k_{-1} 为 $10^{-4}s^{-1}$，C_{ML} 变化范围为 10 ～ 80μg/L，可见，C_{ML} 的变化主要导致了 $C_{DGT}^{\Delta g(b-a)}$ 拱高的增加，并未改变 $\Delta g_{max(b-a)}$ 的大小。

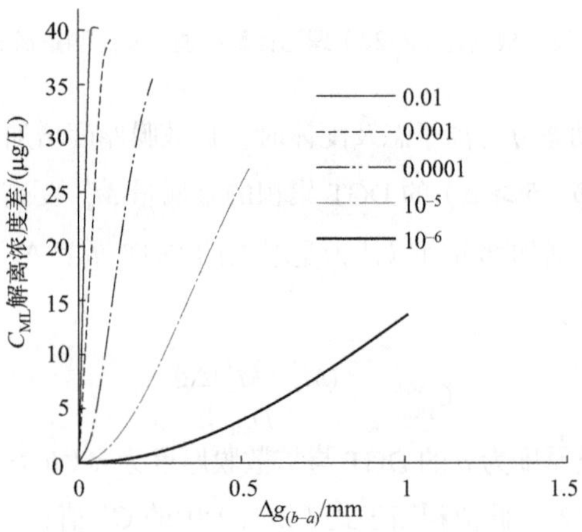

图 2-23　不同 k_{-1} 相同 C_{ML} 的模拟情景

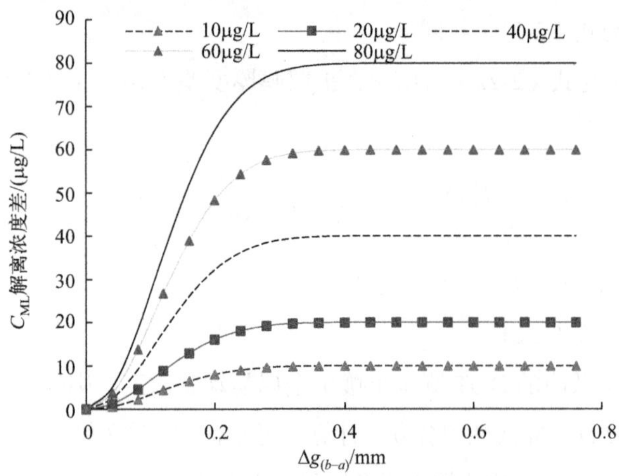

图 2-24　不同 C_{ML} 相同 k_{-1} 的模拟情景

2.5.3.2　理论实现

（1）土壤的选择及理化性质的测定

本研究的供试土样分别采自河南郑州（棕壤）、陕西西安（黄绵土）、江苏苏州（黄泥土）、广西刁江（红壤）及重庆北碚（紫色土），土壤pH值、有机质、土壤阳离子交换量（CEC）、游离铁、活性铁、容重等测试方法分别为电位法、重铬酸钾滴定法、氯化钡-硫酸强迫交换法、连二亚硫酸钠（$Na_2S_2O_4$）还原法、草酸铵缓冲液提取法、环刀法等，具体见文献［38］，具体数据如表2-6所列[39]。土壤过2mm筛后通过喷施方式均匀添加金属Cd、Ni盐溶液，添加量为Cd 0.6mg/kg、Ni 80mg/kg，添加后再次搅拌，加水达80%持水量，保持90d后备用。土壤重金属全量检测前处理方法为HNO_3-$HClO_3$-HF联合消解，检测仪器为ICP-MS（安捷伦7500）[40]。

表2-6　供试土壤相关理化性质

地区	类型	pH值	有机质/（g/kg）	CEC/（cmol/kg）	游离铁/（g/kg）	活性铁/（g/kg）	全Cd/（mg/kg）	全Ni/（mg/kg）
河南郑州	棕壤	7.87	1.84	15.63	8.96	1.24	0.77	105.08
陕西西安	黄绵土	8.27	11.27	20.49	6.85	0.32	0.60	95.86
江苏苏州	黄泥土	7.97	22.81	12.88	20.66	3.99	0.76	121.61
广西刁江	红壤	7.53	21.78	8.68	34.44	1.33	2.94	106.33
重庆北碚	紫色土	4.46	15.73	11.26	17.68	1.61	0.81	116.17

（2）凝胶的制作及DGT组装

分别制作0.4mm、0.8mm、1.2mm、1.4mm及1.6mm厚度的扩散相凝胶。凝胶的制备参见文献［26］的制作方法。向10mL丙烯酰胺凝胶（15%丙烯酰胺，0.3%凝胶交联剂）溶液中加入70μL 10%的过硫酸铵溶液，充分搅拌后加入25μL四甲基乙二胺（TEMED），搅拌均匀。将溶液快速注入一定厚度的玻璃容器内，并将其平移至42℃条件下恒温恒湿培养箱培养1h，而后取出放入超纯水中，30min后取出凝胶，24h内换水至少3次制得。将制好的扩散相凝胶储存在0.01mol/L的$NaNO_3$溶液中备用。结合相凝胶制备方法简述为：将6g过200～400目筛的Chelex-100树脂用去离子水处理后加入15mL丙烯酰胺凝胶溶液中充分搅拌，超声2～3min后加入90μL 10%的过硫酸铵溶液，并加入22.5μL四甲基乙二胺（TEMED），超声1～3min后将悬浊液快速注入一定厚度的玻璃槽内，用玻璃盖板盖好并转入3～10℃低温培养箱内静置20min后，将其平移至恒温恒湿培养箱于42℃条件下培养1h，而后取出放入超纯水中，30min后取出凝胶，24h内换水至少3次制得。将制备好的结合相凝胶储存在超纯水中备用。

将制备好的扩散相凝胶膜与结合相凝胶膜切割并组装，并将组装好的DGT储藏于4℃冰箱中备用。

（3）DGT实验

将采集好的土样研磨过2mm筛，平行称取4份不同地区土壤100g置于带密封盖的塑料盒中，添加超纯水使待测土壤含水量达到60%，混匀，密封后在25℃条件下放置48h；再次添加超纯水使土壤含水量达到100%，混匀，使容器内土壤表面平滑，密封后在25℃条件下培养 24h 得到土壤检测试样。将 DGT 取出后用超纯水冲洗，去除开口表面 $NaNO_3$ 溶液，而后用竹片将待测土壤轻轻涂抹在 DGT 开口直至与装置表面平齐，然后将 DGT 水平轻轻旋入土壤使其与待测土壤充分接触，避免产生气泡，随后密封于 25℃条件下培养 24h 后将装置取出。将取出的 DGT 装置用去离子水洗净窗口表面，打开装置将结合相用碳纤维镊子取出放于 2mL 塑料离心管中并加入 1mL 1mol/L HNO_3，解离 24h 后测定 DGT 吸附的重金属 Cd、Ni 含量。

为了保障实验的精确性，所有实验用药品全部为优级纯，实验器皿在实验前均经稀酸处理。实验平行误差控制在 10% 以内。

（4）数据的分析处理

数据基本计算及拟合计算采用 DPS 16.05 软件，制图采用微软 Excel 2010 软件。

2.5.3.3 结果与讨论

（1）土壤金属解离动力学特征

采用式（2-22）首先计算扩散膜厚度为 0.4mm（实际计算时需增加硝酸纤维素保护膜厚度 0.13mm，即 0.53mm）的 DGT 的 $C_{DGT(0.53)}$ 值，然后根据 $C_{DGT(0.53)}$ 值采用式（2-22）分别计算扩散膜厚度为 0.8mm、1.2mm、1.4mm 及 1.6mm 的 DGT 理论计算值 M_a^b，再根据实际检测值 M_a^{b+}，采用式（2-23）计算获得不同厚度扩散膜 DGT 解离金属 ML 的浓度差，从而获得式（2-24）的 5 个实现，采用 DPS 软件的非线性拟合中的全局优化法获得式（2-24）中的 C_{ML} 及 k_{-1} 值，并根据 C_{ML} 及 k_{-1}，计算最大有效厚度 Δg，进而结合式（2-21）、式（2-22）及式（2-25）计算重金属离子态浓度 C_M 及易动态浓度 C。方程拟合结果、计算获得的各模型参数及拟合显著性决定系数 R^2 分别见图 2-25 及表 2-7。

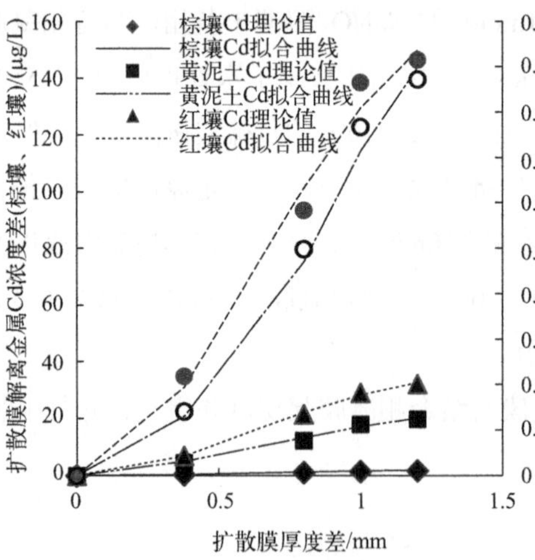

(a)

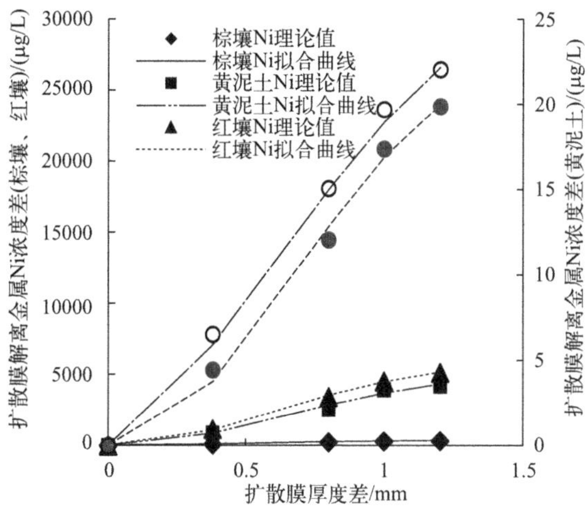

(b)

图 2-25　不同厚度扩散膜 DGT 解离重金属浓度差及拟合结果

表 2-7　模型回归拟合参数及计算值

金属	地区	类型	k_{-1} / s^{-1}	C_{ML}/(μg/L)	R^2	C_M/(μg/L)	C_{ML}/C_M
Cd	河南郑州	棕壤	2.53×10^{-4}	2.36	0.99	1.79	1.32
	陕西西安	黄绵土	1.77×10^{-4}	0.28	0.99	0.44	0.64
	江苏苏州	黄泥土	2.97×10^{-4}	24.35	0.99	9.56	2.55
	广西刁江	红壤	3.39×10^{-4}	37.64	0.99	25.91	1.45
	重庆北碚	紫色土	3.32×10^{-4}	174.20	0.98	13.00	13.40
Ni	河南郑州	棕壤	3.80×10^{-4}	379.98	0.99	218.21	1.74
	陕西西安	黄绵土	2.07×10^{-4}	31.87	0.99	62.48	0.51
	江苏苏州	黄泥土	2.74×10^{-4}	5293.22	0.98	1999.81	2.65
	广西刁江	红壤	2.43×10^{-4}	6008.18	0.99	3980.56	1.51
	重庆北碚	紫色土	3.15×10^{-4}	29899.60	0.99	2090.76	14.30

结合图 2-25 及表 2-7 的模型拟合结果可知，模型拟合结果良好，决定系数 R^2 最低值为 0.98，说明计算结果与模型有很好的契合性。

结合表 2-7 中计算获取的土壤金属 Cd 和 Ni 的 C_{ML} 及 k_{-1} 值，采用数据迭代方法计算最大有效解离厚度，迭代步长为 0.02mm，结果为河南郑州、陕西西安、江苏苏州、广西刁江、重庆北碚 5 个区域的土壤 Cd 有效最大解离厚度分别为 0.47cm、0.52cm、0.47cm、0.45cm 和 0.47cm，Ni 有效最大解离厚度分别为 0.45cm、0.53cm、0.49cm、0.49cm 和 0.53cm。本次实验扩散膜最大厚度为 0.173cm，距离最大有效解离厚度 Δg_{max} 尚有较大差距，因此，图 2-25 中 Cd、Ni 解离浓度都处于增加态势。Scally 等[37]提出可实现 ML 有效解离的扩散膜厚度上限为 $\sqrt{9.2D_{ML}/k_{-1}}$，根据此公式，河南棕壤、陕西黄绵土、江苏黄泥土、广西红壤、重庆紫色土这 5 种土壤中重金属 Cd、Ni 有效解离厚度上限分别为 0.30cm、0.26cm、0.26cm、0.26cm、0.25cm 及 0.18cm、0.24cm、0.23cm、0.20cm、0.22cm，均小于本研究提出的最大易动态厚度。原因在于一方面，根据 Scally 方法［式（2-26）］计算的 k_{-1} 值要小于本研究的计算结果，见图 2-26 和图 2-27，另一方面可能是两种方法计算模式的差异。

$$k_{-1}=-2D_{ML}\{\ln[1-(M_a\Delta g/At-C_MD_M)/C_{ML}D_{ML}]\}/\Delta g^2 \quad (2\text{-}26)$$

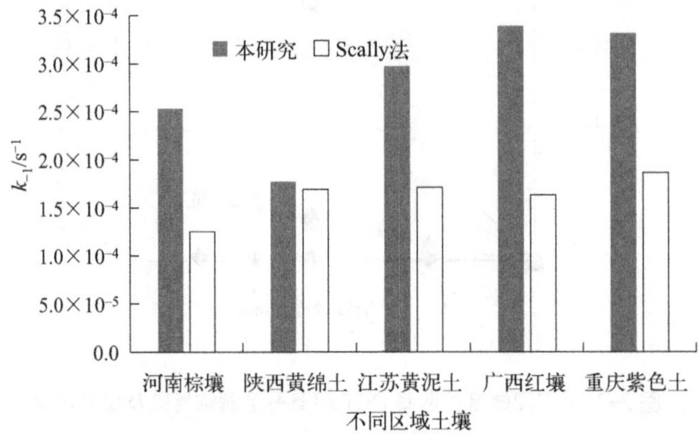

图 2-26　不同方法计算的不同区域土壤配体 Cd 解离 k_{-1} 值

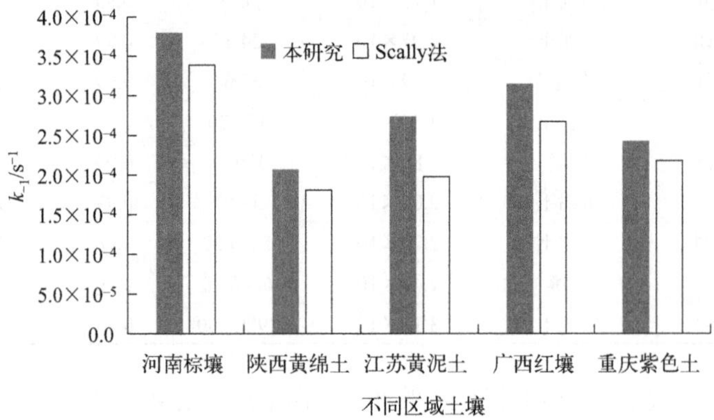

图 2-27　不同方法计算的不同区域土壤配体 Ni 解离 k_{-1} 值

图 2-26 和图 2-27 表明，虽然两种模式计算的金属解离 k_{-1} 值有所差别，但两种模式计算的 k_{-1} 变化趋势一致，且对于 Ni 而言，差别并不明显。

不同区域土壤镉解离速率常数 k_{-1} 的大小顺序为：陕西黄绵土＜河南棕壤＜江苏黄泥土＜重庆紫色土＜广西红壤。不同区域土壤镍的解离速率常数 k_{-1} 的大小顺序为：陕西黄绵土＜重庆紫色土＜江苏黄泥土＜广西红壤＜河南棕壤。比较两种金属的 k_{-1} 值表明，土壤中两种金属解离速率常数变化范围在（2.0 ～ 4.0）$\times10^{-4}s^{-1}$ 之间，其阈值范围与 Shafaei 等[41]计算的水体中 Ni-FA k_{-1} 值相当。北方地区的棕壤、黄绵土 Ni 的 k_{-1} 值大于 Cd，而南方地区土壤 Ni 的 k_{-1} 值小于 Cd。Ernstberger 等[42]采用基于 DGT 技术的 DIFS 模型计算了 5 种理化性质不同的土壤添加 Cd、Ni 老化 3 年后的 k_{-1} 值，结果表明，Cd 的 k_{-1} 值明显大于 Ni，综合本研究的结果说明 Ni 在土壤中更易老化。

采用 DGT 计算配合态金属 ML 解离动力学常数 k_{-1}，除本研究及 Scally 提出的方法外，Warnken 等[28]也提出了一套计算模式，其基本计算如式（2-27）所示：

$$k_{-1}=\frac{(D_{ML}^{gel})^2K_{C_L}}{D_M^{gel}g_{kin}^2} \tag{2-27}$$

式中 D_{ML}^{gel}——配合态金属 ML 在扩散凝胶膜中的扩散系数；

D_M^{gel}——金属 M 在扩散凝胶中的扩散系数；

K_{C_L}——溶液中金属配合态与离子态浓度的比值，$K_{C_L}=C_{ML}/C_M$，可以通过 WHAM 及 Visual Minteq 等软件计算获得；

g_{kin}——动力限制虚拟距离，可通过式（2-28）计算获得。

$$g_{kin}=\frac{b}{m}-\frac{D_{ML}^{gel}(1+\varepsilon^{gel}K_{C_L})}{D_M^W(1+\varepsilon^W K_{C_L})}\delta \tag{2-28}$$

式中 b，m——不同扩散膜厚度 Δg 与 DGT 检测值 $1/M_a$ 线性拟合方程的截距与斜率；

ε——金属在凝胶和水中扩散系数的比值，$\varepsilon^{gel}=D_{ML}^{gel}/D_M^{gel}$，$\varepsilon^W=D_{ML}^W/D_M^W$；

δ——扩散边界层（DBL）厚度，$\delta=b(D_M^W/D_M^{gel})/m$。

$K_{C_L}=C_{ML}/C_M$，需要通过第三方软件计算获得。

Warnken 提出的方法涉及的计算参数多且需采用第三方软件计算 C_{ML} 及 C_M，对于较纯净的水体计算相对简单，但对于成分复杂的污染水体或土壤，计算精度会受到影响。

采用多元线性回归分析土壤理化性质对土壤 Cd、Ni 解离动力学的影响，结果见式（2-29）和式（2-30）。

式（2-29）和式（2-30）模型决定系数 R^2 均为 0.99。

$$k_{-1(Cd)}=(53.3-0.28\times pH-1.59\times CEC-1.18\times Cd)\times1.0\times10^{-5} \tag{2-29}$$

$$k_{-1(Ni)}=(-259-11.7\times SOM+3.49\times Fed+5.99\times Ni)\times1.0\times10^{-6} \tag{2-30}$$

模型表明影响 Cd 解离速率常数 k_{-1} 的主要土壤因子为 pH 值、CEC 及 Cd 含量，3 个因子标准化回归系数值分别为 −0.07、−1.07 和 −0.17，表明 CEC 对 Cd 解离速率常数影响最大，CEC 越大，k_{-1} 越小。影响 Ni 解离速率常数 k_{-1} 的主要土壤因子为 SOM（有机质）、Fed（游离态氧化铁）及土壤 Ni 全量，标准化回归系数分别为 −1.50、0.57 及 0.90，其中 SOM 对 Ni 解离速率常数的影响最大，SOM 越大，k_{-1} 越小，同时 Ni 对 k_{-1} 的影响也较为突出。相较于 Cd 而言，Ni 的解离受 SOM 影响更大些，而 Cd 受 CEC 的影响更加突出。CEC 对土壤 Cd 的解离释放作用为负，即土壤 CEC 越大则 Cd 解离越弱，且 CEC 对 Cd 的影响所占权重较大。CEC 反映了土壤胶体的负电荷量，CEC 越高则负电荷量越高，通过静电吸附而固持在土壤颗粒表面的 Cd^{2+} 也越多，因此土壤 CEC 的高低可作为判定 Cd 解离速率大小的重要指标。有机质（SOM）所含羟基、酚基、氨基、羰基、氢硫基等在与金属键合反应中起到 Lewis（路易斯）硬碱的作用，Ni^{2+} 与 Cu^{2+} 同属于交界酸，较软酸 Cd^{2+} 更易于与有机质基团结合，因此其解离速率 k_{-1} 更易受有机质的影响[43]。

（2）金属易动态含量计算

采用 DGT 计算土壤中金属易动态含量 C，主要有 4 种方式：

① 直接采用式（2-22）计算[27]；

② 根据不同厚度扩散膜 Δg 与 DGT 检测值 M_a 的倒数所拟合方程计算的斜率 m 求得，称之为斜率法[28]；

③ 根据 Scally 提出的方法通过拟合式（2-26）计算获得 C_M 及 C_{ML}，将两者相加获得，称之为 Scally 法；

④ 本研究所采用的方法。

Scally 法与本研究提出的计算重金属易动态的方法都可以把易动态重金属分为离子态与配体两种组分，是更精确计算重金属易动态的方法。

采用 4 种方法计算易动态含量，如表 2-8 所列。比较而言 Scally 法计算的 C 值最大，甚至超出了土壤重金属全量值，出现了过拟合现象，这可能是由模型估算参数多实现少所致。其余 3 种方法计算出的结果，均表现为本研究计算值最大，其次为斜率法，而采用式（2-22）计算的结果最小。可见，采用本方法计算的重金属易动态含量 C 能更好地体现出金属易动态中配合易解离部分 C_{ML} 对全部易动态浓度的贡献，而斜率法的计算初衷并不考虑配体对 C 的贡献，只考虑扩散边界层的影响。式（2-22）计算结果体现的是一定时间内金属 M 及 ML 平均供给能力的大小，计算时仅采用了金属离子态的扩散系数 D_M，扩散系数偏大及不完全考虑配体的贡献是其结果偏小的原因。

表 2-8　不同方法计算 C 值　　单位：μg/L

金属	地区	类型	$C_{本研究}$	$C_{斜率法}$	C_{DGT}	$C_{Scally法}$
Cd	河南郑州	棕壤	4.15	2.19	1.43	191002.82
	陕西西安	黄绵土	0.72	0.45	0.29	7654.29
	江苏苏州	黄泥土	33.91	27.68	6.01	37923.31
	广西刁江	红壤	63.55	34.42	16.98	137400.87
	重庆北碚	紫色土	187.2	33.03	8.44	40752.64
Ni	河南郑州	棕壤	598.19	341.33	161.9	78262.41
	陕西西安	黄绵土	94.35	66.06	55.29	26231.07
	江苏苏州	黄泥土	7293.03	4095.92	1213.3	45749.86
	广西刁江	红壤	9989.04	4095.92	3046.6	151743.78
	重庆北碚	紫色土	31990.36	4095.92	1316.9	50498.74

就 3 种计算方法所得数值变化趋势而言，除重庆紫色土外，其他 4 种土壤重金属易动态含量 C 值变化趋势基本一致。斜率法因江苏黄泥土、广西红壤及重庆紫色土 Ni 元素采用不同厚度 Δg 与 $1/M_a$ 拟合，曲线斜率相同，3 种土壤计算的 C 值相同，在此情况下无法有效区分易动态含量大小。重庆紫色土计算结果表明，在 C_{ML} 占据易动态含量主导地位时，本文计算结果为 $C_{ML\text{-}Ni}/C_{M\text{-}Ni}$=14.3，$C_{ML\text{-}Cd}/C_{M\text{-}Cd}$=13.4，采用 DGT 简易易动态含量计算公式［式

(2-22)] 会导致结果严重偏小。

采用逐步线性回归分析土壤理化参数对Cd、Ni易动态含量的影响，结果见式(2-31)和式(2-32)。两模型决定系数R^2均为0.99，也就是说此模型可以解释Cd、Ni易动态变异性的99%。式(2-31)中pH值、SOM、Cd标准化回归系数分别为−0.96、0.18和0.06；式(2-32)中pH值、SOM、Cd标准化回归系数分别为−0.93、0.21和0.02。与土壤环境因子影响重金属解离速率常数k_{-1}不同，土壤Cd、Ni易动态含量均受到pH值、SOM及重金全量3个因子的影响，且主要影响因子均为pH值。

$$C_{Cd}=366-46pH+1.6SOM+4.8Cd \tag{2-31}$$

$$C_{Ni}=57033-7759pH+332SOM+37Ni \tag{2-32}$$

pH值是土壤化学性质的综合反映，土壤pH值升高，土壤中黏土矿物、水合氧化物及有机质表面的负电荷增加，对Cd^{2+}、Ni^{2+}的吸附能力也随之提高。高pH值还有利于金属羟基复合物增加，降低了离子的平均电荷，使吸附反应的能力降低，有利于土壤对重金属的专性吸附；另外，OH^-的增加也削弱了H^+对交换位点的竞争，提高了土壤有机质-重金属配合物的稳定性，同样会提高土壤对重金属的吸附能力，从而降低重金属的有效性[39]。

2.6 影响DGT测定结果的因素分析

2.6.1 土壤研磨对DGT检测结果的影响

常规操作规定用于检测重金属活性态含量的土壤需要过10目(2mm)筛，主要目的：一是保持土壤原有理化性质不受影响，使土壤与自然状态尽可能一致；二是减少土壤大颗粒及石块等对检测结果的影响。DGT对土壤重金属有效态的测定反映了重金属自土壤溶液向DGT传输运移的动力学过程，重金属在土壤中的运移会受到土壤扭曲度即土壤粒径的影响。土壤扭曲度与土壤研磨程度有关，土壤研磨越细，土壤的平均孔隙度就越大，土壤扭曲度对土壤溶液的运移影响越小。

图2-28展示了3种不同土壤类型土壤孔隙度随磨细度变化的情况，同时计算了不同磨细度条件下土壤重金属活性态含量C_E及C'_E(考虑磨细对扩散边界层的影响)的变化情况，图中C_E、C'_E及φ分别为DGT测定土壤总有效态浓度、考虑扩散边界层后的总有效态浓度及不同磨细程度下对应的土壤孔隙度。结果表明，不同磨细度条件下土壤重金属活性态含量计算结果会有一定的差异性，土壤经过磨细后，湖南棕壤、湖南水稻土、四川暗棕土C_E的变异系数分别为19%、9%、12%；C'_E分别为8%、8%和4%。说明C'_E基本融合了孔隙度变化对土壤Cd活性的影响，其变异性较弱，土壤磨细虽改变了孔隙度的大小，但对土壤Cd的有效态影响不明显。但结果也表明，不同磨细度确实会对重金属活性态含量有一定影响，因此，本着简单实用性原则，我们建议统一采用过2mm筛土壤检测重金属活性态含量。

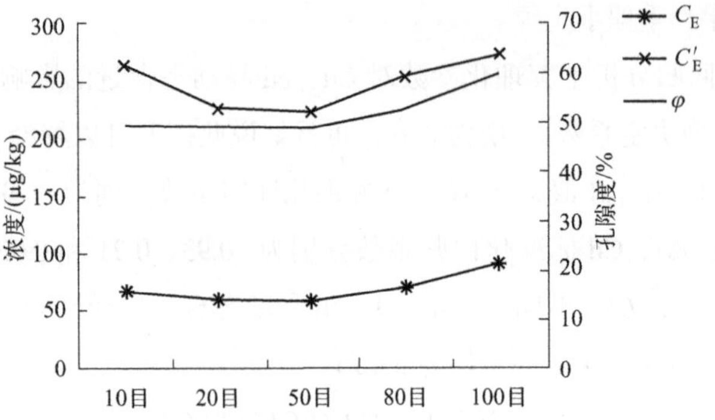

(a) 湖南棕壤

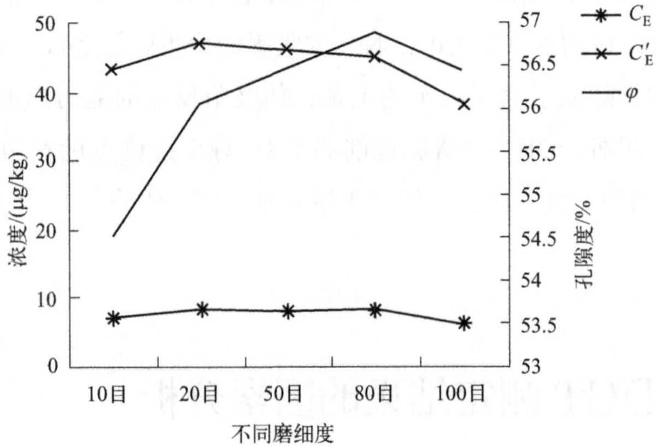

(b) 湖南水稻土

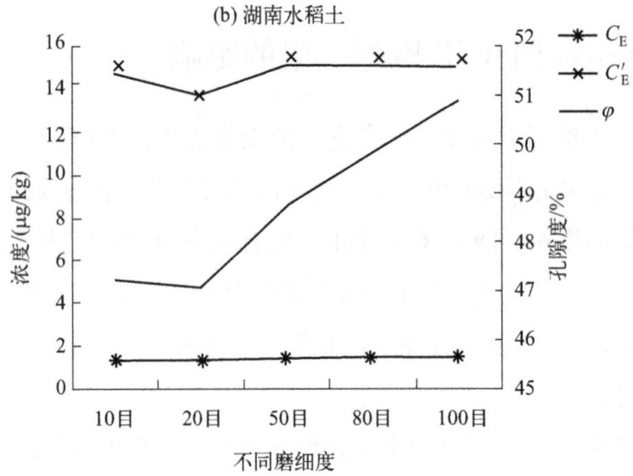

(c) 四川暗棕土

图 2-28　不同土壤磨细度对 DGT 测定结果的影响

2.6.2　土壤前处理方法对检测结果的影响

经过多次探索，我们规定在检测土壤重金属活性态含量时，前处理过程如下：称取过 2mm 筛风干土壤 100g 作为待测土壤，放入塑料容器中，添加去离子水使待测土壤含水量达到田间持水量 100%（约 35mL，黏土约为 40mL），使用手持式电动搅拌器搅拌土壤 3min，使土壤与水充分接触混匀且保持土壤表面平整，密封后放置于 25℃恒温恒湿培养箱中培养

24h。之所以如此规定：

① 为了尽可能使土壤溶液与土壤颗粒间达到离子交换平衡，且水分含量保持不变；

② 只有达到合适的持水量，才能保障土壤溶液中的金属与 DGT 之间充分接触，避免气泡影响；

③ 尽可能减少土壤扭曲度对检测结果的影响；

④ 如果土壤水分含量太高，则会对土壤溶液产生稀释效果，且产生厌氧条件，会影响检测结果。

除本方法外，相关文献也报道了其他土壤样品的前处理方法，即首先加水至土壤持水量的 60%，25℃培养 2d 后再加水到 100% 持水量，再培养 1d。我们对比了这两种方法提取的土壤重金属活性态含量的差异性，结果见图 2-29。可见，对于某些土壤不同处理模式检测结果没有差别，但对某些土壤某些元素却有较大的差异。具体应采用哪种方式应该做一些预备实验再决定。

除以上提到的土壤前处理时间外，处理后何时放置 DGT 也会影响结果，因为土壤加水后，土壤空气会减少，逐步由好氧条件向厌氧条件转化，土壤中的 Fe/Mn 氧化物形态会随之发生明显的变化，导致重金属活性发生快速变化，当 Fe/Mn 形态变成主导 Cd 有效态含量变化的因素时会严重影响检测结果，如图 2-30 所示。因此，在土壤淹水 2d 之内应对重金属的活性进行检测。

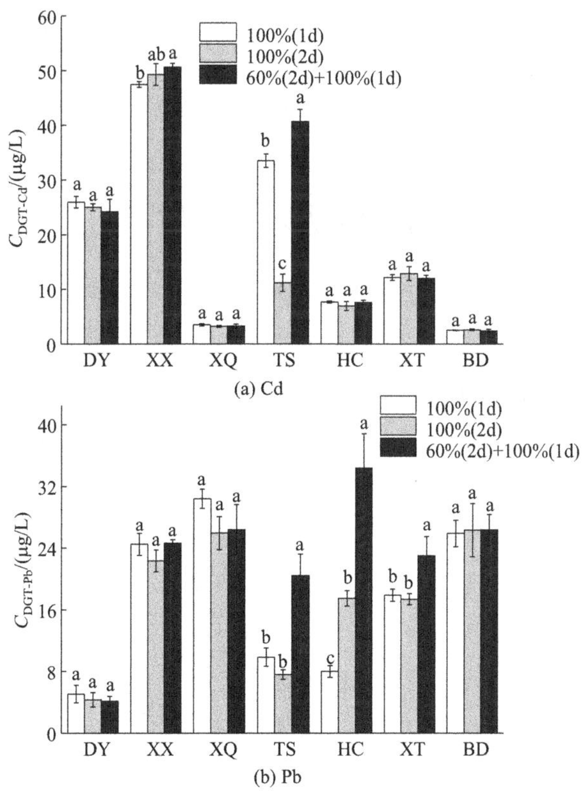

图 2-29

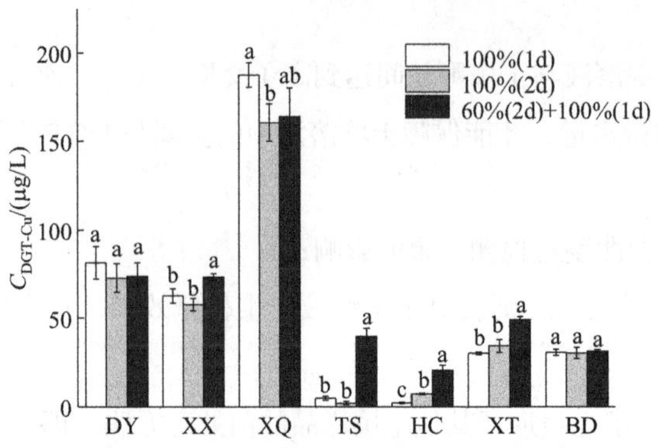

(c) Cu

图 2-29 不同前处理方式对土壤重金属 Cd、Cu、Pb 有效态检测结果的影响

DY—四川德阳；XX—河南新乡；XQ—天津西青；TS—河北唐山；HC—广西河池；XT—湖南湘潭；BD—天津宝坻

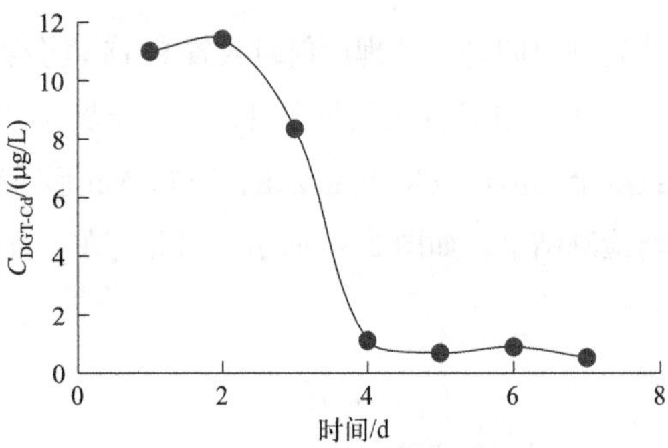

图 2-30 土壤培养不同时间放置 DGT 测定重金属活性态 Cd 的变化

2.6.3 DGT 放置时间对检测结果的影响

使用 DGT 检测土壤重金属过程中，首先将 DGT 放入培养好的土壤中，此时土壤中已形成的平衡状态被打破，土壤中重金属向 DGT 扩散转移，经过一段时间后这种扩散转移过程再次达到动态平衡，而 DGT 检测到的重金属活性态含量就是反映土壤在动态平衡状态时的重金属供给能力。如果 DGT 在土壤中的放置时间太短，一是会造成 DGT 累积的重金属量少，无法准确测量；二是土壤平衡供给状况与紊乱供给状态时间所占比例小，无法忽略非稳定供给对 DGT 检测结果的影响。但如果放置时间过长也会对结果造成一定影响：

① 如果土壤水分含量不能保持恒定，会造成实验误差；

② DGT 放置过程中土壤中离子态及配合易解离态重金属含量会随着消耗量的增加而不断下降，当这种下降达到一定程度时，会显著影响 DGT 的检测结果，尤其是对 Pb 这种解离慢运移性差的金属，可能在 1d 之内就耗尽 DGT 扰动区有效态含量，造成 C_{DGT} 计算结果的严重偏差；

③ 放置时间过长，也会使 DGT 结合相结合点下降，即使有重金属扩散进入 DGT，结

合相也无法结合。

图 2-31 为 DGT 检测湖南水稻土放置 1 ～ 7d 时重金属累积量及有效态浓度的变化。可以看出，随着时间的增加，重金属累积量逐渐增加，但有效态浓度 C_{DGT-Cd} 逐渐下降，而 Pb 的减少尤为明显。这说明随着 DGT 检测时间的增加，土壤重金属离子态及可解离部分逐渐减少，表明时间越长活性态含量越少。实际操作过程中，DGT 检测时间越长工作量越大，且对检测造成不便。当 DGT 检测时间达 24h，土壤平衡状态远大于不平衡状态，不平衡状态可忽略不计。因此，一般设置检测时间为 24h 便可达到理想的效果。C_{DGT} 随着 DGT 放置时间的增加而减少的情况可以协助我们研判重金属 ML 的解离性能以及土壤重金属的持续供给性。如果 C_{DGT} 不随时间的增加而减少，则这种土壤就是此种金属的饱和供给型，可粗略地认为 ML 有强的解离性能；C_{DGT} 随着时间的增加缓慢下降，则为持续供给型，ML 可以理解为中等供给能力；当 C_{DGT} 随时间增加而快速下降时，或 ML 随时间的增加不再上升时，则土壤对此类型金属的供给为耗竭型，ML 除在实验初期有供给能力外，在后期的供给能力明显衰弱。

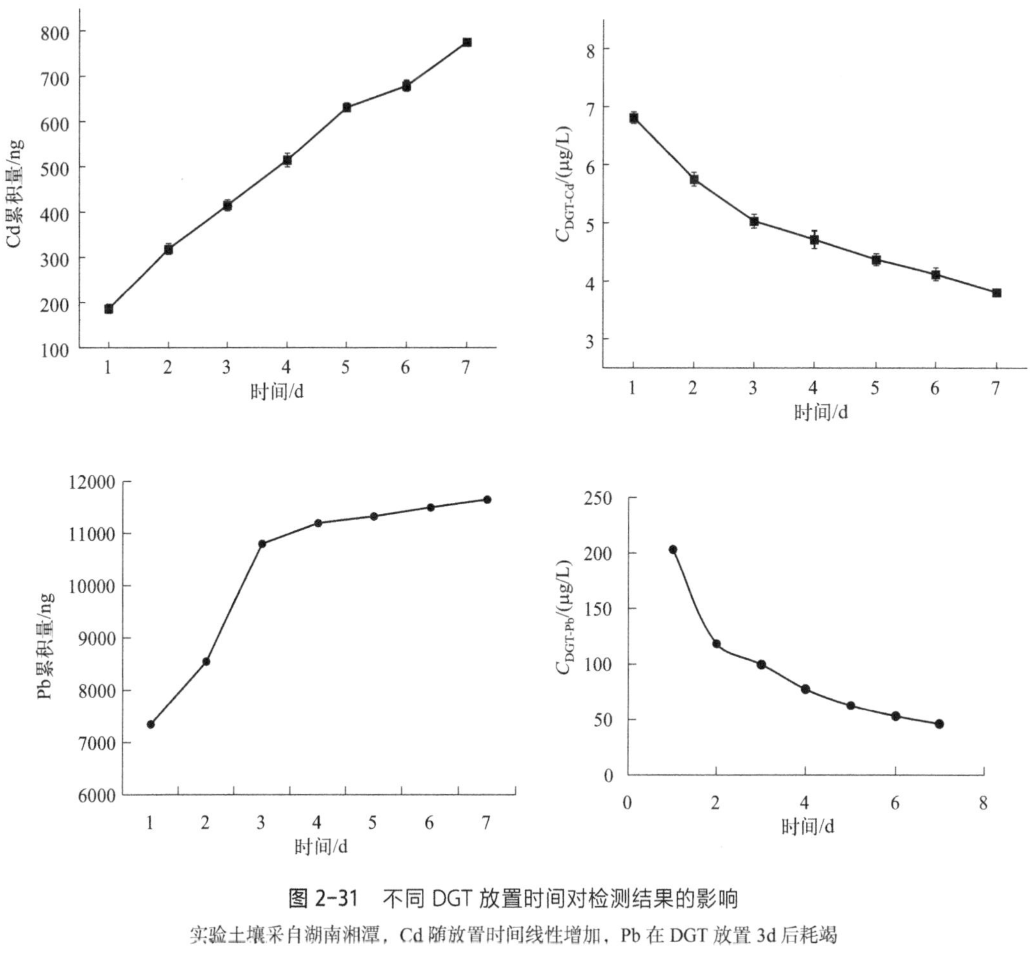

图 2-31　不同 DGT 放置时间对检测结果的影响

实验土壤采自湖南湘潭，Cd 随放置时间线性增加，Pb 在 DGT 放置 3d 后耗竭

2.6.4 扩散膜厚度对检测结果的影响

DGT 扩散膜可滤除大分子物质，可选择性地使离子态及小分子物质通过。小分子易解离态物质在通过膜的过程中不断发生解离，并与离子态一起被结合相吸附，而不同厚度的扩散相解离的小分子易解离态物质存在差异。因此，带有不同厚度扩散相的 DGT 检测结果必定存在差异性，这种差异性主要来自小分子易解离态物质的解离。不同类型的土壤、不同种类的重金属及理化性质存在差异的土壤，在使用 DGT 提取有效态重金属的过程中，可选择不同厚度的扩散膜作为 DGT 的扩散相。一般地，我们选择 0.8mm 厚的扩散膜作为扩散相，主要是因为膜的厚度适中，DGT 易于制作和使用。当用户使用 DGT 测定重金属有效态组分及计算重金属配体解离常数时，应考虑采用不同厚度的 DGT 扩散膜。

2.6.5 土壤前处理液对检测结果的影响

如图 2-32 所示，湖南棕壤、湖南水稻土及四川暗棕土为实验土壤，探究土壤不同前处理过程对 DTPA-LDHs-DGT 测定重金属有效态浓度的影响。结果表明，在湖南棕壤及水稻土中，对于 3 种重金属来说不同处理方法所获得的有效态浓度的大小顺序均为 0.1mol/L $CaCl_2$ ＞ 0.025mol/L HCl ＞超纯水。对于四川暗棕土，不同前处理方法对于 Cd 的提取同前两种土壤一致，而对于 Ni、Zn，则表现为超纯水＞ 0.1mol/L $CaCl_2$ ＞ 0.025mol/L HCl。可见，不同前处理方法会对 DGT 测定结果造成一定的影响，这与不同前处理方式对重金属活化性能的影响有关，具体机理还需要深入分析。

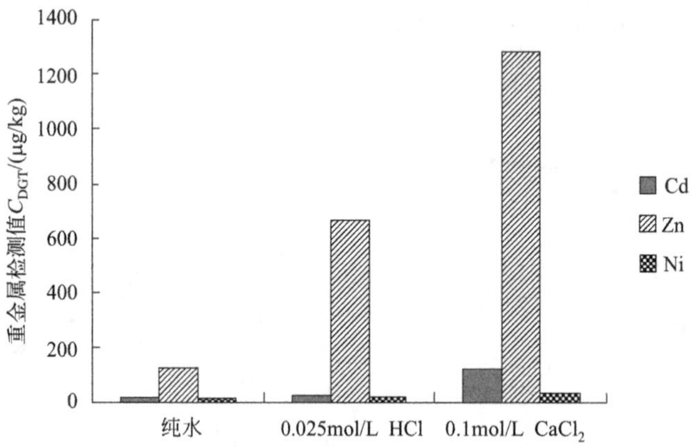

(a) 湖南棕壤

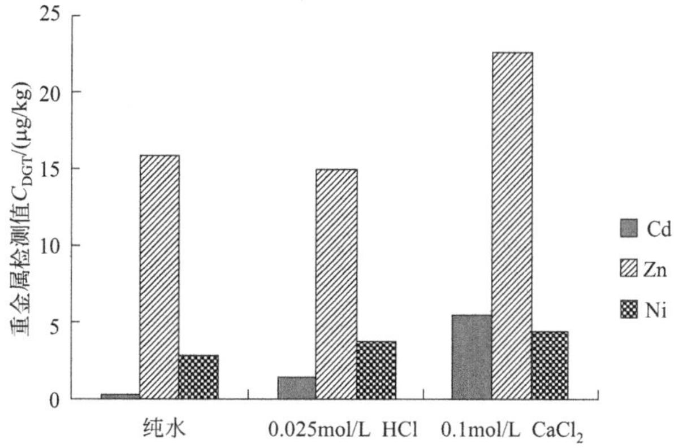

(b) 湖南水稻土

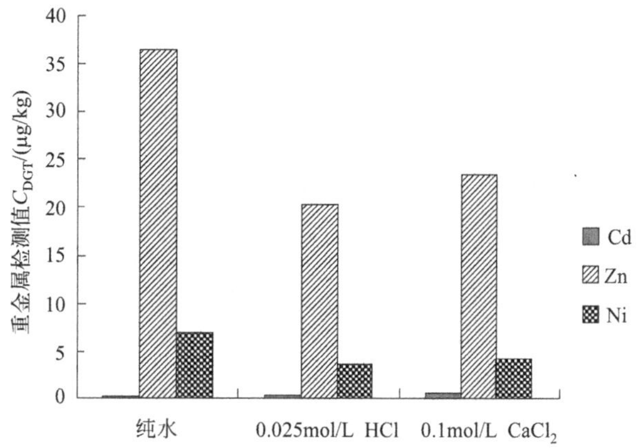

(c) 四川暗棕土

图 2-32 土壤不同前处理对 DGT 测定重金属有效态浓度的影响

参考文献

[1] Panther J G，Stillwell K P，Powell K J，et al. Perfluorosulfonated ionomer-modified diffusive gradients in thin films：Tool for inorganic arsenic speciation analysis[J]. Analytical Chemistry，2008，80（24）：9806-9811.

[2] 罗军，王晓蓉，张昊，等．梯度扩散薄膜技术（DGT）的理论及其在环境中的应用 Ⅰ：工作原理、特性与在土壤中的应用 [J]. 农业环境科学学报，2011，30（2）：205-213.

[3] 宋宁宁，王芳丽，赵玉杰，等．基于梯度薄膜扩散技术评估黑麦草吸收 Cd 的研究 [J]. 中国环境科学，2012，32（10）：1826-1831.

[4] 林繁，赵玉杰，邓仕槐，等．透析膜和凝胶膜生物有效态镉提取性能比较 [J]. 农业环境科学学报，2014，33（08）：1546-1552.

[5] Scally S，Davison W，Zhang H. Diffusion coefficients of metals and metal complexes in hydrogels used in diffusive gradients in thin films[J]. Analytica Chimica Acta，2006，558（1-2）：222-229.

[6] Zhang H，Davison W. Performance-characteristics of diffusion gradients in thin-films for the *in-situ* measurement of trace-metals in aqueous-solution[J]. Analytical Chemistry，1995，67：3391-3400.

[7] You N，Feng Z M，Wang Y，et al. Carbon nanodot aqueous binding phase-based diffusive gradients in thin films device for measurement of dissolved copper and lead species in the aquatic environment[J]. Analyst，2018，143（22）：

5568-5577.

[8] Warnken K W, Zhang H, Davison W. Performance characteristics of suspended particulate reagent-iminodiacetate as a binding agent for diffusive gradients in thin films[J]. Analytica Chimica Acta, 2004, 508（1）: 41-51.

[9] Scally S, Davison W, Zhang H. Diffusion coefficients of metals and metal complexes in hydrogels used in diffusive gradients in thin films[J]. Analytica Chimica Acta, 2006, 558: 222-229.

[10] Trang H, Zhang H, Noller B. Evaluation and application of the diffusive gradients in thin films technique using a mixed-binding gel layer for measuring inorganic arsenic and metals in mining impacted water and soil[J]. Analytical Chemistry, 2012, 84（22）: 9988-9995.

[11] Osterlund H, Chlot S, Faarinen M, et al. Simultaneous measurements of As, Mo, Sb, V and W using a ferrihydrite diffusive gradients in thin films （DGT） device[J]. Anal Chim Acta, 2010, 682: 59-65.

[12] Price H L, Teasdale P R, Jolley D F. An evaluation of ferrihydrite–and Metsorb–DGT techniques for measuring oxyanion species （As, Se, V, P）: Effective capacity, competition and diffusion coefficients[J]. Anal Chim Acta, 2013, 803: 56-65.

[13] Panther J G, Stewart R R, Teasdale P R, et al. Titanium dioxide-based DGT for measuring dissolved As(Ⅴ), V(Ⅴ), Sb（Ⅴ）, Mo（Ⅵ）and W（Ⅵ）in water[J]. Talanta, 2013, 105: 80-86.

[14] Kreuzeder A, Santner J, Prohaska T, et al. Gel for simultaneous chemical imaging of anionic and cationic solutes using diffusive gradients in thin films[J]. Analytical Chemistry, 2013, 85: 12028-12036.

[15] Xu D, Chen Y, Ding S, et al. Diffusive gradients in thin films technique equipped with a mixed binding gel for simultaneous measurements of dissolved reactive phosphorus and dissolved iron[J]. Environ Sci Technol, 2013, 47（18）: 10477-10484.

[16] Wang Y, Ding S, Shi L, et al. Simultaneous measurements of cations and anions using diffusive gradients in thin films with a ZrO-Chelex mixed binding layer[J]. Analytica Chimica Acta, 2017, 972: 1-11.

[17] Guan D X, Williams P N, Luo J, et al. Novel precipitated Zirconia-Based DGT Technique for high-resolution imaging of oxyanions in waters and sediments[J]. Environ Sci Technol, 2015, 49: 3653-3661.

[18] Ding S, Xu D, Wang Y, et al. Simultaneous measurements of eight oxyanions using high-capacity diffusive gradients in thin films（Zr-Oxide DGT）with a high-efficiency elution procedure[J]. Environ Sci Technol, 2016, 50: 7572-7580.

[19] Wang Y, Ding S, Ren M, et al. Enhanced DGT capability for measurements of multiple types of analytes using synergistic effects among different binding agents[J]. Science of the Total Environment, 2019, 657: 446-456.

[20] Yao H, You N, Cao H, et al. *In-situ* sampling of available calcium using diffusive gradients in thin-films technique based on benzo-crown ether-functionalised silica as the binding agent[J]. Environmental Chemistry, 2018, 15（4）: 205-214.

[21] Li W, Teasdale P R, Zhang S, et al. Application of a poly（4-styrenesulfonate）liquid binding layer for measurement of Cu^{2+} and Cd^{2+} with the diffusive gradients in thin-films technique[J]. Analytical Chemistry, 2003, 75（11）: 2578-2583.

[22] Österlund H, Chlot S, Faarinen M, et al. Simultaneous measurements of As, Mo, Sb, V and W using a ferrihydrite diffusive gradients in thin films （DGT） device[J]. Analytica Chimica Acta, 2010, 682（1-2）: 59-65.

[23] Santner J, Prohaska T, Luo J, et al. Ferrihydrite containing gel for chemical imaging of labile phosphate species in sediments and soils using diffusive gradients in thin films[J]. Analytical Chemistry, 2010, 82（18）: 7668-7674.

[24] Bennett W W, Teasdale P R, Panther J G, et al. New diffusive gradients in a thin film technique for measuring inorganic arsenic and selenium（Ⅳ）using a titanium dioxide based adsorbent[J]. Analytical Chemistry, 2010, 82（17）: 7401-7407.

[25] Zhang H, Davison W. Diffusional characteristics of hydrogels used in DGT and DET techniques[J]. Analytica Chimica Acta, 1999, 398: 329-340.

[26] Zhang H, Davison W. Performance characteristics of diffusion gradients in thin films for the in situ measurement of trace metals in aqueous solution[J]. Analytical Chemistry, 1995, 67（19）: 3391-3400.

[27] Wang Y, Ding S, Gong M, et al. Diffusion characteristics of agarose hydrogel used in diffusive gradients in thin

films for measurements of cations and anions[J]. Analytica Chimica Acta，2016.

[28] Warnken K W，Davison W，Zhang H，et al. *In situ* measurements of metal complex exchange kinetics in freshwater[J]. Environmental Science & Technology，2007，41（9）：3179-3185.

[29] Cusnir R，Jaccard M，Bailat C，et al. Probing the kinetic parameters of plutonium-naturally occurring organic matter interactions in freshwaters using the diffusive gradients in thin films technique[J]. Environmental Science & Technology，2016，50（10）：5103-5110.

[30] Degryse F，Smolders E，Merckx R. Labile Cd complexes increase Cd availability to plants[J]. Environmental Science & Technology，2006，40（3）：830-836.

[31] Voets J，Bervoets L，Blust R. Cadmium bioavailability and accumulation in the presence of humic acid to the zebra mussel，Dreissena polymorpha[J]. Environmental Science & Technology，2004，38（4）：1003.

[32] 李财，任明漪，石丹，等．薄膜扩散梯度（DGT）——技术进展及展望[J]. 农业环境科学学报，2018，37（12）：2613-2628.

[33] 宋志廷，赵玉杰，周其文，等．不同土壤孔隙度对DGT提取Cd有效态含量的影响研究[J]. 中国农学通报，2016，32（12）：139-144.

[34] Nowack B，Koehler S，Schulin R. Use of diffusive gradients in thin films（DGT）in undisturbed field soils[J]. Environmental Science & Technology，2004，38（4）：1133-1138.

[35] Zhang H，Davison W. Direct *in situ* measurements of labile inorganic and organically bound metal species in synthetic solutions and natural waters using diffusive gradients in thin films[J]. Analytical Chemistry，2000，72（18）：4447-4457.

[36] Hao Z，Zhao F，Sun B，et al. A new method to measure effective soil solution concentration predicts copper availability to plants[J]. Environmental Science & Technology，2001，35（12）：2602.

[37] Scally S，Davison W，Zhang H. *In situ* measurements of dissociation kinetics and labilities of metal complexes in solution using DGT[J]. Environmental Science & Technology，2003，37（7）：1379-1384.

[38] 鲁如坤．土壤农业化学分析方法[M]. 北京：中国农业科技出版社，2000.

[39] 郑顺安，陈春，郑向群，等．模拟降雨条件下22种典型土壤镉的淋溶特征及影响因子分析[J]. 环境化学，2013（5）：867-873.

[40] 李野，赵玉杰，周启星，等．基于土壤-稻米镉传输模型的太湖流域水稻禁产区筛选研究[J]. 农业环境科学学报，2012，31（1）：75-84.

[41] Shafaei Arvajeh M R，Lehto N，Garmo Ø A，et al. Kinetic studies of Ni organic complexes using diffusive gradients in thin films（DGT）with double binding layers and a dynamic numerical model[J]. Environmental Science & Technology，2013，47（1）：463-470.

[42] Ernstberger H，Zhang H，Tye A，et al. Desorption kinetics of Cd，Zn，and Ni measured in soils by DGT[J]. Environmental Science & Technology，2005，39（6）：1591-1597.

[43] 李学桓．土壤化学[M]. 北京：高等教育出版社，2001.

第 3 章

DGT 技术应用现状及典型案例

3.1 DGT在重（类）金属及营养盐有效态检测中的应用

DGT与其他重金属有效态提取方式一样，其主要用途之一是作为建立土壤-植物重金属之间关联的工具。很多研究认为，DGT提取的重金属有效态较其他化学法提取的重金属有效态更能表征植物对重金属的吸收。原因在于DGT提取重金属有效态过程基本与植物吸收重金属的过程一致，即为土壤重金属的解离及运移提供了动力，DGT扩散膜具有与植物根表相似大小的孔径，允许重金属的离子态及小分子易解离态进入扩散膜并到达结合膜而被吸附，阻隔大分子结合的金属形态，从而使其无法被检测到。DGT结合膜可以吸附离子态以及有机易解离态的金属，而这些正是植物可利用的金属形态。放置于土壤中的可被DGT吸附的元素量受到被测元素自身扩散能力、DGT结合膜吸附能力的限制，这一点也与植物吸收元素受控于元素扩散能力的限制相一致[1]。就此方面的研究进展做以下分析。

（1）应用于水稻重金属有效态检测方面

Tian等[2]采用DGT技术分析了江苏省水稻对Cd、Pb、Cu、Zn 4种重金属的吸收富集规律，并与$CaCl_2$、醋酸、土壤溶液等提取的有效态含量相比，发现DGT可以更有效地融合土壤环境因子对重金属活性态变化的影响，其检测值与稻米吸收量有更好的相关性（图3-1）。2020年，浙江省农业科学院、南京大学等单位分别采用不同类型的DGT设备分析了浙江省稻米Cd污染与DGT提取量之间的关系[3]。结果表明，与其他化学提取法如EDTA、DTPA、$CaCl_2$、HCl等相比，DGT提取的重金属有效态有更好的表征性，结果见图3-2[3]。李永涛等将DGT技术应用于测定广西土壤稻田Cd有效态浓度与稻米Cd含量的关系，结果见图3-3[4]，分析认为DGT较其他方法还是有优势的，模型的拟合效果最优。其他的研究还有如刘小莲等[5]用于湖北稻田的实验，见图3-4。Liu等[6]测定贵州水稻土Hg污染情况的实验结果见图3-5。2016年、2019年农业农村部环境保护科研监测所分两次采用两种类型的DGT（Chelex-100、DTPA-LDHs-DGT）在湖南长株潭地区对土壤Cd有效态浓度和稻米富集Cd含量的关系进行研究。2016年取的是大田样品，2019年是在大田采集土壤样品的基础上，在湖南基地进行统一种植、统一管理的实验。实验结果见图3-6、图3-7。可见，稻米Cd含量随着DGT测定土壤Cd有效态浓度的增加存在明显的差异性，部分稻米Cd含量增加缓慢，而另一部分则增加明显，且两种情景均表现为与C_{DGT}（Cd有效态浓度）和稻米Cd含量呈显著相关。出现这种情况可能与Cd的实际供给库有关。水稻在生长过程中，由于存在不同水分管理模式，同一土壤的Cd有效性存在明显差别：间歇式灌排的稻田，由于土壤处于好氧状况，Cd活性高，稻米富集Cd含量增加；而淹水稻田，土壤处于厌氧状况，Cd活性明显下降，Cd实际供给能力减小，表现为稻米Cd吸收量减小。实验测定的土壤为风干土，因此对于淹水生长的稻田，土壤C_{DGT}较实际偏大，导致相同C_{DGT}下稻米富集Cd含量存在差异性。再者，水稻品种的差异也可能是另外的原因。2019年的实验结果表明，DGT测定的Cd有效态浓度与水稻根吸收的相关性更强，说明虽然是统一管理，但水稻自身的生长条件差异决定了其对Cd吸收能力的差别。

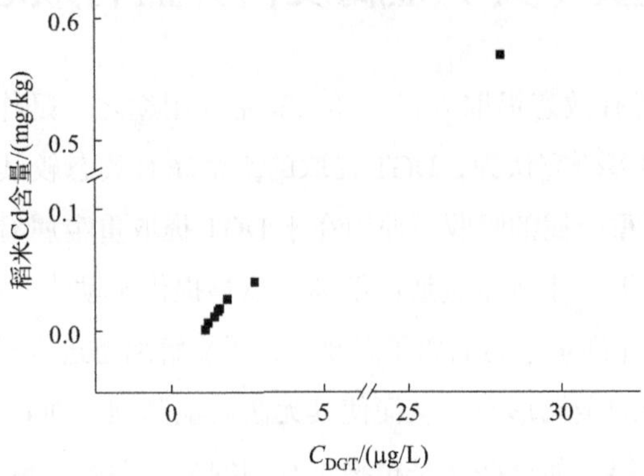

图 3-1 江苏省土壤 Cd 有效态浓度 C_{DGT} 与稻米 Cd 含量关系

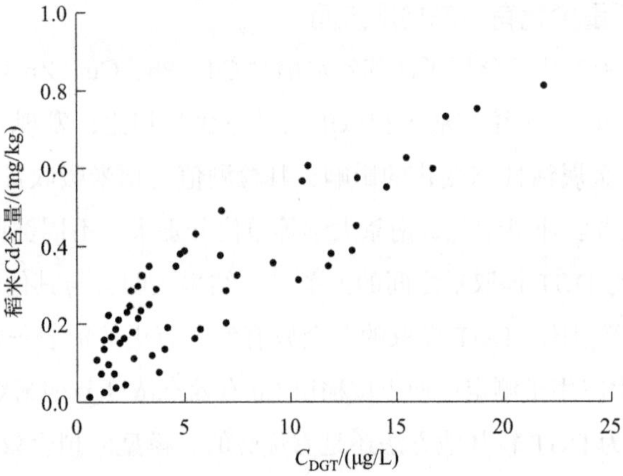

图 3-2 浙江省部分区域土壤采用 DGT 测定的 Cd 有效态浓度与稻米 Cd 含量散点图

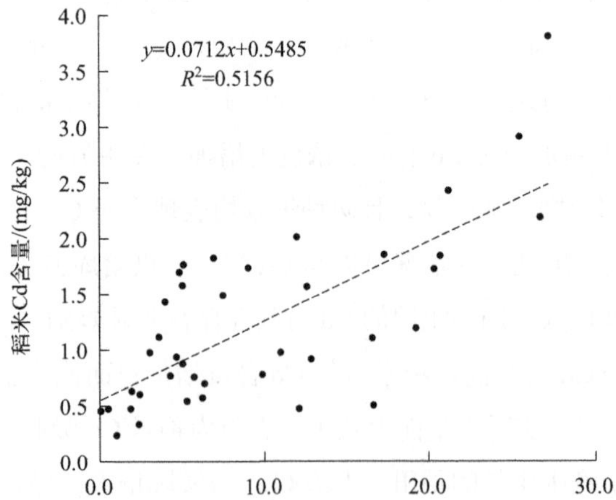

图 3-3 DGT 应用于广西壮族自治区土壤测定 Cd 有效态浓度与稻米 Cd 含量的相关性

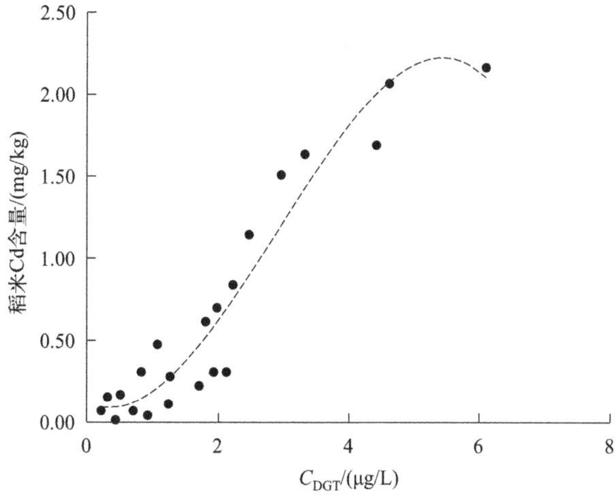

图 3-4 湖北省某地 DGT 提取土壤 Cd 有效态浓度与稻米 Cd 含量的关系

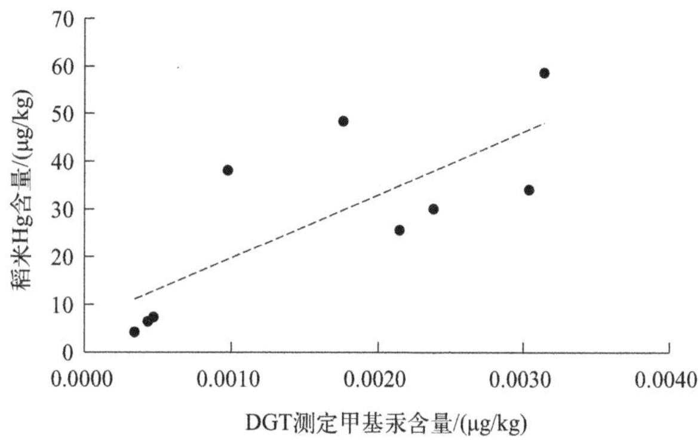

图 3-5 DGT 测定的土壤中甲基汞含量与稻米 Hg 含量的关系

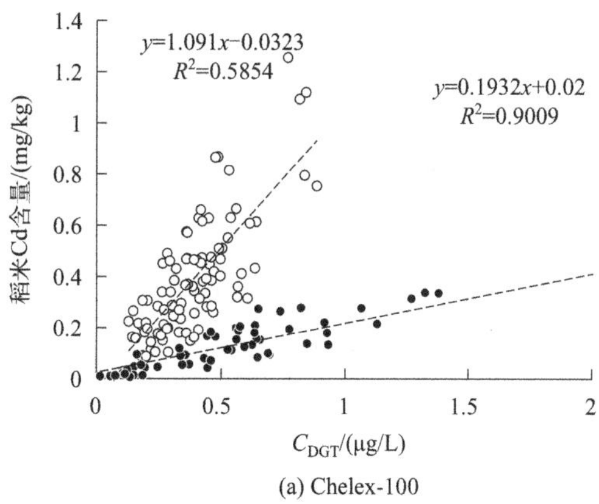

(a) Chelex-100

图 3-6

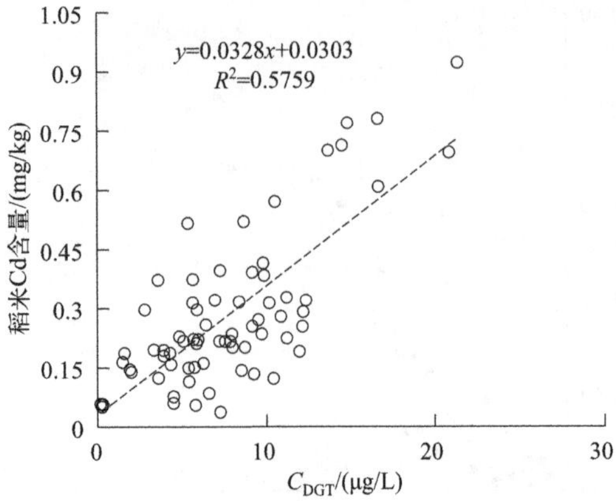

(b) DTPA-LDHs-DGT

图 3-6　不同类型 DGT 测定土壤 Cd 有效态浓度与稻米 Cd 含量的关系

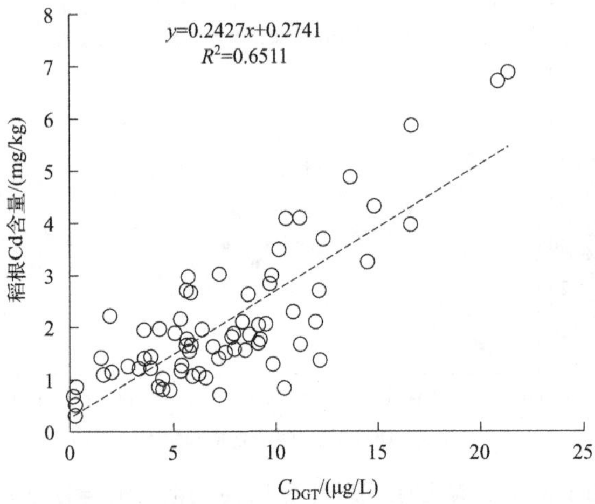

图 3-7　土壤 Cd 有效态浓度与稻根吸收 Cd 含量的关系散点图

（2）在小麦应用方面

Soriano 等[7]对比了不同方法（DGT、孔隙水、DTPA 及重金属全量）提取的土壤 Cd、Cr、Cu、Ni、Pb 及 Zn 生物有效态浓度与栽培的小麦根部重金属含量的相关性，发现 DGT 通用性最好，可满足对 Cu、Ni、Pb、Zn 等重金属土壤有效态的提取，其余 3 种技术对 Cd 有效态的提取都不尽如人意。陈静等[8]通过盆栽实验对比了 DGT 与 EDTA、$CaCl_2$、HAc、NaAc 土壤溶液等技术在小麦、玉米 Cd-Pb 及 Cd-Zn 复合污染条件下预测植物吸收 Cd 方面的优劣，结果表明 DGT 技术具有一定的优势。

（3）在蔬菜应用方面

2012 年王进进等[9]使用 DGT 来评价土壤中砷的生物有效性，表明 DGT 测定土壤砷有效态浓度（C_e）与小油菜体内砷含量达极显著的相关性，DGT 优于其他土壤重金属提取方法。项目组采用河南郑州棕壤、广西刁江红壤、重庆北碚紫色土 3 种土壤，通过添加高浓度（0.6mg/kg）、低浓度（0.3mg/kg）的重金属 Cd 进行油菜盆栽实验，以验证 DGT 应用于蔬菜重金属有效态检测的效果，结果如图 3-8 所示。可见，DGT 提取的重金属有效态与油菜富集量相关性极显著。

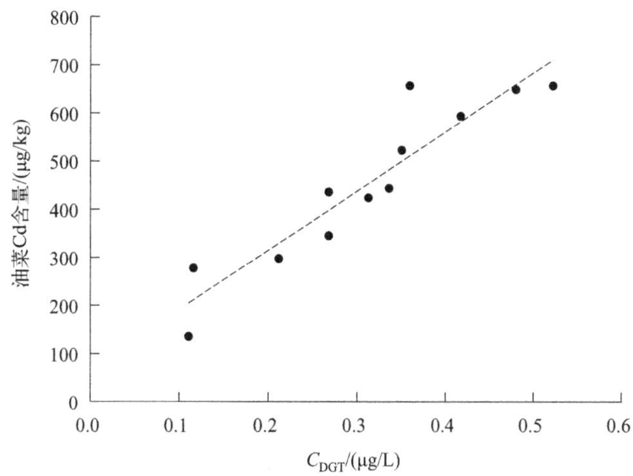

图 3-8 油菜体内重金属 Cd 含量与根际土 Cd 有效态浓度（C_{DGT}）的相关性

（4）DGT 应用于其他植物有效态检测中

Zhang 等[10]利用 DGT 法研究了其提取的铜（Cu）与植物（*Lepidium heterophyllum*）Cu 吸收量之间的关系。研究组在欧洲测定了 29 种铜含量不同土壤中铜的 DGT 有效态浓度（C_e）、EDTA 提取浓度、Cu^{2+} 的活度和土壤溶液铜浓度，并与植物对铜的累积浓度进行了比较。研究表明，铜在植物中累积的浓度与铜有效态浓度计算值 C_e 有高度相关性。王芳丽等[11]于 2012 年在广西采集田间甘蔗和甘蔗根际土，分别用醋酸（HAc）、乙二胺四乙酸二钠（EDTA-2Na）、$MgCl_2$ 3 种化学提取法和 DGT 提取法来提取甘蔗根际土中有效态镉（Cd），分析不同提取法提取的有效态重金属含量与甘蔗根、茎、叶中重金属含量的相关性。研究结果表明，DGT 提取法测得的相关性要优于实验中所用到的其他 3 种化学方法，且 DGT 法与其他方法相比几乎不受土壤 pH 值、有机质、阳离子交换量及土壤粒径组成等土壤理化指标的影响。同年，宋宁宁等[12]分别采用含固态结合相（Chelex-100）和改进的液态结合相（sodium polyacrylate，PAAS）的 DGT 装置，对广西桑田土壤中有效态 Pb 浓度进行累积和测定，结果表明两种结合相的 DGT 装置均能较好地预测桑田土壤中 Pb 的生物有效性。2003 年 Walter 等的砷超富集植物——蜈蚣草的根际特征以及监测砷的植物迁移效率研究表明，DGT 可被用作评估植物修复效率的监测工具，并且可用于研究植物提取停止后生物可利用性库的再补给潜力[13]。

DGT 是一种很有效的重（类）金属有效态提取工具，但不是在所有条件下其提取的重金属有效态浓度都能很好地指示农作物对污染物的吸收性能。有研究认为当植物吸收的重金属处于土壤迁移传输限制时，DGT 就能很好地指示污染物的有效性。图 3-9 为天津市农业科学院农业质量标准与检测技术研究所在天津市稻田采集 100 对的土 - 作样品监测土壤 C_{DGT}

与稻米及稻根Cd含量得到的相关关系。可见，随着DGT测得的土壤Cd有效态浓度的增加，稻米Cd含量有增加的态势，但当C_{DGT}小于5μg/L时，稻米以及稻根Cd含量并没有呈线性增加的态势。

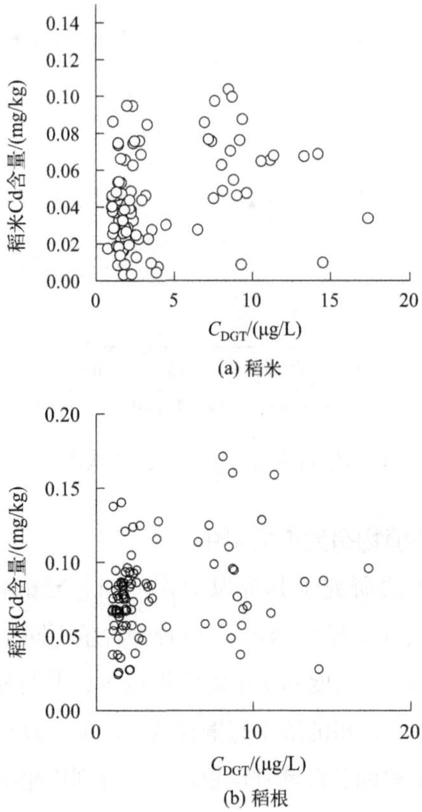

图3-9 天津稻田C_{DGT}与稻米、稻根吸收镉的散点图

进一步分析稻根Cd含量与稻米Cd含量的关系以及土壤Cd含量与Cd有效态浓度的关系，见图3-10。可见，稻米Cd含量的增加与稻根Cd含量的增加并没有对应关系，土壤Cd含量的增加也没有对C_{DGT}形成有效的Cd供给。出现这种情况的原因是多方面的：a. 土壤对于污染物既是一个供给池，同时也是一个消减器，土壤具有很强的缓冲能力，尤其是北方碱性土壤，当土壤Cd含量很低时，增加的Cd基本会被土壤黏粒、有机质、金属氢氧化物、金属氧化物等吸附，失去活性，无法形成有效供给，刘小莲等[5]和Xiao等[3]的研究结果也充分说明了这一点（见图3-2及图3-4）；b. 当土壤Cd含量很低时，水稻对Cd的吸收也很少，而此时检测造成的误差可能会占稻米Cd含量差异的很大一部分；c. 土壤也非均一体，局部高Cd造成稻米高吸收的异常也不是没有可能；d. 稻米Cd可能来源于大气沉降，以及化肥、有机肥和灌溉水的带入，后者非均质性引入导致的稻米Cd含量的变化无法在DGT上体现出来；e. 土壤管理方式的差别，如水稻水分管理、水稻品种的差异性、施肥的多少等，都会引起稻米吸收Cd的差别，这也无法在DGT上得到充分的体现。因此，我们说的DGT

的使用范围是土壤能提供有效供给而植物不出现吸收限制的情况。根据我们的经验，此时DTPA-LDHs-DGT 测定的土壤 Cd 有效态浓度应不低于 5μg/L。此时，C_{DGT} 的变异是由土壤供给库决定的，而其他因素不占主要地位。Guan[14] 认为此时可以用生物配体模型（biotic ligand model，BLM）来评估金属的供给能力。

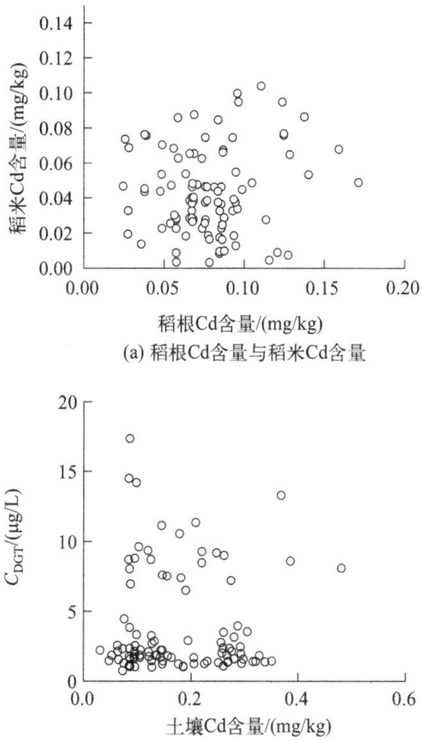

(a) 稻根Cd含量与稻米Cd含量

(b) 土壤Cd含量与C_{DGT}

图 3-10　天津市水稻根 Cd 含量与稻米 Cd 含量以及土壤 Cd 含量与 C_{DGT} 的关系散点图

3.2　DGT 在产地环境质量评价中的应用

产地环境质量评价本应包括对水、土、气、生物综合质量的评估，但为了研究方便，本书所指产地特指种植业产品的产地土壤，产地环境质量评价就是对产地土壤支撑农作物正常生长及其质量、品质安全的能力，依据一定的标准规定采用科学的方法进行评估的过程。

产地环境质量评价看似简单，其实非常复杂，原因在于产地环境质量评价不仅要考虑自身是否健康、安全，更多的是要考虑其支撑农产品质量及品质安全的能力。而从土壤安全到农产品安全这一系统是一个灰箱系统，存在诸多变量，各变量之间又相互关联，协同与拮抗共存，随机变化与内在规律难分。因此，产地环境质量评价是环境质量评价中最为复杂的，相关研究也较多，人们也提出了很多的解决办法，如制定评估标准、创新评估方法、创制新的设备等。下面就相关内容进行阐述。

3.2.1 产地环境质量评价技术研究进展

3.2.1.1 基于产地及农产品相关标准的产地环境质量评价

评价产地环境质量优劣，首先要有评价标准可依，而评价标准又可分为环境质量标准、评价方法标准、数据获得标准等。我国幅员辽阔，要想制定一个统一有效的产地环境质量标准确实有一定难度，我国第一个产地环境质量国家标准为《土壤环境质量标准》（GB 15618—1995），其中规定了 8 项重金属与 2 项有机污染物的产地环境质量限值，限值分为 3 类。

① 背景值，适用于国家规定的保护区（原有背景重金属含量高的除外）、集中式生活饮用水源地、茶园、牧场和其他保护地区的土壤，土壤质量基本保持自然背景水平；

② 环境质量限值，主要适用于一般农田，蔬菜地、茶园、果园、牧场等的土壤，土壤质量基本上对植物和环境不造成危害和污染；

③ 其他性质的农用土壤，主要适用于林地土壤以及污染物容量较大的高背景值土壤和矿产地附近的农田土壤（蔬菜地除外），土壤质量基本上对植物和环境不造成危害和污染。

我们常用的标准值是二类环境质量限值，一般认为超过二类标准值就是超标。2018 年，《土壤环境质量标准》进行了更新，新标准的名称为《土壤环境质量　农用地土壤污染风险管控标准（试行）》（GB 15618—2018）。GB 15618—2018 相比 GB 15618—1995，标准体系发生了明显变化，其与国际标准的分类体系进行了对接，将土壤环境质量阈值分为两类，一类是筛选值，另一类是管控值。所谓筛选值是指农用地土壤中污染物含量等于或者低于该值的，对农产品质量安全、农作物生长或土壤生态环境的风险低，一般情况下可以忽略；超过该值的，对农产品质量安全、农作物生长或土壤生态环境可能存在风险，应当加强土壤环境监测和农产品协同监测，原则上应当采取安全利用措施。所谓风险管控值是指农用地土壤中污染物含量超过该值的，食用农产品不符合质量安全标准，农用地土壤污染风险高，原则上应当采取严格管控措施。标准中规定的筛选值与管控值分别见表 3-1、表 3-2。

表 3-1　农用地土壤污染风险筛选值（基本项目）　　单位：mg/kg

序号	污染物项目		风险筛选值			
			pH ≤ 5.5	5.5 < pH ≤ 6.5	6.5 < pH ≤ 7.5	pH > 7.5
1	镉	水田	0.3	0.4	0.6	0.8
		其他	0.3	0.3	0.3	0.6
2	汞	水田	0.5	0.5	0.6	1.0
		其他	1.3	1.8	2.4	3.4
3	砷	水田	30	30	25	20
		其他	40	40	30	25
4	铅	水田	80	100	140	240
		其他	70	90	120	170

续表

序号	污染物项目		风险筛选值			
			pH ≤ 5.5	5.5 ＜ pH ≤ 6.5	6.5 ＜ pH ≤ 7.5	pH ＞ 7.5
5	铬	水田	250	250	300	350
		其他	150	150	200	250
6	铜	果园	150	150	200	200
		其他	50	50	100	100
7	镍		60	70	100	190
8	锌		200	200	250	300

注：1. 重金属和类金属砷均按元素总量计。
2. 对于水旱轮作地，采用其中较严格的风险筛选值。

表 3-2　农用地土壤污染风险管控值　　单位：mg/kg

序号	污染物项目	风险管控值			
		pH ≤ 5.5	5.5 ＜ pH ≤ 6.5	6.5 ＜ pH ≤ 7.5	pH ＞ 7.5
1	镉	1.5	2.0	3.0	4.0
2	汞	2.0	2.5	4.0	6.0
3	砷	200	150	120	100
4	铅	400	500	700	1000
5	铬	800	850	1000	1300

新版的 GB 15618 在语言表达上较 1995 年版更加与国际接轨，所谓的筛选值、管控值都是一个参考值，均是在一般情况下需要考虑的，特殊情况如低于筛选值水稻 Cd 超标、高于管控值水稻 Cd 不超标等应特殊对待，需进一步进行风险评估确定。

对于土壤环境质量，除以上标准外还有诸多标准是与这个基本标准相关的，如《食用农产品产地环境质量评价标准》（HJ/T 332—2006）、《耕地污染治理效果评价准则》（NY/T 3343—2018）等。2018 年，国家又颁布了另一个重要的标准《水稻生产的土壤镉、铅、铬、汞、砷安全阈值》（GB/T 36869—2018），安全阈值见表 3-3。这两个标准是什么关系现还需要进一步考证。

表 3-3　水稻生产的土壤重金属安全阈值　　单位：mg/kg

项目	安全阈值①							
	pH ＜ 5		5 ≤ pH ＜ 6		6 ≤ pH ＜ 7		pH ≥ 7	
	OM②＜ 20g/kg	OM ≥ 20g/kg	OM ＜ 20g/kg	OM ≥ 20g/kg	OM ＜ 20g/kg	OM ≥ 20g/kg	OM ＜ 20g/kg	OM ≥ 20g/kg
镉	0.20	0.25	0.25	0.25	0.30	0.35	0.45	0.50
铅	55	60	70	75	120	135	225	250
铬	110	135	125	150	160	195	210	270
汞	0.45	0.55	0.50	0.65	0.60	0.80	0.80	1.05
砷	25	30	20	25	20	20	15	20

① 安全阈值按土壤 pH 值和有机质含量进行分组。
② OM 为有机质含量。

评价产地环境除需要土壤环境质量标准外，还涉及农产品污染限量标准，常用的评估标准为《食品安全国家标准　食品中污染物限量》(GB 2762)，一般以最近一次颁布的为准。如 GB 2762—2022 规定了食品中铅、镉、汞、砷、锡、镍、铬、亚硝酸盐、硝酸盐、苯并［*a*］芘、*N*- 二甲基亚硝胺、多氯联苯、3- 氯 -1,2- 丙二醇等污染物的限量指标。

已知产地及农产品环境质量标准后，接下来的工作就是确定采用什么样的方法来评价产地环境质量。现阶段主要的方法为指数法、风险评估方法、地质统计学方法及其他相关方法，如综合评估法、人工神经网络法等。指数法就是将污染物的检测值与标准值进行对比来评价产地环境质量的方法，主要有单因子指数法、多因子指数法（如内梅罗法）以及地累积指数法等。《无公害农产品　产地环境评价准则》(NY/T 5295—2015)、《食用农产品产地环境质量评价标准》(HJ/T 332—2006) 均采用指数法对产地环境条件进行评价，并列出了污染物超标的评判方法，虽然思路有所不同，但均是以指数法为核心，以产地环境标准为基准来评价产地环境质量。地累积指数法略有不同，其考虑的标准依据的更多是区域背景值，具体要求见文献［15］。我国土壤背景值研究工作，早在 20 世纪 70 年代就开始了，由农牧渔业部环境保护科研监测所（现为农业农村部环境保护科研监测所）牵头，1980 年开始实施“我国十三省市主要农业土壤及粮食作物中几种有害元素环境背景值的研究”，1982 年告一段落，1983 年环保所联合全国 32 家单位主持实施了“我国九省市主要经济自然区农业土壤及主要粮食作物中污染元素环境背景值的研究”课题，此后，环境保护部也组织了全国范围内的土壤背景值调查。我国九省市土壤背景值调查工作成果丰硕，在获得研究区域 5000 多份土壤样品的基础上，建立了我国最早的背景值样品库，同时在样品检测及数据分析的基础上，出版了《农业环境背景值研究》一书，2004年，在高怀友的主持下，采用现代制图技术，在对原始数据进一步分析的基础上又出版了《中国主要农业土壤污染元素背景值图集》一书[16]。全国土壤背景值调查工作则出版了《中国土壤元素背景值》一书[17]。全国土壤背景值调查及部分典型农业区调查获得的数据统计表见表 3-4 ～表 3-7。正是老一代科学家的努力，才使我们对我国土壤的背景值有了一定的了解和认识，使评估产地环境质量及其发展变化态势有了可能性。

表 3-4　天津地区土壤中 16 种元素背景值

元素	层次	样品数	全距 /(mg/kg)	算术值			自然对数		几何均值 /(mg/kg)
				平均值 /(mg/kg)	标准差 /(mg/kg)	变异系数	平均值	标准差	
Li	表	101	16.0 ～ 64.5	36.13	8.93	0.23	3.64	0.24	38.06
	底	101	17.5 ～ 119	43.24	13.56	0.81	3.72	0.31	41.26
Ca	表	101	0.43 ～ 5.78	1.73	1.22	0.70	0.39	0.74	1.48
	底	101	0.15 ～ 7.77	2.22	1.78	0.77	0.53	0.81	1.69

续表

元素	层次	样品数	全距 /（mg/kg）	算术值			自然对数		几何均值 /（mg/kg）
				平均值 /（mg/kg）	标准差 /（mg/kg）	变异系数	平均值	标准差	
Cr	表	101	46.2 ～ 125.2	72.65	17.74	0.24	4.26	0.23	70.67
	底	101	26.2 ～ 154.2	76.89	22.74	0.29	4.32	0.38	76.51
Mn	表	101	120.0 ～ 755.4	426.67	128.78	0.30	5.98	0.44	369.63
	底	101	90.0 ～ 1438.9	517.60	279.0	0.54	6.11	0.55	450.34
Fe	表	101	1.66 ～ 4.94	3.09	0.78	0.24	1.10	0.24	3.00
	底	101	1.22 ～ 5.72	3.37	0.99	0.29	1.17	0.32	3.22
Co	表	101	6.8 ～ 17.8	11.38	2.45	0.21	2.41	0.22	11.12
	底	101	5.4 ～ 20.8	11.93	3.12	0.26	2.44	0.27	11.52
Ni	表	101	10.1 ～ 47.8	27.08	0.61	0.24	3.27	0.26	26.24
	底	101	10.1 ～ 47.0	28.44	8.37	0.26	3.30	0.33	26.84
Cu	表	101	6.5 ～ 57.80	26.66	8.59	0.32	3.36	0.36	28.50
	底	101	6.0 ～ 59.4	27.42	10.19	0.37	3.23	0.46	25.16
Zn	表	101	30.0 ～ 103.0	60.6	14.1	0.28	4.08	0.24	59.0
	底	101	28.0 ～ 130.0	68.6	17.9	0.28	4.11	0.31	60.0
As	表	101	3.6 ～ 22.1	9.84	3.16	0.32	2.24	0.32	9.36
	底	101	1.1 ～ 27.3	10.14	4.85	0.48	2.21	0.49	9.08
Sr	表	101	82.0 ～ 293.5	175.8	39.8	0.23	5.15	0.22	172.4
	底	101	40.0 ～ 552.0	179.3	58.4	0.33	5.14	0.31	171.0
Zr	表	101	72.0 ～ 416.0	192.9	61.8	0.32	5.21	0.32	183.5
	底	101	< 50 ～ 699.0	172.2	89.6	0.52	5.05	0.45	155.5
Pb	表	101	6.0 ～ 20.0	16.7	4.54	0.27	2.77	0.30	15.96
	底	101	4.0 ～ 31.0	17.2	5.39	0.31	2.77	0.36	15.96
Cd	表	101	0.014 ～ 0.34	0.16	0.067	0.42	−1.90	0.42	0.15
	底	101	0.01 ～ 0.32	0.15	0.066	0.45	−2.04	0.59	0.18
Hg	表	101	0.003 ～ 0.550	0.048	0.070	1.447	−3.336	0.685	0.036
	底	101	0.003 ～ 0.160	0.021	0.023	1.083	−4.184	0.785	0.015
Ti	表	101	0.12 ～ 0.39	0.26	0.05	0.19	−1.37	0.21	0.25
	底	101	0.09 ～ 0.38	0.427	0.06	0.22	−1.35	0.29	0.26

表 3-5　川西平原冲积性水稻土的元素背景值

单位：mg/kg

元素	参数项	冲积性水稻土			灰色冲积性水稻土			棕灰色冲积性水稻土			灰棕色冲积性水稻土		
		总计	上层 0 ～ 20cm	下层 20 ～ 40cm	总计	上层 0 ～ 20cm	下层 20 ～ 40cm	总计	上层 0 ～ 20cm	下层 20 ～ 40cm	总计	上层 0 ～ 20cm	下层 20 ～ 40cm
As	均值	6.42	6.62	8.73	7.57	7.60	11.1	7.31	7.31	8.67	4.69	4.69	6.06
	标准差	2.16	2.29	3.28	1.91	1.94	3.03	1.87	1.88	2.38	1.5	1.5	1.42
	范围	6.08 ～ 6.77	6.26 ～ 6.98	8.22 ～ 9.25	7.06 ～ 8.07	7.10 ～ 8.10	10.4 ～ 11.9	6.7 ～ 7.92	6.7 ～ 7.92	7.91 ～ 9.43	4.23 ～ 5.2	4.23 ～ 5.2	6.54 ～ 6.63
Cd	均值	0.16	0.162	0.152	0.151	0.157	0.141	0.145	0.48	0.152	0.18	0.18	0.168
	标准差	1.44	1.45	1.43	1.36	1.4	1.42	0.32	0.035	0.035	1.56	1.56	1.52
	范围	0.151 ～ 0.170	0.151 ～ 0.170	0.144 ～ 0.161	0.140 ～ 0.164	0.144 ～ 0.171	0.129 ～ 0.155	0.135 ～ 0.155	0.137 ～ 0.159	0.141 ～ 0.164	0.166 ～ 0.255	0.16 ～ 0.255	0.15 ～ 0.188
Cr	均值	69.5	70.7	72.0	71.2	71.7	71.4	65.4	65.9	69.0	76.6	76.6	78.8
	标准差	1.2	1.23	1.24	9.4	10.1	10.8	8.0	3.63	9.92	20.8	20.8	21.8
	范围	67.5 ～ 71.6	68.5 ～ 73.0	69.7 ～ 74.4	68.8 ～ 73.7	69.1 ～ 74.9	68.6 ～ 74.2	62.8 ～ 68	63.2 ～ 68.7	65.4 ～ 72.2	71.4 ～ 81.9	71.4 ～ 81.9	73.2 ～ 84.3
Co	均值	12.8	12.9	14.0	14.8	14.8	15.6	11.0	11.2	12.3	12.2	12.2	13.6
	标准差	3.1	3.2	3.1	3.2	3.2	3.3	2.4	2.6	2.8	2.63	2.63	2.31
	范围	12.3 ～ 13.3	12.4 ～ 13.4	13.5 ～ 14.5	14.0 ～ 15.6	14 ～ 15.6	14.7 ～ 16.5	10.2 ～ 11.8	10.3 ～ 12	11.4 ～ 13.2	11.5 ～ 12.9	11.5 ～ 12.9	13 ～ 14.1
Cu	均值	28.4	28.9	29.5	33.4	33.9	33	24.8	25.5	27.6	25.6	26.2	27.4
	标准差	6.4	6.8	6.43	4	4.6	5.8	4.9	5.5	5.7	6	6.64	6.12
	范围	27.4 ～ 29.5	27.8 ～ 30	28.5 ～ 30.5	32.4 ～ 34.4	32.7 ～ 35	31.5 ～ 34.4	23.2 ～ 26.4	23.7 ～ 27.3	25.8 ～ 28.4	24 ～ 27.1	24.5 ～ 27.8	25.8 ～ 29
F	均值	471.1	474.4	476.5	526.4	526.4	529.7	474.4	483.9	491.4	431.9	431.9	439.7
	标准差	1.2	1.19	1.22	76.4	76.4	97.7	56.4	67.8	85	63.3	43.3	80.8
	范围	458.8 ～ 483.8	461.6 ～ 487.4	462.1 ～ 491.5	506.7 ～ 546.1	506.7 ～ 549.1	504.6 ～ 554.9	456 ～ 492.8	462 ～ 505.2	464.4 ～ 518.4	415.4 ～ 448.5	415.4 ～ 448.5	419.2 ～ 460.1

续表

元素	参数项	冲积性水稻土			灰色冲积性水稻土			棕灰色冲积性水稻土			灰棕色冲积性水稻土		
		总计	上层 0 ~ 20cm	下层 20 ~ 40cm	总计	上层 0 ~ 20cm	下层 20 ~ 40cm	总计	上层 0 ~ 20cm	下层 20 ~ 40cm	总计	上层 0 ~ 20cm	下层 20 ~ 40cm
Hg	均值	0.111	0.161	0.113	0.135	0.195	0.142	0.0774	0.113	0.0774	0.128	0.171	0.128
	标准差	1.63	1.6	1.64	0.059	1.6	0.065	1.69	1.55	1.69	1.45	1.42	1.45
	范围	0.102 ~ 0.12	0.15 ~ 0.174	0.104 ~ 0.122	0.121 ~ 0.149	0.173 ~ 0.22	0.124 ~ 0.159	0.0654 ~ 0.0917	0.0982 ~ 0.13	0.0654 ~ 0.0917	0.116 ~ 0.141	0.156 ~ 0.187	0.116 ~ 0.141
Mn	均值	270.7	281.1	603.3	243.9	252.6	495.3	326.2	326.2	661.5	296.2	296.2	698.3
	标准差	1.45	1.49	1.57	1.38	1.42	1.58	135.8	135.8	179.8	1.51	1.51	1.58
	范围	254.9 ~ 287.5	263.8 ~ 299.5	561.8 ~ 647.7	223.8 ~ 265.2	230.8 ~ 276.5	440 ~ 557.6	283 ~ 369.4	283 ~ 369.4	693.6 ~ 719.5	266.1 ~ 329	266.1 ~ 329.8	620.3 ~ 786.3
Ni	均值	27.3	28	30.5	28.2	28.4	29.9	26.8	26.8	30	27.4	27.4	30.7
	标准差	6.3	7.1	8.1	1.15	1.16	1.21	1.22	1.22	1.24	9.6	9.6	10.6
	范围	26.3 ~ 28.3	26.9 ~ 29.1	29.3 ~ 31.8	27.2 ~ 29.3	27.3 ~ 29.5	28.4 ~ 31.4	25.2 ~ 28.6	25.2 ~ 28.6	28 ~ 32	25 ~ 29.9	25 ~ 29.9	28 ~ 33.4
Pb	均值	23.1	23.3	21.9	25.2	25.4	23.4	20.5	21.6	21	22.4	22.2	20.9
	标准差	4.4	4.6	4.1	3.1	3.3	3.3	4.8	5.7	4.5	4.07	4.07	4.03
	范围	22.4 ~ 23.8	22.5 ~ 24	21.2 ~ 22.5	24.4 ~ 26.1	24.6 ~ 26.3	22.6 ~ 24.3	18.8 ~ 22.1	19.8 ~ 23.5	19.5 ~ 22.4	21.2 ~ 23.3	21.2 ~ 23.3	19.9 ~ 22
Zn	均值	79.7	79.7	80.5	93.4	93.4	91	80.2	80.2	82.7	70.3	70.3	73.1
	标准差	1.23	1.23	1.22	11	11	14	13.4	13.5	15.4	13.7	13.7	12.6
	范围	77 ~ 82.4	77 ~ 82.4	78 ~ 83.1	90.5 ~ 96.3	90.5 ~ 96.3	87.3 ~ 94.6	75.8 ~ 84.6	75.79 ~ 84.6	77.7 ~ 87.74	66.8 ~ 73.8	66.8 ~ 73.8	69.9 ~ 76.4

表 3-6 全国及部分省（市、区）土壤表层镉背景值含量范围 单位：mg/kg

地区	最小值	最大值	几何平均值	标准差	95%置信区间	地区	最小值	最大值	几何平均值	标准差	95%置信区间
全国	0.001	13.430	0.0740	2.1180	0.017～0.332	江西	0.006	1.010	0.0696	2.6056	0.010～0.473
辽宁	0.001	0.412	0.0908	1.8290	0.027～0.304	湖北	0.016	8.220	0.1137	2.5042	0.018～0.713
河北	0.002	0.474	0.0561	3.4981	0.005～0.687	湖南	0.002	4.500	0.0787	2.6082	0.012～0.535
山东	0.021	0.204	0.0745	1.6601	0.027～0.205	陕西	0.031	0.249	0.0886	1.4359	0.043～0.183
江苏	0.008	2.470	0.0501	3.1904	0.005～0.510	四川	0.010	0.150	0.0750	1.3687	0 040～0 141
浙江	0.004	0.220	0.0472	2.6230	0.007～0.325	贵州	0.042	7.650	0.2086	3.7779	0.015～2.977
福建	0.016	0.447	0.0538	2.1035	0.013～0.238	云南	0.009	3.409	0.1035	3.0434	0.011～0.959
广东	0.004	2.286	0.0408	2.2143	0.008～0.200	宁夏	0.046	0.254	0.1025	1.5304	0.044～0.240
广西	0.006	13.430	0.0791	3.9956	0.005～1.263	甘肃	0.037	0.236	0.1106	1.3615	0.060～0.205
黑龙江	0.036	0.400	0.0806	1.4422	0.039～0.168	青海	0.073	0.264	0.1329	1.2665	0.083～0.213
吉林	0.013	0.429	0.0914	1.4962	0.041～0.205	新疆	0.016	1.634	0.1037	1.7113	0.035～0.304
内蒙古	0.004	0.214	0.0374	2.5521	0.006～0.244	西藏	0.006	0.583	0.0775	1.3473	0.043～0.141
山西	0.031	0.358	0.1118	1.6986	0.039～0.323	北京	0.005	0.339	0.0534	2.5413	0.008～0.345
河南	0.039	0.276	0.0726	1.2562	0.046～0.115	天津	0.054	0.943	0.0870	1.2857	0.053～0.144
安徽	0.020	0.344	0.0837	1.7020	0 029～0 243	上海	0.052	0.331	0.1241	1.5976	0.049～0.317

表 3-7 全国部分土壤类型（表层）镉背景值含量范围 单位：mg/kg

土壤类型	最小值	最大值	几何平均值	标准差	95%置信区间	土壤类型	最小值	最大值	几何平均值	标准差	95%置信区间
石灰土	0.003	13.430	0.385	4.1835	0.022～6.745	紫色土	0.010	0.710	0.075	2.0221	0.018～0.307
水稻土	0.008	3.000	0.108	2.1577	0.023～0.502	棕壤	0.001	0.485	0.078	1.7727	0.025-0.245
灰褐土	0.006	0.301	0.127	1.5359	0.054～0.300	黄棕壤	0.008	8.220	0.079	2.2039	0.016～0.382
棕钙土	0.005	0.589	0.072	2.6726	0.010～0.515	草甸土	0.005	0.300	0.074	1.6921	0.026～0.211
栗钙土	0.002	0.303	0.041	3.3775	0.004～0.463	黑土	0.004	0.165	0.073	1.4123	0.037～0.146

续表

土壤类型	最小值	最大值	几何平均值	标准差	95%置信区间	土壤类型	最小值	最大值	几何平均值	标准差	95%置信区间
灰棕漠土	0.005	0.257	0.103	1.4295	0.051 ～ 0.211	灰钙土	0.026	0.172	0.083	1.4166	0.041 ～ 0.167
白浆土	0.032	0.429	0.093	1.6576	0.034 ～ 0.255	黄壤	0.005	4.500	0.064	2.003	0.016 ～ 0.258
潮土	0.005	0.943	0.085	1.9375	0.023 ～ 0.320	绵土	0.006	0.249	0.093	1.3465	0.052 ～ 0.169
黑钙土	0.005	0.393	0.087	2.1171	0.019 ～ 0.389	红壤	0.002	4.500	0.047	2.204	0.010 ～ 0.229
褐土	0.002	0.583	0.081	1.9571	0.021 ～ 0.310	赤红壤	0.005	0.505	0.033	2.3066	0.006 ～ 0.176

对产地环境质量进行评价常常面临没有标准或标准限值与实际符合度低的情况，此时可以采用国际上通用的风险评估方法对产地环境质量进行评价，环境风险评估根据评估终点的不同可分为生态风险评估与人体健康风险评估。环境风险评估是当前环境保护工作中的一个新兴领域，它的诞生一方面是环境保护的迫切需要，另一方面也是环境科学发展的必然结果，是环境质量评估方法论的一次重要创新，受到许多国家环保机构和有关国际性组织的重视。我们以土壤污染通过食物链对人体健康的影响为例来做简要说明。

土壤污染对人体健康影响的风险评价最早兴起于20世纪70年代的美国，美国国家环保署（Environmental Protection Agency，EPA）及美国国家科学院（National Academy of Sciences，NAS）进行了大量研究工作，取得了丰硕成果。土壤污染风险评价综合了化学评价、生态毒理学评价的长处，综合考虑了土地利用情况、人群对土壤的接触情况、各种评价场址特点，采用危害鉴别、剂量 - 效应关系评价、暴露评价和风险表征4个步骤评价土壤环境质量的好坏，评价污染土壤对人体健康的影响，其评价结果简单明了、真实可靠，更能反映现实情况，因此土壤污染风险评价技术已成为当前各国研究及应用最广的土壤污染评价方法。土壤污染对人体健康是否造成危害，需要考虑不同的接触途径，我们这里只简略地介绍人体通过食用耕地上种植的农产品引入的非致癌健康风险的评价方法，其他的评价方法可参考《农产品产地环境安全评估与风险防控》一书[18]。

耕地上种植的农产品从土壤中吸取污染物然后被食用而进入人体，个人单位体重日均长期污染物摄入量（chronic daily intake，CDI）的计算见式（3-1）。

$$\mathrm{CDI}=\frac{C_{\mathrm{S}}\times A_{\mathrm{b}}\times \mathrm{IR}_{i}\times \mathrm{EF}\times \mathrm{ED}}{\mathrm{BW}\times \mathrm{AT}\times 365} \tag{3-1}$$

式中　CDI——污染物通过饮食途径在人体单位体重的日均长期暴露量，mg/（d · kg）;

C_{S}——土壤中重金属的浓度，mg/kg，由监测数据获得；

A_{b}——重金属污染物从土壤到农作物的转换系数，即富集系数，A_{b}= 农作物重金属含量 / 土壤重金属含量，此为统计值，一般取最有代表性的富集系数，如平均富集系数，或平均富集系数 95% 置信区间上限值，或富集系数中位数等；

IR_i——人体对某种作物通过饮食途径的日平均暴露量，可根据我国膳食结构调查数据获得，kg/d；

EF——暴露频率，d/a（缺省值：350d）；

ED——暴露持续时间，a（缺省值：70a）；

BW——平均体重，kg［缺省值：（60.1 ± 10.9）kg，最好按照当地统计值确定］；

AT——平均寿命，d（缺省值：76.72d）。

在获得 CDI 值后，按照式（3-2）计算风险商值（hazard quotient，HQ）。

$$风险商值（HQ）=\frac{CDI}{RfD或PMTDI} \tag{3-2}$$

如果 HQ 值＜1，则表明土壤重金属不会对人体健康造成危害；如果 HQ 值≥1，则表明该区域土壤重金属污染会对人体健康造成危害。

式（3-1）中各参数值需要根据风险评估等级确定，如果是简单一点的风险评估，可取相应值的代表数值，如平均值或平均值 95% 置信区间上限（正态分布）中位值（对数正态分布）等。如果区域情况复杂，监测数据较多，则可取数据分布的概率，即先对数据的分布进行拟合，然后采用蒙特卡罗方法进行风险评估。如区域内情况更加复杂，则需要进行分区评价[19]。

式（3-2）中，RfD（reference dose，参考剂量）是由美国环保署（EPA）提出的用于非致癌物的危险度评价的一个指标，是环境介质（空气、水、土壤、食品）中，外源化学物质的日平均接触剂量的估计值。人群在终身接触该剂量水平下，预期一生中发生非致癌或非致突变效应的危险度可降低至不能检出的程度。PMTDI（provisional maximum tolerable daily intake）是由 FAO（联合国粮食及农业组织）/WHO（世界卫生组织）等国际组织制定的最大每日允许摄入量。8 种重金属的 RfD 或 PMTDI 见表 3-8。

表 3-8　化学污染物长期暴露的健康风险评价基准值

名称	关键危害描述	RfD 或 PMTDI	暴露途径	资料来源
砷	皮肤色素沉着，角化病，血管并发症	0.05（PMTDI）	口服	FAO/WHO（1983）
镉	肾功能紊乱，蛋白尿，骨骼软化	1×10^{-3}（食物）	口服	IRIS（国际研究协会）
铬	慢性中毒	0.5	口服	中国居民膳食营养素参考摄入量（2000）
铜	刺激呼吸系统	0.5（PMTDI）	口服	JECFA（食品添加剂联合专家委员会，1993）
铅	神经系统障碍	3.5×10^{-3}	口服	EPA
镍	体重减轻，细胞坏死	2×10^{-2}	口服	IRIS
锌	红细胞过氧化歧化酶减少	1（PMTDI）	口服	FAO/WHO（1993）
汞	发育性的神经毒性	1×10^{-4}	口服	EPA

式（3-1）中最难确定的参数为 A_b，即农产品对重金属的富集系数。因为不同品种、不

同产地条件都会对农作物富集重金属的能力造成影响。下面以稻米对重金属 Cd 的富集系数的差别进行举例说明。

表 3-9 是不同县域范围内稻米 Cd 富集系数的描述统计结果，数据来源于农业农村部环境保护科研监测所环境危害因子风险评估创新团队十余年努力收集整理的全国农业环境质量数据库。可见不同区域稻米对 Cd 的富集差异明显，最高相差达 6.8 倍。就是在一个县域内，富集系数也处于中等强度变异水平，益阳市沅江市变异系数接近 170%。其实进一步细分，到乡镇层级，其变异性依然处于中高水平。

表 3-9　不同县域范围内水稻镉富集系数描述统计结果

地区	县（县级市）	均值	极小值	极大值	标准差	变异系数
清远市	英德市	0.736	0.026	1.939	0.5	68.00%
	连州市	0.603	0.021	1.856	0.5	82.90%
韶关市	始兴县	0.442	0.058	1.695	0.378	85.50%
	仁化县	0.591	0.047	1.591	0.455	77.00%
	曲江区	0.808	0.072	1.848	0.5	61.90%
益阳市	沅江市	0.238	0.025	1.231	0.404	169.80%
	赫山区	0.983	0.121	1.957	0.508	51.70%
	桃江县	0.93	0.043	1.931	0.534	57.40%
湘潭市	湘潭县	0.678	0.021	1.994	0.6	89.60%
嘉兴市	平湖市	0.145	0.041	0.376	0.081	55.50%
金华市	婺城区	0.266	0.128	0.49	0.113	42.40%
绍兴市	诸暨市	0.357	0.071	1.065	0.233	65.10%

以上我们所提出的产地环境质量评价方法都是基于监测点的环境质量评估，对于面（或称研究区）的环境质量状况以及面的环境质量的比对也是以点的统计数据来进行表征。但如果想全面了解面或区域内的环境质量的变化情况，则需要借助于地质统计学这一强有力的工具。地质统计学涉及的算法众多，计算步骤也较为复杂。其中最难以把握的两点是算法的选择以及计算过程精度控制方法。我们在《农产品产地环境安全评估与风险防控》一书中对这两个问题进行了详细的说明，不再赘述。

3.2.1.2　基于支撑农产品安全的产地环境质量评价

产地环境质量评价的最终目标之一是为农产品质量安全保驾护航，但正如不同区域不同农作物不同管理模式下稻米对 Cd 的富集系数有差异一样，土壤筛选值在不同区域的适用性也有明显差异。在某些区域，由于农作物对重金属的吸收富集能力低，即使土壤超过筛选值，种植的农作物却不超标；而在某些区域，即使土壤不超过筛选值，其种植的农作物重金属含量依然超标。对此，我们对土壤 Cd 的筛选值在全国稻米产区的适用性进行了评估。结果简述如下，具体结果可参见文献［20］。

本次分析数据来源于农业农村部环境保护科研监测所环境危害因子风险评估创新团队自2012年以来获取的风险评估对应数据。数据筛选要求如下：

① pH值、土壤Cd含量和稻米Cd含量数据齐全；

② 以县为单位，每个县土壤作物对应监测点位不少于10个。

所筛选数据分布在东北三省、天津、湖南、广东、四川、贵州、福建、浙江等15个省144个县（市）。土-作对应监测点位共8万余个。

为了评估标准的适用性，采用误判率作为标准执行正确与否的判定依据，误判率为误判点个数占总采样点的百分比。误判情况分为3种：

① 土壤Cd含量超标而稻米Cd含量不超标，称为误判率1（MR 1）；

② 土壤Cd含量不超标而稻米Cd含量超标，称为误判率2（MR 2）；

③ ①和②之和，称为总误判率（TMR）或简称误判率。

土壤Cd含量超标是指土壤Cd含量超过《土壤环境质量　农用地土壤污染风险管控标准（试行）》（GB 15618—2018）规定的筛选值，稻米Cd含量超标是指稻米Cd含量超过《食品安全国家标准　食品中污染物限量》（GB 2762—2022）规定的限值。

误判率是评估GB 15618—2018的区域适用性非常重要的指标。MR 1即土壤超标而农产品不超标的情况，主要分布区域为：湖南中部和南部地区、广东北部、四川盆地中部、广西中北部地区。其他稻米主产区如东北三省、长江三角洲区域，因本数据库中采用的土壤数据较少存在Cd超标情况，因此无法判定MR 1的结果。MR 2即土壤不超标而农产品超标的情况，主要分布区域为：湖南长株潭地区，四川绵竹、什邡市周边县市，广东省英德、韶关市周边区域。东北三省、长江三角洲、珠江三角洲和淮河流域稻米主产区基本不存在MR 2的情况。综合MR 1及MR 2，以GB 15618—2018筛选值为标准评估稻米产地环境质量。TMR突出的区域为：湖南长株潭地区，广东北部地区，四川盆地中部和绵竹、什邡市周边县市，广西中部地区。而这些区域往往是MR 1和MR 2重叠区域。相关区域TMR最高值分别为79%、59%、70%、64%。而珠江三角洲地区和淮河流域MR 1和MR 2情况均较少，高误判率区域也是中国土壤Cd污染较突出区域。高的误判率会对产地环境质量评价以及安全类别划分及分区分类治理产生不利影响。

在pH值不变的情况下，分别针对MR 1、MR 2高的地区通过提高、降低土壤Cd筛选值的办法来降低误判率。图3-11与图3-12分别为在MR 1较高的12个县市土壤Cd筛选值提高0.1mg/kg和0.2mg/kg后的MR 1变化情况。当土壤Cd筛选值提高0.1mg/kg时，除湖南省湘潭县和宁乡市外，大部分县市的TMR和MR 1都会降低，其中MR 1降低范围是0～18.64%，TMR降低范围是5%～11%，同时MR 2会升高，其升高范围为0～19%。当土壤Cd筛选值提高0.2mg/kg时，除湖南省湘潭县和宁乡市外，大部分县市的TMR和MR 1都较提高0.1mg/kg时降幅明显，但总体降幅不大，介于10%～20%之间，其中冷水滩区和邵东市尤为明显，TMR分别由26.54%、24.77%降低到了12.18%、9.17%；湖南省涟源市和湘乡市MR 1降低幅度最大，达30%。随着MR 1的降低，各县市的MR 2都会提高，提升范围在 1% ～ 30.29% 之间。综合结果分析表明：即使增加 MR 1 较高地区 Cd 的筛选值，总的误判率也不会有大的改善。

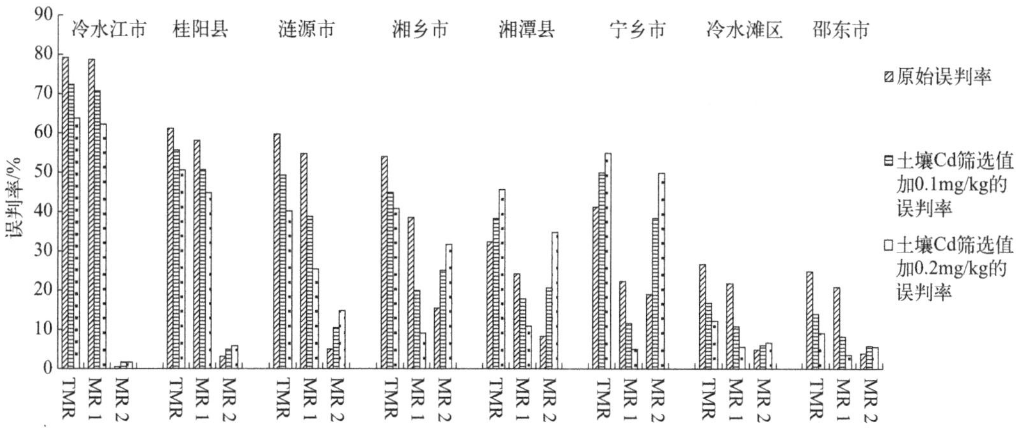

图 3-11 筛选值增加与误判率的关系（湖南 MR 1 严重地区）

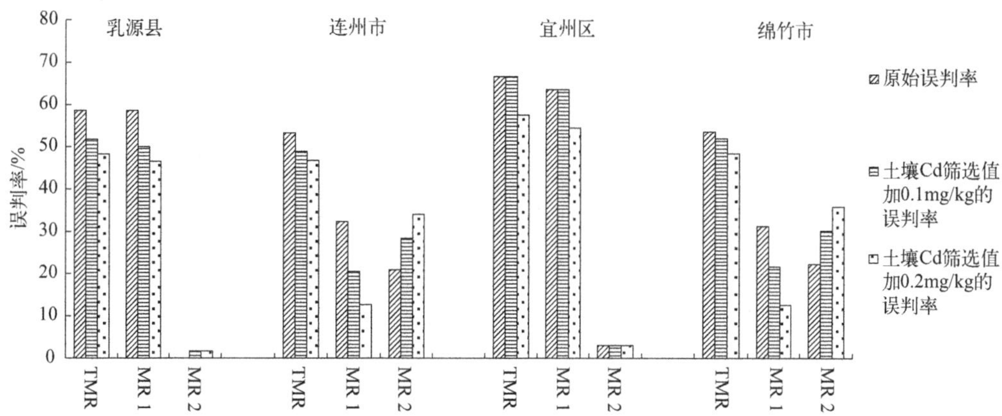

图 3-12 筛选值增加与误判率的关系（广东、广西、四川 MR 1 严重地区）

图 3-13、图 3-14 和图 3-15 分别为在 MR 2 较高的 12 个县市土壤 Cd 筛选值降低 0.1mg/kg 和 0.2mg/kg 后的 MR 2 的变化情况。当土壤 Cd 筛选值降低 0.1mg/kg 时，除广东连州市和四川绵竹市外大部分县市的 TMR 和 MR 2 都会降低，其中 MR 2 降低范围为 6% ～ 26.81%，TMR 降低范围为 3% ～ 26.09%，同时 MR 1 会升高，其升高范围为 0.73% ～ 15.29%。当土壤 Cd 筛选值降低 0.2mg/kg 时，除广东连州市和四川绵竹市外，大部分县市的 TMR 和 MR 2 较降低 0.1mg/kg 时降幅明显，介于 11% ～ 38% 之间，其中湖南长沙市尤为明显，TMR 由 39.86% 降低到了 9.42%。随着 MR 2 的降低，研究县市的 MR 1 都会提高，提升范围在 1.45% ～ 29% 之间。综合结果分析表明：即使降低 MR 2 较高地区 Cd 的筛选值，总的误判率也不会有大的改善。

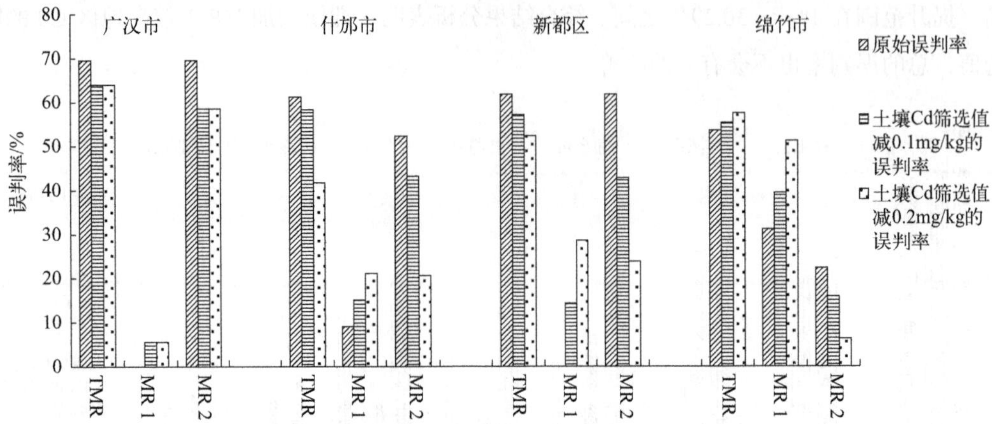

图 3-13 筛选值降低与误判率的关系（四川省 MR 2 较高的地区）

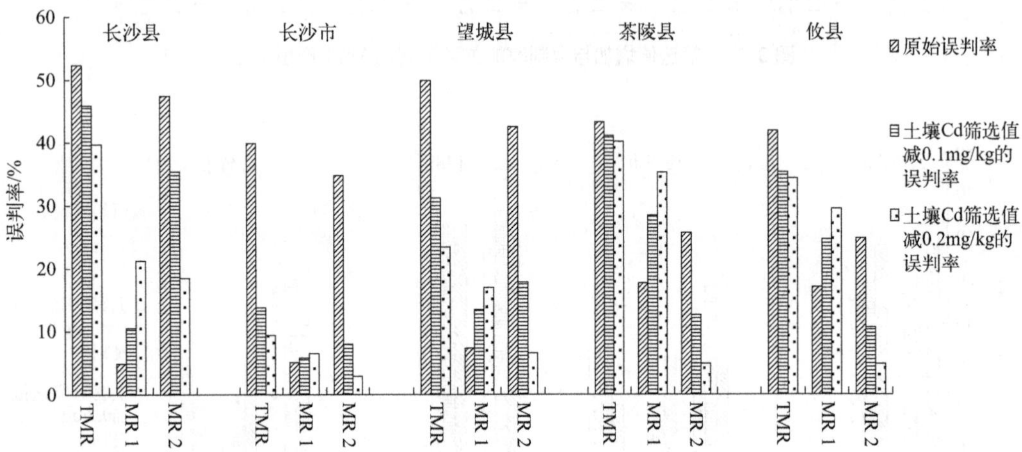

图 3-14 筛选值降低与误判率的关系（湖南省 MR 2 较高的地区）

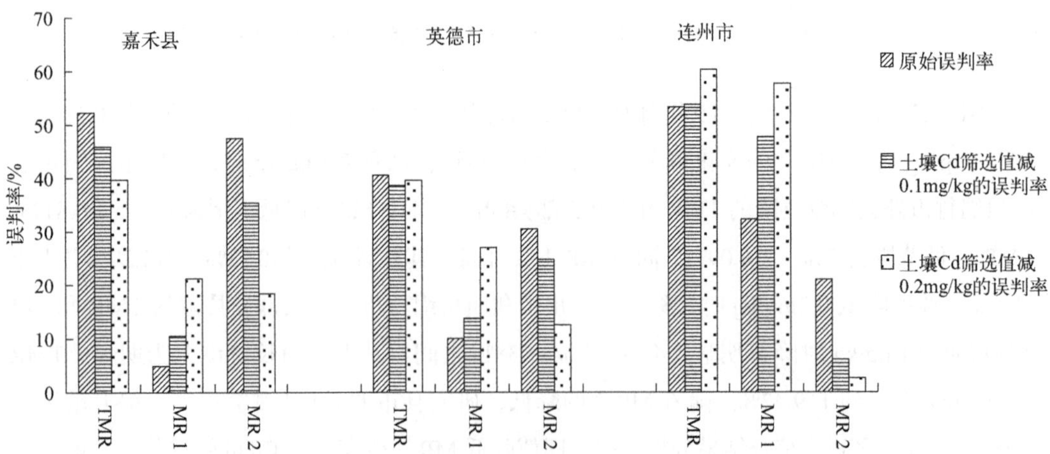

图 3-15 筛选值降低与误判率的关系（广东省 MR 2 较高的地区）

农作物对重金属的吸收受很多因素影响，其中土壤因子主要有土壤 pH 值、质地、有机质含量及组分，土壤 Fe、Mn、S 含量以及形态，等等。此外，还受农艺措施以及农作物自身基因型差别的影响，而且这些因子对农作物吸收重金属的影响不是独立存在的，而是相互协同、拮抗或存在非线性的作用特点。可以说，要从土壤和农作物两方面安全的角度来评价产地环境质量，或者在两者之间建立某种可靠的内在联系机制确实有一定的困难。《农用地土壤环境质量类型划分技术指南（试行）》尝试使用共同考虑两者安全或不安全的协同方法去划定农田土壤环境质量类别。其划分关键参数见表 3-10。划分技术指南考虑了土壤环境质量安全与农产品质量安全之间的差异性，又根据相关法律的要求，做出了两者兼顾式的环境质量类别划分安排。

表 3-10 耕地土壤环境质量类别划分依据

序号	划分依据	质量类别
1	根据土壤污染程度划分为优先保护类 根据土壤污染程度划分为安全利用类且农产品不超标	优先保护类
2	根据土壤污染程度划分为安全利用类且农产品轻微超标 根据土壤污染程度划分为严格管控类且农产品不超标	安全利用类
3	根据土壤污染程度划分为严格管控类且农产品超标 根据土壤污染程度划分为安全利用类且农产品严重超标	严格管控类

多年来，我们一直试图找到土壤 - 农作物之间的关联方程，或者说找到一种方法在两者之间建立好的关联，或者说找到农作物富集重金属的关键因子，从而在两者之间搭建起一个桥梁。但以往通过多元回归分析的方法建立两者之间关系的方法都不太理想。表 3-11 是部分研究人员采用多元回归方法建立的土壤 Cd 含量与作物 Cd 含量的关系模型。模型的决定系数都不高，对稻米 Cd 变异的解释都不超过 50%。

表 3-11 不同研究区域土壤 Cd 总量与稻米 Cd 含量关系模型

序号	实验地点	回归方程	相关系数 R	决定系数 R^2	参考文献
1	湖南长株潭	R_{Cd}=0.264T_{Cd}+0.128		0.298	[21]
2	苏南某废弃冶炼厂	R_{Cd}=0.062T_{Cd}−0.058		0.441	[22]
3	浙江省水稻产区（南泽、嵊州和温岭）	—	0.21		[23]
4	成都平原某区	—	0.223		[24]
5	四川某地	—	−0.263		[25]
6	湘中某工矿区		0.304		[26]
7	成都平原 13 个市（县）稻麦轮作区	—	0.532		[27]
8	南京、扬州、苏州	lgR_{Cd}=−0.269−0.068pH+0.153lgT_{Cd}	0.565		[28]
9	中南地区	R_{Cd}=0.284T_{Cd}+0.391	0.392		[29]
10	湖北某污染区	R_{Cd}=0.02+0.11T_{Cd}	0.460		[5]

随着数据挖掘技术的发展，一些新的建模技术被逐步引入土壤 - 农作物关系模型构建中来，如混合线性建模 Cubist 技术、随机森林回归技术、LASSO 分析等技术。下面就这些技术的基本应用做简要说明。

Cubist 模型是由 Rule Quest 公司开发的一种基于规则的模型，与传统线性回归技术相比混合线性回归技术具有以下优点：

① 可以高效处理多个变量，并自动筛选出影响显著因子。

② 更容易处理不同条件下自变量对因变量影响能力的差异性问题。

③ 可以把自变量对因变量的影响分为条件贡献与模型贡献两类，便于使用者筛选主控因子。

Cubist 模型融合了若干其他模型树的方法，它的每一条规则是一条运算路径，树的节点是线性模型。为了提高模型预测精度，在对目标进行预测时它的数据空间被分为若干个子空间，然后对其进行建模。Cubist 使用标准差来度量误差值。Cubist 每个节点的误差表示为：

$$\Delta \mathrm{ERROR}=\mathrm{SD}(T)-\sum_{i}\frac{|T_i|}{T}\times \mathrm{SD}(T_i) \qquad (3\text{-}3)$$

式中 T——某一节点上的训练样本；

T_i——这些样本分裂出的子样本；

SD（T），SD（T_i）——T 和 T_i 的标准偏差，是每一节点的分类误差；

$|T_i|$——样本数量。

Cubist 的每次误差降到最小，使其分类更加合理。

Cubist 是 R 语言里的一个程序包，核心函数 Cubist 的应用公式为：Cubist（x，y，committees=1，control=cubistControl（ ），weights=NULL，...）。

x 是自变量，也就是影响因变量变化的变量，如我们要预测稻米 Cd 含量，则 x 就是土壤 pH 值、SOM、Fe、Ca、S、重金属有效态检测值、稻米产量等，通常我们把要预测的变量也就是因变量 y 放在矩阵的最后一列，例如我们的矩阵名称为 rice，其中包括 22 列，前面 21 列为自变量 x，第 22 列为我们要预测的稻米 Cd 含量 y。自然量 x 的取值公式为：x=rice［，-22］。rice［ ］表示名称为 rice 的矩阵，“，”以前是矩阵的行，省略是说要取全部的行，“，”以后表示矩阵的列，“-22”就是去掉第 22 列，也就是把矩阵 rice 中的因变量 y 自矩阵中去除。y 是因变量，我们设定此列的名称为 Rice_Cd，则 y 的取值形式为 y=rice$Rice_Cd。$ 符号是取矩阵某一列的符号。据此，我们就可以建立一个简单的根据土壤检测参数预测稻米 Cd 含量的预测模型：mod1=cubist（x=rice［，-22］，y=rice$Rice_Cd）。mod1 是模型的存储变量，可以用 summary（ ）这一函数展示出来，即 summary（mod1）。

committees 是用于控制模型构建次数的命令，如为 1，则构建一次模型，如为 2，则可以构建 2 次模型。cubistControl 是模型的一些控制条件，格式为 cubistControl(unbiased=FALSE，rules=100，extrapolation=100，sample=0，seed=sample.int（4096，size=1）-1L， label="outcome")。unbiased 是一个逻辑值，决定是不是应用无偏规则。rules 是一个整数，定义规则的数量，不设置，则 Cubist 自主决定。extrapolation 为在 1 ～ 100 之间，该参数控制将规则预测调整到与训练集一致的程度。sample 取值在 0 ～ 99.9 之间，就是要随机选择用于建模的数据集的百分比（不用于袋外类型的评估）。

当然与 Cubist 模型相关的还有一些函数，如用于预测的函数 predict.cubist ( )，用于展示控制条件的函数 dotplot.cubist ( )，等等。如果读者有兴趣可以在 R 语言的帮助文件里查找。

我们在湖南长株潭地区采集了 140 余对土壤 - 水稻样品，对土壤理化性质进行了分析。结果见表 3-12。采样区土壤 pH 值范围为 4.81 ～ 8.22，部分土壤酸性较强，数据分散性强，从偏度和峰度可以看出，采样区土壤偏酸性，且具有较好的区域代表性。研究区土壤 SOM 含量的范围为 1.55% ～ 8.54%，均值为 4.42%，采样区土壤肥力较高。监测数据结果表明，除土壤 Cd 明显超标，其他金属或类金属含量如 Cu、Zn、Pb、Ni、As、Hg、Cr、Se 均处于未污染水平。

表 3-12　采样区土壤理化参数描述性统计结果

理化性质	均值	中值	极小值	极大值	偏度	峰度
pH 值	6.67	6.49	4.81	8.22	−0.093	−1.738
SOM/%	4.42	4.31	1.55	8.54	0.635	1.095
DOC/（mg/kg）	15.51	14.65	3.70	43.51	0.848	1.044
Cd/（mg/kg）	0.79	0.48	0.25	3.90	2.341	6.922
S/（mg/kg）	561.93	511.87	255.05	1972.22	3.053	13.677
Cl/（mg/kg）	68.22	61.63	0.50	222.39	1.180	1.602
P/（mg/kg）	966.15	965.83	408.78	2081.71	0.584	0.855
Cr/（mg/kg）	95.54	95.09	62.53	173.46	1.018	1.790
Mn/（mg/kg）	805.25	723.29	81.47	3884.39	2.614	9.983
Ni/（mg/kg）	30.85	29.82	9.41	90.88	1.562	4.058
Cu/（mg/kg）	23.61	21.22	5.08	52.17	0.692	−0.327
Zn/（mg/kg）	85.32	81.24	26.74	218.42	1.323	2.815
Se/（mg/kg）	0.20	0.18	0.01	0.60	1.039	1.814
As/（mg/kg）	20.98	15.56	7.98	85.48	2.275	7.057
Hg/（mg/kg）	0.21	0.18	0.01	0.76	1.517	3.014
Pb/（mg/kg）	46.00	32.68	13.11	320.69	4.219	24.444
Fe_2O_3/%	6.17	6.07	1.38	9.55	−0.141	−0.074

基于 Cubist 混合线性建模技术，构建的稻米富集土壤 Cd 的模型见表 3-13。模型预测值与检测值以及验证数据值的结果见图 3-16。不同因子在 Cubist 模型中的条件贡献及模型贡献见表 3-14。

表 3-13　Cubist 预测稻米富集 Cd 模型

规则	判断条件	模型形式	采样区稻米 Cd 平均含量 /（mg/kg）	样品量 / 个
1	pH ＞ 6.97	R_{Cd}=0.144872−0.016pH+0.014T_{Cd}	0.04	55
2	S ≤ 519.917mg/kg CaO ≤ 0.451% Fe_2O_3 ＞ 5.804%	R_{Cd}=−0.692789−0.894CaO+0.195Fe_2O_3	0.16	3
3	pH ≤ 6.97 CaO ＞ 0.451%	R_{Cd}=1.234889−0.199pH+0.045Fe_2O_3	0.26	27
4	CaO ≤ 0.451% Fe_2O_3 ＞ 4.908% Fe_2O_3 ≤ 5.804%	R_{Cd}=−0.1486346+0.00036S	0.35	10
5	S ＞ 519.917mg/kg CaO ≤ 0.451% Fe_2O_3 ＞ 5.804%	R_{Cd}=−6.6072032−7.651CaO+1.667Fe_2O_3	0.54	4
6	pH ≤ 5.42 Fe_2O_3 ≤ 4.908%	R_{Cd}=−2.0629131+0.867pH−0.461Fe_2O_3	0.55	6
7	pH ＞ 5.42 CaO ≤ 0.451% Fe_2O_3 ≤ 4.908%	R_{Cd}=2.2070028+6.893CaO−0.02366Cl−0.67Fe_2O_3+0.045pH+0.00014S	1.56	8

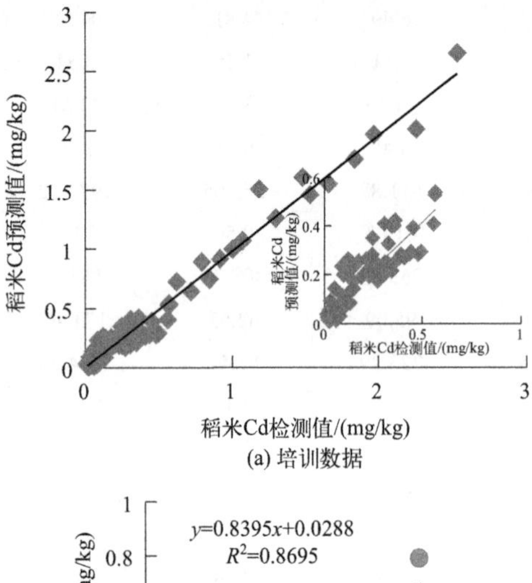

(a) 培训数据

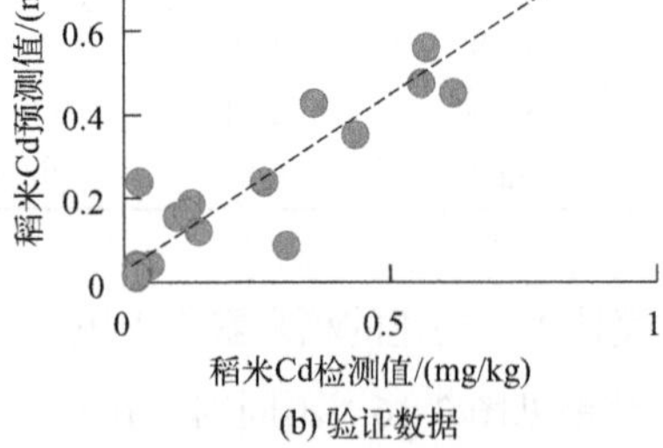

(b) 验证数据

图 3-16　Cubist 模型预测稻米 Cd 含量与实际检测值散点图

表 3-14　不同因子在 Cubist 模型中的条件贡献及模型贡献

因子	条件贡献	模型贡献
pH 值	85%	85%
CaO	47%	13%
Fe_2O_3	27%	43%
S	6%	16%
T_{Cd}		48%
Cl		7%

表 3-13 表明，本研究构建的土壤 - 稻米 Cd 传输模型共有 7 个规则，其中规则 1 及规则 3、4 所含样品量最多，占全部培训数据集样品量的 81.4%。在规则 1 中，以土壤 pH 值为判断条件，当 pH ＞ 6.97 时，即土壤处于碱性水平时，稻米 Cd 含量受 pH 值及土壤 Cd 含量的影响，pH 值升高，稻米 Cd 含量下降，土壤 Cd 含量升高，稻米 Cd 含量随之升高，在规则 1 条件下稻米 Cd 平均含量为 0.04mg/kg，假定土壤 pH 值固定为 7，则稻米 Cd 含量达到食品安全标准 0.2mg/kg，土壤 Cd 含量需达到 12mg/kg，这在现实中基本不存在，可见在湖南碱性土壤种植的水稻基本不存在超标情况。

在规则 3 中展示的是当土壤 pH 处于中性水平时，稻米 Cd 含量受 pH 值及 Fe 含量影响的模型形式。本研究数据分析结果表明，土壤 Ca 含量与土壤 pH 值在 Ca（以 CaO 计）含量低于 1% 时，有显著相关性，结果见图 3-17，关系模型为 pH=3.5718CaO+4.0496（R^2=0.6362）。Wang 等[30] 在江苏省稻 - 麦轮作区的研究也发现同样的规律，说明土壤 Ca 含量在小于 1% 时是调控土壤 pH 值的关键因素。根据规则 3 土壤 Ca 含量条件，当 Ca 含量高于 0.451% 时，土壤 pH 值计算结果为 5.7，说明规则 3 土壤为中性。在此条件，稻米对 Cd 的吸收受土壤 pH 值、Fe_2O_3 含量的影响，两者影响力一负一正。对比规则 1 与规则 3 中 pH 值的系数可以看出，在中性土壤中，pH 值变化对稻米富集 Cd 的影响力是碱性土壤的十几倍。

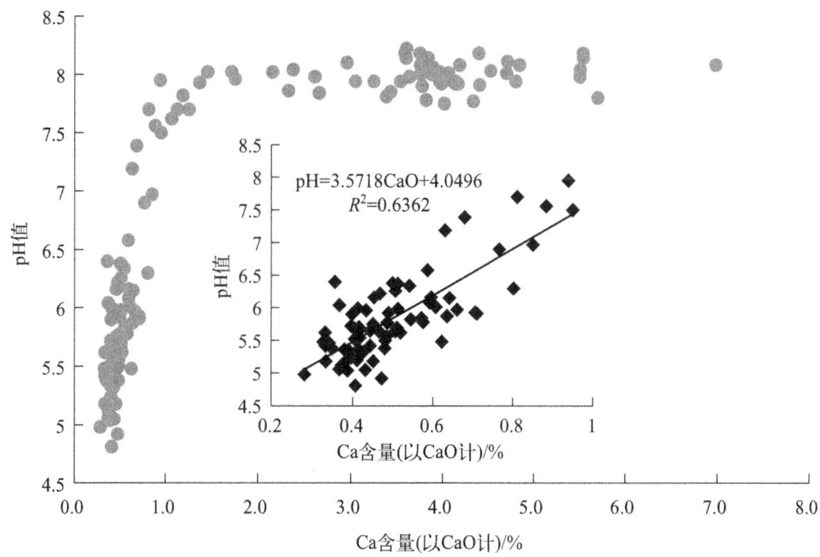

图 3-17　土壤 Ca 含量与土壤 pH 值的关系

规则 4 的判断条件为土壤 CaO 含量≤ 0.45%，Fe_2O_3 含量介于 4.9% ～ 5.8% 之间，根据本研究获得的 Ca 含量与 pH 值关系式可知，土壤处于偏酸环境。我国 860 余个表层土壤全铁含量实测值为 0.17% ～ 17.86%（以 Fe_2O_3 计，下同），95% 的置信区间为 1.22% ～ 8.24%[31]。规则 4 中的研究区土壤 Fe 含量处于我国土壤 Fe 含量中等水平。在此条件下，稻米对 Cd 的吸收主要受到土壤 S 含量的影响，S 含量增加使稻米 Cd 含量上升。本研究区土壤全 S 的含量范围为 255.05 ～ 1972.22mg/kg，均值是 561.93mg/kg，明显高于其他地区水稻田 S 平均含量 252mg/kg[31]，本研究监测结果与黄运湘等[32]的测定结果也基本一致。规则 4 稻米 Cd 平均含量为 0.35mg/kg，超过我国稻米 Cd 安全限值，可见，湖南省土壤 S 含量偏高是稻米 Cd 超标的重要诱因之一。对数据进一步分析表明，土壤 S 与土壤有机质之间存在显著的联系，两者决定系数达到了 0.571（相关系数 0.756），其关系见图 3-18，说明 S 的增加与土壤施肥有关。

Cubist 模型中共有 2 个子模型，1 个判断条件涉及 S 含量对稻米富集 Cd 的影响，而且这种影响均为正效应。土壤中 S 自身形态的改变可以与重金属发生反应，影响土壤中重金属的生物有效性，从而起到调控重金属在土壤中迁移的作用。土壤中 S 包括水溶态、吸附态和难溶态，其化合价在 −2 ～ +6 范围内转变，其中有效态 S 包括以 SO_4^{2-} 的形态存在的水溶性 S、吸附态 S 和部分有机态 S。厌氧条件下，SO_4^{2-} 被还原为 S^{2-}，在环境中 S^{2-} 与 Cd^{2+} 发生沉淀反应生成难溶性的 CdS，从而使土壤中有效态 S 和有效态 Cd 含量降低。在排水烤田时期，S^{2-} 易被氧化，此时硫化物中的 Cd^{2+} 也被释放出来，土壤中有效态 Cd 含量增加，导致水稻 Cd 吸收量的增加[29]。当前，我国南方水稻田种植均采用干湿交替方式，土壤淹水降低了有机质分解速率，促进了 S 的富集，土壤排水又促进了硫化物中 Cd 的释放，导致了稻米 Cd 含量的进一步增加。图 3-18 也表明，S 主要来源于有机质的增加，而土壤有机质的增加主要源于秸秆还田或是高留茬，秸秆在土壤中腐烂产生大量的低分子有机酸，而低分子有机酸又增加了 Cd 的活性。

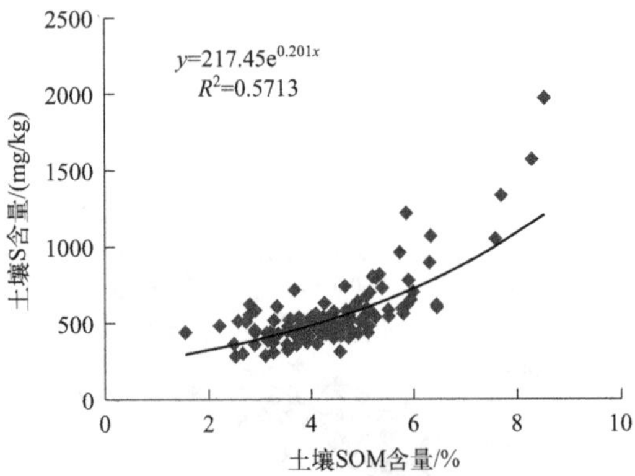

图 3-18　土壤有机质与土壤 S 含量散点图

规则 5、6、7 中含有 18 个稻米监测样品，虽然样本代表性不十分充分，但 3 种规则条件下稻米均处于严重超标水平，应引起重视。综合 3 个规则表明，在强酸性土壤（pH ＜ 5.7）中稻米 Cd 污染严重，pH 值增加更会导致稻米 Cd 含量的上升，这在土壤 pH 值控制时应引起注意。在低 Fe 水平下（$Fe_2O_3 \leqslant 4.9\%$）增加土壤 Fe 含量会抑制稻米对 Cd 的富集，但高 Fe 时（$Fe_2O_3 > 5.8\%$）会促进稻米对 Cd 的吸收，规则 2 也表明了这一点。

综合本研究各规则中 pH 值对稻米富集 Cd 的影响可见，其过程复杂，低 pH 值及高 pH 值均能抑制水稻对 Cd 的富集，但当土壤 pH 由强酸性向偏酸性上升时，稻米对 Cd 的富集增加，偏酸性向中性过渡时，稻米对 Cd 的富集显著下降，中性向碱性转化时稻米对 Cd 的富集也随之下降，但不如偏酸性向中性过渡明显。

笔者收集了我国南方 7 个水稻种植区不同 pH 值条件下稻米 Cd 富集系数（富集系数 = 稻米 Cd 含量 / 土壤 Cd 含量）的变化情况，结果见图 3-19。可见，不同地区稻米对 Cd 的富集系数虽有较大差异性，但 pH 值对富集系数变化的影响规律是一致的。这与 pH 值影响土壤 Cd 存在的形态有直接关系，当 pH 值变化时土壤 Cd 与土壤有机质、黏土矿物及 Fe/Mn 氧化物结合的形态会产生显著的变化，从而影响稻米对 Cd 的富集。

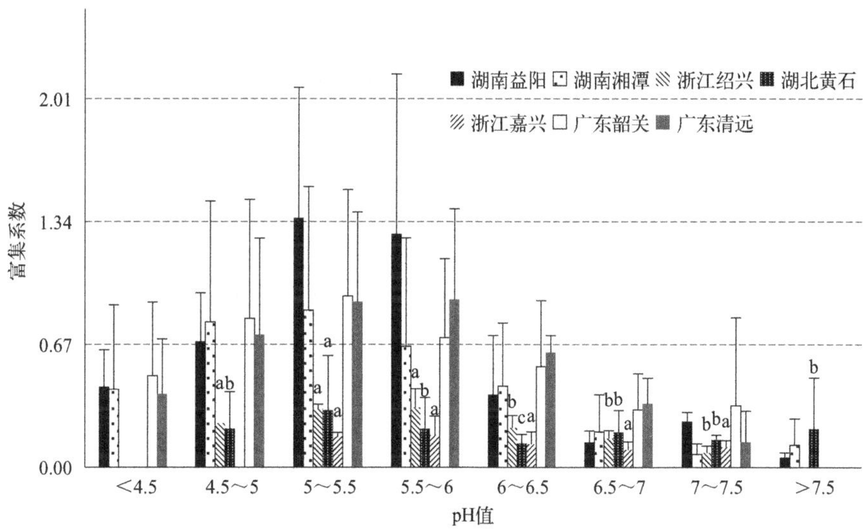

图 3-19 不同区域 pH 值变化对稻米 Cd 富集系数的影响

3.2.1.3 基于系统整体观的高标准农田环境质量评价

农产品产地质量以及环境质量优劣评估的核心标准就是其保障或服务于农产品高产、稳产、优质、高效、生态、安全的能力。优质的农产品产地不仅要使产出的农产品质量合格，还要品质优良，要做到生态化生产，不对环境产生负面影响，更需要在生产过程中体现农业的多功能性，体现生产效益的最大化、投入产出比的最优化、保障生产的可持续化，做到生产、生活、生态“三生”有机统一。

为了从根本上保障我国的粮食安全，提升农产品品质，我国提出了建设高标准农田的任务。所谓高标准农田是指对农田改造升级后形成的集中连片、设施配套、高产稳产、生态良好、抗灾能力强、与现代农业生产和经营方式相适应的基本农田。高标准农田具有田地平整肥沃、水利设施配套、田间道路畅通、林网建设适宜、科技先进适用、优质高产高效等突出特征。

对于农产品产地或高标准农田的评价，首先需要建立一个科学的评估指标体系，为此我们参考了国内外有关农田环境质量评价、农田生态系统质量评估、农田肥力评价等方面的相关研究论文，提出了一套高标准农田评估指标体系，具体见图 3-20。

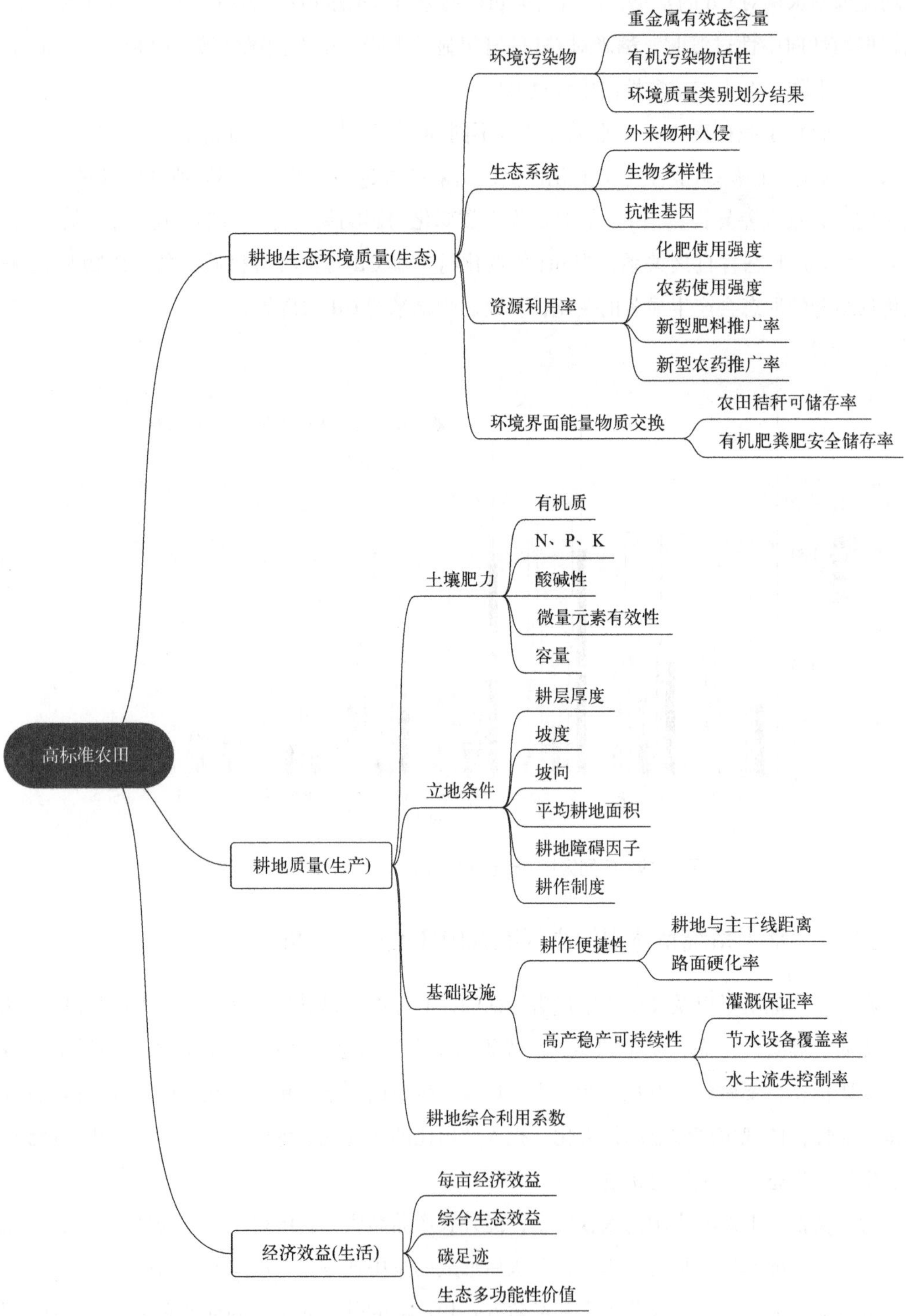

图 3-20　高标准农田环境质量评价综合指标体系

高标准农田首先应该是土壤肥力好的农田，2012 年底，农业部组织完成了全国耕地地力调查与质量评价工作，以全国 18.26 亿亩（1 亩 =666.7m^2）耕地（二调前国土数据）为基数，对全国耕地质量等级进行了划分，得出全国耕地质量总体情况（表 3-15）。划分过程以耕地土壤图、土地利用现状图、行政区划图叠加形成的图斑为评价单元，从立地条件、耕层理化性状、土壤管理、障碍因素和土壤剖面性状等方面，根据《耕地地力调查与质量评价技术规程》（NY/T 1634—2008）和《全国耕地类型区、耕地地力等级划分》（NY/T 309—1996）综合评价耕地地力，将全国耕地按质量等级由高到低依次划分为一至十等级。

表 3-15 全国耕地质量等级面积比例及主要分布区域

项目	面积 / 亿亩	比例 /%	主要分布区域
一等地	0.92	5.1	东北区、黄淮海区、长江中下游区、西南区
二等地	1.43	7.8	东北区、黄淮海区、长江中下游区、西南区、甘新区
三等地	2.63	14.4	东北区、黄淮海区、长江中下游区、西南区
四等地	3.04	16.7	东北区、黄淮海区、长江中下游区、西南区
五等地	2.89	15.8	长江中下游区、黄淮海区、东北区、西南区
六等地	2.25	12.3	西南区、长江中下游区、黄淮海区、东北区、内蒙古及长城沿线区
七等地	1.89	10.3	西南区、长江中下游区、黄淮海区、甘新区、内蒙古及长城沿线区
八等地	1.39	7.6	黄土高原区、长江中下游区、西南区、内蒙古及长城沿线区
九等地	1.06	5.8	黄土高原区、内蒙古及长城沿线区、长江中下游区、华南区、西南区
十等地	0.76	4.2	黄土高原区、内蒙古及长城沿线区、黄淮海区、华南区、长江中下游区
合计	18.26	100.0	—

注：1. 东北区。包括黑龙江、吉林、辽宁（除朝阳外）三省及内蒙古东北部大兴安岭区，总耕地面积 3.34 亿亩，占全国耕地总面积的 18.3%。

2. 内蒙古及长城沿线区。包括内蒙古包头以东（除大兴安岭外）、辽宁朝阳、河北承德和张家口、北京延庆、山西北部及西北部、陕西榆林、宁夏盐池和同心，总耕地面积 1.33 亿亩，占全国耕地总面积的 7.3%。

3. 黄淮海区。该区位于长城以南、淮河以北、太行山及豫西山地以东，包括北京大部、天津、河北大部、河南大部、山东、安徽与江苏的淮北地区，总耕地面积 3.46 亿亩，占全国耕地总面积的 18.9%。

4. 黄土高原区。该区位于太行山以西、青海日月山以东、伏牛山及秦岭以北、长城以南，包括河北西部、山西大部、河南西部、陕西中北部、甘肃中东部、宁夏南部及青海东部，总耕地面积 1.53 亿亩，占全国耕地总面积的 8.4%。

5. 长江中下游区。该区位于淮河 - 伏牛山以南、福州 - 英德 - 梧州以北、鄂西山地 - 雪峰山以东，总耕地面积 3.30 亿亩，占全国耕地总面积的 18.1%。

6. 西南区。该区位于秦岭以南，百色 - 新平 - 盈江以北，宜昌 - 溆浦以西，川西高原以东，包括陕西南部、甘肃东南部、四川和云南大部、贵州全部、湖北和湖南西部以及广西北部，总耕地面积 2.92 亿亩，占全国耕地总面积的 16.0%。

7. 华南区。该区位于福州 - 大埔 - 英德 - 百色 - 新平 - 盈江以南，包括福建东南部、广东中南部、广西南部和云南南部，总耕地面积 1.32 亿亩，占全国耕地总面积的 7.2%。

8. 甘新区。该区位于包头 - 盐池 - 天祝以西，祁连山 - 阿尔金山以北，包括新疆全境、甘肃河西走廊、宁夏中北部及内蒙古西部，总耕地面积 0.93 亿亩，占全国耕地总面积的 5.1%。

9. 青藏区。该区包括西藏、青海大部、甘肃甘南及天祝、四川西部、云南西北部，总耕地面积 0.13 亿亩，占全国耕地总面积的 0.7%。青藏区耕地面积较小，耕地质量等级主要分布在七至九等，占青藏区耕地面积的 79.1%。

① 评价为一至三等的耕地面积为 4.98 亿亩，占耕地总面积的 27.3%。这部分耕地基础

地力较高，基本不存在障碍因素，应按照用养结合方式开展农业生产，确保耕地质量稳中有升。

② 评价为四至六等的耕地面积为8.18亿亩，占耕地总面积的44.8%。这部分耕地所处环境气候条件基本适宜，农田基础设施条件较好，障碍因素不明显，是今后粮食增产的重点区域和重要突破口。到2020年，按照耕地基础地力平均提高1个等级测算，可实现新增粮食综合生产能力800亿千克以上。

③ 评价为七至十等的耕地面积为5.10亿亩，占耕地总面积的27.9%。这部分耕地基础地力相对较差，生产障碍因素突出，短时间内较难得到根本改善，应持续开展农田基础设施和耕地内在质量建设。

耕地地力调查与质量评价注重从立地条件、耕层理化性状、土壤管理、障碍因素和土壤剖面性状5个方面评价耕地的基本质量，评估的出发点以及落脚点是耕地的保产、稳产特性，评价指标主要以本指标体系中耕地质量为主，见表3-16（引自NY/T 309—1996）。

土壤质量的优劣很大程度上由土壤的理化条件决定，如土壤有机质、N、P、K、pH值、CEC等。随着科技的发展，这些元素的测定也越来越简单、智能化，如农环科技（上海）有限公司遵循NY/T 1121.6—2006操作规范，研制了TS-8200系列有机质测试自动化机器人，使土壤有机质的测定效率大幅度提升。土壤氮素的测定一般是采取流动注射的方法，而K的测定则采用火焰光度计法。现在越来越多的研究人员将注意力放在N、P、K有效态含量的测定上来，这就需要有效态的提取方法。旱地土壤N的有效态以硝态氮为主，提取方法多为0.01mol/L $CaCl_2$或1mol/L KCl；同时为了评估N的有效态，有时不针对土壤去测定N含量，而是通过采用叶绿素测定仪测定叶片（水稻的顶2叶，玉米的最上部完全展开叶）叶绿素含量来推断土壤的供N能力，对水稻而言，测定时期一般为分蘖期、幼穗分化期，一般北方稻区临界值为36～40，南方稻区临界值为35～38[33]。而P、K的有效态提取美国多以Mehlich 3为主[34]。

表3-16　北方山地丘陵棕壤、褐土（含黄棕壤、黄褐土）耕地类型区耕地地力等级划分指标

项目	四等	五等	六等
地形部位	山前平原，冲、洪积前缘阶地	冲、洪积扇中上部，山前洪积平原，黄土塬、梁	洪积扇上部，丘陵缓坡，黄土丘陵河谷边地，残塬、残梁
地面坡度	＜3° 或坡降1/1000～1/3000	3°～5°	
成土母质	河流冲积物、老洪积物、第四纪黄土	老洪积物，第四纪黄土，河流冲、洪积物	老洪积物、第四纪黄土、厚层坡残积物
剖面构型	土体1m以上均质土体内无障碍层次	土体50cm以上均质或心土比表层土稍黏	
地下水位	3～5m		

续表

项目		四等	五等	六等
排灌条件		保灌保排，北部保灌 5 次 / 年以上，南部保灌 3 次 / 年以上	能灌能排，北部可灌 3 ～ 4 次 /a，南部灌 1 ～ 2 次 /a	北部可灌 2 ～ 3 次 /a，南部基本无灌溉，有一定的抗旱条件
侵蚀程度		无明显侵蚀	轻度侵蚀	
障碍因素		无		轻度干旱
耕层厚度 /cm		＞ 20	＞ 18	
耕层质地		砂质黏壤土至黏壤土		砂质壤土至黏土，黏壤土为主
耕层土壤理化性状	有机质 /%	1.5 ～ 2.6	1.2 ～ 2.5	1.1 ～ 2.7
	全氮 /%	0.080 ～ 0.128	0.063 ～ 0.137	0.062 ～ 0.133
	有效磷 /（mg/kg）	3 ～ 12	3 ～ 11.9	2 ～ 10.7
	速效钾 /（mg/kg）	105 ～ 206	70.2 ～ 129	83 ～ 198
	pH 值（水浸）	7.0 ～ 8.5	7.0 ～ 8.7	7.0 ～ 8.9
	阳离子交换量（CEC）/（cmol/kg）	9.18 ～ 19.46	8.7 ～ 19.9	8.3 ～ 18.9
产量水平 /（kg/hm^2）		＞ 9000	7500 ～ 9000	6000 ～ 7500

土壤质量不仅与土壤中大量元素有关，也与微量元素的含量密不可分，大量元素是土壤质量优良的基础，但缺乏微量元素也是影响农作物产量和品质的原因之一，而这一点往往受不到应有的重视。近年来随着我国农业生产模式的转化，土壤投入品的类型在逐步发生转化，以小农经济有机肥为主，逐步转化为以化肥为主，有机肥为辅，甚至在广大农区，有机肥的施用基本停止，虽有秸秆还田作为有机肥的部分补充，但土壤微量元素由于逐步被农作物带走以及淋溶作用而缺乏。某些农作物对微量元素的缺乏非常敏感，如水稻对 Zn 肥、Si 肥就比较敏感，菠菜对 Cu、Fe 比较敏感，等等。典型农作物对部分微量元素的敏感性见表 3-17[33]。对于这些敏感作物，使用微量元素肥料会对其增产有明显的帮助，如农业农村部环境保护科研监测所王林博士研究了油菜对 Zn 肥的反应，结果见图 3-21（书后另见彩图），使用 Zn 肥不但可以增产，而且还抑制了油菜对有害重金属 Cd 的吸收富集[35]。

表 3-17　常见作物对微量元素缺乏的相对敏感性

作物	微量元素					
	B	Cu	Fe	Mn	Mo	Zn
大田作物						
小麦	低	高	中 / 低	高	低	低 / 中
玉米	低 / 中	中	中	低	低	高
水稻	低	低	中 / 低	中	低	中 / 高
黑麦	低	低	低	低	低	低
高粱	低	中	高	高 / 中	低	高 / 中
大麦	低	中 / 高	高 / 中	中	低	中
燕麦	低	高	中	高	低 / 中	低

续表

作物	微量元素					
	B	Cu	Fe	Mn	Mo	Zn
蔬菜类						
马铃薯	低	低	低	高	低	中
胡萝卜	中	高	低	中	低	低
甘蓝	中	中	中	中	中	—
菜豆	低	低	高	高	中	高
大豆	低	低	高	高	中	中
番茄	高	中	高	中	中	中
甜菜	高	中	高	中 / 高	中	中
菠菜	中	高	高	高	高	中
经济作物						
棉花	高	中	中	中 / 低	—	高
牧草	低	低	高	中 / 低	低	低
亚麻籽	中	低	高	低	—	高
油菜	高	低	—	—	—	—
水果类						
苹果	高	中	—	高	低	高
梨	低	低 / 中	中	高	中	低
柑橘	低	高	高	高	中	高
葡萄	高	中	高	高	低	低 / 中

图 3-21 油菜对 Zn 肥的反应

微肥之所以是微肥是因为它虽必需，但作物需求量不大，因此并不是所有的土壤都需要补充微肥，常见的缺 Zn 的土壤为砂岩发育的红壤及石灰性土壤，玉米和水稻缺 Zn 症状见图 3-22（书后另见彩图）；缺 Mo 的土壤为黄土发育的土壤；缺 B 的土壤为花岗岩、片麻岩等酸性火成岩及其变质岩发育的红壤，红、黄壤，以及黄河冲积物土壤；缺 Mn 的土壤主要有石灰性土壤，通透性好的轻质土壤如黄泛区果园土壤，淋洗强的旱地土壤，等等；缺 Cu 的土壤主要有砂岩及酸性岩发育的土壤，沼泽土及泥炭土，烂泥田、冷浸田等强还原性土壤；缺 Fe 的土壤主要为石灰性土壤。值得注意的是，土壤缺乏微量元素在很多情况下并不是说土壤自身含量少（表 3-18），北方土壤的铁与南方土壤并无显著差异，而是其活性低，如在强还原条件下 Cu 会形成沉淀而失去活性，在通透性好的北方土壤中，Fe、Mn 的活性都不高，原因在于氧化条件下两种元素处于高价态而形成沉淀，不易被农作物吸收。

(a) 缺Zn玉米症状　　(b) 缺Zn水稻症状

图 3-22　玉米与水稻缺 Zn 症状

表 3-18　我国不同区域土壤 Fe 含量

项目	数量	平均值 /%	标准差 /%	偏度	峰度	最小值 /%	中值 /%	最大值 /%
天津	99	5.72	0.93	0.43	−1.39	4.29	5.23	7.33
湖南长株潭	58	5.29	1.40	0.78	0.66	2.28	5.07	9.27
广东北部	118	5.49	1.71	−0.36	−1.20	2.16	6.01	8.30
四川绵竹	100	5.22	0.66	−0.43	0.24	3.35	5.23	6.68

测定土壤微量元素有效态含量也是一项非常重要的工作，迄今为止人们开发了很多种微量元素有效态测定方法，表 3-19 是采用螯合剂或酸测定土壤微量元素有效态含量所得到的阈值[33]。具体的水稻微量元素缺乏的阈值见表 3-20[34]。

表 3-19　土壤微量元素含量和植株微量元素临界值指标

微量元素	提取方法	土壤临界值 /（mg/kg）	植株临界值 /（mg/kg）
Fe	二亚乙基三胺五乙酸（DTPA）	4.5 ～ 10	10 ～ 30
Zn	DTPA（石灰性土壤）	0.2 ～ 0.5	10 ～ 30
	HCl（酸性土壤）	1.5	
Mn	DTPA	10 ～ 20	10 ～ 30
Cu	DTPA（石灰性土壤）	0.2	2 ～ 10
	HCl	2.0	
Mo	草酸 - 草酸铵浸提	0.15 ～ 0.2	0.1 ～ 0.2
B	沸水浸提	0.5	2 ～ 5

表 3-20　水稻土中主要微量元素丰缺指标及诊断方法

元素	元素丰缺临界值及相应诊断方法
Zn	0.6mg/kg（1mol/L 乙酸铵，pH=4.8），0.8mg/kg（DTPA）；1.0mg/kg（0.05mol/L HCl）；1.5mg/kg（EDTA）；2.0mg/kg（0.1mol/L）
S	5mg/kg（0.05mol/L HCl）；6mg/kg（0.25mol/L KCl，40℃加热 3h）；9mg/kg［0.01mol/L $Ca(H_2PO_4)_2$］
Si	40mg/kg（1mol/L 乙酸钠作缓冲剂，pH=4）
Mg	＜ 1cmol/kg，缺乏；＞ 3cmol/kg，适量

续表

元素	元素丰缺临界值及相应诊断方法
Ca	土壤交换性钙＜ 1cmol/kg（或者 CEC 的钙饱和度小于 8%），缺乏；钙饱和度大于 20%，适量
Fe	＜ 2mg/kg（乙酸铵，pH=4.8），＜ 4 ～ 5mg/kg（DTPA-$CaCl_2$，pH=7.3）
Mn	1mg/kg［TPA（对苯二甲酸）+$CaCl_2$，pH=7.3］；12mg/kg（1mol/L 乙酸铵 +0.2% 对苯二酚，pH=7）；15 ～ 20mg/kg（0.1mol/L 磷酸 +3mol/L 磷酸二氢铵）
B	0.5mg/kg（热水浸提）

高标准农田不仅是农业生产的基础，也是农业农村整合大系统中最为重要的一环，它不仅提供了人们生活所需最为基础的食品原料，还保障了人们的衣食来源，同时也是人类生产生活产生的污染物最主要的消纳地，是维持整个农业农村系统健康的基石，因此在对高标准农田进行科学评估时不仅要看高标准农田生产性功能的发挥，更要关注其在农业农村整个生态系统中的所起到的重要作用。如对于污染物的消纳能力、发挥气候调节的碳汇能力或碳足迹等。同时高标准农田也是一个农业高科技生产的支撑体，是农业高效率、高品质的生产阵地，因此关于农业科技的相关指标也应在高标准农田的评估中体现出来。

指标体系的建立仅是高标准农田科学评价的一部分，要进行高标准农田的科学评估，还要考虑指标的赋值方法、综合评估方法等。这些方法在《耕地地力调查与质量评价技术规程》（NY/T 1634—2008）中都有详细的说明，不再赘述。

3.2.2 应用

DGT 是一种土壤、水体和沉积物元素有效态原位提取工具，不但可以提取微量元素有效态，而且随着技术的发展，其对大量元素有效态的提取也越来越受到重视，如采用锆膜、氧化铈膜、钛膜、纳米铁膜可以对土壤中有效磷进行提取[36-38]，采用 AmberliteIRP-69 阳离子交换树脂可对土壤中 K 进行原位提取，SIR-100-HP（氯型）为一种硝酸盐选择性交换树脂（见图 3-23，书后另见彩图），可用于测定土壤硝酸盐含量[39]，含有季胺基的 A520E 也有同样的效果[40]。近年来，笔者团队开发了对硝态氮有专性吸附能力的甲基辛胺类树脂材

图 3-23 SIR-100-HP 硝酸盐选择性交换树脂

料，该材料克服了长链氨基疏水性的缺点，具有吸附容量大、解离效果好、无毒制备等特点，与硝态氮快检技术结合，可实现土壤硝态氮的快速提取原位检测。含有磺酸（sulfonic acid）基功能团的苯乙烯 - 二乙烯苯共聚物（styrene-divinylbenzene）树脂 PrCH 对氨基有强大的吸附富集能力，可以对土壤中氨氮进行提取[41]。而将几种材料混合则可以同时提取 N、P 有效态含量[42]。Six 等[36, 43]将 DGT 提取的 P 与其他化学提取技术提取的 P 对水稻和玉米的有效态进行对比评估，结果表明，DGT 提取的 P 与作物产量的相关性更好。

采用 DGT 评估产地肥力状况是一个新的课题，由于提取 N、P、K 等的材料研发较晚，相关研究报道也不充分，还需要进一步加大研发力度。而 DGT 对于土壤微量元素提取性能的研究则主要集中在产地的污染评估中[44]，对于元素的缺乏性评价也是少之又少，相关研究虽有开展，但公开的相关报道并不多，也无法形成结论性的成果。

3.3 DGT 在生态风险评估中的应用

土壤污染生态风险评估较人体健康风险评估而言，由于其受体类型多样性（一般要考虑土壤生物、植物以及鸟类）[45]、土壤环境因子的差异性、研究方法局限性等系列问题的存在而显得更加困难，同时由于受体不是人体，相关研究的关注度也不是很高，研究成果较人体健康风险评价相对落后。2018 年 8 月，生态环境部出台了以保障农产品质量和人居环境安全为出发点的两项土壤环境质量标准：《土壤环境质量　农用地土壤污染风险管控标准（试行）》（GB 15618—2018）、《土壤环境质量　建设用地土壤污染风险管控标准（试行）》（GB 36600—2018）。前者列出了以镉为代表的 8 项重金属，后者亦列出了以 As、Cd 为代表的 7 项重金属的基本项目筛选值和管控值，标准中各项土壤污染物筛选值和管控值的确定均基于保护人体健康的目的，未考虑生态风险。我国尚未建立基于保护生态物种和重要生态功能的生态风险管控标准体系。当前，制定科学的、技术经济可行的、适合我国国情的生态风险管控标准体系是完善我国以保护和改善生态环境，保障公众健康，推动土壤资源永续利用，推进生态文明建设为目的的土壤污染防治体系的重要任务。

生态风险评估的首要任务是建立土壤的生态风险阈值，阈值的建立重点要考虑污染物对评估受体的暴露水平、污染物与受体响应之间的剂量 - 效应关系两个方面。关于重金属对农作物的危害的剂量 - 效应关系在本书其他章节中已有说明，这里我们再讨论一下 DGT 在评估重金属对土壤动物及水生动物危害方面的研究进展。

重金属对土壤动物的危害是生态风险评估研究的重要内容，尤其是对模式动物蚯蚓的研究。原因在于蚯蚓长期生活在土壤中，通过挖掘、取食以及排泄等生命活动塑造土壤结构与功能，成为土壤生态系统的重要组成部分，并且采用蚯蚓评估污染物的毒性效应也有相应的操作规范可以遵循[46, 47]。我们以重金属 + 蚯蚓 + 毒性为联合关键词查询我国科研人员近年来发表在国内期刊的文献，近年的数量变化见图 3-24。研究所选核心文献（含毕业论文）共计 191 篇，其中 2005 ～ 2008 年研究文献最多。关键词分析结果表明（图 3-25），复合污染、毒性效应、重金属富集特征、重金属的生物有效性以及危害标志物（金属硫蛋白）等是蚯蚓毒害研究的关注点。相关文献出处分析结果见图 3-26，南京农业大学、上海交通大学、山东农业大学等单位在此方面研究较多。

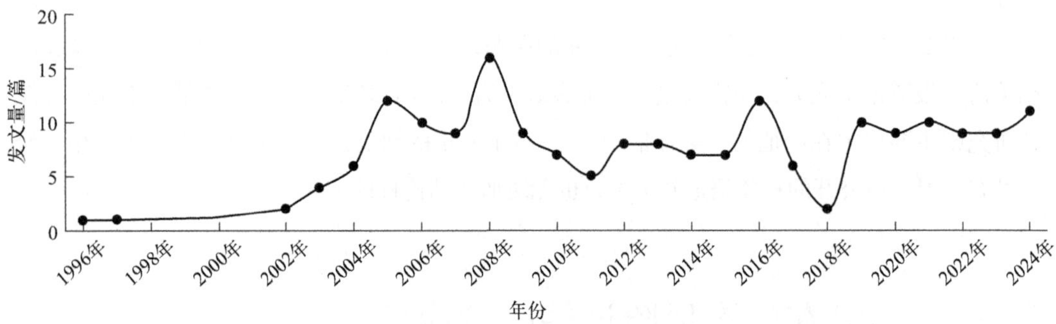

图 3-24　重金属对蚯蚓毒害研究相关论文发表情况（CNKI 数据库查询结果）

图 3-25　与重金属危害蚯蚓毒性相关的关键词关联图

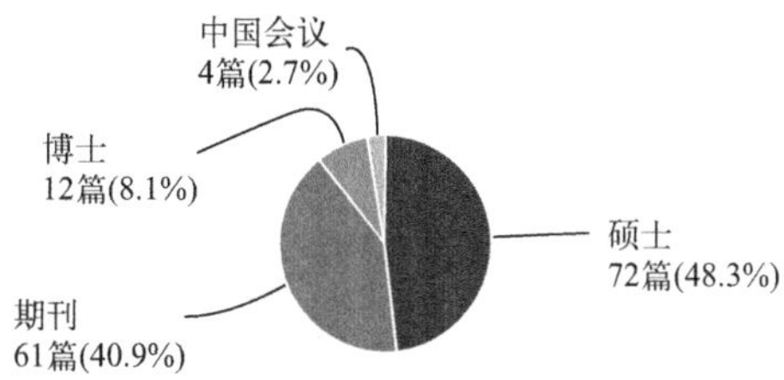

(a) 资源类型分布

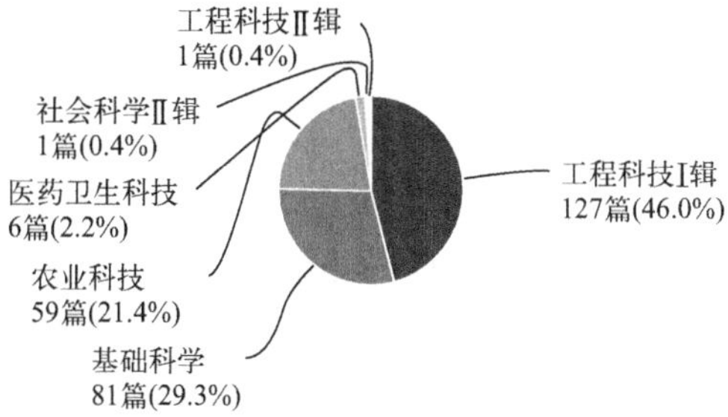

(b) 学科分布

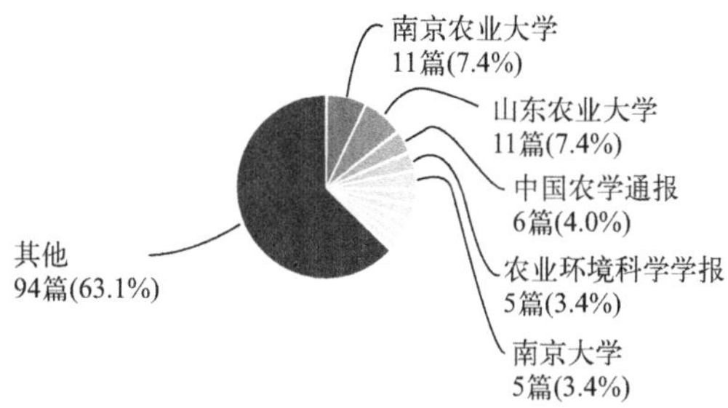

(c) 来源分布

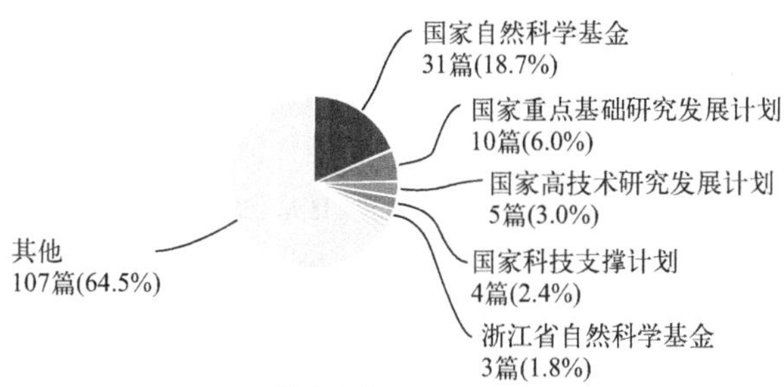

(d) 基金分布

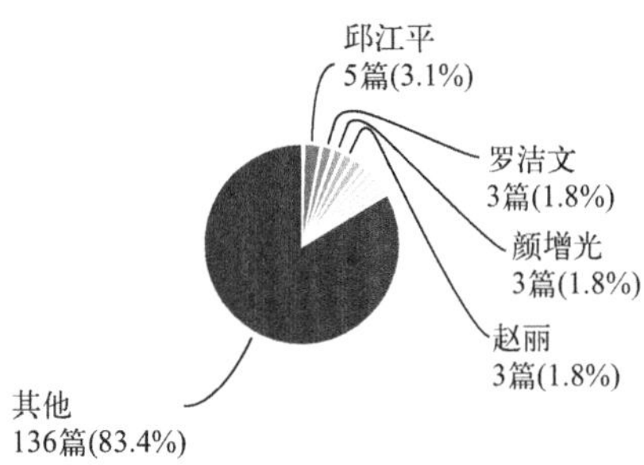

(e) 作者分布

图 3-26

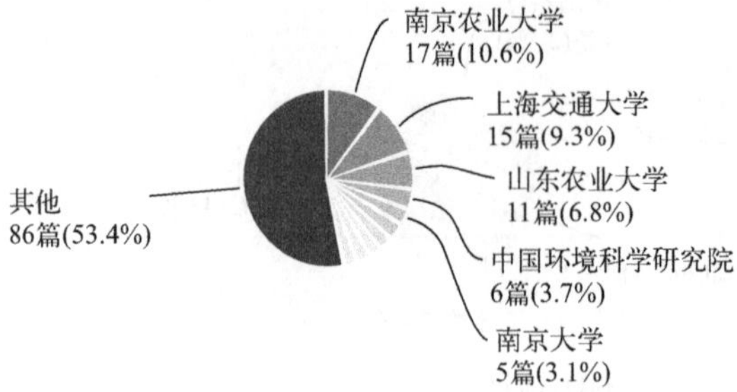

(f) 机构分布

图 3-26　与重金属危害蚯蚓毒性相关文献的出处分析

已有研究表明，Cd 污染会对蚯蚓形态、生理、代谢产生影响[48]，在形态及生理影响方面主要表现在体长、体重、死亡率、表皮组织变化、蚓茧量变化等指标上[49]，如通过研究 Cd 浓度对蚯蚓上角质层的影响发现，在低浓度的 Cd 条件下蚯蚓上角质层加厚，可能是蚯蚓体在受 Cd 毒性影响时的一种自身适应性机制，增加 Cd 进入蚯蚓体内的阻力，降低 Cd 的吸收，当 Cd 浓度较高时，超过了蚯蚓调节、抵抗阈值，机体的适应系统遭受破坏，上角质层变薄[50]。

在代谢方面，糖代谢、三羧酸循环、脂肪酸合成代谢、氨基酸代谢等发生变化[51]。最近关于蚯蚓基因表达转录组学的研究表明，在 Cd 胁迫下，酶活、代谢、氧胁迫、遗传以及凋亡的基因表达产生了显著性差异（表 3-21）[52]，检测结果表明，在镉胁迫下蚯蚓金属巯基蛋白、超氧化物歧化酶、过氧化氢酶、纤维素分解酶、植物螯合肽等产量及活性均有较大变化[53, 54]。

表 3-21　每百万碱基对转录片段的每千碱基片段表达差异性序列数

ID	基因	类型	基因变异			
			CK	10	30	60
TRINITY_DN59014_C1-g4	MT	金属硫蛋白	100.1 ± 15.76	2946.69 ± 223.33	8307.8 ± 663.79	18950.28 ± 1496.05*
TRINITY_DN59014_C4_g4	MT2	金属硫蛋白 2	0.65 ± 0.04	1.85 ± 0.34	8.17 ± 0.57**	16.31 ± 1.71***
TRINITY_DN63163_C0_g1	PCS	植物螯合肽	3.77 ± 0.43	4.03 ± 0.19	4.57 ± 0.05*	4.20 ± 0.48
TRINITY_DN63680_C1_g1	PCS1a	植物螯合肽 _1a	3.99 ± 0.38	5.16 ± 0.56*	3.81 ± 0.31	6.12 ± 0.64**
TRINITY_DN51510_C4_g1	EfEG	纤维素酶（endo-1, 4-b-glucanase）	1001.22 ± 22.07	594.81 ± 11.14**	573.20 ± 18.06**	398.32 ± 251***
TRINITY_DN57281_C4_g1	SOD	超氧化物歧化酶	81.33 ± 5.79	124.90 ± 3.48***	10.71 ± 10.98***	129.20 ± 4.30***

注：* 表示显著（$P < 0.05$）；** 表示高显著性（$P < 0.01$）；*** 表示极显著（$P < 0.001$）。

重金属对蚯蚓毒性的研究已有较多报道，但主要还是集中于毒性效应方面，对于剂量 - 效应关系的研究并不多，相关研究表明，由于土壤理化性质的差别，相同的毒性效应，土壤重金属全量相差达 10 倍[55]。说明采用全量制定重金属（以 Cd 为例）生态的阈值确实存在较多问题。同时人们也尝试用有效态去评估 Cd 的生态危害性，如王晓蓉、刘智敏团队采用 DGT 技术分析了有效态 Cd 增加与蚯蚓体内 Cd 累积之间的关系，见图 3-27。图 3-27（a）为江苏常州水稻土，图 3-27（b）为黑土实验结果[56]，可见两者的差异还是较为明显的。现有少量数据很难确定合适的阈值。

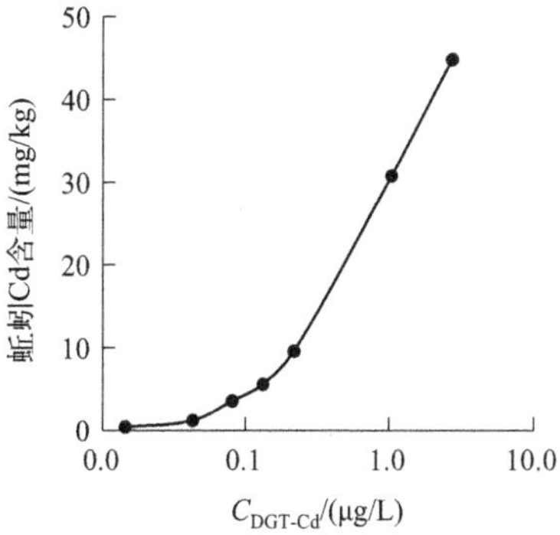

(a) 江苏常州水稻土

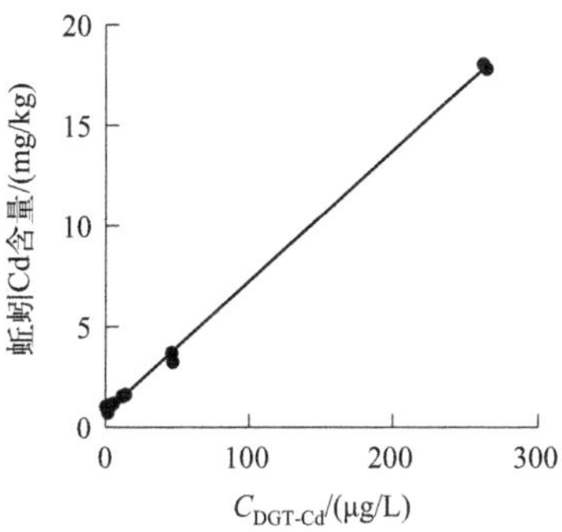

(b) 黑土

图 3-27 土壤 Cd 有效态浓度与蚯蚓体内 Cd 含量关系

除去研究蚯蚓的毒害效应外，DGT 更多应用于水体生物的风险评估中，如用于贝壳类动物、小型甲壳类动物等，Carlos 统计了 2002 ～ 2017 年 DGT 技术作为水生生物重金属毒性监测工具的研究进展（图 3-28），发现相关研究主要集中在生物体响应、生物累积、生物监测和生物扰动 4 个方面[57]。

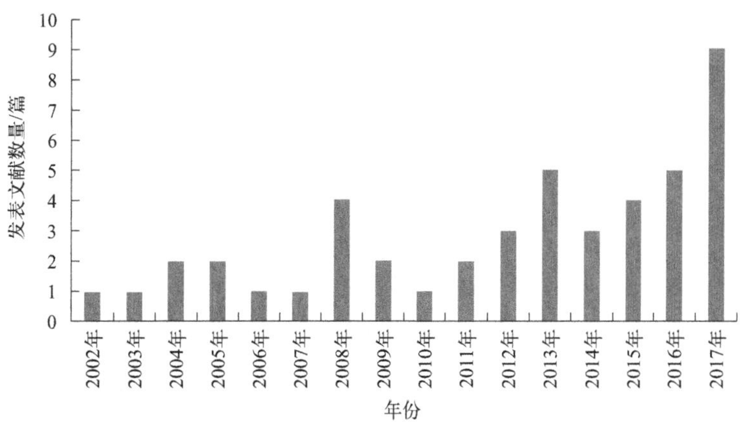

图 3-28 2002 ～ 2017 年 DGT 用于水生态系统重金属毒性检测指示工具相关研究论文数量

3.4 DGT在污染农田修复治理与安全利用中的应用

3.4.1 污染农田土壤安全利用与修复技术研究进展

农田（或称农产品产地）污染在我国已是社会关注的重点环境问题之一，国家每年投入大量人力、物力用于污染农田的修复治理与安全利用工作。

① 开展了全国范围内的农产品产地污染普查工作，主要工作包括多目标区域地球化学调查、土壤污染普查与详查、农产品产地污染普查、农产品质量环境因子安全风险评估等；

② 从法律、法规及规范标准方面加大了土壤污染修复治理与安全利用管控的力度，如2016年出台了《土壤污染防治行动计划》(土十条，国发〔2016〕31号)，2018年8月31日，十三届全国人大常委会第五次会议全票通过了《中华人民共和国土壤污染防治法》，修订了土壤环境质量标准，将1995年制定的标准修订为《土壤环境质量　农用地土壤污染风险管控标准（试行）》(GB 15618—2018)，制定了《农用地土壤环境质量类别划分技术指南（试行）》(环办土壤〔2017〕97号)、《农用地土壤污染治理与修复项目实施方案编制指南》《特定农产品严格管控区划分技术导则（试行）》《土壤污染治理与修复成效技术评估指南（试行）》(环办土壤函〔2017〕1953号)，此外某些重要标准如《农用地土壤风险管控与修复技术指南》等也在制定中；

③ 国家和省级人民政府乃至地市级人民政府制定了系列土壤污染治理与修复规划；

④ 开展了大量与修复治理及安全利用相关的科研工作，如国家实施了“农业面源和重金属污染农田综合防治与修复技术研发”重大专项，中国农科院实施了“我国南方地区稻米重金属污染综合防控”协同创新工程，等等。

为保障农产品质量安全，对农产品产地进行分区分类管理是重要一环，如对于无污染农田，重点在于保护与提质；对于高污染的农田，则应针对特定农产品划定禁止生产区或严格管控类农用地；介于两者之间的农用地称为安全利用类，应因地制宜开展安全利用工作，如种植低吸收农作物、改进农艺管理措施（如水肥管理措施、间套作措施、休耕措施等）、使用重金属钝化剂（或调理剂）降低重金属活性、加强风险监测与预警、严格生产过程管理、保障农产品质量安全等。下面就保障农产品质量安全的一些措施或技术做简要说明。

3.4.1.1 重金属超富集植物修复

超富集植物本身对土壤中的重金属有较强耐性且能主动吸收、转运并在地上部分累积高含量的重金属，通过收割其地上部，可有效减少土壤中的重金属浓度尤其是有效态浓度。目前，全世界已发现的重金属超富集植物有500多种，其中360多种是Ni的超富集植物。国内也发现了不少重金属超富集植物，如对Cd有较高超富集能力的籽粒苋、青葙、龙葵、商陆、宝山堇菜、鬼针草、藿香蓟、豨莶、伴矿景天、狐尾藻等[58]，对Zn有较高超富集能力的植物主要有东南景天、狼耙草[59]，对 Cr 有超富集能力的植物为李氏禾、蒲公英等[60]，对 As 有超富集能力的植物主要有蜈蚣草、大叶井口边草、斜羽凤尾蕨、傅氏凤尾蕨等[61]，对 Hg 有超富集能力的植物主要有大米草、苎麻等，对 Cu 具有超富集能力的植物有鸭跖草、海州香薷、李氏禾等[62]。

20 世纪 90 年代以来，国内一些生物量大的重金属超富集植物被发现。早在 1995 年，顾继光等[63]在沈阳张士污灌区生物样品调查中发现野生苋为富 Cd 植物。范洪黎等[64]研究显示，苋科植物中很多品种具有 Cd 富集特征，如苋属植物天星米在土壤 Cd 浓度为 25mg/kg 条件下，其地上部 Cd 含量达到 234mg/kg。李凝玉等[65]在研究中发现一种苋科植物——籽粒苋（*Amaranthus hypochondriacus* L.）具有很强的 Cd 富集能力，在土壤 Cd 浓度为 3mg/kg 时，地上部分 Cd 含量高达 50.96mg/kg。籽粒苋是苋科植物中生物量大、生长迅速、易栽培和收割的牧草品种，因而具有作为 Cd 污染土壤修复植物的潜力。目前籽粒苋已经应用到重金属修复工程中。

绵竹市是全国四大磷矿基地之一，土壤中镉本底值较高，加之工矿企业污染物排放、不合理施用化肥农药等多种因素影响，部分区域土壤镉含量超过土壤环境质量标准。为了消除土壤 Cd 污染隐患和环境风险，2015 年，绵竹市积极对接国家重金属污染土壤修复治理示范项目，启动了绵竹市耕地土壤污染治理与修复 2015 年度项目。整个项目修复面积 2090 亩，主要采用钝化修复和籽粒苋等超富集植物修复等措施，以实现土壤中有效镉和农产品中 Cd 含量逐年降低。截至 2017 年底，2040 亩大面积钝化修复工程与植物修复工程已全部完成。在古蔺县石屏镇，类似的治理也正在同步推进。2012 年 11 月，四川省首个土壤污染修复试点工程设在石屏镇。受多年“土法炼磺”生产影响，古蔺县石屏镇水土流失、土地石漠化情况严重，当地群众生产生活受到严重影响。历时两年，通过客土置换、微生物修复、植物修复、化学修复等土壤污染治理与修复技术以及新型渣堆稳定技术，275.2 亩污染耕地被治理。

蜈蚣草作为世界上最先发现的 As 超富集植物，已经成功地应用在了 As 污染土壤的修复上[66]。2001 年，在国家 863 计划、973 计划和国家自然科学基金重点项目的支持下，陈同斌带领课题组在湖南郴州建立了世界上首个砷污染土壤植物修复工程示范基地。在种植蜈蚣草 1 年之后，土壤的 As 含量下降了 10%，而收割的蜈蚣草叶片砷含量高达 0.8%；3 年后，土壤 As 含量进一步下降了 30% 左右；修复 5 年后，土壤 As 平均含量达到《土壤环境质量标准》（GB 15618—1995）的要求，修复后农田可以安全地种植普通农作物。自 2013 年开始，中国科学院地理科学与资源研究所的研究团队在鹤山村的雄黄矿区开展“南方重金属污染风险区划与修复技术研发示范”项目，通过蜈蚣草将土壤中的重金属“吸”出来。到目前为止，已完成土壤修复示范面积 200 亩。

叶海波等[67]及杨肖娥等[68]发现东南景天（*Sedum alfredii* H.）是中国东南部古老矿山上的一种吸附能力强、耐 Cd 毒性大的超积累植物，何冰等[69]通过分析其对铅的吸收特性的影响发现东南景天 Pb 富集生态型在铅污染土壤的修复方面具有巨大的潜力。

2001 年，环江遭受特大暴雨袭击，山洪冲垮了大环江河上游选矿企业的尾矿库，大量富含As、Pb、Zn、Cd等重金属的矿渣被冲到了下游沿岸上万亩耕地上，土壤受到严重污染。2010年，依托中国科学院的“环江毛南族自治县大环江流域土壤重金属污染治理工程”启动，项目采用蜈蚣草和东南景天等超富集植物套种，配合修复剂施用，于2015年下半年顺利通过验收。

从超富集植物修复重金属污染土壤的研究进展情况来看，目前超富集植物对土壤中重金属的富集效果、富集机理、应用模式等均取得诸多研究与应用成果，超富集植物的培养与应用具有广阔前景。但查阅文献和案例发现，成熟超富集植物的后续处理研究较少，如何有效地利用植物体内的重金属是一个亟待解决且值得研究的问题，植物的后续处理有助于完善污染土壤、水体的生态治理循环链，构建更加健全的植物修复模式。研究还发现，一些超富集植物可以同时吸收多种重金属和污染物，但一些超富集植物只针对某一种重金属具有富集作用，对于其他重金属仅表现为具有耐性，甚至在一些复合污染条件下无法生存，这不利于植物修复方案在复合污染条件下的实施。因此，驯化多功能的超富集植物也是一个具有价值的研究方向。通过一些野生植物品种的人工驯化栽培，配合添加土壤改良剂，可显著提高植物对重金属的吸收富集能力，这些人工驯化成功的植物也可以称为超富集植物。

3.4.1.2 低吸收品种筛选

我国南方部分地区稻米重金属超标问题突出。水稻重金属累积存在显著的品种（基因型）间差异，不同品种间稻米镉含量差异可达10倍以上。种植重金属低积累特性稳定且可广泛推广的水稻品种是开展水稻安全生产的重要途径。

重金属吸收富集能力的差异，既存在于植物物种之间也存在于同一物种的不同品种之间，即同时具有种间差异和种内差异。因此，可以利用这类作物对重金属离子的吸收能力和富集程度不同的原理，在确保安全生产的基础上实现对轻微重金属污染土壤的修复。这种边种植边修复的做法，可以很大限度地提升重金属污染土壤的修复效率。故寻找新的低吸收作物品种是污染农田安全利用的主要发展方向之一。

自低吸收品种的概念提出以来，国内外已经开展了众多相关的实验筛选研究，且大多数来自亚洲，尤其是中国。已筛选的作物涵盖水稻、小麦、玉米等粮食作物，白菜、芹菜等蔬菜作物，大豆等油料作物以及烟草，针对的重金属包括Cd、Pb、Zn、Cu、As、Cr、Hg等。

笔者团队在2015年风险评估项目中对采集的3700余对水稻及不同类型蔬菜和土壤中8项重金属含量进行了研究。结果显示，水稻对营养元素Cu、Zn及污染元素Cd、Ni的吸收累积明显强于蔬菜，叶菜类及根茎类蔬菜对8项重金属的吸收并无明显差异性，见图3-29。但总体而言，叶菜类的含量要高于根茎类。

大豆各部位对土壤中Cd的吸收具有很强的特异性，对土壤中Cd的吸收由强及弱分别为根、茎、叶、籽实，大豆吸收的Cd主要分布于根系、茎秆和叶片中，豆荚和籽粒中Cd含量相对较少。何勇强等[70]的研究发现，大豆各器官对Cd的累积作用有明显差异，根：

叶：籽粒 Cd 含量的比例为 32.1 : 1.69 : 1.0，说明大豆是一种低吸附 Cd 的农作物，风险评估结果也表明，豆类农作物都有低吸附 Cd 的特性，特别是长藤爬蔓的豆类。

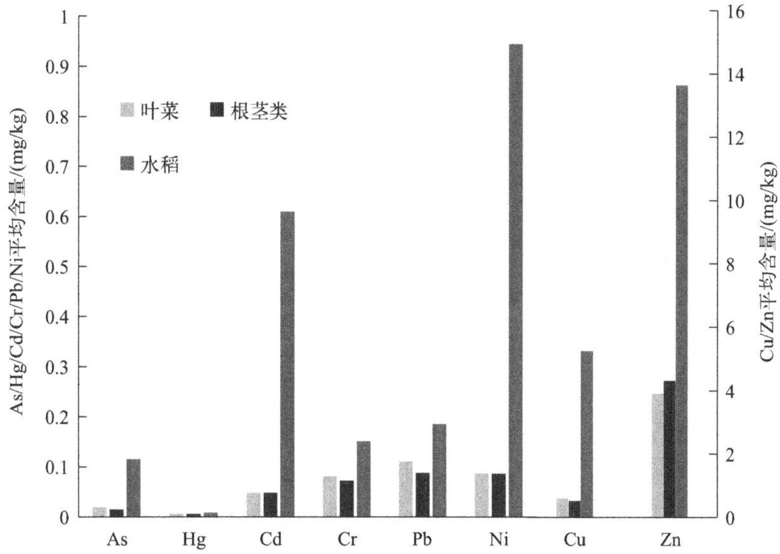

图 3-29 水稻及不同类型蔬菜重金属平均含量差异性（数据来源：湖南某区域）

不同品种稻米对于重金属的吸收和累积存在显著差异。佟倩等[71]选取东北地区大面积种植的 32 个粳稻品种，在 Cd 污染和未污染土壤条件下，研究显示，沈农 265、农林 315、屉锦、沈稻 12 号产量高，生物量大，籽粒中 Cd 的累积量较低，在中轻度污染的农田土壤条件下，种植这些品种，精米中 Cd 含量不会超过食品卫生标准。千重浪 1、辽盐 2 以及辽盐 283、辽恢 190、吉 03-2843 号品种籽粒累积 Cd 能力较强，在污染土壤上尽量避免使用。殷敬峰等[72]以酸性矿山废水污染的含有多种重金属的农田土壤为供试土壤，通过盆栽实验研究不同品种、不同类型、不同遗传背景水稻糙米重金属 Cd、Cu、Zn 的累积差异，结果表明，三系杂交稻的糙米 Cd 含量显著高于两系杂交稻。林小兵等[73]以南方主要种植的 129 个水稻品种为研究对象发现，早稻三系杂交稻糙米 Cr、总 Hg 含量显著高于两系杂交稻；同时该研究还发现，水稻对 Cd、Pb 和 Cd、总 Hg 的吸收累积表现出协同吸收，对 Cd、无机 As 的吸收累积表现出拮抗作用。李坤权等[74]采用盆栽土培法，研究了 Cd 在 20 个水稻品种体内的累积与分配。结果表明，水稻不同品种对 Cd 的累积能力差异显著。土壤 Cd 浓度为 100mg/kg 时，Cd 在水稻不同品种茎叶内的浓度变化范围为 24.39 ～ 140.27mg/kg，累积量变化范围为 1.54 ～ 14.35mg/ 盆；Cd 在水稻不同品种糙米内的浓度变化范围为 0.87 ～ 2.70mg/kg，累积量变化范围为 56.68 ～ 291.61μg/ 盆。不同水稻品种对 Cd 的累积能力在抽穗前和抽穗后表现一致。水稻吸收的 Cd 分配到籽粒中的比例非常低，糙米的平均 Cd 浓度仅为水稻茎秆的 1/30。糙米中的 Cd 浓度与品种类型有关，即籼型＞新株型＞粳型。

为了减少水稻对 Cd 的吸收，除采用常规手段筛选低积累型水稻品种外，科研人员也一直试图采用基因技术对水稻进行基因改造。然而，以往的研究发现，水稻 Cd 的运输蛋白通常和水稻必需二价元素 Mn、Zn 或 Fe 共用一个运输蛋白，所以通过基因编辑等手段降低 Cd 含量的同时，往往也会降低这些植物必需元素，导致产量降低。2022 年日本冈山大学马建锋教授团队在 *Nature* 子刊 *Nature Food* 上发表了题为“Duplication of a manganese/cadmium transporter gene reduces cadmium accumulation in rice grain”的研究论文。该研究成功克隆了水稻中一个 Cd 吸收的主效 *QTL* 基因，显著降低水稻种子中的 Cd 含量，为水稻低 Cd 育种提供了一个有效的优异基因资源。在这项研究中，研究团队在一个古老的水稻品种 *Pokkali* 中发现 Mn/Cd 转运蛋白基因 *OsNramp5* 发生了拷贝数加倍变异，是导致 Cd 低积累的主要原因。该基因的串联重复使 *OsNramp5* 基因的表达量增加了 10 倍，但其空间表达模式和细胞定位没有改变。*OsNramp5* 的高表达增加了根细胞对 Cd 和 Mn 的吸收，但减少了 Cd 向木质部的释放。该等位基因通过回交渗入优良水稻品种“越光”，可显著降低种植在 Cd 污染严重土壤中水稻中 Cd 的累积，对其他植物必需元素、籽粒产量和食味品质均无影响[75]。

2014 年，我国启动重金属污染耕地修复综合治理，并在长株潭地区开展试点，在可达标生产区和管控专区推广种植 Cd 低积累水稻品种。2014 ～ 2016 年的修复治理结果显示，稻米 Cd 达标率逐年稳步上升。Cd 低积累水稻品种已成为湖南省 Cd 污染农田安全利用的重要措施之一。湖南省农业委员会在 2016 年与 2017 年相继发布应急性镉低积累水稻品种指导目录，见表 3-22 和表 3-23。

表 3-22　湖南省 2016 年应急性镉低积累水稻品种

品种类型		品种名称	选育单位（第一完成单位）	审定编号
早稻	杂交稻	株两优 729	湖南省水稻研究所	湘审稻 2011002
早稻	杂交稻	株两优 706	湖南隆平高科农平种业有限公司	湘审稻 2006006
早稻	杂交稻	两优早 17	湖南金健种业科技有限公司	湘审稻 2014001
早稻	杂交稻	株两优 211	湖南亚华种业科学研究院	湘审稻 2007016
早稻	杂交稻	株两优 15	湖南省贺家山原种场	湘审稻 2007015
早稻	杂交稻	潭两优 215	湘潭市农业科学研究所	湘审稻 2012001
早稻	常规稻	湘早籼 42 号	湖南省水稻研究所	湘审稻 2006001
中稻	杂交稻	深优 9595	袁隆平农业高科技股份有限公司	湘审稻 2014008
中稻	杂交稻	C 两优 386	湖南农业大学	湘审稻 2014009
中稻	杂交稻	Y 两优 19	湖南隆平种业有限公司	湘审稻 2008033
中稻	杂交稻	C 两优 651	湖南丰源种业有限责任公司	湘审稻 2012009
中稻	杂交稻	C 两优 755	湖南农业大学	湘审稻 2009026
中稻	杂交稻	深两优 5814	国家杂交水稻工程技术研究中心	国审稻 2009016
中稻	杂交稻	晶两优华占	湖南亚华种业科学研究院	湘审稻 2015022
中稻	杂交稻	德香 4103	四川省农科院水稻高粱研究所	国审稻 2012024
中稻	杂交稻	建两优华占	湖南金健种业科技有限公司	湘审稻 2015021
中稻	杂交稻	泸优 9803	四川省农科院水稻高粱研究所	国审稻 2011013
中稻	杂交稻	C 两优 87	湖南农业大学	湘审稻 2007036
晚稻	杂交稻	C 两优 7 号	湖南农业大学	湘审稻 2013023

续表

品种类型		品种名称	选育单位（第一完成单位）	审定编号
晚稻	杂交稻	丰源优 272	湖南亚华种业科学研究院	国审稻 2006048
晚稻	杂交稻	中优 9918	长沙市农业科学研究所	湘审稻 2008039
晚稻	杂交稻	金优 284	湖南亚华种业科学研究院	湘审稻 2005026
晚稻	杂交稻	湘菲优 8118	湖南科裕隆种业有限公司	国审稻 2010025
晚稻	杂交稻	两优 336	湖南金健种业科技有限公司	湘审稻 2015041
晚稻	杂交稻	C 两优 266	湖南省核农学与航天育种研究所	湘审稻 2013022

表 3-23　湖南省 2017 年应急性镉低积累水稻品种（第一批）

品种类型		品种名称	选育单位（第一完成单位）	审定编号
早稻	杂交稻	株两优 176	怀化市农业科学研究所	XS045-2002
早稻	杂交稻	欣荣优 123	金色农华种业科技有限公司	湘审稻 2015003
早稻	杂交稻	株两优 929	湖南省水稻研究所	湘审稻 2015006
中稻	杂交稻	深优 9519	清华大学深圳研究生院	国审稻 2015032
中稻	杂交稻	皖稻 153	安徽省农业科学院水稻所	国审稻 2008013
中稻	杂交稻	C 两优 4488	湖南农业大学	湘审稻 2008037
中稻	杂交稻	和两优 1 号	广西恒茂农业科技有限公司	国审稻 2015030
中稻	杂交稻	华香优 69	湖南亚华种业科学研究院	湘审稻 2013029
中稻	杂交稻	深优 9566	江西科源种业有限公司	国审稻 2015038
晚稻	杂交稻	深优 9586	清华大学深圳研究生院	湘审稻 2011031
晚稻	杂交稻	隆香优 130	袁隆平农业高科技股份有限公司	湘审稻 2013019
晚稻	杂交稻	深优 9559	湖南堂氏种业高科技有限公司	湘审稻 2015031

低吸收品种除了保障对重金属的低吸收外，还应该具有如下特征。

① 当地适应性。由于农田土壤的类型、理化性质、污染程度、气候等存在差异，同一作物品种在不同地区之间可能存在重金属吸收能力的差异。例如，水稻各品种间对重金属的吸收和累积受季节差异、降水、气温、土壤类型、农艺操作等因素影响，因此，当在某地区种植低吸收作物时需要对已知的低吸收品种进行重新验证或重新筛选适合当地的低吸收品种。

② 多金属抗性。我国土壤存在重金属复合污染情况。若某 Pb-Cd 复合污染地区的小麦品种仅对 Pb 低吸收，而 Cd 含量超标，那此地出产的小麦仍不能进入食物链流通。此外，我国部分地区土壤还存在有机污染、干旱、盐碱、低温等胁迫因素，寻找新的作物品种时还应考虑其对多种胁迫因素的耐受性。

③ 产量不受太大影响。我国人口数量巨大，耕地资源稀缺，粮食高产是农业生产的必由之路，同时高产带来的高经济收益也有利于低吸收品种在农民中的推广应用。

此外，由于人们对生活质量的要求不断提高，生产营养物质更加丰富的农产品也是寻找低吸收作物品种的目标之一。当前，我国低吸收作物品种的筛选主要集中在水稻、小麦等粮食作物上。除了粮食，重点经济作物如烟草、油料、中草药等也是重金属进入人体的重要途径，且我国拥有大面积种植这些农作物的产区，因此对油料、中草药、棉麻等作物进行低吸收品种的筛选也十分必要。

3.4.1.3 种植结构调整

在重金属污染区，可用重金属低富集性的食用或饲用作物替代重金属富集性较高的食用或饲用作物。用非食用或非饲用作物替代食用或饲用作物，这是防治重金属污染、降低重金属污染危害、实现农用地污染土壤安全利用的又一种有效途径。例如，可在轻度 Cd 污染的耕地上种植 Cd 富集性较低的作物，包括番茄、紫甘蓝、西葫芦等，同时避免种植对 Cd 富集性较高的作物，包括白菜、菠菜、莴笋等。特别是对重金属中度 - 重度污染的农田，短时间内实现食用或饲用作物安全生产的难度极大。这类农田在应用重金属农田土壤修复技术进行初步修复后往往需要调整种植结构，种植其他作物。浙江某地中度 - 重度重金属污染的农田，在适度运用化学技术进行修复之后，可进行甘蔗等能源植物的生产。改变耕作制度也可控制农作物中重金属的累积，在土壤 Cd 污染严重的农田开展种植结构调整，以非食用性经济作物或林木替代粮食作物，例如以麻类、蚕桑、花卉或苗木等替代水稻与玉米种植。

根据黄道友等[76]的研究统计（表 3-24、表 3-25），目前，已累计对 400 多个粮食、油料、蔬菜等农作物主栽品种（其中水稻品种 110 个）进行盆栽初选，对 150 多个主栽品种进行田间微区复选，对近 100 个主栽品种进行大田中试，以低于国家《食品安全国家标准　食品中污染物限量》标准值的 1.5 倍为评判依据，确定重金属低积累型的农作物及其主栽品种。与此同时，对近 100 个麻类作物、能源植物、桑树等品种直接进行田间微区筛选，以产品中 Cd、Pb 等重金属含量不超过国家（际）相关标准、产量（值）不低于一般农区的 90% 为评判依据，确定强耐重金属污染的农作物及主栽品种，为土壤污染植物修复提供了参考。

表 3-24　适于中轻度污染耕地种植的低积累型农作物及其品种

作物类型	品种
水稻	主要有湘早籼 42 号、湘早籼 45 号、中嘉早 17、株两优 189、株两优 813、湘早优 143 等早稻品种，湘晚籼 12 号、湘晚籼 17 号、中优 9918、C 两优 87、两优 336、C 两优 266、C 两优 7 号、金优 284 等晚稻品种，Y 两优 19、德香 4103、C 两优 7 号、C 两优 386、C 两优 651 等中稻品种
玉米	主要有中科 10 号、登海 669、登海 605、渝单 8 号、豫丰玉 88、湘康玉 2 号、康农 668、新中玉 801 等品种
薯类	主要有湘薯 10、13、15、17 号，红薯 431、湘红 2 号、京薯 6 号等甘薯品种，以及中薯 2 号、费乌瑞它（Favorita）、东农 303 等马铃薯品种
油菜	中双 10 号、核杂 6 号、蜀油 168、德新油 59、常油杂 83 等品种
大豆	湘春豆 26、湘春豆 21、湘春豆 13、湘春豆 22、桂油 2008-6、天隆一号等品种
蔬菜	主要有 LJ-87、中椒 4 号、湘研 3 号、湘研 9 号、湘研 15 号等辣椒品种，德日 2 号、武杂 3 号、春不老和浙大长等白萝卜品种，佳粉 15 号、毛粉 802 号等西红柿品种，湘早茄 6 号、湘早茄 9 号等早熟系列茄子，泰国黄叶苋菜、四月慢小白菜以及夏优 1 号和鲁白早熟系列大白菜等

表 3-25　适于重度污染耕地种植的强耐性农作物及其品种

作物类型	品种
苎麻	主要有富顺青麻、湘苎3号、中苎1号、湘苎2号、华苎3号、华苎4号、华苎5号、川苎5号、川苎7号、川苎8号、赣苎4号等品种
红麻	主要有中红麻13号、中红麻12号、中红麻11号、中杂红305、ZH-01、浙红3号、福红13号、闽红298、闽红964红麻等品种
黄麻	主要有湘黄麻3号、中引黄麻2号、黄麻179、福黄麻3号、闽黄1号黄麻等品种
亚麻	主要有黑亚18号、黑亚14号、黑亚10号、吉亚3号和云亚1号等品种
桑树	主要有湘桑6号、蚕专4号、吴花 × 浒星、华秋 × 明昭等品种
能源植物	主要是美国“阿尔托”生物质能源高粱系列品种，包括阿尔托1、2、4、5、6号和阿尔托601等品种

花卉植物因其观赏性深受欢迎，且其品种繁多，是当前植物研究领域重点栽培的植物物种之一。科学研究发现，花卉植物不仅体态优美，在富集重金属方面的能力也很强。通过研究小黄杨、鸭脚木等8种花卉类植物发现，小黄杨、鸭脚木等转移重金属能力强弱的顺序为Zn > Cd > Cu > Pb；累积重金属能力的顺序为Cd > Zn > Cu > Pb。其中，金叶假连翘、小叶黄杨、亮叶忍冬修复重金属Zn元素污染土壤的能力较强；细叶鸡爪槭、鸭脚木修复重金属Cd污染土壤的能力较强。贾永霞等[77]研究证实观赏植物细叶百日草对Cd有很强的耐性和富集能力。邵泽强等[78]及李翠兰等[79]证实花卉植物紫茉莉、紫花玉簪和鸭跖草对Pb具有较高的富集系数。

3.4.1.4　农艺管理模式

（1）间作、套作和轮作技术

根据当地气候、土壤等环境条件和农作物种植习惯，选择适宜农作物品种进行间作、套作或轮作也能降低农田土壤的重金属含量。间作、轮作是中国传统的农业措施之一。间作、套作和轮作的基本思路是将重金属超富集植物和低积累农作物种植在一起或者将超富集植物先于低积累作物种植，通过超富集植物吸收富集土壤中的重金属来保护低积累植物。例如，玉米和东南景天、黄瓜与海州香薷、印度芥菜和苜蓿、龙葵和大叶井口边草间作等研究结果都表明，低积累作物与超积累植物间作既减少了作物对重金属的累积，又促进了富集植物对重金属的吸收。

普通作物与超富集植物间作可以大大提高超富集植物去除土壤中重金属的效率，冯子龙等[80, 81]研究表明，镉超富集植物龙葵与低镉富集白菜套种，第1轮套种实验，90d后土壤中10%的镉被去除，添加甘氨酸、谷氨酸、半胱氨酸等植物提取促进剂可将土壤镉去除率提高至20%；第2轮套种实验中，即使添加植物提取促进剂后小白菜植株中镉浓度仍低于食品限量标准，达到可食用标准。蒋成爱等[82]研究发现，与玉米和大豆间作的东南景天地上部分吸收Cd、Pb、Zn为单作的1.68～1.87倍，并且显著降低玉米对Cd、Zn的吸收。周建利等[83]将东南景天与重金属低积累玉米品种Yunshi-5间套种，收获后土壤Cd含量从

1.27mg/kg 降为 0.3mg/kg。居述云等[84]研究了伴矿景天与小麦和茄子间作对其重金属吸收能力的影响，结果表明间作模式显著降低了小麦籽粒和茄子果实中的重金属含量，与单作相比，间作小麦籽粒重金属含量下降 52.4%。王学礼等[85]以广西环江植物修复示范工程为依托，开展大田实验，进行了重金属低积累甘蔗品种的筛选，在此基础之上将蜈蚣草与经济作物甘蔗、桑树进行间作，得出以下结论：

① 宽窄行宽株与宽行窄株两种种植方式均提高了甘蔗蔗渣中 As、Cd、Pb 的含量，尤其是宽窄行宽株，其对蔗渣中重金属含量提高的幅度更大。

② 宽窄行宽株模式下蜈蚣草对 Pb、Cd 的富集能力要比宽行窄株模式下高；对 As 元素来说，宽行窄株种植模式下 As 的富集能力要强于宽窄行宽株，且在宽行窄株模式下，蜈蚣草刈割一次可带走 As 量为 183.6g/hm^2，与单作模式下 As 带走量接近。

③ 低污染土壤上间作蜈蚣草提高了桑叶的产量，同时与桑树的单作相比，间作蜈蚣草明显提高了桑树桑叶中 As、Pb 的浓度；重污染土壤上间作蜈蚣草同样也提高了桑叶的产量，与低污染土壤不同的是，间作蜈蚣草降低了桑叶中的 As、Pb、Cd 含量。

与单作蜈蚣草相比，间作于桑树中的蜈蚣草具有更大的吸收富集 As、Pb、Cd 的能力。同时该研究在总结了湖南郴州、广西环江、云南个旧、北京房山、河南济源等植物修复示范工程的基础上，编写了 As 污染土壤植物修复技术规程，为土壤 As 污染治理提供了参考。

应用间套作模式确实可以提高植物对土壤重金属污染的修复效率，有利于土壤重金属污染的治理，但是对于边修复边种植的治理方式，不同的间作模式对作物吸收重金属的影响不同，在确保作物重金属含量不超标的前提下，需要选择合适的超积累植物与之间作，保证修复效果的同时也要保证作物的重金属含量不超标。

（2）科学施肥

长期以来，化肥在粮食增产中起着不可或缺的作用，但化肥施用过程中存在过量施用和用法不当（如使用时间不对、使用方法不妥）等问题，可能导致土壤重金属的累积或土壤重金属有效性的变化，进而影响农产品的产量和品质。肥料主要成分可以与重金属直接相互作用，影响重金属在土壤中的赋存形态及吸附强度，进而决定和控制重金属生物有效性，如阳离子 Ca^{2+}、Mg^{2+} 的竞争作用，阴离子 Cl^-、SO_4^{2-} 的配位作用，氮氧化还原对于吸附了 Cd 的 Mn、Fe、S 氧化物的氧化还原补偿机制等也对重金属生物有效性产生明显影响。但更普遍的是，施肥通过改变土壤 pH 值、有机质含量等间接影响重金属生物有效性，在长期施肥过程中，肥料的间接作用更突出[86]。

1）氮肥

作为农业生产中施用量最大的肥料，氮肥是改变农田生态系统服务功能最大的因素，氮过程被视为 H^+ 产生的最重要来源。从整个土壤系统来看，氮素转化产酸量可由铵根离子和硝酸根离子的输入 - 输出平衡计算，即铵根离子的净输入和硝酸根的净输出。从氮素进入土壤 - 植物系统的转化过程来看，氮素转化包括硝化作用、NH_4^+ 吸收或吸附等产 H^+ 过程和氨挥发、反硝化作用、氨化作用、NO_3^- 吸收或吸附等 H^+ 消耗过程。施入土壤中的尿素在脲酶的作用下矿化成 NH_4^+-N，同时消耗 1 个 H^+。生成的 NH_4^+-N 一部分被植物吸收或利用或以 NH_3 的形式挥发损失并释放质子，此时 H^+ 的净增加是零；另一部分 NH_4^+-N 在硝化细菌的作用下生成 NO_3^--N，同时释放出 1 个 H^+，此时净增加 1 个 H^+。若生成的 NO_3^--N 被植物吸收利用，为保持土壤电荷平衡同时释放出一个 OH^-，中和一个 H^+，整个过程中 H^+ 的净增加是零。因此，在自然条件下 N 的循环过程并不导致土壤酸化。当施入农田土壤的氮超过作物的需要量时，造成土壤中 NO_3^--N 的累积以及硝酸根的淋洗损失，由硝化作用产生的 H^+ 不能被中和，质子负荷增加，从而导致土壤酸化，重金属活性增加[87]。

不同氮肥由于其硝化作用强度不同，对土壤酸化的影响存在较大差异。艾绍英等[88]的研究发现，相同的栽培条件下不同氮肥品种对土壤酸化的贡献率不同，通常不同氮肥品种的酸化能力为硫酸铵＞氯化铵＞硝酸铵＞尿素。楼玉兰等[89]的研究表明，铵态氮肥能降低根际土壤的 pH 值，提高根际土壤中的重金属活性，促进玉米对重金属的吸收，而硝态氮的作用刚好相反。张树兰[90]通过培养实验研究表明硫酸铵、氯化铵、尿素和碳酸铵在土壤中的硝化回收率，由高到低依次为硫铵＞尿素≥碳铵＞氯化铵。因此，氮肥形态的选择供应可作为控制作物对重金属吸收的一种措施。

徐明岗团队[91]收集了我国典型农田 6 个长期（18 ～ 30 年）施肥实验（祁阳红壤、进贤红壤、重庆紫色土、公主岭黑土、哈尔滨黑土常量施肥和高量施肥）的历史观测资料，对耕层土壤 pH 值在不同实验阶段（每 6 年）和施肥措施［对照不施肥（CK）、单施化学氮肥（N）、磷钾配施氮肥（NPK）和有机肥配施化肥（NPKM）］间的差异性进行检验，并计算土壤酸化速率。结果表明，实验期间对照 CK 处理的耕层 pH 值略有降低，平均土壤酸化速率为 0.013 个 pH 单位 /a，N 处理的 1 ～ 6 年，祁阳红壤、公主岭黑土和哈尔滨黑土常量施肥实验的耕层 pH 值较对照显著降低 0.32 ～ 0.55 个单位，至最近 6 年，所有实验的耕层 pH 值较对照显著降低 0.64 ～ 1.46 个单位。长期施肥农田的土壤酸化速率大小顺序为：N ＞ NPK ＞ NPKM ≈ CK。N 和 NPK 处理的土壤酸化速率分别为对照的 4.6 倍和 3.2 倍。可见，不合理的施肥方式会导致土壤的酸化，而酸化增加了重金属的活性。

Wang 等[92]长期跟踪了土壤长期使用硫酸铵、尿素、磷酸二氢铵后土壤 Cd 活性的变化及对稻米产量和富集 Cd 含量的影响。结果表明，与对照（不使用化肥）相比，长期施用磷酸二氢铵和硫酸铵对水稻增产有正效应，同时会减少土壤镉可提取态重金属（DTPA 提取）含量，而氯化铵则相反。这说明化肥的使用尤其是长期使用确实会对重金属的活性产生影响，进而影响农产品质量安全。

2）磷肥

磷肥对重金属的作用机制既有直接的沉淀作用，又有间接地通过影响土壤胶体对重金属的吸附解吸行为和影响植物的代谢过程而影响植物对重金属的吸收的作用机制。磷肥对土壤重金属的沉淀效应表现为：磷酸盐可以通过离子交换、吸附、沉淀等作用来降低Cd、Pb、Zn等重金属的有效态含量从而降低植物的吸收。磷肥的施用可以增加土壤的负电荷和CEC，增大土壤对重金属的吸附强度，使重金属的次级吸附量增加，即土壤对磷的吸附为金属离子增加了专性吸附位点。其机理是重金属进入土壤后，会与土壤黏粒矿物的边缘、氧化铝、锰等以及氢氧化铁、铝发生专性吸附，它们可分别占据相应的吸附点，土壤吸附磷酸根后增加了表面净电荷，使重金属离子不断以静电吸附方式吸附在土壤颗粒周围。徐国明[93]的研究表明，磷肥的施用可抑制土壤铜的活化，导致土壤有效铜含量降低，且磷酸氢二铵对土壤有效铜的降低幅度比磷酸二氢钙大。

王朋超等[94]采用盆栽实验，研究了普钙（磷酸二氢钙）和钙镁磷肥对油菜生物量和Cd含量的影响。结果表明，施加磷肥均能促进油菜的生长，提高油菜产量，同时可以不同程度地降低土壤重金属Cd有效态含量，其中钙镁磷肥处理效果要好于普钙。两种磷肥均可显著降低油菜根部和地上部Cd含量，钙镁磷肥对油菜根部Cd吸收量的抑制作用要好于普钙，但普钙在降低油菜地上部Cd吸收能力上却优于钙镁磷肥。高量磷肥的施入，抑制了根部Cd向油菜地上部的迁移，当普钙施加量为中高剂量时可使油菜地上部Cd含量降低至国家食品安全标准以下，但考虑到普钙为生理酸性磷肥，不宜在酸性土壤中使用，改用钙镁磷肥更适宜。雷鸣等[95]通过水稻盆栽实验研究磷酸氢二钠（DSP）和羟基磷灰石（HAP）对污染土壤中重金属（Pb、Cd、Zn）向水稻迁移的影响发现，DSP和HAP都降低了土壤中Pb、Cd、Zn交换态含量，且HAP降低重金属交换态的效果较DSP好，结果见表3-26。

表3-26　两种含磷物质对土壤中Pb、Cd、Zn交换态含量的影响

添加量/（g/kg）	Pb交换态含量/（mg/kg）		Cd交换态含量/（mg/kg）		Zn交换态含量/（mg/kg）	
	DSP	HAP	DSP	HAP	DSP	HAP
0.00	174.38 ± 25.24^{a}	174.38 ± 25.24^{a}	8.11 ± 0.34^{a}	8.11 ± 0.34^{a}	159.64 ± 11.76^{a}	159.64 ± 11.76^{a}
0.03	60.23 ± 25.58^{a}	169.17 ± 9.40^{a}	1.42 ± 0.38^{ab}	$7.26 \pm 0.27a^{b}$	139.84 ± 6.98^{ab}	146.32 ± 2.46^{ab}
0.06	116.88 ± 18.85^{b}	121.85 ± 7.90^{b}	7.67 ± 0.71^{ab}	6.22 ± 1.32^{b}	140.51 ± 21.43^{ab}	128.38 ± 16.06^{bc}
0.12	102.71 ± 25.73^{b}	103.91 ± 5.40^{b}	7.4 ± 0.73^{ab}	6.16 ± 0.46^{b}	141.43 ± 12.87^{ab}	129.26 ± 4.55^{bc}
0.24	80.77 ± 22.94^{bc}	48.97 ± 7.51^{c}	6.72 ± 0.46^{b}	4.87 ± 0.17^{c}	147.91 ± 6.261^{ab}	111.14 ± 8.34^{cd}
0.48	59.47 ± 5.80^{c}	19.42 ± 7.70^{c}	5.69 ± 0.41^{c}	3.91 ± 0.11^{c}	131.91 ± 8.921^{b}	101.63 ± 14.97^{d}

注：同一列中上标相同字母表示数据间无显著性差异，不同字母表示数据间有显著性差异（$P < 0.05$）。

磷肥对土壤pH值的影响表现为：当加入钙镁磷、磷酸氢钙和磷酸二氢钾等碱性磷肥时，pH值升高，土壤重金属的生物有效性降低。曹仁林等[96]的研究报道了钙镁磷肥降低水稻土中Cd有效态的机制，发现施用钙镁磷肥可使土壤pH值升高，交换态镉分配系数明显下降，而碳酸盐结合态以及铁锰氧化物结合态则显著升高，导致土壤有效态镉含量大幅下降，进而降低水稻植株的Cd含量。

然而，也有研究结果认为磷肥的施入，可活化土壤重金属。熊礼明等[97]研究认为磷肥可带入 Ca^{2+}、Mg^{2+} 等，从而产生与重金属离子的竞争吸附，抑制土壤对重金属的吸附。同时磷酸铵能降低土壤的 pH 值，增加土壤中 Cd 的生物有效性，从而增加作物对镉的吸收和累积。综上所述，不同种类磷肥对植物吸收重金属的影响不同，这与土壤性质、重金属种类和磷肥用量关系很大。故在施用磷肥时，应考虑不同磷肥的化学性质及土壤性质的差异。

3）有机肥

有机肥用于重金属污染土壤修复的机制主要包括以下两个方面。

① 促进土壤环境条件的改变，增加土壤自身固定重金属的能力；

② 有机质具有吸附活性态重金属的能力。

前者主要是有机质通过改变土壤负电荷量和 pH 值、增加土壤阳离子交换量、参与铁锰氧化还原过程等提高土壤对重金属的吸附作用。后者主要是有机质可配位土壤重金属离子或直接吸附土壤重金属离子，使重金属从活性较高向活性较低的赋存形态转变，降低土壤重金属的离子交换态和氧化结合态，增加重金属的配合态，达到固定土壤重金属的目的。

大量实验表明，使用有机肥能够提高土壤 pH 值，降低土壤铝的饱和度和可溶性铝的含量。也有研究表明，使用有机物质能够增加土壤酸度。王果等[98]研究发现，在红壤和潮土中加入猪粪、紫云英、稻草等有机肥，其分解产物会促进 Cd 的吸附。其主要原因是有机分解产物的加入导致平衡溶液 pH 值的升高，抵消有机肥分解产物对 Cd 吸附的抑制作用。焦文涛等[99]研究了 Cd^{2+} 在红壤、黄泥土、乌栅土及去除有机质后的 3 种土壤中的吸附 - 解吸行为，结果表明：a. 有机质的去除显著降低了 3 种土壤体系 Cd^{2+} 吸附 - 解吸平衡液的 pH 值，这可能是由有机质的去除减少了阳离子的吸附点位，使其阳离子交换量降低引起的。b. 土壤 Cd^{2+} 的吸附与有机质含量明显相关，3 种土壤中 Cd^{2+} 的吸附量大小为乌栅土＞黄泥土≫红壤，与土壤有机质含量的顺序一致；去除有机质后土壤对 Cd^{2+} 的吸附量均明显下降，尤其是有机质含量高的黄泥土和乌栅土；3 种土壤有机质对 Cd^{2+} 吸附的贡献率平均值分别为红壤 43.75%、黄泥土 544.77%、乌栅土 993.76%。此外，有机质在土壤中会形成羟基自由基，促进土壤溶液中汞和镉形成硫化物而沉淀，减少水溶态，降低毒性。结构复杂的有机物质还可与重金属作用形成配位沉淀，降低重金属的运移性能。有机质中的羧基（—COOH）、羟基（—OH）、羰基（—C—O）和氨基（$—NH_2$）等能与重金属发生配位或螯合，形成比较稳定的复合物，改变了重金属在土壤中的迁移性和有效性，影响植物对其吸收。另外，腐殖质对重金属离子迁移能力的影响还取决于所形成的螯合物的溶解性，如腐殖质中的胡敏酸（HA）或称黄腐酸与重金属离子形成的螯合物一般是难溶的，可以降低重金属的活性，而富里酸（FA）则不同，大量的 FA 螯合态重金属不仅不会减少重金属活性，还有促进其运移、增加其活性的功能。范文宏等[100]通过外源投加不同浓度的腐殖酸分析了重金属总量和形态的变化，结果表明 HA 能促进重金属由非稳定态向稳定态转化，既能钝化沉积物重金属又能降低其生物有效性。HA 的各组分与重金属的结合性能不同，FA 分子量相对较低，易与重金属结合同时也易解离，而 HA 分子量较大，与重金属结合速率慢但解离速率也小，可与重金属离子形成稳定且不易被植物吸收的配位产物。所以，腐殖质的性质对土壤重金属形态影响较大。

使用有机肥必须注意腐殖质的性质和种类。同时还必须注意伴随离子造成的影响，若长期施用人粪尿，不仅易使土壤板结，其中的 Cl^- 可配位汞，造成被汞污染的土壤汞活性增强。陈同斌等[101]研究发现，在酸碱度不同的 3 种供试土壤（赤红壤、水稻土、褐土）中无论添加稻秆 DOM 还是底泥 DOM，都会使 Cd 的最大吸附容量和吸附速率明显减小，其最大吸附容量的下降幅度最大可以达到 94%。也有研究报道，有机肥中的重金属含量高于化肥，且施用量高，通过有机肥输入土壤中的金属元素多，长期施用会增加土壤重金属含量，特别是 Cu、Zn 污染，不利于作物品质的改善。王美等[102]调研了大量文献资料，发现 82.4%、76.5%、50%、61.1% 的研究结果说明施用有机肥的土壤中 Cu、Zn、Pb、Cd 含量比不施肥分别增加了 0.08 ～ 13.98mg/kg、0 ～ 26.5mg/kg、1.63 ～ 5.31mg/kg、0 ～ 0.34mg/kg。有机肥组成成分的可变性和调节土壤酸度机制的不确定性决定了有机物肥在改良土壤酸度上还存在一定的风险。

综上所述，氮、磷及有机肥对于重金属吸附过程影响的机理有所不同。氮肥主要通过硝态、铵态氮的根际碱化和酸化效应影响土壤重金属的活性，进而影响植物对重金属的吸收。磷肥不仅通过 3 种磷酸根（$H_2PO_4^-$、HPO_4^{2-}、PO_4^{3-}）形式来影响土壤表面电荷，进而影响土壤对重金属的吸附，而且其陪伴阳离子（Ca^{2+}、Mg^{2+}）的作用也不容忽视，硫酸根、磷酸根作为专性吸附离子会增加可变电荷土壤表面负电荷，增加土壤对重金属离子的吸附，硝酸根的影响较小。有机肥主要通过其分解后生成物的官能团释放出带负电的自由基或其他功能基，在吸附重金属的同时，参与土壤离子的交换反应。

4）水分管理

土壤中重金属的移动性受 pH 值、温度、氧化还原电位（Eh 值）、有机质、阳离子交换量等土壤理化性质的影响，而其中 Eh 值是影响重金属溶解性的重要因子，因而可通过土壤水分管理调节土壤 pH 值和 Eh 值，从而调控土壤重金属的生物有效性。

土壤是一个复杂的氧化还原体系，随着土壤水分、孔隙度以及氧化还原物质含量的变化，土壤的氧化还原状况也发生改变。一般认为当土壤的氧化还原电位（Eh）＞ 700mV 时，土壤为强氧化态，此时通气性过强；+400 ～ +700mV 为氧化态，此时氧化过程占绝对优势，各种物质以氧化态存在；+200 ～ +400mV 为弱氧化状态，此时 NO_3^-、Mn^{4+} 被还原；−100 ～ +200mV 为中度还原状况，此时出现较多的还原性有机物，Fe^{3+}、SO_4^{2-} 被还原；Eh ＜ −100mV 为强还原状况，此时 CO_2、H^+ 被还原，且硫化物开始大量出现。土壤中常见的氧化还原体系见表 3-27[103]。

表 3-27　土壤中常见的氧化还原体系

体系		E^0/V		$pE=\lg K$
		pH=0	pH=7	
氧体系	$\frac{1}{4}O_2+H^++e \rightleftharpoons \frac{1}{2}H_2O$	1.23	0.84	20.8
锰体系	$\frac{1}{2}MnO_2+2H^++e \rightleftharpoons \frac{1}{2}Mn^{2+}+H_2O$	1.23	0.40	20.8
铁体系	$Fe(OH)_3+3H^++e \rightleftharpoons Fe^{2+}+3H_2O$	1.06	−0.16	19.7
氮体系	$\frac{1}{2}NO_3+H^++e \rightleftharpoons \frac{1}{2}NO_2+\frac{1}{2}H_2O$	0.85	0.54	14.1
	$NO_3+10H^++8e \rightleftharpoons NH_4^++3H_2O$	0.88	0.36	14.9
硫体系	$\frac{1}{8}SO_4^{2-}+\frac{5}{4}H^++e \rightleftharpoons \frac{1}{8}H_2S+\frac{1}{2}H_2O$	0.3	−0.21	5.1
有机碳体系	$\frac{1}{8}CO_2+H^++e \rightleftharpoons \frac{1}{8}H_2S+\frac{1}{4}H_2O$	0.17	−0.24	2.9
氢体系	$H^++e \rightleftharpoons \frac{1}{2}H_2$	0	−0.41	0

唐罗忠等[104]对湿地土壤 Fe^{2+}、Eh 值、pH 值变化的研究结果表明，土壤 pH 值与 Eh 值有很好的相关性，Eh 值随 pH 值的升高明显降低。土壤 pH 值与 Eh 值的变化关系见图 3-30。原因是淹水条件下，土壤中氧化态物质，如 NO_3^-、Fe^{3+} 和 Mn^{4+} 等发生还原反应，消耗土壤中的 H^+，从而使土壤 pH 值增加。可见，水分管理措施可同时通过调节土壤 pH 值与 Eh 值来有效控制土壤中重金属的活性。

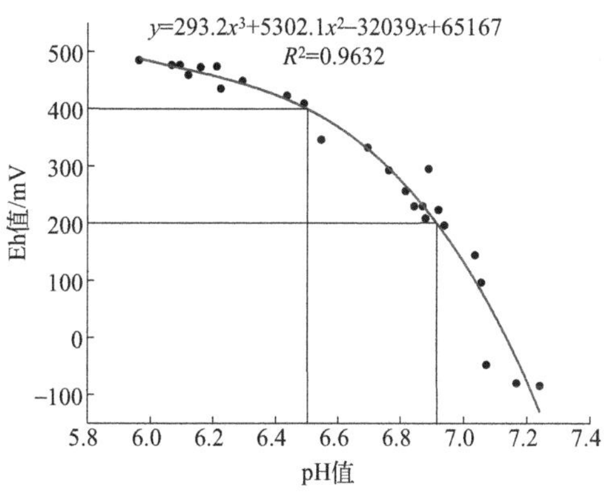

图 3-30　土壤 pH 值与 Eh 值关系

田桃等[105]通过水稻盆栽实验，研究了多种水分管理模式（水稻全生育期湿润灌溉［M］、灌浆期湿润和灌浆期后淹水灌溉［M-F］、灌浆期淹水和灌浆后湿润灌溉［F-M］、生育期淹水灌溉［F］）对土壤 Eh 值、Cd 生物有效性及对水稻 Cd 迁移与累积的影响发现，水稻地下部分和地上部分 Cd 累积量与土壤 Eh 值相关性极好，且当土壤 Eh 值达到某一值后，水稻地下部分和地上部分 Cd 累积量明显增加（见图 3-31）；同样的趋势也出现在糙米 Cd 累积量与土壤 Eh 值之间（见图 3-32）。说明可通过水分管理控制土壤 Eh 值，以减少对水稻 Cd 的吸收累积。同时，该研究结果表明，与 M 处理相比，M-F、F-M、F 处理的水稻地上部分 Cd 累积量分别降低了 85.7%、91.8%、95.9%，说明恰当的水分管理可有效减少对水稻 Cd 的吸收累积。

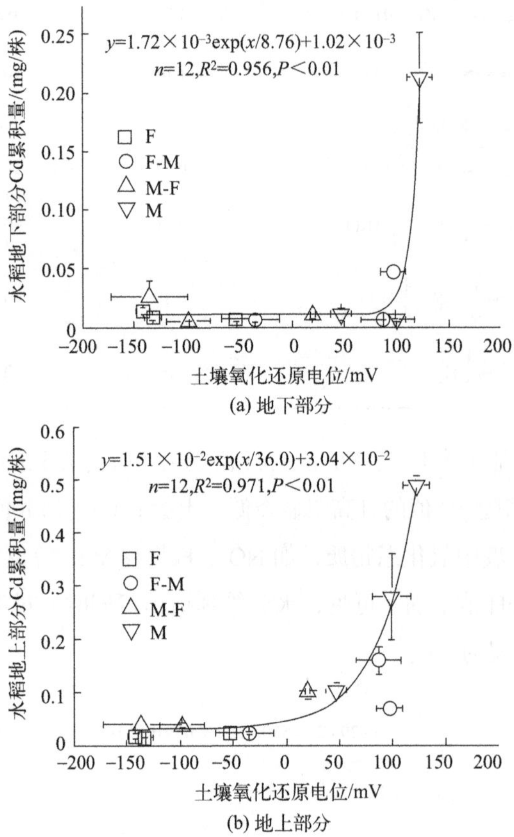

图 3-31　土壤 Eh 值与水稻地下部分和地上部分 Cd 累积量的关系

水分管理还可通过控制根部厌氧和有氧条件来调控水稻田内 Cd 的有效态含量，从而影响水稻对 Cd 的吸收。有研究[106]认为不同的水分管理模式通过土壤中有效硫和 Fe^{2+} 含量的变化影响水稻土中水稻对 Cd 的吸收累积。在水分含量升高时，土壤氧化还原电位下降，土壤中的 SO_4^{2-} 被还原成 S^{2-}（注：随着土壤氧化还原电位 Eh 值下降，土壤中的 O_2、NO_3^-、MnO_2、$FeOH^{2+}$、FeOOH 依次被还原，最后是 SO_4^{2-} 和 CO_2 被还原），与 Cd^{2+} 形成硫化镉（CdS）沉淀，降低了 Cd 的生物有效性。需要注意的是，S^{2-} 与土壤中阳离子的结合是有一定顺序的，通常是先与 Fe、Mn 结合，其次与 Cu、Cd 等形成沉淀。排水后的土壤处于氧化状态，S 被氧化成 SO_4^{2-}，土壤 pH 值降低，增加了 Cd 的生物有效性，促进了水稻根系对 Cd 的吸收和累积。同时淹水条件下铁的氧化物被还原，亚铁离子增多，大量的 Fe^{2+} 与 Fe 的运输蛋白优先结合，与 Cd 产生竞争吸附，极大地降低 Cd 与其结合的概率，从而减少了水稻对 Cd 的吸收累积。刘昭兵等[107]研究表明，随着淹水时间和水量的增加，水稻根表吸附的

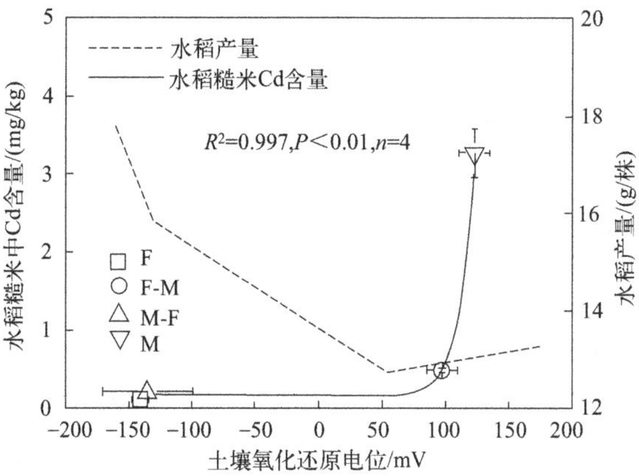

图 3-32　土壤 Eh 值与水稻糙米中 Cd 含量的相关关系

还原态 Fe^{2+}、Mn^{2+} 以及 SO_4^{2-} 含量显著提高，因而加强了重金属离子与 Cd^{2+} 竞争吸附土壤胶体及水稻根表不同的吸附位点，从而降低了 Cd 在土壤中的有效性。而也有研究[108, 109]认为在土壤淹水厌氧条件下，水稻根可以分泌氧气和氧化性物质，将土壤中的 Fe^{2+} 氧化，使其在水稻根表形成 Fe^{3+} 沉淀进形成铁氧化膜，而根表铁膜可以通过吸附土壤中的 Cd 来减少水稻对镉的吸收；水稻根表铁膜既可促进也可抑制水稻根系对 Cd 的吸收，其作用程度取决于水稻根表铁膜的厚度。相关研究发现，缺铁土壤上水稻体内的 Cd 浓度大大高于正常环境中的相应数据。

3.4.1.5　喷施叶面阻隔剂

叶面阻隔剂是利用土壤 - 植物系统中重金属与营养元素之间的交互作用，主要通过在农作物细胞壁上沉淀或螯合重金属以及提高农作物对重金属的抗逆性等手段来减轻或缓解重金属的毒害，降低植物体内重金属的含量，阻断重金属向食物链转移，同时还能在一定程度上促进农作物生长和改善农产品品质等。目前现有的叶面阻隔剂大致分为以下几类：

① 以硅基（无机硅、纳米硅等）为主要成分的叶面阻隔剂；

② 以微量元素硒（无机硒和纳米硒）为主要成分的叶面阻隔剂；

③ 以氮、磷、钾及常规微量元素（钙、镁、铁、硼、锰、锌、钼、硫等）为主要成分的叶面阻隔剂；

④ 农作物生理调节物质类（水杨酸、谷氨酸、柠檬酸、二巯基丁二酸、二巯基丁二酸钠等）叶面生理阻隔剂。

这 4 类叶面阻隔剂中，以硅、硒和锌为主要成分的叶面阻隔剂在我国农田土壤重金属污染防治中应用较多。

外源 Se 主要通过抑制植物根系对重金属的吸收或降低重金属从根系向地上部的迁移转运以及减少自叶向籽粒的迁移等方面影响植物对重金属的吸收累积。庞晓辰[110]的研究认为，Se 是油菜体内谷胱甘肽过氧化物酶（GSH-Px）的组成部分，外源硒的供应会使油菜体内该酶成分之一的谷胱甘肽（GSH）含量增加，而GSH富含巯基，巯基可与Cd结合，钝化细胞中的Cd，降低Cd引起的毒害作用。同时，植物体内的Se还可与Cd结合形成Cd-Se-蛋白质复合体，从而将Cd排出体外[111-113]。外源Se能明显降低植物对Cd的吸收，Se能与Cd、Pb、Hg、As等重金属元素产生拮抗效应，在一定程度上缓解重金属对植物的毒害，降低植物对重金属的吸收[114]。贺前锋等[115, 116]评价了6种富硒叶面肥对轻度Cd污染稻田不同水稻品种稻米中Cd和Se累积的调控效果，结果表明，与对照组相比，喷施叶面肥可使水稻增产，并使稻米的Cd含量降低25.75%～64.38%，Se含量增加3.40～21.54倍。黄青青等[117]通过大田实验，研究了叶面喷施硒肥以及配合海泡石钝化处理对水稻Cd和Se累积的影响（表3-28），实验结果表明，在中轻度Cd污染的酸性水稻土中，叶面硒肥能够降低早稻和晚稻地上部Cd的含量；叶面硒肥配合海泡石处理能够进一步降低早稻各部位Cd的含量，水稻糙米、颖壳和秸秆Cd含量分别比对照降低了74.0%～83.6%、67.0%～77.0%和74.5%～80.0%，且糙米中Cd含量能够降到稻谷Cd的安全限量0.2mg/kg以下；此外还发现，在水稻不同生育期喷施叶面硒肥，在降低Cd含量的同时也显著提高了早稻和晚稻糙米中Se含量。

表3-28　叶面喷施硒肥和海泡石钝化处理对水稻各部位Cd富集系数的影响

实验处理		富集系数（BCF）			转运系数（TF）	
		BCF_{grian}	BCF_{husk}	BCF_{straw}	$TF_{grian/husk}$	$TF_{husk/straw}$
早稻	对照	0.31±0.005a	$0.15±0.004^a$	$1.11±0.045^a$	$2.00±0.005^a$	$0.14±0.006^b$
	喷施Na_2SeO_3	0.27±0.037a	$0.15±0.006^a$	$1.07±0.089^a$	$1.87±0.037^a$	$0.14±0.020^b$
	海泡石	0.11±0.016a	$0.06±0.008^b$	$0.45±0.005^b$	$1.87±0.090^a$	$0.14±0.017^b$
	海泡石+喷施Na_2SeO_3	0.08±0.008a	$0.06±0.010^b$	$0.30±0.006^b$	$1.37±0.029^b$	$0.19±0.029^a$
晚稻	对照	1.21±0.083a	$0.56±0.026^a$	$3.73±0.200^a$	$2.25±0.058^a$	$0.15±0.007^a$
	喷施Na_2SeO_3	0.93±0.054a	$0.40±0.017^a$	$3.04±0.107^a$	$2.27±0.095^a$	$0.13±0.005^a$
	海泡石	0.30±0.024a	$0.15±0.018^b$	$1.14±0.047^b$	$1.78±0.092^a$	$0.13±0.011^a$
	海泡石+喷施Na_2SeO_3	0.22±0.006a	$0.12±0.020^b$	$0.75±0.077^b$	$1.63±0.017^a$	$0.17±0.020^a$

注：表中字母a、b表示显著、不显著含义。

Si能够减轻重金属对植物的危害，其作用机理主要与硅和重金属的螯合作用以及土壤理化性质的变化有关。植物组织中二氧化硅的含量高，可激活物理和生化防御机制，提高抗逆性。水稻植株中Cd的毒性可以通过细胞壁中Si的存在和细胞氧化还原稳态的调节来减轻。王世华等[118]的研究认为，纳米硅一方面通过降低作物的蒸腾效率，减少有害元素的吸收和向地上部的运转，从而降低作物对Cd的累积；另一方面可促进在水稻幼苗体内合成植物螯合肽（PCs），减少活性重金属的比例。同时叶面喷施纳米硅还可以改善作物的营养吸收，促进抗氧化物质的合成，增强水稻幼苗的抗氧化能力，水稻从叶面吸收的Si运输到根系，增强了根系细胞壁对Cd的吸附固定能力，阻止了Cd从根系向上转运。崔晓峰等[119]研究还发现Si能提高保护酶活性，缓解自由基对细胞膜的损害，保护膜的完整性，抑制Cd进入根部细胞。杨超光等[120]研究发现，施硅能够使土壤中交换态重金属比例降低，而使碳酸盐结合态、残渣态重金属的比例增加，尤其是残渣态重金属增幅明显，这降低了重金属对植物的毒害作用。目前普遍观点认为施硅能够提高植物根际的 pH 值，使得离子态的重金属变成不溶性的化合物沉淀下来，降低重金属活性，减少植物对重金属的吸收[121]。然而，陈晓婷等[122]的研究表明，硅肥减轻重金属对小白菜毒害作用的机理可能并不是增加土壤 pH 值，而是通过提高土壤对重金属的吸附能力来降低土壤中重金属的有效性。

陈蕊[123]利用水培实验和大田实验，探究了 Si 对 Cd 吸收转运特性的影响以及提高水稻耐 Cd 能力的机理，结果表明提升培养液中的 Si 浓度能够有效缓解 Cd 胁迫对水稻幼苗生长的抑制作用，维持抗氧化酶活性的稳定；在 Cd 胁迫环境中添加 Si 显著增加了水稻幼苗超氧化物歧化酶（SOD）活性和可溶性蛋白含量，显著降低了丙二醛（MDA）含量，提高了幼苗对 Cd 的耐受性；向 Cd 污染稻田中叶面喷施纳米硅肥能够显著降低 Cd 在水稻籽粒和穗中的累积；穗下节是阻隔 Cd 向籽粒中转运的关键部位，节中 Cd 的累积量是籽粒中 Cd 累积量的 7 倍以上；喷施纳米硅肥显著抑制了 Cd 由根系向穗下节以及穗下节向穗轴的转运；在水稻开花期，施用高浓度纳米硅肥比低浓度纳米硅肥能更有效地降低 Cd 由营养器官向穗轴的转运。王世华[124]采用盆栽方法，在 Cd、Pb、Cu、Zn 复合污染土壤中种植水稻，在水稻生长期内（苗期、分蘖期、抽穗期）向叶面喷施纳米硅，研究纳米硅对水稻籽实生长状况及吸收重金属元素的影响，结果表明重金属复合污染条件下，叶面施用两种硅制剂均可以缓解水稻的毒害效应，且和施无机硅相比，施有机硅对水稻重金属毒害的缓解效果更显著，表现为叶面施用硅后，水稻籽实中 Cd、Pb、Cu、Zn 的吸收量均显著降低（$P < 0.05$）；籽实中重金属元素的吸收系数和累积量均表现出降低的趋势，籽实 Cd 含量下降率分别为 44% 和 53%。刘传平等[125]利用含二氧化硅的叶面阻隔剂进行了 5 年的田间技术示范，实验组较对照组稻谷增产 29.6%，稻米中 As 含量下降 40.2%，Cd 含量下降 28.2%，大面积实施后，稻米重金属超标面积降低 40%。

植物中 Cd 与 Zn 的相互作用早就被关注，但是至今没有得出一致的结论。有人认为是协同效应，亦有人认为是拮抗效应。目前多数研究表明，Zn、Cd 之间存在着拮抗作用。虞银江等[126]研究表明，叶面施用锌肥降低水稻叶片 Cd 含量的作用，是 Zn、Cd 共用亲和性质膜转运蛋白所产生的 Zn/Cd 拮抗作用，从而阻控了早稻（Y 两优 792）茎、叶部 Cd 向上的迁移。近年来，笔者单位农田重金属污染修复创新团队致力于叶面 Zn 肥防控研究，董如茵等[127]采用盆栽实验，研究了喷施 $ZnSO_4$ 对 Cd 低积累油菜生长、Cd 吸收及微量元素含量的影响。结果表明，喷施 Zn 肥可显著降低 Cd 低积累油菜的地上部 Cd、Mn 含量，同时可显著降低油菜根部 Cd 净吸收量和 Cd 转运系数；而油菜地上部 Cd 含量与根部 Cd 净吸收量呈显著正相关（$P < 0.01$），与 Cd 转运系数无显著相关性，这表明施用 Zn 肥降低油菜地上部 Cd 含量主要是由抑制根部 Cd 吸收引起的。代晶晶等[128]的研究表明，喷施 $ZnNa_2EDTA$ 和 $ZnSO_4$ 可有效降低不同品种油菜地上部 Cd 质量分数，显著提高其 Zn 质量分数。基于以上研究，韩潇潇等[129]以 Cd 污染农田中种植的早稻和晚稻为材料，通过在水稻开花期叶面喷施不同浓度的 $ZnSO_4$，对其降 Cd 效果及其在早稻和晚稻间的差异进行了比较，

结果表明晚稻籽粒和穗轴中的Cd含量都显著高于早稻，水稻开花期喷施$ZnSO_4$能显著降低晚稻和早稻籽粒中的Cd含量；与对照相比，喷施浓度为10mmol/L的$ZnSO_4$水稻籽粒富集Cd的效果好于5mmol/L；穗下节是Cd含量最高的地上部器官，喷施$ZnSO_4$对穗轴和籽粒中的Cd含量有显著影响。通过穗下节的固定，穗下节以上的节间、穗轴和籽粒中的Cd含量大幅度下降。同时发现，喷施$ZnSO_4$既能增加籽粒中Zn^{2+}浓度，又能影响籽粒和穗轴中Fe、Ca、Mn等必需元素的含量。

可见，叶面肥的施用可提高作物对重金属的抗性，有效降低作物籽粒中重金属的含量，可以减少甚至阻断重金属向食物链转移，对于保证粮食作物食品安全和重金属污染土壤治理有重要作用。

3.4.1.6 基因工程应用

基因工程改造是另一个获得具有优良性状的低吸收品种的途径。通过综述基因工程强化植物修复土壤重金属污染的研究进展，着重关注植物修复关于重金属转运、储存、解毒过程的调控，主要包括：

① 控制植物体内重金属由胞外运移至胞内的关键基因，主要有锌铁调控蛋白、黄色条纹样蛋白、天然抗性相关巨噬细胞蛋白，作为载体参与重金属在植物体内的不同组织的转运；

② 改变重金属在细胞内的储存位置、提高植物耐受能力的关键基因，主要调控ATP结合转运器、阳离子扩散促进器和P1B型ATPases，通过增强植物对重金属的区隔化能力来实现储存功能；

③ 降低重金属对植物毒害作用的关键基因，主要调控植物体内植物络合素、金属硫蛋白的大量合成，并配位重金属形成螯合物。

目前，生物体内部分与重金属抗性相关的基因已经被确认和验证，部分用于土壤修复的转基因植物实例见表3-29[130]。

表3-29 部分用于土壤修复的转基因植物实例

基因	产物/功能	来源	目标植物	表达效果
MT2	MTs（金属硫蛋白）	人	烟草、油菜	提高植物对Cd的耐性
MT-1	MTs	老鼠	烟草	提高植物对Cd的耐性
MTA	MTs	豌豆	拟南芥	提高植物对Cu的累积
CUP-1	MTs	酵母	花椰菜	提高植物对Cd的累积
Y-GCS	GSH	大肠埃希菌	印度芥菜	提高植物对Cd的耐性
GS	GSH	水稻	印度芥菜	提高植物对Cd的耐性
Cysteine synthase	GSH	水稻	烟草	提高植物对Cd的耐性
Ta PCs	PCs	小麦	烟草	提高植物对Pb累积
Citrate synthase	柠檬酸	细菌	烟草、木瓜	提高植物对Al的耐性

续表

基因	产物 / 功能	来源	目标植物	表达效果
CAX-2	液泡转运蛋白	拟南芥	烟草	提高植物对 Cd、Ca、Mn 的累积
Nt CBP4	离子通道	烟草	烟草	提高植物对 Pb 的累积
ZAT	锌转运蛋白	拟南芥	拟南芥	提高植物对 Zn 的积累
Znt A	重金属转运蛋白	大肠埃希菌	拟南芥	提高植物对 Cd、Pb 的抗性
YCF1	向液泡中转运 GSH 和重金属螯合物	酵母	拟南芥	提高植物对 Cd、Pb 的耐性
arsC、Y-GCS	砷酸盐还原酶和 GSH	细菌	印度芥菜	提高植物对 As 的耐性
SMTA	硒半胱氨酸甲基转移酶	A.bicults	拟南芥	提高植物对亚硒酸盐的抗性
CAPS	ATP 硫酸化酶		印度芥菜	提高植物对 Se 的耐性
CGS	胱硫醚 -Y- 合成酶		印度芥菜	使植物挥发 Se
Se-cyslyas	硒半胱氨酸裂解酶	老鼠	拟南芥	提高植物对 Se 的耐性和累积
ACC-deaminase	ACC 脱氨酶	细菌		提高植物对多种重金属的耐性
Peroxidise	过氧化物酶		拟南芥	提高植物对 Al 的耐性
G ltathione=S-Transferase	调控 GSH 与重金属螯合	烟草	拟南芥	提高植物对 Al、Cu、Na 的耐性

① 植物体内重金属的转运行为主要与重金属吸收蛋白相关，该蛋白主要位于细胞质膜上，主要作用是将细胞质以外的重金属运输到细胞质。目前主要的金属转运蛋白有锌铁调控蛋白（ZIP 家族蛋白）、黄色条纹样蛋白（YSL 家族蛋白）、天然抗性相关巨噬细胞蛋白（Nramp 家族蛋白）等。ZIP 家族是 Zn 转运蛋白家族（ZRT）和 Fe 转运蛋白家族（IRT）的合称，主要用于重金属从胞外到胞内的运输[131]。通常地，ZIP 家族蛋白转运对象具有专一性，主要针对 Zn、Fe 两种元素。但有研究表明，ZIP 家族蛋白对 Cd^{2+}、Cu^{2+}、Mn^{2+} 也具备较好的转运效果，如位于大麦根部细胞膜上的 HvIRT1 蛋白有利于 Mn^{2+} 的吸收和转运；OsIRT1、OsIRT2 蛋白不仅能转运 Zn^{2+} 还能转运 Cd^{2+}，且 OsIRT1 转运能力远高于 OsIRT2。ZIP 家族蛋白的独特性质影响着 Zn^{2+}、Cd^{2+} 等重金属离子在植物体内的运移与分布，尤其对于水稻这种重要的农作物。YSL 家族蛋白的作用原理是在缺 Fe 环境中，植物体内合成大量麦根酸（MAs）类物质并分泌至根部，麦根酸类物质与 Fe^{3+} 螯合形成配合物，最终 YSL 家族蛋白将配合物转运至细胞内，该功能只能在禾本科植物中实现[132]。研究发现，在缺 Fe 条件下，水稻 *OsYSL2*、*OsYSL6*、*OsYSL8*、*OsYSL9*、*OsYSL13*、*OsYSL15*、*OsYSL16*、*OsYSL18* 等基因表达水平上调，增强了植物对 Fe^{2+} 或 Fe^{3+} 的吸收和转运能力。Nramp 家族蛋白是一个膜整合蛋白家族，同样位于细胞膜上，与重金属的转运密切相关。目前，已经有学者在西红柿、卷心菜、菜豆、小麦、玉米以及一些杂草中发现了 *Nramp* 家族基因，发现 *OsNramp1* 基因主要在根中表达，*OsNramp2* 基因主要在叶中表达，*OsNramp3* 基因在两种组织中都会表达[133]，之前一直认为 *Nramp* 家族基因只能转运 Fe^{2+}，但后来有研究发现，植物体内该家族基因不仅能够转运 Fe^{2+}，而且对 Mn^{2+}、Zn^{2+}、Co^{2+}、Cd^{2+}、Ca^{2+}、Cu^{2+}、Ni^{2+} 和 Pb^{2+} 等阳离子的转运也起着重要的调控作用。日本冈山大学马建锋教授团队在一个古老的水稻品种 *Pokkali* 中发现了 Mn/Cd 转运蛋白基因 *OsNramp5* 发生了拷贝数加倍变异，是导致 Cd 低积

累的主要原因。该基因的串联重复使 *OsNramp5* 基因的表达量增加了 10 倍，但其空间表达模式和细胞定位没有改变[75]。

② 与重金属储存相关的蛋白是重金属排出蛋白，该蛋白主要定位于细胞器膜上，能将重金属运出细胞质或运送至特殊细胞器（如液泡），在植物重金属区室化过程中起着重要作用。目前研究较多的主要包括 ATP 结合盒（ABC 转运器）、阳离子扩散促进器（CDF）和 P1B 型 ATPases。Kim 等[134]发现，在 Cd 胁迫下，根部表皮细胞质膜中 *AtABCG36* 或 *AtPDR8* 基因会过量表达，将 Cd^{2+} 或 Cd 的配合物泵出细胞质膜，在其他细胞器中储存从而降低细胞内重金属含量。*AtABCG40* 或 *AtPDR12*（*PDR*）基因在 Pb 胁迫下会过量表达，AtABCG40 蛋白能将 Pb 或 Pb 的衍生物运出细胞质，增强拟南芥对 Pb 的耐性。Kobae 等研究证实了 CDF 家族基因的功能，发现 AtMTP1 蛋白位于叶片和根部细胞的液泡膜上，验证了 *AtMTP1* 基因在细胞内的瞬时表达情况，推测出其作用可能是运载 Zn^{2+} 至液泡贮存，从而增强了植物对重金属的耐性[135]。P1B 型 *ATPase* 家族基因在拟南芥中的研究相对成熟，AtHMA3 蛋白的 mRNA 广泛分布在拟南芥的不同组织中，位于液泡膜上，可以将 Cd 运进液泡，起到区隔化 Cd 的功能。在其他植物中转该基因，发现转基因植物对 Cd 的富集量比野生型增加了 2～3 倍，证明了 AtHMA3 蛋白有利于植物对 Cd 的储存。此外，研究还发现，过量表达 *AtHMA3* 基因还影响着 Co、Pb 和 Zn 的区隔化过程，因此 AtHMA3 蛋白可能参与多种重金属在液泡中的储存过程[136]。

③ 重金属毒性是植物吸收重金属的主要障碍，植物通过产生多肽与重金属形成螯合物固定金属离子，进而降低其生物毒性，增强植物对重金属的耐性。很多研究表明，金属硫蛋白（MTs）和植物络合素（PCs）与植物对重金属的解毒机制密切相关。PCs 不是基因的直接翻译产物，而是以谷胱甘肽（GSH）为底物，在植物络合素合成酶（PCS）的催化下合成的小分子多肽。因此，若想通过增加植物体内 PCs 的含量来降低植物对重金属的毒害作用，只需使 PCS 基因在植物体内过量表达。Zhu 等[137]通过过量表达两个和 PCs 合成紧密相关的酶——谷胱甘肽合成酶（GS）、γ- 谷氨酰半胱氨酸二肽酶（γ-GCS）的基因，提高了印度芥菜体内的谷胱甘肽和 PCs 含量，使其对多种重金属的耐性和累积能力提高。金属硫蛋白（MTs）存在于植物的根、茎、叶、花、果实和种子等组织中，可以显著提高植物对 Cd、Cu 等重金属的耐受性。MTs 主要通过半胱氨酸残基上的巯基与重金属结合形成无毒或低毒的配合物，最终通过转运蛋白将复合物转运到细胞器中储存，提高植物对重金属的耐性。

通过基因工程技术可以使农作物对重金属的累积量显著降低，但复杂的田间因素与转基因作物可能带来的生态环境风险以及公众对转基因作物安全性的争议，使得这些通过基因工程得到的低吸收作物的田间种植面临着巨大挑战。

3.4.1.7 土壤重金属原位钝化修复技术

农田重金属污染涉及面大，一般要经历修复成本和修复效率两个瓶颈。土壤重金属污染治理方法有物理法、化学法、生物法等，原位钝化修复技术因成本较低、操作简单、见效快而适合大面积中轻度重金属污染土壤治理，受到环境工作者的广泛关注。其中，黏土矿物、生物炭、有机物料、含磷物质等是常用的几类重金属污染土壤钝化剂。

土壤原位钝化修复技术是通过向土壤中添加钝化修复材料，在充分混合的基础上，使其在土壤中被固定或与土壤重金属发生离子交换、配位、沉淀、氧化还原、同晶置换等反应，从而将土壤中有毒有害重金属转化为化学性质不活泼形态，降低重金属在土壤环境中的迁移、植物有效性和生物毒性，阻断农田土壤重金属进入作物可食部位的一种修复技术。

（1）含硅物质

含硅修复材料属于无机类钝化材料，常用的硅材料有硅肥、硅酸盐、硅藻土、沸石等。pH 值在 2 ～ 9 之间时，硅以单硅酸（H_4SiO_4）形态存在，这是植物吸收硅的主要形态。硅肥加入 Cd 污染水稻土中可以减少水稻吸 Cd 量以及降低土壤重金属有效性，原因在于：

① 硅酸根离子与土壤中重金属 Cd、Pb 等形成不能被作物吸收的硅酸化合物沉淀，改变了土壤中重金属的形态，抑制了重金属在土壤中的转移以及植物的吸收；

② 提高了土壤 pH 值，使土壤的吸附能力增强，降低了 Cd 的交换态与碳酸盐态的含量，增加了有机态和铁锰氧化态含量，使水稻吸镉量减少；

③ 增加了 SiO_2 含量，硅酸根与土壤中易被水稻吸收的活性 Cd 结合成牢固的 Si-Cd 配合物结构，束缚了 Cd 的活性，降低了土壤中有效 Cd 含量，减少了水稻吸 Cd 量；

④ Si 的加入促进水稻根表铁膜的形成，增强了根部铁膜对重金属的吸附，抑制了重金属从铁膜到根部或茎秆的转移；

⑤ SiO_2 的添加强化了细胞壁对重金属的阻隔，从而减轻 Cd 对水稻根系细胞质膜的毒害，促进根的伸长和侧根的生长，同时提高根系活力以及抗氧化酶、超氧化物歧化酶的活性。

以往使用的含硅材料多为含有伴随离子的碱性物质，伴随离子和 pH 值又是影响土壤 Cd 活性的重要因素，而修复过程中 Cd 对作物毒害的缓解是由硅自身作用所引起，还是伴随离子和土壤 pH 值改变所致，是很难确定的。

（2）含钙物质

含钙物质也是无机钝化材料的一种，典型的含钙物质有生石灰、石灰石、熟石灰等。Ca^{2+} 是植物细胞的第二信使，可调节多种生理生化反应过程。

在 pH ＜ 5.0 的水稻田土壤中，Al^{3+} 极易降低水稻对 Ca 的吸收且易破坏根系细胞内 Ca 的正常调节机制，使水稻 Al 中毒，抑制水稻生长发育，施用钙肥后，土壤 pH 值升高，Al 的溶解度降低，Al 对水稻的生理危害减轻。在 Cd 污染的水稻分蘖期施用生石灰不仅可以降低土壤 Cd 有效态含量，减少根系对 Cd 的吸收累积，还可以提高水稻茎秆中的钙含量，进而抑制 Cd 由根系向茎秆的转移。

向酸性稻田土壤施加石灰，可中和土壤中的活性酸，使土壤溶质 pH 值升高，进而使 Cd 活性降低，可能的机理有 3 种：

① pH 值升高，使 H^+ 减少，增加土壤胶体表面的负电荷容量，提高土壤对 Cd^{2+} 的吸附

能力，有利于镉形成碳酸盐等沉淀物，减弱镉的迁移能力；

② pH 值升高，即 OH^- 增多，Cd^{2+} 与 OH^- 反应水解成 $CdOH^+$，因 $CdOH^+$ 与土壤吸附点位的亲和力强于 Cd^{2+}，所以易生成碳酸镉沉淀；

③ 当施用石灰使土壤 pH ＞ 7.5 时，土壤中 Cd 主要以氧化物结合态以及残渣态形式存在，迁移性降低。

pH 值的变化，会同时导致土壤 Eh 值的变化、土壤铁锰氧化物形态的变化，这些环境条件的改变也会影响 Cd 的活性。

但也有研究表明，在砂质土壤中钙量增加会降低土壤对 Cd 的吸附，增强土壤中 Cd 的移动性，随着土壤中 Ca^{2+} 的累积，会置换被吸附、固定的 Cd^{2+}，增加土壤中的有效 Cd[138]。而且长期利用生石灰进行污染土壤修复，可能导致土壤过度石灰化，在土壤活性酸和潜性酸接替消耗过程中，土壤 pH 值先升后降，增加土壤中重金属离子浓度，继而导致作物减产[139]。

（3）含磷物质

含磷物质主要包括磷酸盐、磷肥、磷灰石、磷矿粉、骨粉等材料，作为磷肥的含磷化合物在农业生产上已经广泛应用，是作物增产丰收的主要措施之一。随着对农田土壤的重金属污染研究的深入，一些研究人员发现它们对重金属的稳定效果非常明显，效果最佳的是 Pb，其次是 Cd[140]。

含磷物质修复重金属污染土壤的机制与磷肥相同。对铅污染来说，磷基材料固定铅的机理有吸附、沉淀和共沉淀等多种形式，且以沉淀机制为主，土壤中的 P 与 Pb 生成沉淀化合物的理论摩尔比为 P∶Pb=3∶5，在用磷材料修复铅污染土壤时，含磷材料的用量至少要满足以上摩尔比。在 Pb 污染土壤中含磷材料对 Pb 的吸附沉淀机制分为两步：一是含磷材料和含铅化合物的溶解；二是 P、Pb 形成沉淀。第一步往往发生在 pH ≤ 5 的酸性条件下，这有利于难溶性含磷材料和含铅化合物的溶解，并加速磷酸铅沉淀。但较低的土壤 pH 值不利于农作物生长，在这种条件下必须通过施用碱性物质来调节土壤酸碱度以满足作物生长。另外，在 Pb、As 复合污染土壤中，施用磷肥后，P 会与 As 发生拮抗作用，加速 As 在土壤中的移动。

而在 Cd 污染水稻田施磷后，水稻根部和茎叶中 Cd 含量随施 P 量的增加呈现升高趋势，表明 Cd 更多地富集在水稻根部和茎叶中；糙米中的 Cd 含量相对较少，说明 P 可降低 Cd 在水稻体内的迁移能力，使大部分的 Cd 滞留在根部和茎叶中，降低 Cd 通过食物链来危害人体健康的风险[141]。陈世宝等[142]研究发现，Cd 与 P 形成的磷酸盐在植株根部细胞壁与液泡的沉淀作用下使有效态 Cd^{2+} 固定在植物根系中，减少了 Cd^{2+} 在植物木质部的长距离输送，降低了地上部 Cd 含量。用磷酸盐材料修复重金属污染土壤时需注意：a. 若施入量不当，可能会造成磷淋失，增加潜在水体富营养化风险；b. 磷酸盐对酸度的影响不容忽视，这通常取决于土壤的缓冲能力、磷酸盐化合物的性质和 P 的吸附程度，一般铵 + 磷肥和钙 + 磷肥降低土壤 pH 值，其他磷肥提高 pH 值，pH 值的降低会增加重金属的溶解性和移动性，从而提高其生物有效性和毒性。所以使用磷酸盐材料修复重金属污染土壤时，务必选择合适的种类和用量，以降低磷淋失和营养失衡等潜在风险，减轻土壤性质恶化（如潜在的土壤酸化等）[140]。

（4）黏土矿物

黏土矿物是一类研究较多且有巨大优势的重金属钝化材料，近年来，国内外有很多单位对其进行了研究，发现了很多有应用价值的材料，取得了较多研究成果。

黏土矿物是一种资源丰富的非金属矿产，包括皂土、海泡石、蛭石、沸石、高岭石和蒙脱石等常见矿物，且各矿物结构比表面积相对较大，结构层带电荷。受比表面积影响较大，海泡石、膨润土等矿物主要通过吸附、共沉淀、配位、离子交换等作用来减少土壤溶液中的重金属离子浓度和活性，从而达到钝化修复的目的。由于黏土矿物种类多、作用广、修复过程操作简单、修复效果明显，其在重金属污染土壤修复中具有不可替代的作用。

黏土矿物降低重金属移动性的机理如下。

① 吸附作用：吸附作用是黏土矿物的重要特性之一，包括物理吸附、化学吸附和离子交换吸附。黏土矿物中高岭石和蒙脱石对重金属的吸附量随 pH 值的升高而增大，这是因为当 pH 值较低时，H^+ 在溶液中具有浓度优势和吸附优势，高岭石表面吸附了溶液中大量的 H^+，占据了重金属离子的吸附点位，使高岭石的活性减弱，所以吸附量不高[143]。

② 配位作用：黏土矿物大多是硅酸盐类物质，硅酸盐在红外光谱分析下有大量硅酸根、铝酸根基团，硅酸盐表面的羟基基团与重金属可以直接配位反应，在黏土矿物层之间靠分子力相结合，重金属离子可进入层间与硅酸根发生晶间配位作用[144]。

③ 沉淀作用：黏土矿物通过自身溶解产生的阴离子与重金属阳离子发生沉淀而降低重金属移动性和离子浓度，采用磷灰石去除污水中铅主要是通过磷灰石的溶解物质与铅离子形成 $Pb(PO_4)_3(CO_3)_3[F,OH]$ 或 $Pb_3(CO_3)_2(OH)_2$ 沉淀来完成的。

重金属铅在农田土壤污染中，大部分被表层土壤所吸附固定，这是因为土壤中含有的伊利石、蒙脱石和高岭石对 Pb^{2+} 的吸附作用要比对 Ca^{2+} 的吸附作用大 2 ～ 3 倍，导致 Pb 在耕作层土壤中的迁移力较弱，土壤中的蒙脱石和高岭石对铬的吸附作用同样较强[145]。土壤对 As 的吸附则以黏土矿物中铁铝的氢氧化物为主[146]。郝秀珍等[147]通过盆栽实验研究了添加天然蒙脱石和沸石对铜矿尾矿砂上黑麦草生长的影响，结果发现，在尾矿砂中加入蒙脱石可以显著降低有效态锌含量，但对有效态铜的含量无明显影响。屠乃美等[148]通过田间实验研究了不同改良剂对 Pb、Cd 污染稻田的改良效应，结果显示，对 Pb、Cd 污染的水稻田土壤施加适量的海泡石和高岭石具有一定的改良效果，水稻的生长发育得到明显改善，产量获得了一定的提高，土壤和糙米中 2 种重金属的含量明显降低。朱奇宏等[149]研究发现，在施用钙镁磷肥、石灰、海泡石和腐殖酸的实验研究中，除腐殖酸外，另外 3 种修复剂均可有效地降低土壤重金属 Cd 的有效态含量，降幅达 26% ～ 97%，稻米 Cd 下降率可达 6% ～ 49%，其中海泡石效果最为显著，而腐殖酸效果一般。说明黏土矿物材料对农田土壤重金属污染具有较好的钝化修复效果。

黏土矿物钝化修复土壤重金属污染具有不同于其他修复技术的优点，如原位、廉价、易操作、见效快、不易改变土壤结构、不破坏土壤生态环境等，并且能增强土壤的自净能力。

国内外对黏土矿物钝化修复农田重金属污染开展了大量研究工作。研究表明，盆栽土壤经海泡石钝化修复后，pH 值明显提高，有效态 Cd 含量则明显降低，与对照相比，在土壤重金属 Cd 含量分别为 1.25mg/kg、2.50mg/kg 和 5.00mg/kg 时，添加海泡石可使土壤 Cd 有效态含量分别降低 11.0% ～ 44.4%、7.3% ～ 23.0% 和 4.1% ～ 17.0%，海泡石钝化修复可以明显提高菠菜产量。在上述 3 种 Cd 浓度污染土壤下，海泡石钝化修复可使菠菜产量分别比对照增加 2.76 ～ 5.11 倍、0.68 ～ 1.40 倍、1.48 ～ 7.12 倍。在海泡石添加量为 1% ～ 10% 时，菠菜地上部 Cd 含量分别比对照降低 78.6% ～ 300.4%、44.6% ～ 169.0%、18.1% ～ 89.3%[150]。王林等[151]通过盆栽实验研究表明，在菜地土壤中添加海泡石、酸改性海泡石以及二者与磷酸盐复配使用均能显著降低土壤提取态 Cd、Pb 的含量，最大降低率可分别达 23.3% 和 47.2%，其中钝化材料复配处理效果要优于钝化材料单一处理。向菜地土壤添加海泡石和磷酸盐，可在一定程度上提高土壤 pH 值，增强土壤对重金属离子的物理化学吸附作用以及促进生成矿物沉淀等，促进污染菜地土壤中的 Cd、Pb 由活性高的交换态向活性低的残渣态转化，显著降低 Cd、Pb 的生物有效性和迁移能力。

（5）有机质

有机质类材料用于土壤重金属修复的原理与有机肥中有机质的作用原理相同。但是在施用有机质修复污染土壤时要考虑物料本身性质。大量研究表明，土壤有机质特别是溶解性有机质促进 Cd 的溶解，然而也有研究表明有机物料和有机肥对土壤重金属有固定作用，同一物料如紫云英在不同的土壤（青黑土和黄棕土、砖红壤和红壤）中施用对土壤 pH 值的作用完全相反（前者使 pH 值下降、后者使 pH 值上升），上述现象可能是由有机物料本身的化学组成和腐解产物不同造成的[152，153]。

（6）金属氧化物质

工业金属废渣虽然是一种能对环境产生影响的污染物，但其含有的金属氧化物可以通过吸附和共沉淀机制修复重金属污染土壤。

赤泥也称红泥，是提炼氧化铝后的铝土矿排出的工业固体废物，一般含有较大量的金属氧化物，具有孔隙度高、比表面积大、吸附性好等优点，适量的赤泥能够降低土壤中重金属的移动性和有效性，可能的机制如下。

① 升高土壤 pH 值：赤泥因含有大量碱性较强的 K、Na、Ca、Mg、Si、Fe、Al 等成分，其 pH 值可达到 11 ～ 13，可以升高土壤 pH 值而降低土壤中 Cd 的活性和迁移性；

② 吸附重金属：赤泥具有比较稳定的化学成分、高比表面积和孔隙度，能够在外层（表面专性吸附）、内部（赤泥表面的氧化物官能团吸附）吸附水中或者土壤中的重金属离子，降低其有效性；

③ 根际和根表铁膜的形成：在作物生长过程中有足够的铁锰成分且根际周围是氧化环境时，赤泥中的铁氧化物可以使水稻根表和根际铁膜增加，使从土壤向作物中迁移的 Cd 得到沉积，减少 Cd 从地下到地上部分的转运，有研究表明铁膜对重金属的富集作用可能在一定程度上取决于铁膜的数量，也有研究表明铁膜富集金属的能力与形成铁膜的环境有关[154]。

（7）生物质炭

生物质炭是生物有机材料（生物质）在缺氧或无氧环境中，经高温热裂解后碳化生成的固态产物。已广泛应用于固碳减排、水源净化、重金属吸附和土壤改良等。生物质炭含有丰富的 N、P、K、Ca、Mg 及微量元素，施到农田后可以修复镉污染土壤，而且生物质炭中含有的易挥发物质和表面官能团可使土壤有机质增加，进而提高土壤肥力和作物产量。

生物质炭和金属废渣相似，具有较大的比表面积和孔隙度，且表面带有大量负电荷，能够吸附可交换态阳离子，是一种良好的吸附材料。生物质炭对土壤重金属的固定主要是由于：

① 使土壤 pH 值升高：生物质炭含有一定量的碱性物质，当其被施入土壤后，碱性物质与土壤中酸发生中和作用，使土壤 pH 值升高，即形成重金属氢氧化物沉淀和碳酸盐沉淀；

② 重金属吸附：较大的比表面积和孔隙度使生物质炭更容易吸附重金属离子，减弱重金属移动性；

③ 增强土壤吸附性：生物质炭含有的有机质解离产生的小分子结合在土壤表面，能增强土壤胶体对重金属的吸附。

生物质炭的原料和制备过程会影响其孔隙度和表面性质，继而影响重金属离子在其表面的迁移和在微孔内部的扩散速率，因此不同的生物质炭显现出不同的修复效果。在用一些作物秸秆制备生物质炭时，注意秸秆是否含有重金属，防止二次污染。在生物质炭修复重金属污染土壤的实验中，对生物质炭最佳施用量的研究还需加强。

（8）新型材料

近年来，一些新型材料如功能膜材料、纳米材料、介孔材料等开始被用于土壤重金属污染钝化修复中，这类材料具有独特的表面结构、组成成分，使得它们在修复污染土壤时可以在较低的施加水平下获得较好的修复效果。

新型材料对重金属的修复行为包括：

① 杂化材料中含有的巯基在修复过程中与重金属发生反应形成双齿配体，使酸可提取态含量降低，残渣态含量上升；

② 钛硅分子筛比表面积较大，且含有碱性较强的羟基官能团，能在其表面与 Cd、Cu 和 Pb 离子以“双齿吸附”或“单齿吸附”形式形成重金属吸附态。

新型材料是近年来发展起来的，其对重金属污染土壤修复效果较好。但新型材料研发的种类不多，导致材料的选择范围很小，因此加大新型材料的研制也是研究人员努力的一个方向。

3.4.2 重金属污染农田修复及安全利用成效评估

受重金属污染的农田需要进行修复治理或者进行所谓的安全利用处理，以保障农产品质量安全。前文已就相关技术的国内外现状进行了简要的探讨，下面就如何对治理的成效进行评估进行论述。

3.4.2.1 成效评估原则

（1）科学性原则

科学性原则是土壤治理的基本原则，一切治理技术必须以科学为依据，做到理论上正确、现实中可行。例如，对于稻田 Cd 污染的治理，酸性土壤和碱性土壤的治理就有很大不同，酸性土壤可以通过使用石灰类材料将土壤 pH 值提高以达到降低 Cd 活性的目的，而对于碱性土壤，其本身 Ca 含量就高，如天津市土壤 Ca 平均含量为 2.8%（以 CaO 计），再施 Ca 也不会钝化 Cd，相反过多的 Ca 会促进土壤 Cd 的解离，增加 Cd 污染风险。结果见图 3-33 ～图 3-35。随着土壤 Cd 含量的增加，稻米 Cd 含量没有表现出增加的态势，但随着 Ca 含量的增加，稻米 Cd 含量却有增加的态势，采用 DGT 测定土壤 Cd 有效态含量，发现随着 Ca 含量的增加，土壤 Cd 有效态含量也有明显的增加态势，尤其是 Ca 含量在 3% 左右时。

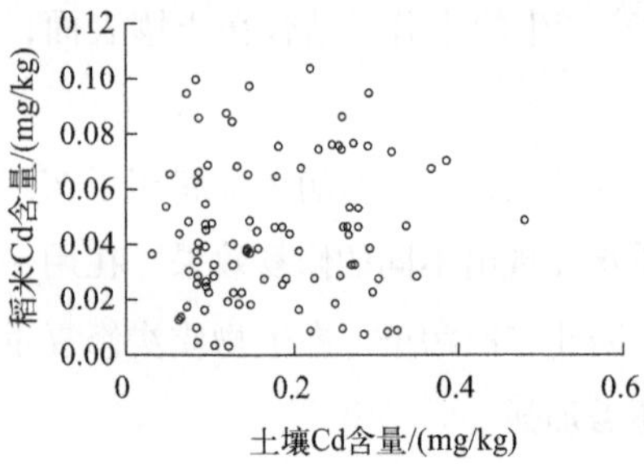

图 3-33　天津市土壤 Cd 含量与稻米 Cd 含量散点图

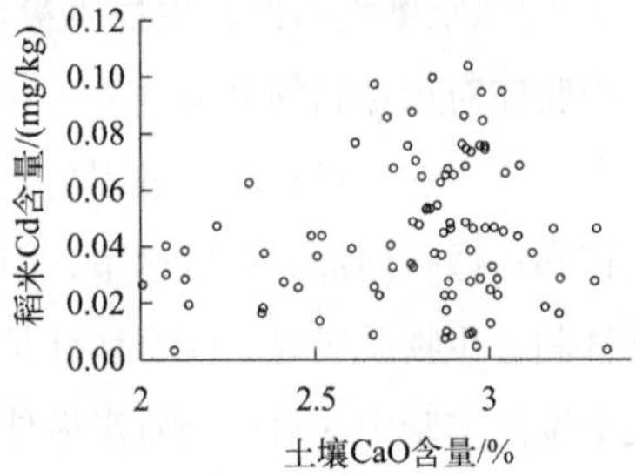

图 3-34　天津市土壤 CaO 含量与稻米 Cd 含量散点图

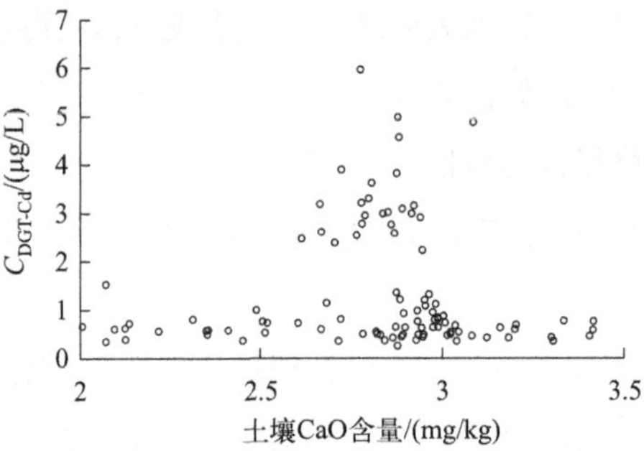

图 3-35　天津市土壤 CaO 含量与 DGT 测定土壤 Cd 有效态（C_{DGT-Cd}）含量散点图

（2）简单实用性原则

重金属污染土壤的安全利用或修复治理并不是技术含量越高就越优，而是以简单实用为基本原则。如仅有表层土壤受到重金属污染，则可以通过深耕翻土的方式实现耕层土壤重金属的下降（土层薄的区域以及下层土壤有其他质量问题的不适用）；强酸性土壤可通过添加石灰石来提升土壤 pH 值以达到降低 Cd、Pb、Cu、Ni 等重金属活性的目的；对于水量充沛的区域，通过改变水稻的水分管理方式如改干湿交换为浅层淹水也可以实现稻米 Cd 含量的降低；选种低吸收 Cd 的水稻品种以及喷施叶面阻隔剂都是减少稻米 Cd 污染的简单而实用的方法。

需要注意的是，简单性原则必须和实用性一并考虑，某些方法虽然简单但在很多情况下效果达不到预期，那就不是一种实用的方法。例如，种植低吸收 Cd 的水稻品种，某些水稻品种虽然低富集 Cd，但产量却达不到预期，更有的水稻品种低吸收 Cd 的性能不稳定，无法满足大面积推广的要求，导致农民不愿意接受；又如长期淹水不但需要增加用水量还会导致稻米减产，在很多农民看来也不是一种实用的方法；单独喷施叶面阻隔剂如无法与水稻增产增收相结合，实际推广也有一定的难度。

（3）保障农产品质量安全原则

重金属污染农田修复及安全利用的最终目标是实现农产品质量安全，也就是实现种植的农产品不超过国家相关标准限值的规定，这一提法看似简单，但操作起来却也难以把握。

① 农作物的类型较多，不同类型的农作物对重金属的吸附富集能力存在较大的差别，如水稻对 Cd 的富集能力强，但豆类作物以及藤蔓类蔬菜如黄瓜、苦瓜、西红柿等对 Cd 的富集能力较水稻低很多，同一种土壤种植豆类就能保障农产品质量安全，但种植水稻则有可能超标（部分区域研究发现，某些品种的豆类对 Cd 的富集能力并不比水稻低，应引起重视）。因此，保障农产品质量安全包括农作物种类的差别性这一特性。

② 对于同品种的农作物，因基因型和生长条件的差别，也有可能存在今年种植安全而明年种植超限值。

因此，保障农产品质量安全往往不能仅从一种农作物一季的监测数据来说明问题。

（4）经济性原则

经济性原则是相对于科学性原则而言的，有的修复技术虽然科学上行得通，但经济上不可行，如采用价格高昂的纳米材料修复镉污染的农田，采用淋洗方法治理受重金属污染的耕地，等等。这些技术虽然理论成熟，但对于农田的修复治理则是一种得不偿失的方法。农田重金属治理及安全利用不仅要考虑减少农产品受重金属污染的风险，同时也要保障农民种田的收益。没有收益的纯粹的治理，除非国家有大量资金投入或在市场端有更加严格的入市监管，否则推广起来确有难度。

农田重金属污染修复及安全利用还需要考虑时间效益问题，一项技术虽然当期投入成本不高，如 VIP（V 指低积累重金属的农作物品种，I 指灌溉或水分管理，P 指土壤 pH 值调控）技术、植物修复技术等，但治理及安全利用的长期性也可能造成该技术的不经济性。

（5）生态安全性原则

重金属治理与污染防控的技术不但要有效果，还要做到生态安全，不能对生态环境、农作物以及人体健康造成危害，否则会得不偿失。

3.4.2.2 修复治理及安全利用成效评估关键指标探讨

农田重金属污染修复治理及安全利用成效评估是修复治理及安全利用前期工作的一个综合评价，需要考虑多方面因素才能对治理成效进行科学评估，以下就几个重点问题进行简要分析。

（1）关于修复治理及安全利用农田筛选问题

《土壤污染防治行动计划》提出将土壤按照环境质量划分为三类：一是优先保护类；二是安全利用类；三是严格管控类。《农用地土壤环境质量类别划分技术指南（试行）》提出按照表 3-10 划分监测单元和环境质量类别。

在农用地污染普查和详查过程中大多是先划分监测单元，然后采样检测获得监测单元土壤及农产品环境质量，再通过一定的评价方法并参考相应的污染限值来评价单元的环境质量，并根据表 3-10 的要求将农用地进行类别划分。各地在污染修复治理及安全利用时也通常按照以上普查或详查的结果确定修复治理或安全利用的面积。这里需要注意的是，国家组织的污染普查与详查毕竟精度有限，对于确定修复治理的确切面积精度有些粗糙。且划分指南中对于土壤污染程度划分为优先保护类而农产品超标的情况未做出明确的说明。这在我国南方土壤退化（酸化）地区是常见的一种稻米镉污染型产地，如我国南方某稻米产地 3.7 万个监测点位中，此种情况占到了 9.3%，在某县区这种情况甚至达到了 37.1%，见图 3-36。可见这种情况不能忽略，但如果按照指南的划分方案，在土壤修复治理中此类农田可能得不到有效治理。从另一个角度去考虑，国家级的污染详查更多的是为污染农田的筛选提供有针对性的指导，毕竟详查的点位不可能每个地块都有布设，而农田的修复治理却是具体到每个地块、每一平方米，每平方米的修复治理都需要有资金的投入。因此，对于污染修复治理及安全利用面积的确定应慎之又慎，在详查的基础上对于疑似区、未监测区或不知道污染物空间变异的区域应再次进行布点采样，有针对性地开展拟治理污染物全量与有效态双重检测，同时检测影响污染物活性的关键因子（Cd 污染的土壤应重点检测土壤 Ca、Fe、Mn、S 等元

图 3-36　南方某地土壤不超标稻米 Cd 超标点位分布

素含量及活性）并开展土壤 - 农作物协同采样监测，只有做好了前期性系统性的检测工作才能准确确定各地块的污染程度并提出合理修复治理措施，避免过度修复与修复不足的问题。

（2）关于重金属总量消减的分析

重金属一旦进入农田就很难从土壤中去除，尤其是含量低而毒性高的金属。要想通过修复的方法减少重金属的总量，现阶段方式主要有：a. 植物修复；b. 深耕、翻土或客土法；c. 淋除法。植物修复即通过植物特别是超积累植物将进入土壤中的重金属提取出来。这类技术在国内外已有较多研究，实施模式也多种多样，如对于砷污染的土壤，通过砷超富集植物蜈蚣草与果树套种模式达到既减少砷污染又保障水果安全的目的，镉、铅污染农田采用玉米与东南景天、玉米与龙葵间（套）种进行修复[155, 156]，镉污染的芹菜产地通过与东南景天间作来减少芹菜的污染[157]，东南景天、杨桃等与水稻轮作减少土壤 Cd 含量从而提升稻米质量安全水平[158]。同时为了提升植物修复的效果，也有学者采用先活化重金属再进行植物修复的模式，活化重金属的方式主要有微生物活化法、植物协同种植活化法以及添加活化剂如 EDTA 二钠盐等[159-161]。深耕、翻土或客土法等是减少表层土壤重金属污染的物理方法，通过机械化作业比较容易实现，但需要满足土层厚度适于深耕、下层土壤没有污染等基本条件，且翻土后由于土壤较为贫瘠，需要施用有机肥进行培肥处理。淋除法是一种采用淋除剂先对土壤重金属进行活化去除的方法，由于农用地土壤具有农业生产功能，如果采用与场地一样的淋洗法对土壤进行淋洗，不但费用高，更关键的是破坏了土壤的生产性能，因此不建议使用与工业用地一样的重金属淋洗方法。

不只植物修复法可以减少重金属，土壤动物尤其是蚯蚓也可以作为土壤重金属去除的一种方法加以利用[162, 163]。

消减农产品产地重金属总量的安全处置方案，如符合本书提出的 4 项基本原则并能有效去除重金属，那确实是一项好的方法，值得加以推广利用。近几年来，政府对土壤治理修复技术研发的投入不断加大，相应的新技术与新方法也在科研人员夜以继日的努力下不断涌现，刷新着人们对重金属快速、低成本、安全、绿色去除技术的认知，相信新技术的涌现会进一步推进重金属总量消减方法进入大众视野，实现更大范围的推广应用，推进农产品产地重金属污染治理市场的成熟与发展。

（3）关于修复及安全利用措施实施后农产品重金属含量达标的分析

农产品质量安全达标是土壤修复及农田安全利用考核的重点，但需要注意的是考核与实际农田利用之间的差异性。自 2018 年国家设立土壤污染防治专项资金用于污染土壤的治理修复以来，其中一部分资金投向了农田污染的修复治理与安全利用项目，项目的实施对提升我国农产品产地土壤环境质量、减少农产品污染确实起到了非常大的促进作用，但也有一些技术细节需要考虑。如对于 Cd 污染稻田的治理修复问题，往往有很多修复技术具有短期有效、长期效果下降或无效的特点，如土壤施用石灰的方法，在修复实施期间可以有效提升土壤 pH 值、降低 Cd 的活性从而达到农产品 Cd 不超标的目标；或者不治理土壤，将稻田直接改种低吸收的玉米、低吸收水果等农作物以保障农产品 Cd 不超限。如果仅以农产品不超标作为治理或安全利用的考核指标，则项目的实施无疑是合格的。但其实不然，原因在于石灰使用不当会导致土壤反酸，或者农民可能不接受土地用途的改变而重新种植水稻，导致治理或安全利用成效功亏一篑。因此，对于重金属污染土壤的治理及安全利用，不但要保障产出的农产品合格，更要根治产生污染的原因，多措并举，实现污染土壤治理与安全利用的长效性。

土壤重金属污染情况复杂，在很多污染区域种植的农作物重金属含量超标情况并不严重，或者有超标的农产品，但属于分散性发生案例，这种情况在北方农田最为常见。对一个土壤污染区域进行检测，往往会发现农产品超标率不会超过 15%，《耕地污染治理效果评价准则》（NY/T 3343—2018）提出修复效果评价的农产品合格率为 90%，以 15% 的原有超标率为基本线，也就是在原有基础上提升 5 个百分点就可以达标。对于某些区域而言，5 个百分点的提升有可能不是污染土壤治理的成果而更多与检测误差以及抽样误差有关。在这种情况下就需要考虑超标率自身的科学性问题。一方面超标率确实反映了一个区域的污染情况，而另一方面超标率的高低又与抽样方式有很大关联性，不均匀的抽样、过稀的采样密度、有目的的采样往往造成超标率代表性不足。弥补这一不足的方法主要为改进采样方式、增加采样频次、实行分区统计、增加采样结果的空间信息分析等。

（4）关于修复效果可持续性的分析

重金属污染农田的修复治理与安全利用的技术核心点之一是可持续性问题，这可从两个方面讨论，一是对土壤治理的可持续性，二是对管控措施的可持续性。土壤治理的可持续性一般可理解为阻控土壤重金属被农作物吸收的技术持续时间长短问题，以施用石灰调控土壤 pH 值降低 Cd 活性的阻控技术为例，其持续时间为 3 ～ 5 年，在此期间伴随施用 Ca 的淋溶、吸收而被酸性阳离子替代过程，土壤 pH 值经历一个先上升后下降的过程。治理土壤酸化导致的稻米 Cd 污染问题，往往要多次施用石灰，每次最大用量不能超过 500kg/ 亩。《石灰质改良酸化土壤技术规范》（NY/T 3443—2019）提出的使不同有机质含量的土壤提升 1 个单位 pH 值的石灰用量见表 3-30。其他材料的石灰当量（$CaCO_3$ 设定为 100）分别为白云石 95 ～ 108，生石灰 178，熟石灰 134，炉渣 70，泥灰岩 40 ～ 70，木灰 40，海泡石 60[107]。而要保持我国南方红壤、黄壤不酸化，可每 3 年施用一次石灰，每亩用量约为 80kg。除根据表 3-30 确定土壤石灰用量外，在长株潭地区以及珠江三角洲地区，亦可分别根据以下经验公式核算石灰用量造成的 pH 值变化：$pH=7.81-7.04\times0.13^{X}$（长株潭），$pH=7.93-3.9\times0.278^{X}$（珠江三角洲），$pH=4.45+3.39/[1+10^{2.696(0.343-X)}]$（湖北恩施）。式中 X 为土壤 CaO（生石灰）含量，其他材料可根据 Ca 当量进行换算。

表 3-30　不同有机质、不同质地土壤提高 1 个单位 pH 值的耕层土壤农用石灰（$CaCO_3$）用量

有机质含量 /（g/kg）	石灰用量 /（kg/ 亩）	
	沙土 / 壤土	黏土
SOM ＜ 20	390	430
20 ≤ SOM ＜ 50	470	530
SOM ≥ 50	600	710

《耕地污染治理效果评价准则》(NY/T 3343—2018)提出治理效果评价要以治理后2年为期，2年内每季农作物污染物含量都要达标才算达标，这与土壤酸化治理的周期虽有1年的差异，但也基本能真实反映酸化土壤导致重金属污染的切实治理效果。当然，除施用石灰外，还有其他很多土壤重金属污染治理用的药剂，如海泡石、巯基改性黏土、碳基肥、陶瓷纳米材料、蚯蚓粪、蚕沙等，这些材料的治理持续时间一般为3～5年，需根据实际情况进行材料补施以达到治理的长效性和持续性。而对于某些可以消减土壤重金属总量的技术如间套作技术、植物修复技术、重金属活化去除技术，可能需要长时间的治理过程，但治理后的可持续性可能更好。

对于某些风险管控的技术，如VIP+*N*技术、叶面喷施减少农产品重金属污染技术、替代种植等，这些技术的可持续性较治理土壤的可持续性差，需要每一季都要加强管控才能达到可持续性。

(5)关于修复方法对土壤生态安全性影响的分析

重金属治理及安全利用技术不仅要考虑污染物自身对农产品质量安全的影响，还要从土壤生态系统及人体健康的角度去考虑治理的方法或技术的可行性问题，也就是施入土壤中的材料不仅要有效，还要绿色安全。这就需要从几个方面考虑：一是材料是否会引入其他污染物；二是材料是否会对土壤自身造成风险危害，主要考虑土壤理化性质的变化，如pH值、质地、有机质、黏粒结构、阳离子代换量、zeta电位等，还有土壤微生物结构的变化、土壤供肥力的改变、土壤动物的生态毒害效应等。当然，微生物结构、土壤肥力、土壤动物的生态毒害效应等还有更详细的指标加以指征。土壤动物的生态毒害效应可采用修复剂对蚯蚓的生态毒害指标加以表征，如对于蚯蚓的体长、体重、死亡率、表皮组织变化、蚓茧量变化等形态及生理的影响，对于代谢的影响则会表现在糖代谢、三羧酸循环、脂肪酸合成代谢、氨基酸代谢等指标上，同时也可以采用转录组学以及蛋白组学相关指标进行危害表征，如蚯蚓金属巯基蛋白、超氧化物歧化酶、过氧化氢酶、纤维素分解酶、植物螯合肽等的产量及活性，以及进行转录组表达谱分析及基因差异表达分析等确定其危害性。

(6)关于修复及安全利用后土壤重金属形态变化情况的分析

在土壤污染修复治理及安全利用中，另一个需要关注的就是重金属有效态的问题，现有很多治理技术都不是以消减重金属总量而见长的，大多在于减少重金属有效态含量，而对有效态的概念也有不同的理解。我们通常所说的有效态是指可以被植物吸收利用的重金属形态，这又可以从两种类型理解：一是可快速被植物吸收利用的重金属形态，称为实际生物可利用态；二是潜在可被植物吸收利用的重金属形态，称为潜在重金属可利用态。而这两种类型的重金属形态也是针对特定植物而言的，如在相同土壤条件下超级稻较常规稻有更强的重金属Cd活化吸收能力，也就是说对于常规稻而言可归为潜在可利用态的Cd形态，对于超级稻而言就是实际可利用态。就重金属自身而言，所谓的重金属有效态部分也是分若干子类型的，就其存在的介质可分为孔隙水中的重金属有效态以及矿物表面的重金属有效态，孔隙水中的重金属有效态可细分为溶解的DOC(溶解性有机碳)配合物、溶解的无机阴离子配合物以及溶解的离子 / 离子型分子 3 部分，在土壤矿物表面的重金属有效态部分可分为超强吸附部分、强吸附部分和弱吸附部分，见图 3-37[164]。一般而言，孔隙水中的重金属有效态为实现或称实际生物（植物）有效态部分，而矿物表面的重金属有效态部分为潜在生物有效态。近年来，随着科研认知的进步，人们对这种划分也存在异议，已有研究结果表明孔隙水中的重金属并非全部可被植物吸收，某些 DOC 配合物虽在土壤溶液中但无法被植物吸收利用，而矿物表面的弱吸附部分有很强的解离性是植物吸收利用的重点。

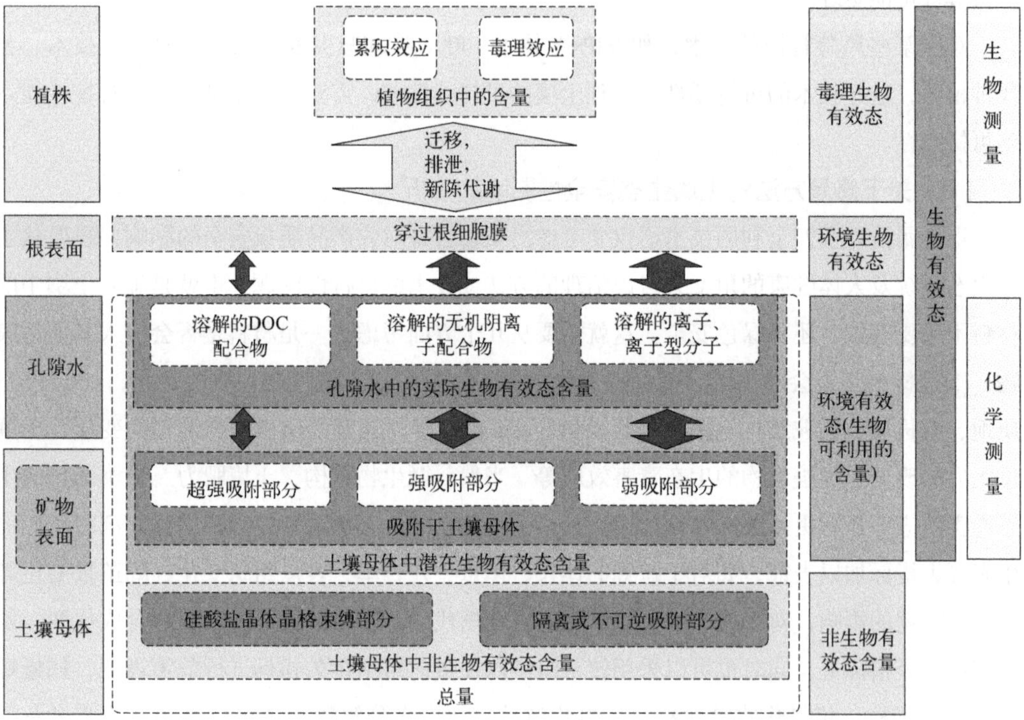

图 3-37　土壤 - 植物系统重金属的形态划分示意

为了能提取并检测土壤中的重金属有效态部分，科研人员开发了多种重金属有效态提取检测方法，主要可分为化学提取法、模型计算法以及物理提取法三大类。化学提取法简单理解就是将化学药剂加入土壤来提取重金属有效态的方法，化学提取剂主要有中性盐（氯化钙、醋酸铵、氯化镁、硝酸铵等）、稀酸（稀硝酸、稀盐酸等）、重金属螯合剂［EDTA（乙二胺四乙酸）、DTAP（二乙烯三胺五乙酸）等］以及混合药剂［DTPA+TEA（三乙醇胺）+$CaCl_2$[165]，复合有机酸等］等。模型计算法就是利用理论或经验模型来计算土壤重金属有效态含量的方法。物理提取法主要有采用离心提取土壤溶液、采用土壤溶液取样器提取土壤溶液、采用 DGT 或 DET（薄膜扩散平衡技术）等提取重金属有效态等。

土壤污染修复治理及安全利用的关键点是减少重金属有效态含量，但正如上文提出的，现在重金属有效态提取方法较多，每种方法获得的结果又很难有可比性和权威性，虽然

DTPA+TEA（三乙醇胺）+$CaCl_2$ 提取法被列为国标以及行标方法[165, 166]，但实际应用效果表明，在很多地区提取的有效态含量与植物相关性不比 $CaCl_2$ 占优势，且研究认为 DTPA 提取的重金属有效态含有很多潜在有效态部分，潜在有效态能否用于指示修复及治理的效果还需要深入探讨。

（7）关于农作物产量及经济效益减损的分析

土壤污染修复治理及安全利用的根本在于保障农产品质量的同时也要保障农产品的产量，保障了质量而没有产量是捡了芝麻丢了西瓜。《耕地污染治理效果评价准则》（NY/T 3343—2018）提出种植结构未发生改变的，耕地污染治理要保障产量减少不得大于 10%，这就对相关技术的选择提出了挑战，在技术选择上应考虑该项规定实施的限制。

3.4.2.3 污染防控指标体系的构建

根据以上研究结果，我们初步提出了一套重金属污染农田修复治理或污染防控成效评估的指标体系（表 3-31），本指标体系亦可用于治理修复技术的对比筛选。

3.4.2.4 重金属污染防控治理模式的选择

农田重金属污染防控是一项系统性工程，要想寻找一种合适的治理模式是较为困难的，污染防控指标体系仅是对已选择的技术的一种评估，但如何根据土壤污染状况、区域地理环境、当地产业结构以及重金属治理方法的成熟性选择合适的技术还需要认真研究。以下对土壤重金属污染治理技术的选择提出一些见解。

（1）多方共赢的技术受到欢迎

受污染农田的安全防控是有多种技术可选择的，在遵守技术的科学性、实用性、经济性与保障农产品安全性和生态安全的前提下，最好的技术是实现多方共赢，如农田污染防控既保障了水源安全，又提高了耕地质量，保障了农产品产量与质量，还可以改善生态环境，这种技术当然受到欢迎。例如，施用石灰石调控酸性土壤 pH 值阻断重金属由土壤向农作物迁移的技术，施用复配性高效钝化剂或叶面阻隔剂消控稻米对 Cd 的吸收且实现稻米产量增收的技术，在高污染的农田种植重金属低吸收牧草实现种养耦合提升受污染农田经济产出的技术，等等。当前，在乡村振兴国家大的惠农战略支持下，受污染农田的污染防控也应有新的思路，应把污染防控与乡村振兴战略有机结合，与高标准农田建设有机整合。某些农田之所以会出现农产品污染问题，并不是说真的是农田受到了污染，而是土壤健康状况出现了问题，如土壤酸化、土壤元素配比失衡、土壤污染物在表层累聚等。土壤的亚健康状况导致其自身无法固持有毒有害物质才使重金属出来作怪，形成农产品污染，这种情况在我国南方酸性农田最为常见。例如，在长株潭地区，40% 以上稻米超标情况与钙缺失导致的土壤酸化有关。而北方的农田，即使土壤 Cd 含量达到 1.0mg/kg，在合适的管理下产出的水稻也不会出现 Cd 超标的情况。

表 3-31　重金属污染农田污染防控评估指标体系

综合指标	指标	综合得分/分	指标分级	得分/分	指标分级	得分/分	指标分级	得分/分	防控措施一票否决	备注
科学性	可有效减少重金属总量	25（前3项平行得分，取分值最高者）	在2~3年内将防治重金属总量减少到允许范围内或减少总量的40%以上	20	在2~3年内将防治重金属总量减少10%以上	14	防控期内表层土壤重金属总量无差异性变化	10	表层土壤单一重金属总量较对照显著增加	表层土壤按照130t计，土层瘠薄区需根据实际情况调整
	可有效减少有效态重金属含量		在3年内将重金属有效态含量持续减少到防控前的60%以上	20	在3年内将重金属有效态含量持续减少到防控前的50%以上	14	在3年内将重金属有效态含量持续减少到防控前的20%以上	10	重金属有效态含量较防控前有显著增加	一般治理时间为3年，故对3年内效果进行评估，持续减少20%以内属于实验误差范围，不得分
	可阻断重金属由秸秆向籽粒转运		治理期内可减少60%以上的重金属自秸秆向籽粒转运	20	治理期内可减少40%以上的重金属自秸秆向籽粒转运	14	治理期内可减少20%以上的重金属自秸秆向籽粒的转运	10		治理期内减少20%以内的重金属自秸秆向籽粒转运属于实验误差，不得分
	是否影响土壤肥力供给		可有效改善土壤的供肥能力	5	对土壤肥力无影响	4	无变化	2	损害中微量元素供应体系，引起土壤漏水	
简单实用性	是否技术组合	15	单一及两种以下技术	5	3种技术组合	4	3种以上技术组合	3		
	处理次数		3年内实施一次	7	每年均要实施	5	每季均要实施	3		
	工作方式		全机械作业	3	50%以上机械作业	2	人工作业	1		
保障农产品安全性	品质变化	20	与对照相比，农产品品质得到显著提升	6	与对照相比，基本无变化	4	与对照相比，有不显著负影响	3	对农产品品质造成显著负影响	品质指标另行规定
	质量安全		连续检测无超标	9	95%以上达标	7	90%以上达标	5	不达标	
	产量影响		有显著增产	2	有增产效果	1	无增产	0	减产10%以上	
	经济产出影响		有更好的经济产出	3	经济产出无变化	2	经济产出变差，但减少不高于15%	1	每亩经济收益减少15%以上	

续表

综合指标	指标	综合得分/分	指标分级	得分/分	指标分级	得分/分	指标分级	得分/分	防控措施一票否决	备注
经济性	材料费用	20	酸性低污染土壤：≤ 300元/亩；中污染土壤：≤ 700元/亩；高污染土壤：≤ 3000元/亩 中碱性低污染土壤：≤ 500元/亩；中污染土壤：≤ 2000元/亩；高污染土壤：≤ 3000元/亩	12	酸性低污染土壤：≤ 500元/亩；中污染土壤：≤ 100元/亩，高污染土壤：≤ 5000元/亩 中碱性低污染土壤：≤ 1200元/亩；中污染土壤：≤ 2400元/亩；高污染土壤：≤ 5000元/亩	8	酸性低污染土壤：≤ 500元/亩；中污染土壤：≤ 100元/亩；高污染土壤：≤ 5000元/亩 中碱性低污染土壤：≤ 1200元/亩；中污染土壤：≤ 2400元/亩；高污染土壤：≤ 5000元/亩	5	每亩材料费用高于12000元	以上费用为防控期3年内每亩平均费用
	人工费用		≤ 50元/亩	2	≤ 100元/亩	1	＞ 100元/亩	0		
	机械费用		≤ 50元/亩	2	≤ 100元/亩	1	＞ 100元/亩	0		
	土地整理费用		无	2	≤ 200元/亩	1	＞ 200元/亩	0		
	补偿费用		无	2	≤ 200元/亩	1	＞ 200元/亩	0	＞ 300元/亩，或治理过程无经济产出	
生态安全性	土壤动物(蚯蚓)	20	蚯蚓数量较防治前显著增加	7	蚯蚓数量有所增加	5	蚯蚓数量基本无变化	4	蚯蚓产生显著的生理毒性	蚯蚓毒性指标包括数量的变化，体长、体重的损伤，糖、三羧酸循环以及氨基酸代谢的变化，MTs、SOD、CAT（过氧化氢酶）酶活的变化等
	土壤微生物生物炭量		较对照或基线水平有显著增加	2	有增加但不显著	1	无变化	0		
	人体健康		已有实验证明防治技术不会对人体健康造成危害	3	理论上不会危害人体健康	2	有对人体健康造成危害的可能性	1	对人体健康造成危害	
	有无副产品		有可利用的高附加值的副产品	5	有副产品，但可以有效利用，不造成二次污染	4	有副产品，存在二次污染的可能性	2	有较多的二次污染的副产品产生	
	是否引入有害生物		理论极不可能	3	有理论可能性	1	有可能性	0	引入有害生物	

（2）保障农产品及耕地质量安全是安全防控的首要任务

农田污染，防控是重中之重。这种防控最好从两端抓起，一是抓住农产品污染的源即耕地；二是抓住污染的汇，即农产品。如进一步则要切断农田污染的源头，从根源上阻断污染的路径。最近几年检测发现，我国农田灌溉水源的水质已得到很大改善，一是地表水中重金属含量持续下降；二是农田灌溉水利设施建设也使污水灌溉的面积大幅度下降。由灌溉引入农田的重金属蓄积已不是农田重金属的重要来源，见表 3-32 及表 3-33，但也要注意重水灌溉依然存在污染风险。

表 3-32　北京地区重水灌溉引起的莲藕重金属以及有机污染物超标

项目	最小值	最大值	均值	标准差	食品中污染物限量（GB 2762—2022）	超标率 / 检出率 /%
汞 /（mg/kg）	0.00016	0.0128	0.0038	0.0036	0.01	10
砷 /（mg/kg）	0.012	0.056	0.0309	0.014	0.5	0
镉 /（mg/kg）	0.0011	0.008	0.0038	0.0028	0.1	0
铬 /（mg/kg）	0.01	0.13	0.048	0.0327	0.5	0
铜 /（mg/kg）	0.14	0.7	0.369	0.159	—	—
锌 /（mg/kg）	0.5	2.1	1	0.326	—	—
镍 /（mg/kg）	0.02	0.096	0.54	0.019	—	—
PAHs（多环芳烃）/（mg/kg）	5.84×10^{-5} ～ 0.0996				—	55
DDT/（mg/kg）	0.0011~0.019				—	42.5

表 3-33　典型农区农用水中 8 类重金属污染特征（2017 年采集）

区域	重金属类别	标准值 /（μg/L）	样品数量	最大值 /（μg/L）	最小值 /（μg/L）	平均值 /（μg/L）	超标率（国标）/%
北京	镉（Cd）	5	74	3.677	0.0028	1.14	0
天津			40	0.0173	0.000	0.009	0
广州			50	2.0234	0.0003	0.143	0
江苏			50	0.338	0.007	0.057	0
北京	铅（Pb）	100	74	1.314	0.028	0.299	0
天津			40	0.159	0.007	0.052	0
广州			50	19.908	0	2.205	0
江苏			50	0.194	0.004	0.0191	0
北京	铬（Cr）	100	74	3.677	0.003	1.142	0
天津			40	0.522	0	0.136	0
广州			50	14.465	0	2.829	0
江苏			50	0.338	0	0.057	0

续表

区域	重金属类别	标准值/(μg/L)	样品数量	最大值/(μg/L)	最小值/(μg/L)	平均值/(μg/L)	超标率(国标)/%
北京	汞(Hg)	1	74	0.476	0.004	0.250	0
天津			40	0.016	0.009	0.010	0
广州			50	0.1964	0	0.019	0
江苏			50	0.317	0.158	0.290	0
北京	砷(As)	50	74	15.040	0.568	4.149	0
天津			40	38.777	1.112	7.776	0
广州			50	28.865	0.0745	7.452	0
江苏			50	11.463	1.704	4.586	0
北京	铜(Cu)	1000	74	5.653	0.050	1.690	0
天津			40	2.937	0	0.979	0
广州			50	21.052	0.5201	5.427	0
江苏			50	7.987	0.543	1.631	0
北京	锌(Zn)	2000	74	52.610	1.696	16.507	0
天津			40	8.991	0	2.142	0
广州			50	306.2	0.578	26.59	0
江苏			50	2.745	0.580	1.557	0
北京	镍(Ni)	无标准	74	16.920	0.199	4.251	
天津			40	5.603	0	1.850	
广州			50	30.1456	0	4.4550	
江苏			50	6.969	0.674	2.013	

天津地区设施大棚种植区风险评估结果表明，大气沉降与农业投入品是我国农田重金属蓄积的重要污染源。图 3-38 结合图 3-39 ～图 3-41 表明，随着时间的推移，土壤重金属含量有逐步增加的态势。与天津市 Cd 背景值 0.1mg/kg 相比，1980 ～ 2002 年该区域土壤 Cd 含量平均增加了 0.1mg/kg，自 2002 年到 2020 年 18 年间，裸地土壤 Cd 平均含量增加到 0.34mg/kg，设施大棚 5 年以内的平均含量为 0.30mg/kg，5 ～ 10 年的平均含量为 0.36mg/kg，10 ～ 15 年的为 0.42mg/kg，超过 15 年的为 0.49mg/kg。也就是说，15 年以上的大棚与裸地相比，土壤镉平均含量增加了 0.15mg/kg，而这部分多是以高投入为主引入的。而裸地土壤镉含量增加了 0.14mg/kg 是农业投入与大气沉降协同作用的结果，根据大气沉降监测数据，该区域大气沉降通量为 2mg/(m^2 · a)，17 年间使土壤镉平均含量增加了 0.15mg/kg，这与该区域土壤镉的增加基本相符。

采用主成分分析法分析该区域重金属来源的差异性，结果见图 3-39。Cu/Zn 的增加显然是由有机肥带入的，Hg 主要来源于大气沉降，Pb、Cd 的来源基本相同，介于大气沉降与农业投入品之间，且偏向于农业投入品，说明该区域 Pb、Cd 首先由农业投入带入，其次为大气沉降。

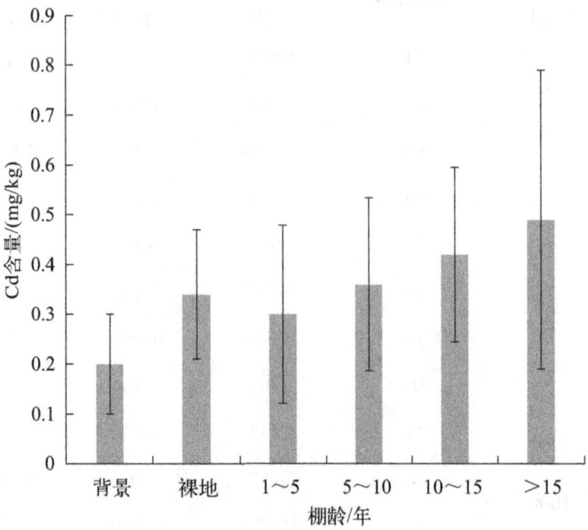

图 3-38　天津市西青区农田不同棚龄土壤镉含量平均值变化情况

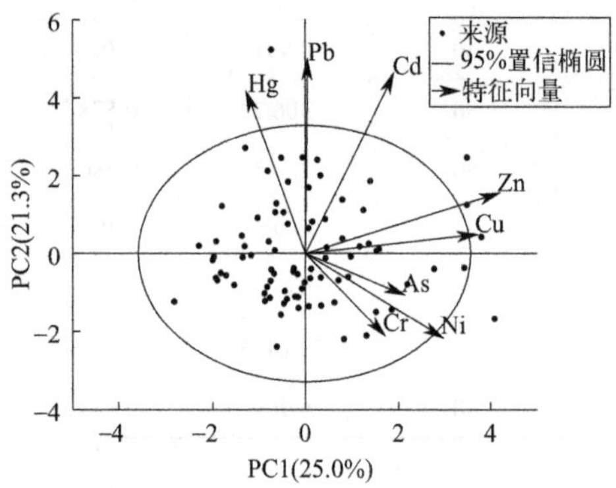

图 3-39　天津市西青区土壤重金属来源解析主成分分析结果

值得注意的是，近年来随着大气治理力度的增加，大气沉降中重金属含量明显下降，张国忠等[167]的研究结果表明，华北地区目前观测结果明显低于10年前，大气铅年沉降量为12mg/m^2。富集在细颗粒中的重金属（如As和Zn）呈持续下降趋势，体现了燃煤等人为源的控制效果，而富集在粗颗粒上的重金属（Cr、Ni）虽然总体上下降，但在某些年份出现异常，说明要加强扬尘的治理。

源解析结果表明，要从源头调控重金属的来源，一是要大力开展大气污染治理工作；二是要进一步管住农业投入品这一重要输入源，如严格限制高含量重金属有机肥的投入，进一步开展“双减”工作，在减肥减药的基础上实现重金属蓄积的可持续下降。

农田中的重金属之所以对农作物造成危害，原因在于其高活性。治理污染的土壤，主要是减少重金属活性，但也不能损伤土壤肥力，不能减弱土壤的生态多功能性，同时不造成农作物的减产以及农产品品质下降。对于某些污染较轻的农田，可通过农艺措施加以调控，还可从农作物自身角度考虑，通过改种低吸收品种、喷施叶面阻隔剂来减少农作物对重金属的吸附累积。中等污染程度的农田，则需要进一步调理土壤理化性质，增强其自身固持危害重金属的能力，减少污染危害，主要措施包括调控 pH 值、增加土壤肥力、提升土壤黏土矿物含量以及增加黏土矿物吸附重金属的能力等。而对于重金属污染程度较高的土壤，仅依据土壤自身无法将重金属活性调节到合适的阈值以下，此时就要加大人为干预力度，促进土壤吸附重金属潜力的释放，减少污染危害。

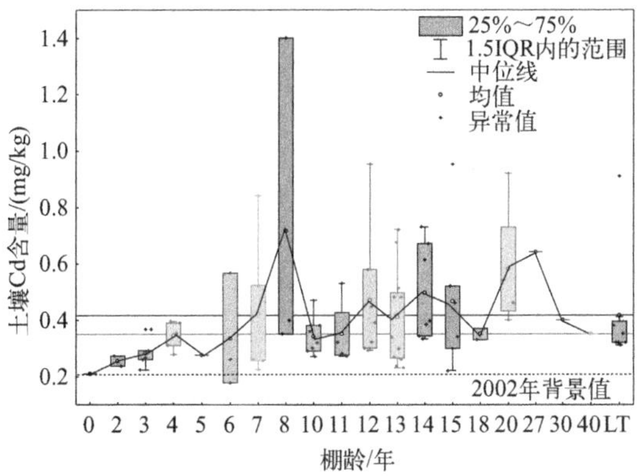

图 3-40　天津市设施蔬菜产地土壤 Cd 累积情况分析

0 代表 2002 年重金属监测结果，LT 为 2019 年裸地重金属含量结果

IQR—四分位距，下同

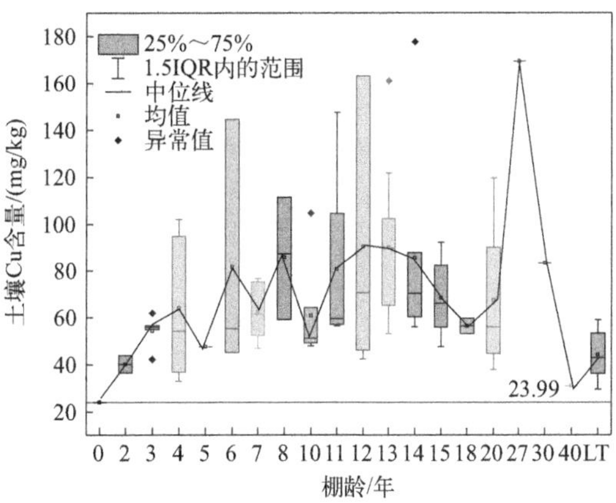

图 3-41　天津市设施蔬菜产地土壤 Cu 累积情况

0 代表 2002 年重金属监测结果，LT 为 2019 年裸地重金属含量结果

（3）多种技术组合是污染防控的必然趋势

污染防控常用的方法是多种技术的组合，如农艺 + 土壤钝化、农艺 + 植物调控、农艺 + 土壤钝化 + 植物调控等。农艺调控措施又包括水分管理、土壤肥力管理、间套作种植等。土壤钝化剂也有多种类型，如石灰石、海泡石、凹凸棒、生物炭、各种改性材料等，植物调控又包括叶面喷施重金属运移阻隔剂、种植低吸收农作物、植物替代种植等。图 3-42 是农田重金属镉污染防控的一般性通用方法，可作为污染防控的一般性参考。

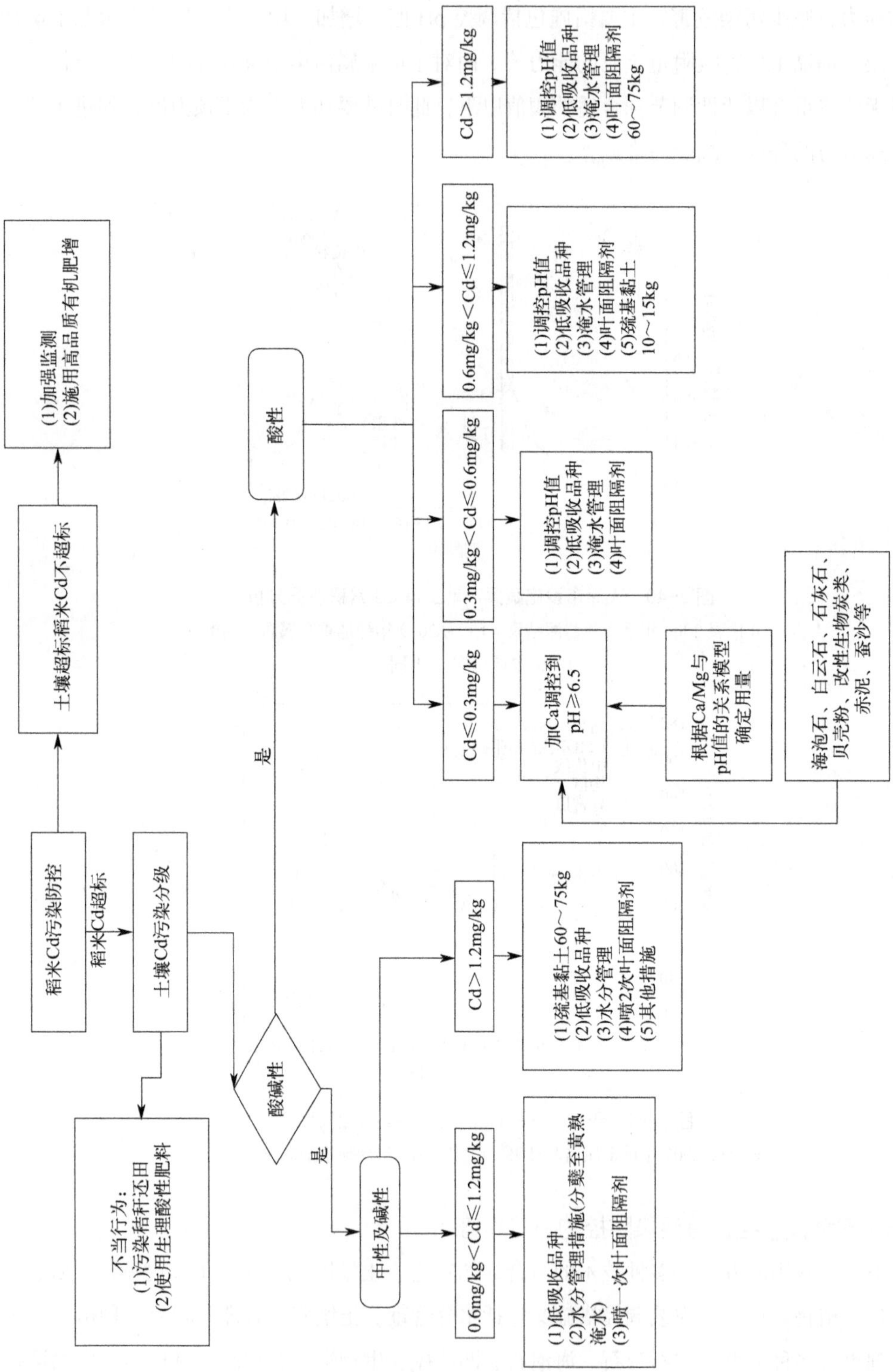

图 3-42 土壤重金属镉污染防控的一般性技术筛选

（4）是钝化还是去除要认真考虑

随着新技术、新材料的发展，一些新型的农田重金属污染治理材料也层出不穷，其中就有接枝磁性材料的重金属吸附材料，如磁性生物炭、磁性有机黏土等。实验室模拟实验也验证了这些材料的有效性，确有去除重金属的效能，但相关实际应用的场景还处于起步阶段，主要是以下几个问题限制了技术的推广：

① 材料的成本较高；

② 土壤中的重金属往往与土壤胶体、黏土矿物以及有机质结合，离子态的重金属少，且土壤中往往存在多种重金属，而磁性材料的专性吸附能力不足，一次性快速去除某类重金属有困难。

除去磁性材料外，超积累植物去除土壤中的重金属也是土壤污染治理的有效措施。这几年，将超积累植物与其他农作物进行间套（轮）作以防止农作物超量吸收重金属的研究以及应用案例也较为常见，如将超富集砷的蜈蚣草与果树套种、伴矿景天与小麦轮作等。

（5）污染治理也是一种新产业

重金属的污染防控不应是一种“赔本的买卖”，而应该探索一种可持续发展的方法，使污染治理与合适的经济产出达到有机的统一，如对酸化土壤的治理修复，适当施用石灰石不但可以调控土壤 pH 值，更可以增加土壤钙质，提升农作物品质，且可达到抗倒伏的效果；水稻叶面喷施硫酸锌、纳米硅或有机硒肥，一方面阻控了水稻对重金属镉的吸收，另一方面可以达到增产与提升水稻品质的效果，做到一举多得。对于高污染的农田，可以种植低吸收的牧草，实现种养有机结合，达到既防控污染又不减收的效果。

3.4.3 应用

（1）用于重金属钝化材料的快速筛选

我国幅员辽阔，土壤类型多样，重金属污染状况也千差万别，因此治理土壤重金属污染的方法也需要根据土壤条件的差异进行选择。有一些技术是比较通用的，如施用钙肥调控酸性土壤 pH 值降低 Cd 活性的技术，但也有一些技术具有较明显的区域适用性，如补充土壤微量元素或有机肥调控重金属活性的技术。即使是通用性技术，由于地区背景值以及土壤类型的差别，材料用量也有很大差异性。再者，随着科研的深入，新技术层出不穷，而某些企业也试图将已有产品扩大用途看是否有治理重金属污染的效果，这些需求催生了重金属钝化材料快速低成本筛选技术的发展。但就目前来看，人们还是以野外对比小区实验为主，小区实验虽然最接近实际情况，但其存在的问题也显而易见，主要是实验周期长、成本高，实验结果受天气、气候以及所种植物的影响大，从而缺乏稳定性。

DGT 技术是一种原位提取重金属有效态的技术，非常适合于批量筛选、评估重金属钝化材料。其优点主要表现在以下方面：

① DGT 是一种原位提取技术，提取重金属有效态的过程不破坏原有土壤，不向土壤中

加入化学药剂，保障了土壤环境条件与真实环境的一致性，这一优点也使得采用 DGT 筛选钝化剂不需要太多的土壤样品，不需要做过多的处理，操作简单，重复工作量小；

② DGT 可以在室内批量完成钝化材料的筛选，避免了大田实验的烦琐、经济性差以及可靠性低的缺陷；

③ DGT 可以批量筛选重金属钝化材料，实验梯度亦不受农田的限制，避免了对耕地的破坏；

④ 采用 DGT 筛选钝化材料，可以动态监测重金属活性的变化以及其他土壤理化参数的变化，以便对钝化材料施用后引起重金属活性变化的动力学过程有更深入的认识，从而进一步了解钝化材料的性能特性；

⑤ DGT 提出的重金属有效态属于实际有效态范畴，与植物的相关性明显优于其他方法，这在土壤 Cd、Cu、Ni、Zn、Pb、As、Hg 有效态提取研究中已得到实验证明。

图 3-43 是采用 DGT 技术筛选重金属 Cd 钝化材料的一个范例，采用的土壤为四川省某地受 Cd 污染的土壤，测试的两种材料分别为改性海泡石和猪粪，用量如图 3-43 所示。筛选过程中土壤一直保持 100% 田间持水量，经过 160 余天的测定，结果发现，改性海泡石可以有效减少土壤 Cd 的有效态含量，且在施用 7d 后就已有明显的效果，而猪粪只有在 3% 剂量（约 4.5t/ 亩）时才有一定的效果，且起效慢，需要培养 1 个月左右才能使土壤 Cd 有效态含量下降到 5μg/L 以下。图 3-44 为湖南省某地土壤使用改性海泡石后土壤 Cd 活性变化的情况，与

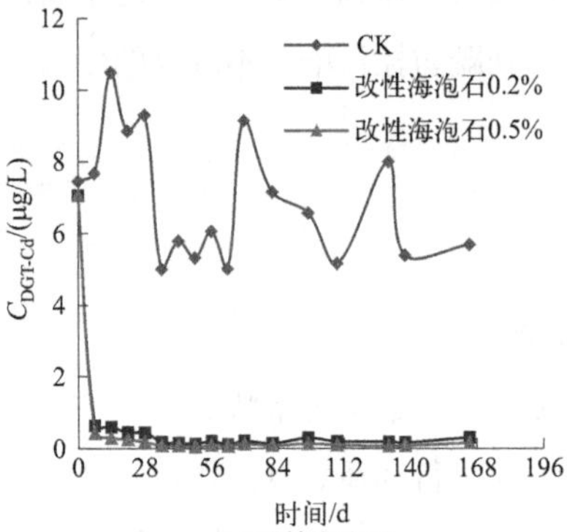

(a) 改性海泡石

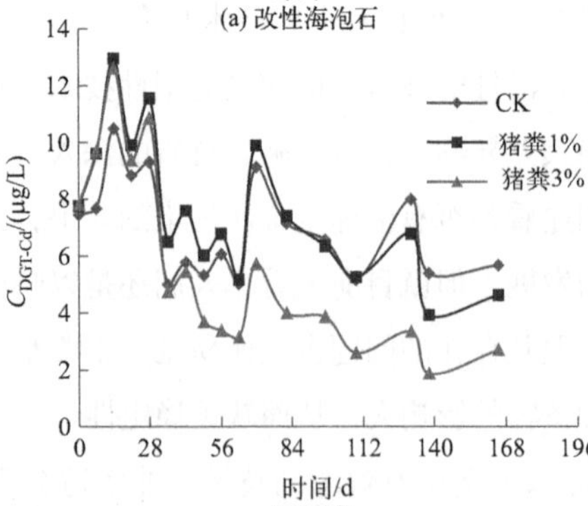

(b) 猪粪

图 3-43 采用 DGT 筛选重金属钝化材料案例（四川省某地土壤）

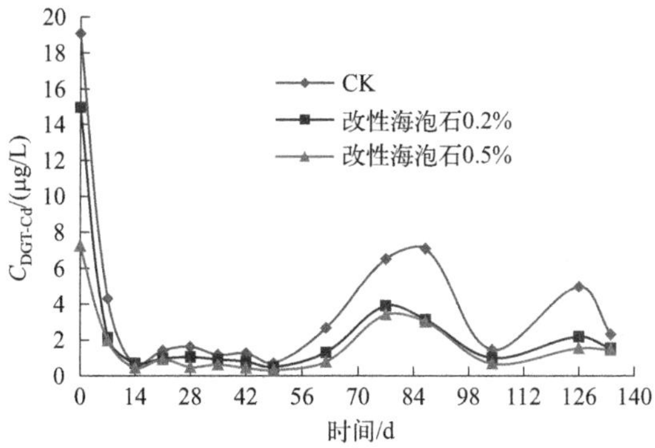

图 3-44　采用 DGT 筛选重金属钝化材料案例（湖南省某地土壤）

四川省土壤不同的是，在 100% 田间持水量培养过程中，四川土壤 Cd 活性态为逐步下降态势，但湖南土壤活性态 Cd 在第 14 天即下降到与添加材料的处理基本相同的水平。原因是多方面的，一是可能与土壤中的 Fe/Mn 氧化物还原氧化特征有关，二是可能与土壤有机质分解特性有关，三是可能与土壤 Eh 值的变化有关，这还需要深入探索。

（2）用于修复措施落地的精细化实施

通常而言，造成重金属污染的农田污染物均存在较为明显的空间异质性，原因在于污染物多为外源输入的，再加上土壤类型的差别、农作物种植模式的不同等都会导致重金属含量的差别。这是在总量上，在重金属的活性态含量上也存在着同样的问题。某些区域重金属活性高，就需要多施用钝化剂以减少污染，而某些地方重金属活性低，甚至不会造成污染，就应少用或不用钝化剂。这是一种精细化治理的思路，但如果按照常规采样方法及检测方法去测定重金属含量以及有效态含量的差异性，不但费时还需高昂的费用。而 DGT 技术则正好弥补这一缺陷，DGT 测定土壤重金属有效态含量不必对土壤进行过多前处理，甚至不需要进行前处理，直接采样加水就可以测定有效态含量，对于淹水的土壤甚至不加水都可以原位采集重金属有效态含量，节约了成本和检测时间，达到了精细化组织农田修复的目的。

（3）用于修复治理过程重金属活性的动态监控

农田重金属的活性会随着外界条件的改变而变化，而重金属活性的变化如果把握不清，有可能会导致修复效果的不理想。例如，在水稻生长过程中，水稻自身生长会分泌有机酸，会向土壤中输入氧气，引起根区周边微域重金属活性的变化，再者在水稻不同生育期，农田管理方式也存在差别，如在分蘖后期会对土壤进行排干操作，排干会导致重金属 Cd 的活性上升，As 的活性下降，后期干湿交替的管理与前期淹水管理模式也会导致重金属活性的变化。土壤施用钝化剂后，钝化剂亦会改变土壤的理化性质，影响重金属活性，这些过程掺杂在一起，如果不进行动态监测，很难正确评价钝化剂施用是否真正起到了作用，也无法回答作用时间长短、作用过程的动力学特征、外界环境对钝化效能的影响等问题。从而使修复治理过程变成了一个灰箱过程，工作者只能看最后的实施效果来评估钝化修复治理的成效，而不能从总体上把握过程的变化，进而采取更有效的措施保障修复效果的可靠性与持续性。

图 3-45 ～图 3-47 是四川省某地土壤在淹水条件下添加不同类型的土壤修复材料后重金属 Cd 的活性在不同水稻生育期（幼苗期、分蘖期、扬花期以及灌浆期、黄熟期）的变化情况。可见，随着水稻的生长，无论是在土壤淹水层，还是在土壤中的根区和非根区，Cd 的活性差异越大，水稻根活跃的区域 Cd 的活性就越强，反之则越弱。施用钝化剂后，尤其是改性黏土，无论是在哪个生长季，土壤 Cd 的活性较对照都有明显的下降，而施用有机肥的土壤，则需要较长时间才能表现出效果。这些检测数据可以为我们设计钝化材料的使用量、施用时间和方式等提供一定的支持，同时也为我们动态评估钝化材料的效果提供了可能。

当然，这种检测过程过于复杂，实际检测中我们只需要将 DGT 放置在表层土壤就可以获取重金属的活性变化动态，评估钝化材料的性能。

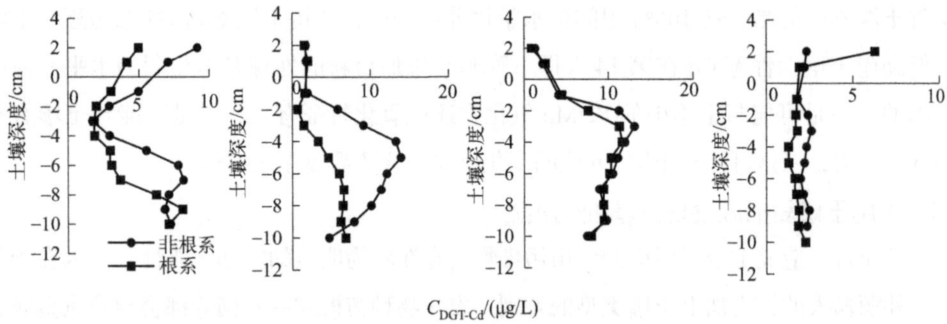

图 3-45 四川省某地土壤稻米生长过程中 Cd 活性态垂向变化情况（未添加钝化剂）

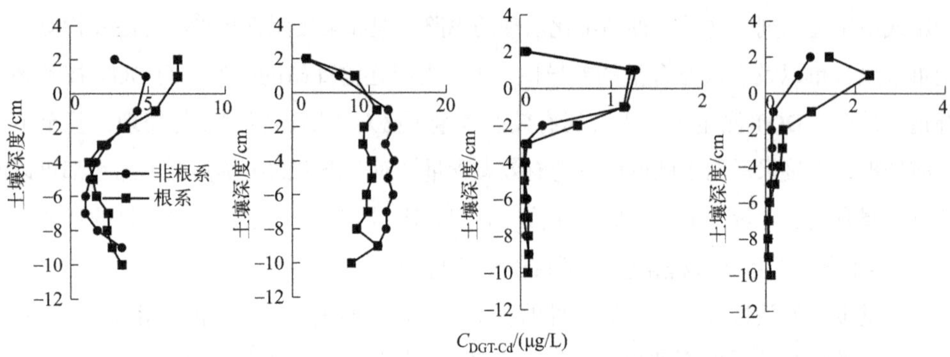

图 3-46 四川省某地土壤稻米生长过程中 Cd 活性态垂向变化情况（添加 3% 的猪粪）

（4）用于修复效果的高效评估

重金属污染农田修复治理效果评估是对治理过程及结果的综合研判，在这一研判过程中需要考量的因素很多，但两个核心要素是不可或缺的，一个是农产品质量安全的提升；另一个是土壤重金属污染的降低。重金属污染风险降低的直接标志是土壤有效态含量的下降。正如前文所言，重金属有效态含量的检测方法有很多种，而 DGT 技术测定的重金属有效态含量能更好地表征土壤污染风险程度，且采样、制样方便，不必对土壤进行研磨处理，不必外加化学试剂，不用消解土壤，能低成本、批量、动态测定重金属活性态含量。DGT 技术与其他技术相比，更能体现治理的成效性。

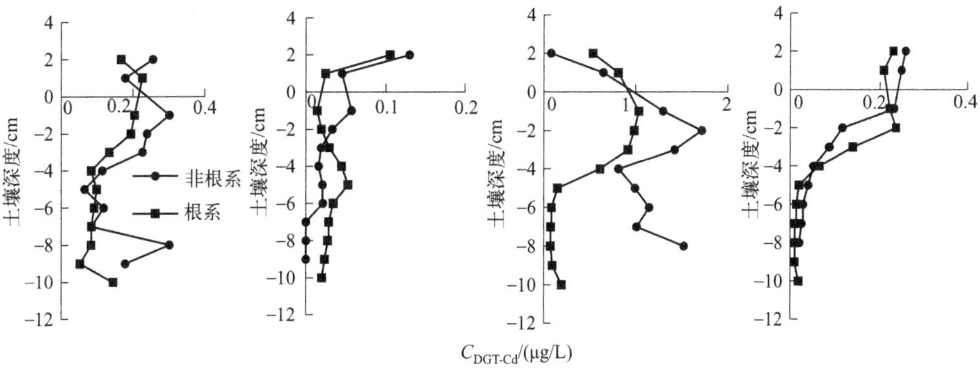

图 3-47 四川省某地土壤稻米生长过程中 Cd 活性态垂向变化情况（添加 0.3% 的改性黏土）

土壤重金属有效态含量与总量不同，有效态含量是随着环境条件的改变而变化的，但通常的化学提取技术对此的敏感性远不如 DGT 技术，很多所谓的有效态提取技术与土壤重金属的总量有显著的一致性[168]。例如在长株潭地区采用 EDTA 及 HAc 提取土壤重金属 Cd 有效态，结果见图 3-48。土壤 Cd 含量与两种方法提取的重金属含量有显著的相关性，说明这两种提取剂从某种程度上说就是重金属全量检测的一种简易替代，无法真正代表长株潭地区重金属 Cd 的有效态含量。同样在长株潭地区，更多的研究数据表明 EDTA 提取的重金属有效态含量与稻米 Cd 含量的相关性不强，见图 3-49，表明采用 EDTA 提取重金属有效态作为修复效果评估的标准适用性不强。DGT 技术则不同，其提取的重金属有效态与植物吸收量之间有显著的相关性，是评估修复效果的得力工具。但也要注意一点，就是重金属有效态随环境的变化问题，为了防止环境因素对检测结果的影响，应将检测条件设置成统一的标准。2019 年，贵州省先行一步，颁布了农产品产地重金属 Cd 有效态提取的标准《农产品产地土壤重金属镉有效态提取　梯度扩散薄膜（DGT）法》（DB52/T 1465—2019），为 DGT 技术应用于重金属修复的效果的评估提供了一定的参考依据。

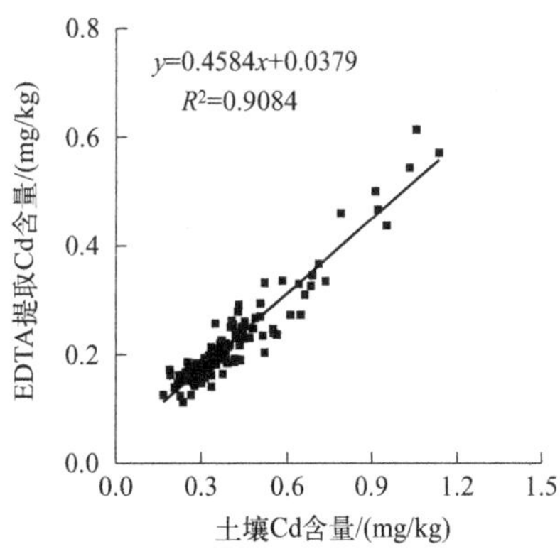

(a) 土壤Cd含量与EDTA相关性

图 3-48

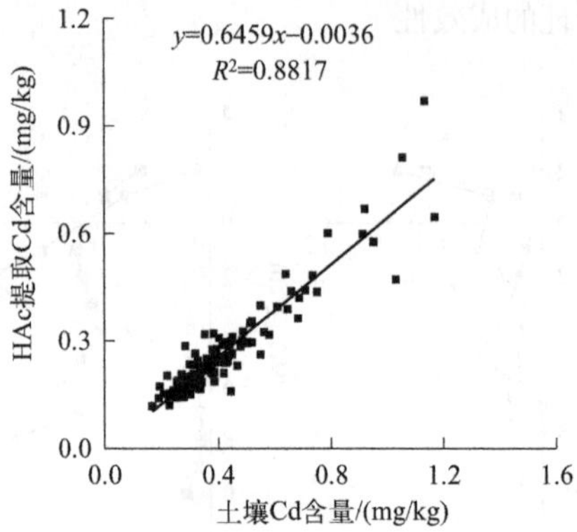

(b) HAc提取的Cd含量相关性

图 3-48　土壤 Cd 含量与 EDTA 及 HAc 提取的 Cd 含量相关性散点图

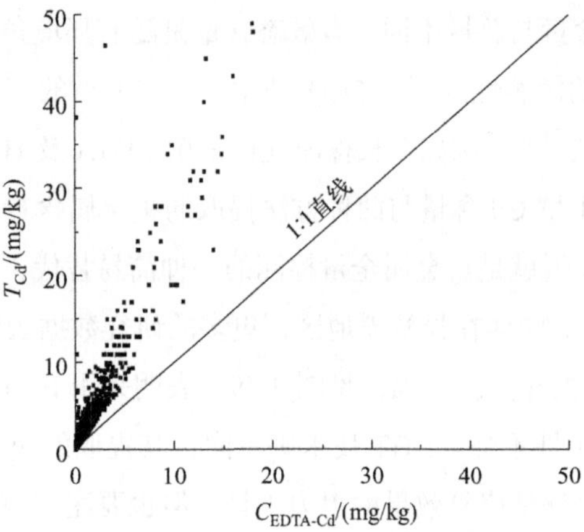

(a) 重金属有效态浓度与土壤Cd含量的关系

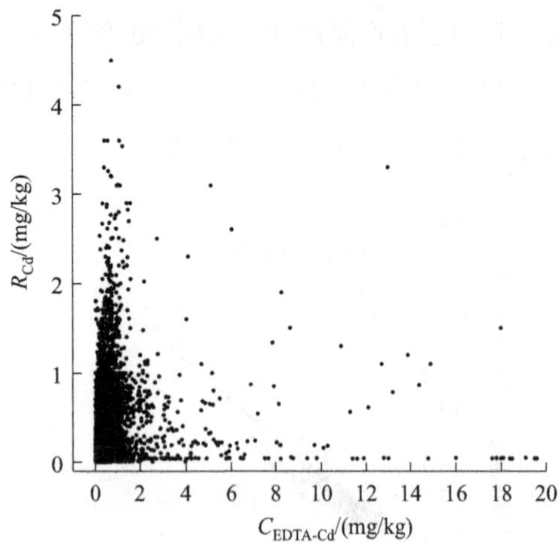

(b) 重金属有效态浓度与水稻Cd含量的关系

图 3-49　EDTA 提取重金属有效态浓度与土壤 Cd 含量及水稻 Cd 含量的关系

3.5 DGT与其他技术整合相关应用分析

在自然土体中，土壤pH值、质地、有机质（SOM）含量、氧化还原电位（Eh）、Fe/Mn氧化物、硫化物等存在空间、时间异质性，再加上植物生长的影响，会导致重金属有效态含量的空间差异性。DGT技术不仅可以检测均一土体重金属有效态含量，还可以检测非均质土壤重金属有效态含量的时空差异性。图3-50是采用长条DGT测定水稻不同生长期根区与非根区土壤Cd有效态含量变化的情况，检测时土壤淹水深度为2cm，长条DGT共15cm，每1cm切一段，测定Cd含量。可见，在水稻生长过程中，土壤Cd的活性变化非常大，尤其是在扬花期，根区土壤Cd活性最强，且对于不同水稻品种，Cd活性的差异也非常显著。高吸收水稻品种会使土壤Cd的活性明显大于低吸收水稻品种。在垂向上，根生长区Cd的活性明显大于非根生长区。这种原位厘米级重金属活性变化的检测较整个土体Cd活性变化的检测更能反映不同因子对Cd运移的影响[169]。

除将DGT切成小段分析外，还可以将DGT结合膜干燥后直接用激光烧蚀-ICP-MS联用技术来分析亚毫米尺度(150μm×150μm）重金属活性的变化，同时可以和平面光极膜一起联用，分析重金属有效态变化与土壤pH值、Eh值、O_2等二维空间变化的内在联系机制。结果如图3-51所示（书后另见彩图）。

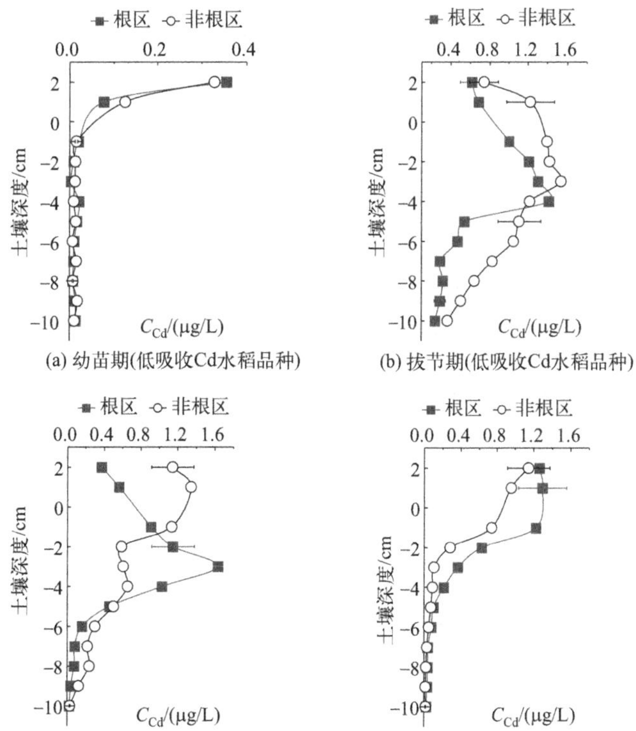

图3-50

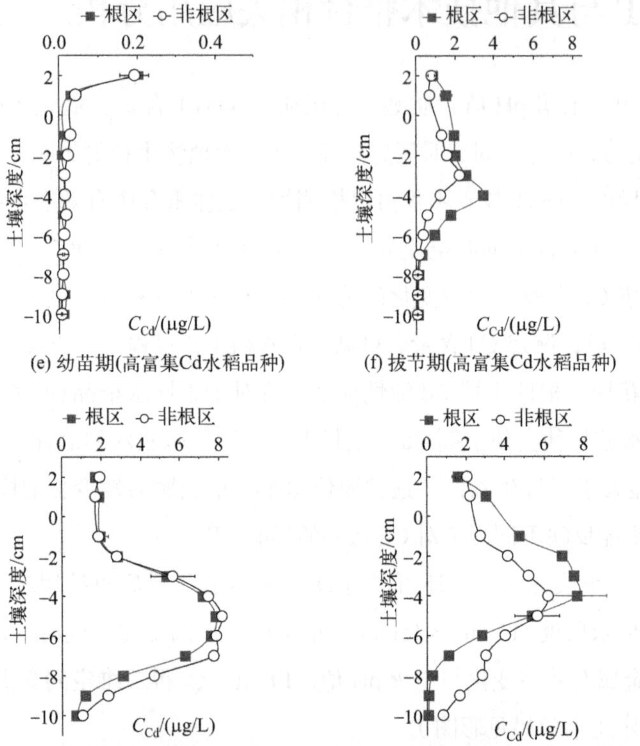

(e) 幼苗期(高富集Cd水稻品种) (f) 拔节期(高富集Cd水稻品种)

(g) 扬花期(高富集Cd水稻品种) (h) 黄熟期(高富集Cd水稻品种)

图 3-50 DGT 监测水稻生长过程土壤 Cd 有效态含量变化

图 3-51 土壤厌氧培养不同时间段 LDHs-DGT 测定土壤 Fe 含量颜色变化

DGT 除可以和平面光级技术结合外，还可以与计算机 / 比色密度成像计量法（computer/colorimetric imaging densitometry，CID）技术结合，用于重金属、营养盐的高空间分辨率的检测分析，1999 年 DGT 技术首次与 CID 技术结合，实现了河口沉积物中 S^{2-} 在亚毫米级空间分辨率的测定（采用 AgI 作结合膜），随后逐渐应用于铜（甲基百里酚蓝接枝材料作结合膜）[170]、磷酸（锆膜）[171, 172]和铬酸根（锆膜）[173]、硝酸盐和亚硝酸盐[174]的测定。

由于还原土壤中含有足量的 Fe^{2+}，因此 H_2S 在一般稻田淹水过程中基本不存在与淡黄色 AgI 吸附膜结合在膜表面形成黑色 Ag_2S 沉淀的情况，通过扫描将膜表面颜色信息转化为灰度值，进而表征待测介质中溶解态 S^{2-}（S^{2-}、HS^-、H_2S 的统称）的浓度或二维分布情况。

AgI 既可以采用 AgI 化学试剂研磨后加入，也可以通过硝酸银与碘化钾反应生成。

对于 Fe 的测定，已有报道采用 DET 技术，将聚丙烯酰胺水凝胶膜置于含有 0.01mol/L 菲啰嗪和 0.1mol/L 乙酸铵的溶液中制成“反应性水凝胶”，将其放置于从沉积物中取的凝胶膜表面上，凝胶膜吸收的 Fe（Ⅱ）与菲啰嗪反应生成洋红色配合物，且凝胶膜表面的颜色与配合物生成的量成正比[175]。对于 Fe 含量的检测，先前技术多为先提取后处理成像，其实 Fe 自身为有色金属，不同化合物形态及含量颜色差异还是非常明显的，图 3-51 为 LDHs-DGT 结合膜放置在淹水土壤中不同时间段后其颜色的变化。在淹水初期，土壤亚铁含量少，放置 2d 后结合膜基本无颜色变化，而在淹水 5d 后放置的 LDHs-DGT 颜色变化就能凸显出来，10d 后更加明显。说明 Fe^{2+} 在不断还原，且土壤不同部位还原性不一样。在土水界面有亚氧的高富集区，说明 Fe^{2+} 在向水面扩散过程中由于氧化作用会在土水界面有聚集性。关于 LDHs-DGT 测定的 Fe^{2+} 含量与颜色变化的关系的研究现还处于起步阶段，还需进一步研究。

使用高分辨的氧化锆 DGT 结合膜采用 CID 方法可以实现磷的定量。在显色前需要进行长时间的预处理以增加磷酸盐—氧化锆键的吸附强度，避免目标待测物或形成的颜色随迁至显色剂中或在吸附膜中自由扩散。采用浆状氧化锆吸附膜时，需进行至少 120h 的 85℃水浴加热后才能显色[176]。采用锆膜测定 Cr 所用的显色剂为 1,5- 二苯羰酰肼，具体过程见文献［173］。

平面光极（PO）技术基于光致原理，使待测物与荧光指示剂发生作用而结合，在外部光源的激发下产生荧光信号，待测物浓度与荧光信息强度之间存在正相关性，利用特定相机捕捉荧光信息即可进行定量测量。与 DGT 技术不同，PO 是一种可逆的化学传感器，主要用于 pH 值、O_2、CO_2 和 NH_4^+ 等环境因子的成像分析，当前也有市场化的 PO 设备销售。

目前，PO 与 DGT 技术联用通常是在特定培养箱（如根际箱）中进行的，方式有 3 种。

① 在待测剖面放入 PO 传感膜，定期检测环境因子的分布特征；再在特定的时间点放入 DGT 吸附膜，作用一段时间后取出吸附膜，分析膜上富集的待测元素的分布特征；吸附膜放置期间不进行 PO 成像分析。

② DGT 吸附膜与 PO 传感膜组装成“三明治”式结构，放入待测剖面，其中吸附膜更靠近剖面且与剖面之间有一层滤膜（充当 DGT 扩散层）；吸附膜放置期间不断累积待测物质，同时进行 PO 成像分析；为了在 DGT 测定的同时获得清晰而准确的 PO 图像，需要尽量减少 PO 测定溶质（如 O_2）在滤膜和吸附膜中的径向扩散（radial relaxation）效应，因此要求滤膜和吸附膜的厚度必须是超薄的（≤ 100μm），具体应用结果见图 3-52（书后另见彩图）。

③ 构建 DGT-PO 复合膜，即将 DGT 吸附膜与 PO 传感膜“二合一”，同步测定元素和环境因子（pH 值、O_2）的分布特征。

前两种方式发展相对成熟，而第 3 种方式目前仍在发展初期，需要进一步优化和完善[177]。

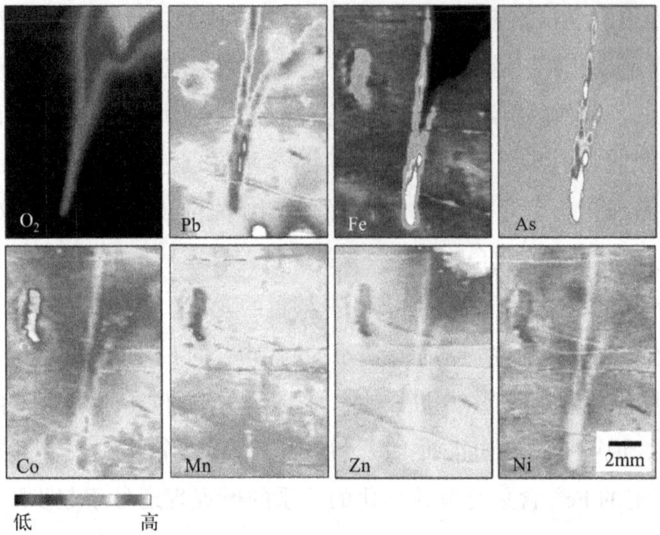

图 3-52　DGT 与平面光极（planar optode）结合分析水稻根际对微量元素迁移特征的影响

3.6　DGT 技术典型应用案例分析

3.6.1　土壤淹排水过程重金属 Cd、As 迁移规律及机制

近年来，大量研究表明稻田由于人类活动而受到 Cd、As 污染，并通过食物链对人体健康造成危害。与其他谷物相比，水稻具有更高的富集 Cd 和 As 的能力。因此了解土壤中 Cd、As 生物有效性变化及其影响因素，对于调控 Cd、As 形态，防控水稻吸收富集具有重要意义。常规模式下种植水稻采用干湿交替的水分管理方式，淹水和排水导致土壤氧化还原电位（Eh）和 pH 值等的变化，进而引起重金属生物有效性的剧烈变动。一旦土壤被淹没，Fe（Ⅲ）氧化物被还原溶解，Cd、As 结合位点减少，从而被释放到孔隙水中。长期淹水导致 Cd 生物有效性下降，其机制可能在于淹水降低土壤 Eh 值并促进铁（Fe）、锰（Mn）等水合氧化物的形成，促进 Cd 在其上的吸附。此外，Cd 会与 S^{2-}（S^{2-}、HS^- 及 H_2S 的统称，下同）结合形成 CdS 沉淀以及淹水导致较高的 pH 值等都降低 Cd 的生物利用度。相比之下，稻田厌氧通常导致 As 的生物有效性增加。砷酸盐［As（Ⅴ）］还会被还原为亚砷酸盐［As（Ⅲ）］，这些都提高了 As 的生物利用性。本小节将重点介绍淹排水过程对 Cd、As 生物有效性的影响。

3.6.1.1　淹排水过程对重金属 Cd、As 迁移影响的研究进展

稻米是全世界将近 1/2 人口的主食，是人体膳食摄入砷（As）和镉（Cd）的主要来源之一，尤其是在亚洲国家。与其他谷物相比，水稻似乎具有更高的累积 As 和 Cd 的能力[178]。人类长期暴露于两种有毒元素中会导致多种疾病的发生。水稻系统中 Cd 和 As 在稻田中的生物地

球化学行为有很大不同，因此很难制定共同的策略来减少它们在水稻籽粒中的累积[179, 180]。

由于工农业活动，中国南方稻田部分存在Cd、As污染风险，这在我国土壤污染调查、详查中已有明确的结论。水稻种植过程常采用前期淹水、中期干湿交替、后期排干的种植模式，这是一种水稻增产的种植技术，但这种种植模式会增加Cd的生物有效性，而如果采用长期淹水的种植模式则会增加As对水稻的危害风险[178]。Cd、As两种性质不同的元素对稻米的危害性虽已有研究，但其迁转规律及机制仍有较多问题需要探索[181]。在淹水条件下，土壤和空气之间的气体交换在很大程度上受到抑制，溶解的O_2迅速被消耗。此时Eh值逐渐降低，厌氧微生物生长活跃，其代谢过程利用除氧气外的其他物质作为电子受体，例如土壤中的硝酸盐和铁锰氧化物，土壤系统也从好氧过程转变为厌氧过程[182]。铁锰氧化物因其独特的表面而具有很强的重金属（如Cd、As）专性吸附能力，其形态转化对土壤中金属元素的溶解度和生物有效性具有重要影响[183, 184]。铁是地壳中的丰富元素，在土壤有氧条件下主要以赤铁矿、真铁矿以及纤铁矿等Fe(Ⅲ)形式存在。Fe(Ⅲ)氧化物经历还原溶解，土壤溶液中的Fe(Ⅱ)浓度增加。然后，当Eh值进一步降低时，亚铁离子可能会以$FeCO_3$（菱铁矿）、$Fe_3(PO_4)_2 \cdot nH_2O$（堇青石）或硫化铁化合物（如FeS和FeS_2）沉淀的形式存在[185]。此外，亚铁离子还可以被氧化为Fe(Ⅲ)并再次以氧化物形式沉淀[186, 187]。铁的生物地球化学转化非常重要，因为它不仅影响铁的溶解度和形态，而且还影响土壤中其他金属污染物（例如Cd和As）的可利用性和毒性。

在厌氧淹水条件下，铁锰氧化物充当电子受体、有机质并为S^{2-}等提供电子，不溶的Fe(Ⅲ)、Mn(Ⅳ)转化为可溶性Fe(Ⅱ)、Mn(Ⅱ)进入土壤溶液，同时会伴随As、Cd等的释放过程，导致Cd、As活性提高。同时，H^+的消耗导致土壤胶体吸附重金属阳离子的能力提升，且持续的厌氧也导致次级铁矿（菱铁矿$FeCO_3$等）的增加，这些都造成Cd活性下降。可见，土壤氧化还原过程伴随Fe、Mn形态的转化并引起重金属形态的变化，是一个非常复杂的过程，但受到原位观测条件的影响，Fe、Mn、Cd、As在土壤厌氧及好氧过程中形态动态变化过程如何，四者之间的协同变化及其机制仍需要进一步研究。由于缺乏原位动态监测技术，Fe、Mn、Cd、As在稻田协同变化的规律及机制仍不清楚。

3.6.1.2 淹排水过程对土壤理化性质及元素活性的影响

对3种不同性质土壤（表3-34）进行为期60d的培养（40d淹水厌氧，20d排水干燥），使用扩散梯度薄膜技术（LDHs-DGT）结合Eh值、pH值监测技术研究Fe、Mn在土壤中的转化/溶解过程及其对Cd、As形态和有效性的影响。实验土壤分别为天津市武清区潮土（TJ）、四川省绵竹市山地黄棕壤（SC）和湖南省湘潭市水稻田的水稻土（HN）。在淹水后第1天、第5天、第9天、第13天、第17天、第21天、第25天、第29天、第33天、第37天，在排水后的第5天、第9天、第13天、第18天，采用长条LDHs-DGT测定固定位置Fe(Ⅱ)、Mn(Ⅱ)、Cd(Ⅱ)、As(Ⅴ)有效态变化[186]。

表 3-34　3 种土壤的理化性质

土壤来源	pH 值	SOM/(g/kg)	Cd/(mg/kg)	As/(mg/kg)	Fe/%	Mn/(mg/kg)
TJ	7.69	28.9	0.285	0.393	4.68	730.39
HN	6.38	33.9	0.742	0.122	2.31	159.28
SC	7.87	38.8	0.810	0.123	3.86	213.43

如图3-53所示，在淹水期内，3种土壤Eh值随培养时间的延长而大幅度降低，TJ、HN、SC土壤剖面Eh值分别从初始256.9mV、315.7mV、185.7mV降至−123.6mV、−165.3mV、−214.5mV，HN、SC土壤Eh值变幅超过400mV，TJ土壤变幅为380.5mV。培养12d时，SC土壤Eh迅速下降到0mV，率先变为负值，而HN和TJ土壤分别在第18天和第22天降至0mV。淹水前20d，土壤pH值变化波动较大，HN土壤pH值快速上升，TJ、SC则开始下降，TJ土壤pH值降低幅度小于SC土壤，3种土壤pH值均呈现出向中性靠拢的趋势。20d后，3种土壤pH值均呈上升态势，在第30天左右达到平稳，但此时酸性土壤pH值依然偏低。淹水培育结束后，TJ土壤pH值几乎无变化，SC土壤pH值从初始7.92波动变化至培养结束的7.63，降低了0.29个单位。然而HN土壤pH值从初始6.50一直上升到培养结束时的7.33，升高了0.83个单位。排水后，3种土壤pH值均缓慢降低，直至实验结束。

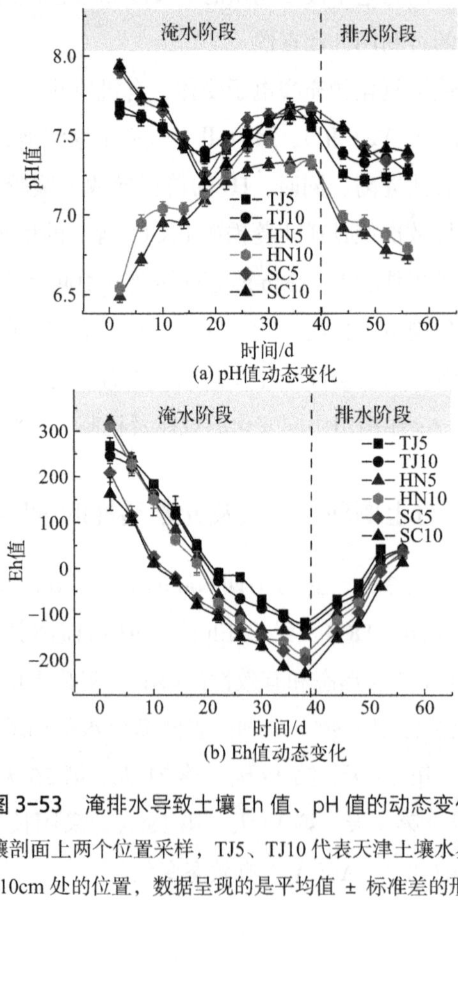

图 3-53　淹排水导致土壤 Eh 值、pH 值的动态变化

在土壤剖面上两个位置采样，TJ5、TJ10 代表天津土壤水界面下 5cm 处和 10cm 处的位置，数据呈现的是平均值 ± 标准差的形式（n=3）

如图 3-54 所示，淹水期间，TJ、HN、SC 土壤中 $C_{DGT\text{-}Fe}$ 分别在 0.03 ～ 0.49mg/L、0.13 ～ 17.8mg/L、0.11 ～ 31.6mg/L 的范围内变化，并且随培育时间延长呈现出不同的增长趋势。TJ 土壤 $C_{DGT\text{-}Fe}$ 值明显低于 HN 和 SC 这两种南方土壤，在淹水前 20d 内几乎无变化，第 20 ～ 30 天后才呈现出线性增加态势，由 40.19μg/L 增加到 493.18μg/L，其中 5 ～ 10cm 土层最大值是 0 ～ 5cm 最大值的 2.55 倍。HN 和 SC 土壤剖面 $C_{DGT\text{-}Fe}$ 的变化有相似之处，但也有明显差别。相似之处在于下层土壤 $C_{DGT\text{-}Fe}$ 均大于上层，不同之处在于 HN 土壤在淹水 10 天后才有显著变化，而 SC 土壤在淹水 2d 后就快速上升。在淹水第 35 天左右土壤 $C_{DGT\text{-}Fe}$ 基本达到平衡，40d 后撂干导致土壤含氧量增加，$C_{DGT\text{-}Fe}$ 也开始下降，其中降幅最大的是 SC 土壤，其次为 HN 土壤，TJ 土壤下降最为缓慢。土壤中 $C_{DGT\text{-}Mn}$ 与 $C_{DGT\text{-}Fe}$ 的变化态势有相似之处，都是随着淹水时间增加而增加，在第 30 天左右达到基本平衡。

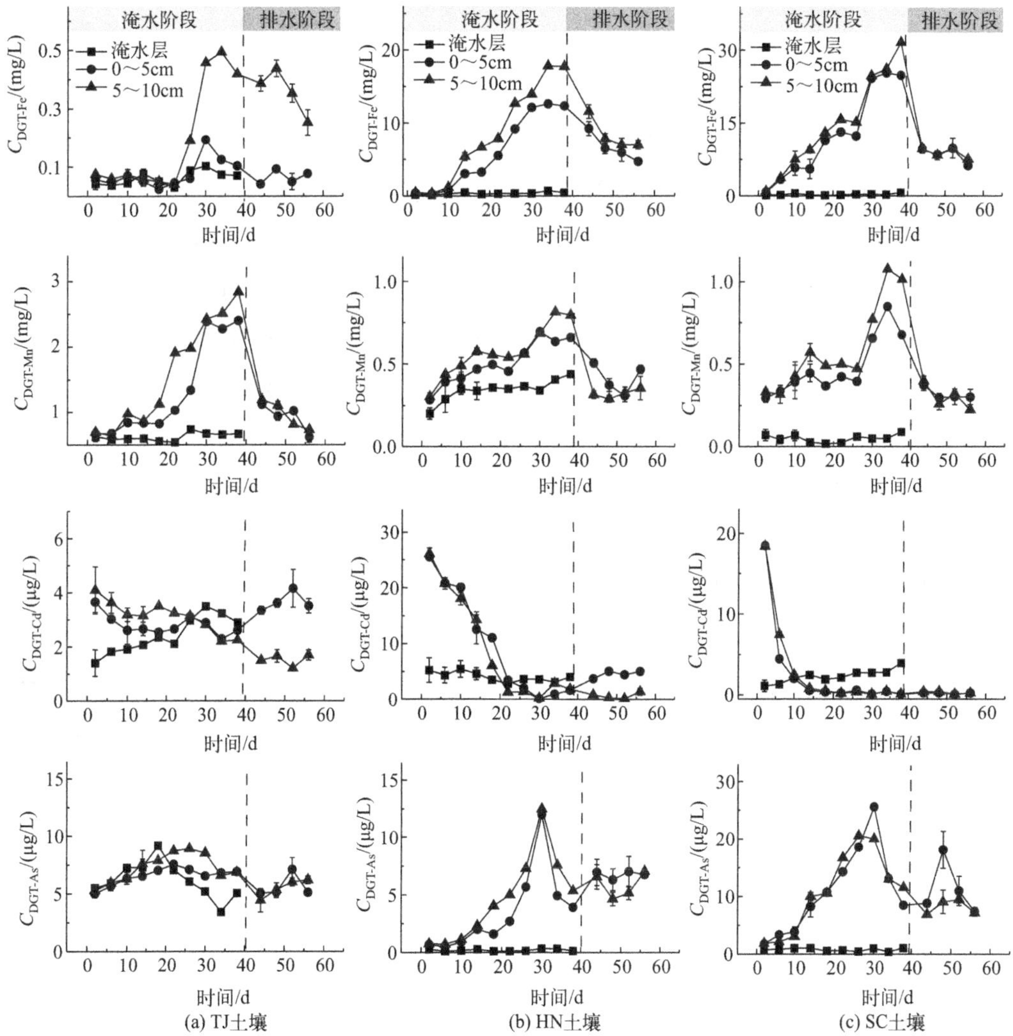

图 3-54　3 种土壤 $C_{DGT\text{-}Cd}$、$C_{DGT\text{-}Fe}$、$C_{DGT\text{-}Mn}$、$C_{DGT\text{-}As}$ 的时间序列变化

数据是平均值 ± 标准差（n=3）

TJ、HN、SC 土壤 $C_{DGT\text{-}Mn}$ 分别在 0.04 ～ 2.94mg/L、0.20 ～ 0.81mg/L、0.02 ～ 1.08mg/L 范围内变化。TJ 土壤 $C_{DGT\text{-}Mn}$ 最高，淹水期间天津土壤剖面平均值为 0.96mg/L，分别是 HN 土壤（0.54mg/L）和 SC 土壤（0.55mg/L）的 1.78 倍和 1.75 倍。SC 和 HN 土壤中 $C_{DGT\text{-}Mn}$ 在第 2 次采样时就开始上升，释放时间先于 TJ 土壤，而 TJ 土壤在第 10 天才出现 $C_{DGT\text{-}Mn}$ 上升。3 种土壤均发现深层土壤 $C_{DGT\text{-}Mn}$ 大于上层土壤，越是厌氧，$C_{DGT\text{-}Mn}$ 越高。撂干后，$C_{DGT\text{-}Mn}$ 快速下降，在 3 种土壤剖面均低于 0.5mg/L。

TJ、HN、SC 土壤 $C_{DGT\text{-}Cd}$ 初始值分别为 3.87μg/L、25.83μg/L、18.45μg/L，TJ 土壤初始值含量最低，淹水处理使 3 种土壤中 $C_{DGT\text{-}Cd}$ 快速减少。相比于初始值，淹水处理 10d 使 TJ、HN、SC 土壤中 $C_{DGT\text{-}Cd}$ 分别降低了 25.2%、26.1% 和 87.8%，SC 土壤剖面中 $C_{DGT\text{-}Cd}$ 迅速下降到 2.0μg/L 以下，表明淹水处理对四川土壤 Cd 降低效果最强，而 TJ 土壤变化程度最小。在淹水第 25 天左右，3 种土壤 $C_{DGT\text{-}Cd}$ 基本达到平衡，此时土壤平均浓度大小顺序为 HN ＞ TJ ＞ SC。土壤撂干后，3 种土壤 10cm 处 $C_{DGT\text{-}Cd}$ 几乎不发生变化，而表层和 5cm 处均出现增加态势，其中 TJ 土壤增幅最为明显。

TJ、HN、SC 土壤 $C_{DGT\text{-}As}$ 初始值分别为 5.08μg/L、0.77μg/L、1.80μg/L，淹水处理使 HN 和 SC 土壤中 $C_{DGT\text{-}As}$ 迅速增加，在第 30 天左右达到最大值，分别是初始值的 2.9 倍和 4.3 倍，但 TJ 土壤变化不明显。值得注意的是，培养 30d 之后，HN、SC 土壤 $C_{DGT\text{-}As}$ 出现快速下降态势，至撂干前，分别下降了 62.1% 和 54.6%。整个淹水期内，$C_{DGT\text{-}As}$ 平均大小为 SC ＞ HN ＞ TJ。摞干后，HN 土壤剖面 2 个位置均呈现撂干 10d 内快速增加然后下降的态势，TJ 和 SC 土壤剖面 $C_{DGT\text{-}As(V)}$ 浓度正好与之相反，在 10d 内快速下降然后增加。

3.6.1.3 淹排水过程调控 Fe/Mn 氧化物形态

作为土壤中较活跃的部分，铁锰氧化物在土壤中多以无定形和微晶型结构存在。土壤淹水，Eh 值下降，氧气和硝酸盐作为重要的电子受体，在淹水培养前期就迅速耗尽，然后 Mn（Ⅲ / Ⅵ）、Fe（Ⅲ）、SO_4^{2-} 等开始接收土壤微生物呼吸产生的电子，还原为低价态的 Fe^{2+}、Mn^{2+}、S^{2-}，进入土壤溶液。如图 3-55 所示，3 种土壤 $C_{DGT\text{-}Fe}$、$C_{DGT\text{-}Mn}$ 变化均呈现出随淹水时间延长而升高的现象，这与以前的研究一致[181, 188]。SC 土壤中 $C_{DGT\text{-}Fe}$ 在淹水 5d 内迅速升高，Fe 还原时间明显早于 HN 和 TJ 土壤，还原速率也最快。淹水第 10 天时 SC 土壤中 $C_{DGT\text{-}Fe}$ 是初始值的 7.70 倍，TJ 和 HN 土壤中仅是初始的 1.10 倍、2.20 倍，表明淹水后即使土壤达到 Fe、Mn 还原的基本条件，但 Fe 还原量及还原速度还受土壤其他参数的影响。进一步分析表明，虽然 TJ 土壤总铁含量最高，但其 $C_{DGT\text{-}Fe}$ 却最低。淹水第 10 天，SC 土壤中 $C_{DGT\text{-}Fe}$ 分别是 TJ 和 HN 土壤的 93.70 倍和 7.01 倍。$C_{DGT\text{-}Fe}$ 在 3 种土壤中不一致的增长趋势可能与土壤有机质含量有关，因为铁的还原主要是由异养细菌完成的，这些细菌需要有机质作为碳源[189, 190]。TJ 土壤较低的有机质含量延缓了铁矿物的还原（表 3-34）。同时，TJ 土壤 Fe 的还原也可能受到 Mn 优先还原的影响。TJ 土壤 Mn（Ⅱ）含量分别是 HN、SC 土壤的

4.88 倍、3.42 倍，TJ 土壤 Mn/Fe 值最高，这大大影响 Fe 还原。淹水 5d 后 TJ 土壤 $C_{DGT\text{-}Mn}$ 开始增加，而 $C_{DGT\text{-}Fe}$ 快速增加是在淹水 20d 以后。

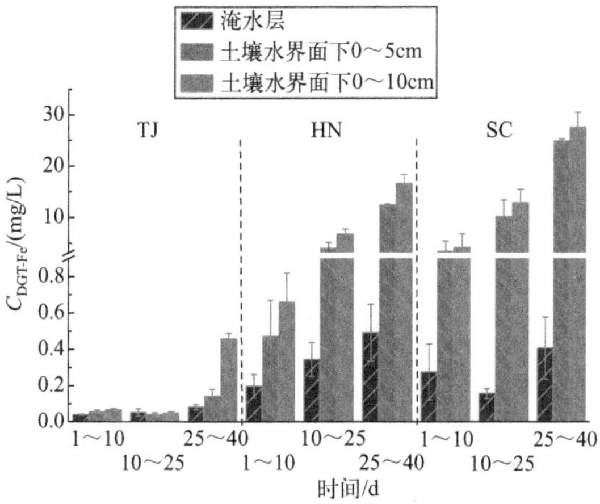

(a) $C_{DGT\text{-}Fe}$阶段

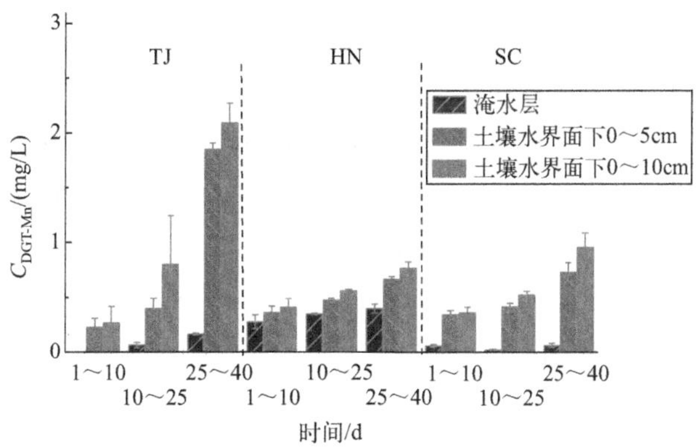

(b) $C_{DGT\text{-}Mn}$阶段

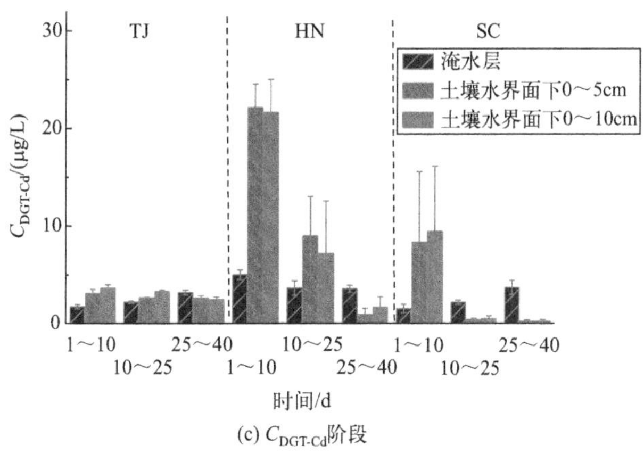

(c) $C_{DGT\text{-}Cd}$阶段

图 3-55

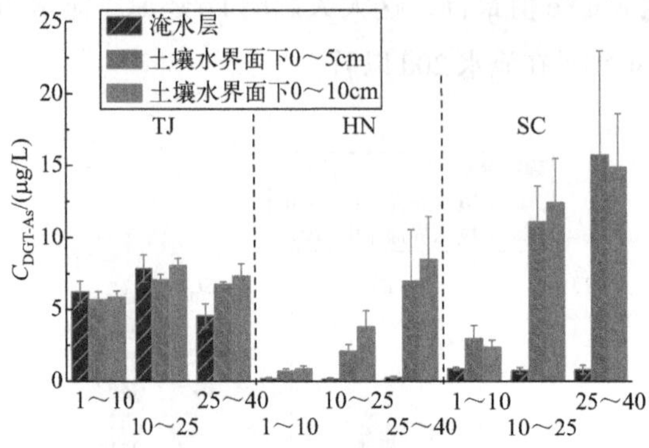

(d) C_{DGT-As}阶段

图 3-55　3 种土壤淹水期间 C_{DGT-Fe}、C_{DGT-Mn}、C_{DGT-Cd}、C_{DGT-As} 阶段变化

数据是平均值 ± 标准差（n=3）

淹水阶段 C_{DGT-Fe}、C_{DGT-Mn} 并非一直上升，上升阶段会出现降低的现象，最终在第 30 天左右达到基本平稳。淹水并不会导致土壤 Fe 全部转化为可溶性的 Fe（Ⅱ），可能的原因是在强还原初期（Eh ＜ −100mV），S 大量还原，消耗 Fe^{2+} 形成难溶的 FeS、MnS 所致。TJ、HN、SC 土壤 Eh 值下降到 −100mV 以下所需的时间分别为 30d、26d、20d，而 C_{DGT-Fe} 增量出现反弹或平稳的时间分别为 30d、22 ～ 26d、18 ～ 22d，这与 S 大量还原的时间一致[191]。但土壤中的 S 毕竟有限，而 Fe、Mn 含量大于 S 含量，因此在 S 还原能力下降后，C_{DGT-Fe}、C_{DGT-Mn} 依然呈增加态势。C_{DGT-Fe} 除受到 S 影响外，还受其他条件的影响，如 Fe^{2+} 在微生物介导下会转化形成次级铁矿。淹水条件下铁主要以土壤矿物或有机结合的形式存在，而不是以离子交换或碳酸盐的形式存在。本研究中发现 SC 土壤 Fe（Ⅱ）含量增加速度逐渐降低，表明存在 Fe（Ⅱ）的转化，形成混合 Fe（Ⅱ / Ⅲ）矿物（绿锈等）。因此，可溶性铁、锰不会无限增加，而是逐步趋于动态平稳。3 种土壤剖面中 C_{DGT-Fe} 与 Eh 值均呈现显著负相关，相关系数分别是 0.80、0.92、0.93（图 3-56）。表明原位提取能避免传统采样过程中出现的干扰，提供土壤整个二维平面上的氧化还原进程。排干水分自然干燥后，在短时间内观察到 C_{DGT-Fe} 和 C_{DGT-Mn} 迅速下降，这是由于 Fe（Ⅱ）的氧化以及随后次级氧化物的生成。 其中，TJ、HN、SC 土壤 Fe（Ⅱ）在 4d 内分别下降 33.9%、29.9%、64.9%，表明 Fe（Ⅱ）的氧化及转化速度远大于其还原溶解速度。此外，早期研究表明，空气中 O_2 氧化溶解 Fe（Ⅱ）的动力学与 pH 值密切相关，当 pH 在中性范围内增加时，氧化动力学加快。在本研究中，SC 土壤排水后较高的 pH 值导致 Fe（Ⅱ）氧化速率远高于 HN 土壤。

3.6.1.4　淹排水过程影响 Cd 活性机制研究

在实验的 3 种土壤剖面中都发现淹水会导致 C_{DGT-Cd} 降低的现象，这与以前的研究一致[181，183]。先前的研究强调 Eh 值和 pH 值是控制 Cd 在土壤中的溶解度和有效性变化的重

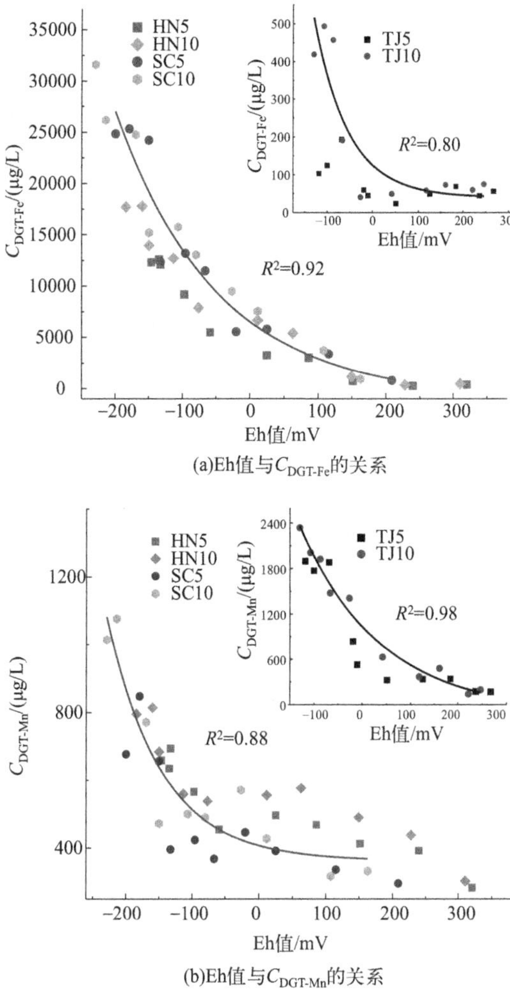

(a)Eh值与C_{DGT-Fe}的关系

(b)Eh值与C_{DGT-Mn}的关系

图 3-56　淹水期间土壤剖面 Eh 值与 C_{DGT-Fe}、C_{DGT-Mn} 的关系

线为拟合的回归方程（n=20），在土壤剖面上两个位置采样，TJ5、TJ10 代表天津土壤水界面下 5cm 处和 10cm 处的位置，数据呈现的是平均值 ± 标准差的形式

要因素，Eh 值和 Cd 浓度在 −150 ～ 0mV 之间显著正相关。淹水期间，TJ、HN、SC 土壤 Eh 值从 250mV 降低到 −200mV，土壤剖面中 C_{DGT-Cd} 与 Eh 值均呈现显著正相关，相关系数分别为 0.65、0.97、0.79。HN、SC 土壤中 C_{DGT-Cd} 随着 Eh 值的降低而迅速降低，但是 TJ 土壤中 C_{DGT-Cd} 波动趋势与 HN、SC 土壤不同，并且与 Eh 的相关性稍低于这两种土壤。一般而言，淹水处理导致 pH 趋于中性，HN 土壤 pH 值逐步增加，SC 和 TJ 土壤 pH 值略有下降。研究表明，pH 值对 Cd 在土壤中的吸附有较强影响。单位 pH 值升高会导致土壤中 Cd 的吸附增加 3 ～ 5 倍，因为 H^+ 是土壤固相或 Fe、Mn 等羟基氧化物吸附 Cd^{2+} 的主要竞争阳离子。在 HN 土壤中，与第 1 天相比，第 10 天的 pH 值增加 0.4 ～ 0.5 个单位，C_{DGT-Cd} 降低 22% ～ 31%，在 pH 值和 Cd 浓度之间观察到显著的负相关性（R^2=−0.94，P < 0.001，n=20）。但此时并未出现 Fe 的还原，也就是说，HN 土壤 1 ～ 10d 内 Cd 的减少是土壤 pH

值增加导致的，而不是因为次级铁氧化物或 CdS 沉淀的产生。淹水初始阶段，酸性土壤硝酸盐的还原导致土壤 pH 值升高。而碱性土壤中 CO_2 的累积，也会导致 Cd 向碳酸盐形态转化[182]。此外，在淹水培养过程中，虽然 SC 土壤总镉含量大于 HN 土壤（表 3-34），但 pH 值较高的 SC 土壤 $C_{DGT\text{-}Cd}$ 低于 HN 土壤，进一步明确 pH 值是影响土壤 Cd 生物有效性的重要因素。然而 TJ 土壤剖面 pH 值和 $C_{DGT\text{-}Cd}$ 中的关系却与 HN 土壤不同，pH 值对 TJ 土壤 $C_{DGT\text{-}Cd}$ 的影响较低（R^2=0.027）。Cd 的生物有效性变化也不是总与 pH 值变化有关，这可能是因为 pH 处于接近中性的状态，引起的 Cd 和土壤结合位点的正电荷变化有限。

水分条件显著影响土壤中 Fe 氧化物形态变化，间接影响 Cd 的生物有效性（图 3-57）。

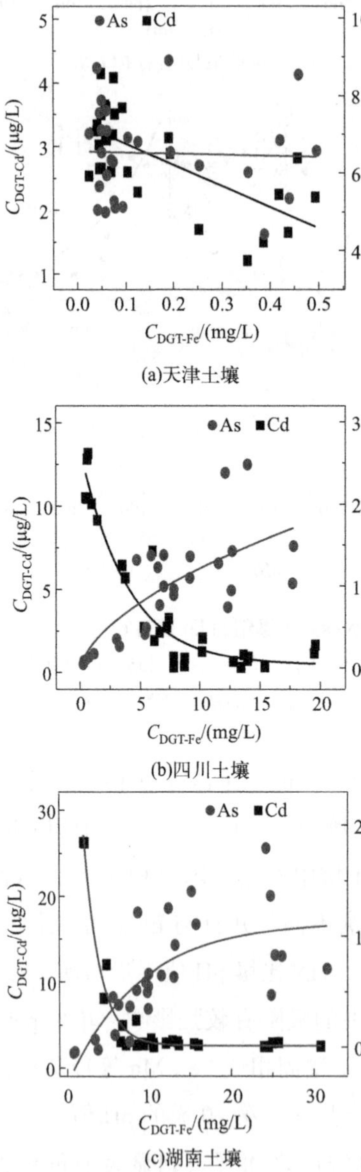

图 3-57　土壤剖面 $C_{DGT\text{-}Fe}$ 与 $C_{DGT\text{-}Cd}$、$C_{DGT\text{-}As}$ 含量的关系

本研究采用 DGT 技术发现 Fe-LDHs（Fe^{2+}-Fe^{3+}）针铁矿（α-FeOOH）的转化通路是降低土壤 Cd 活性的重要机制。首先，在淹水的初期阶段，氧化铁主要以水铁矿形式存在，已被证明会降低 Cd 的迁移率和生物利用度。然而，水铁矿在还原条件下不稳定，通过非生物或微生物过程还原为 Fe（Ⅱ），环境中大量 Fe（Ⅱ）和 Fe（Ⅲ）混合存在，形成双层混合价铁矿物质 LDHs（Fe^{2+}-Fe^{3+}）。水淹之后土壤中 Fe（Ⅱ）含量均上升。由于其特殊的结构，Fe（Ⅱ）和 Fe（Ⅲ）层间孔隙中存在 CO_3^{2-}、SO_4^{2-} 等大量阴离子，被证明具有较高的从溶液中去除 Cd 的能力。其次，LDHs 作为溶液中 Fe（Ⅱ）氧化过程形成的中间化合物，在缺氧条件下有较高的反应性，特别是在碱性溶液中。在碳酸盐溶液中，最初的 LDHs（Fe^{2+}-Fe^{3+}）通过溶解 - 沉淀过程转化为针铁矿，持续将土壤固相中 Cd 的可提取性维持在较低水平。Yan 等[192]的研究也通过同步辐射证明针铁矿的大量增加，水淹 30d 后 Cd 与针铁矿以结合的形式存在。此外，本研究中 DGT 结合膜颜色分析表明，确实存在 LDHs（Fe^{2+}-Fe^{3+}）转化为针铁矿的过程（图 3-58，书后另见彩图）。溶液中的铁大部分以胶体形式存在，对氧化还原变化非常敏感，导致传统采样方法对氧化铁还原的监测不可靠，而 $C_{DGT\text{-}Fe}$ 是铁还原后次生铁矿物形成的重要表征。TJ 土壤剖面中 $C_{DGT\text{-}Fe}$ 在 20d 以后才开始增加，而 SC 土壤 $C_{DGT\text{-}Fe}$ 在 4d 后就迅速上升，与此同时 SC 土壤中 Cd 减少速率比 TJ 土壤中更快。回归分析结果表明 $C_{DGT\text{-}Fe}$ 分别解释 HN、SC 土壤中 Cd 动态变化原因的 92% 和 72%（表 3-35）。

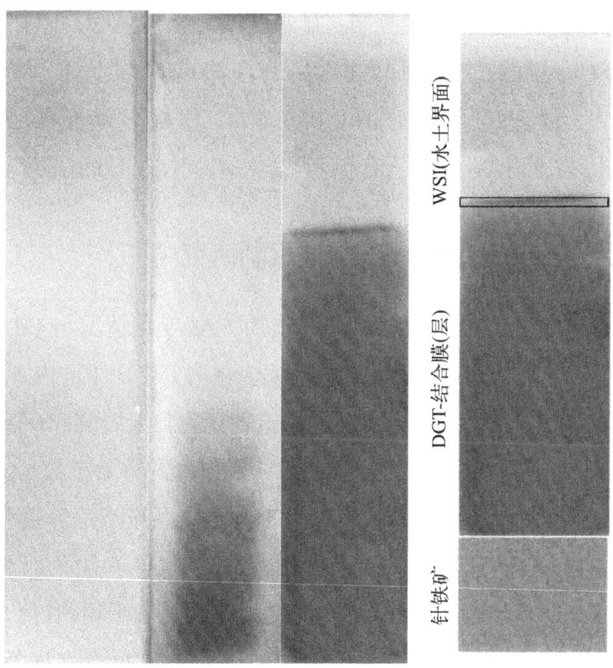

图 3-58 SC 土壤中 DGT 黏结层颜色随淹水时间的变化

从左到右依次为淹水第 1 天、淹水第 10 天、淹水第 20 天针铁矿与 DGT 结合膜颜色对比

表 3-35 3 种土壤 C_{DGT-Cd} 含量变化预测模型

序号	方程	标准化系数	N	R^2	P
1	$HN_{DGT-Cd}=53.417+0.044Eh-6.255pH$	Eh=0.798 pH=−0.185	20	0.951	＜0.001
2	$HN_{DGT-Cd}=23.531-0.00359Fe+1.37\times10^{-7}Fe^2$	Fe=−2.3117 Fe^2=1.5085	20	0.920	＜0.001
3	$SC_{DGT-Cd}=-91.871+0.025Eh+12.708pH$	Eh=0 .594 pH=0.432	20	0.774	＜0.001
4	$SC_{DGT-Cd}=14.196-0.00168Fe+4.29\times10^{-8}Fe^2$	Fe=−2.8246 Fe^2=2.2856	20	0.720	＜0.001

注：将 Fe、Eh 值、pH 值等指标进行多元回归方程分析，利用该方法对淹水期间土壤剖面上 Cd 含量进行预测。其中，TJ 土壤 DGT-Cd 变化预测模型不显著。

土壤自然干燥两天后，TJ 和 HN 土壤 5cm 处均发现 C_{DGT-Cd} 上升的现象，其中 TJ 土壤 C_{DGT-Cd} 从淹水之后的 2.6μg/L 上升到 4.5μg/L，HN 土壤上升到 4.6μg/L，SC 土壤几乎无变化，维持在 0.5μg/L 以下。这些变化主要是由还原 - 氧化循环中土壤 pH 值和 Fe(Ⅱ)含量的变化引起的。先前已经强调了 C_{DGT-Cd} 的总体下降是由次级铁矿物胶体吸附引起，而充足的 C_{DGT-Fe} 是间接维持 Cd 浓度低水平的保证。然而，排水后 C_{DGT-Fe} 均迅速降低，这是由于次级铁矿物被氧化以及 pH 值降低引起的溶解，导致吸附到次级铁矿物中的 Cd 比例减少，Cd 在孔隙水中重新释放。本研究中 Cd 的快速下降和快速释放也表明厌氧过程中 Fe 对 Cd 的控制过程主要以次级铁矿物吸附为主，其余部分为 $CdCO_3$、CdS 等沉淀控制。排水后，虽然 TJ 和 SC 土壤 pH 值相差不大，但 TJ 土壤 C_{DGT-Fe} 仅是 SC 土壤的 0.7%，所以排水后 TJ 土壤 Cd 含量上升。然而，虽然 HN 和 SC 土壤 Fe(Ⅱ)相差不大，但 HN 土壤剖面 pH 值降至 6.74，比 SC 土壤低 0.8 个单位，所以排水后 HN 土壤 Cd 含量上升，表明土壤干燥后 pH 值和 C_{DGT-Fe} 共同控制 Cd 溶解度。

3.6.1.5 淹排水过程通过调控 As 活性机制研究

我们发现淹水导致 3 种土壤剖面中 C_{DGT-As} 增加，As 变化情况与 Cd 相反，这与以前的研究一致。然而，不同土壤中 As 的迁移差异较大。在培养 1 ～ 10d 内，SC 土壤 As 浓度是 HN 土壤的 3.8 倍，而总 As 浓度几乎没有差异，这种现象与土壤的 pH 值变化有关。大量研究表明，土壤氧化还原状况和 pH 值是控制土壤 As 溶解度的重要参数。pH 值增大导致土壤胶体表面负电荷数量增加，大量 As 被解吸进入土壤溶液。淹水培养过程中，pH 值较高的 SC 和 TJ 土壤 C_{DGT-As} 高于 HN 土壤，可能是较高的 pH 值阻碍了 As 的吸附。此外，As 与土壤 pH 值在 6.75 ～ 7.5 之间呈显著正相关，实验过程中 3 种土壤平均 pH 值介于 7.10(HN 土壤)至 7.58(TJ、SC 土壤)之间，HN 土壤观察到 C_{DGT-As} 与 pH 值之间存在显著正相关(R^2=0.75)，与上述研究相符。然而，TJ 和 SC 土壤中 C_{DGT-As} 与 pH 值呈现显著负相关，相关系数分别为 −0.61、−0.46。淹水培养的 1 ～ 20d，Eh 值从 250mV 降低到 −100mV，3 种土壤剖面中 As 的浓度随着 Eh 值的降低而线性增加，Eh 值和 As 浓度均呈现显著的负相关，相关系数分别为 −0.67、−0.75、−0.78。

淹水 1 ～ 30d，SC 土壤剖面中 C_{DGT-As} 从 1.87μg/L 增加至 20.57μg/L，HN 土壤也是类似的趋势。相比之下，TJ 土壤中 As 增加更为缓慢，最高时仅为 SC 土壤剖面中最大 C_{DGT-As} 的 35.8%，但是 TJ 土壤中的总砷含量远高于 SC 土壤中的总砷含量，该现象可能是由 C_{DGT-Fe}、C_{DGT-Mn} 差异引起的。铁锰氧化物的转化是控制土壤中 As 行为的关键过程之一，淹水阶段中出现铁锰氧化物逐步溶解而释放 As 的现象。从 Fe（Ⅲ）氧化物还原过程中释放的 As 被认为是导致土壤中 As 浓度升高的重要因素，Fe 和 As 之间的密切相关性是砷和铁矿物耦合溶解的证据（图 3-59，书后另见彩图）。Fe（Ⅲ）氧化物在土壤深度上的还原程度有差异，可能会导致 As 在不同层中的解吸有所差别，这将进一步增加 As 浓度的变化性。淹水前期（1 ～ 20d），TJ 土壤剖面区域中 As 的释放速率低于其他两种土壤，这是因为 TJ 土壤铁矿物易溶解部分较少，与之前的结论相符。此外，还受到 Mn 含量的影响。锰还原通常发生在比砷或铁还原更高的氧化还原电位下，TJ 土壤总 Mn 含量最高，C_{DGT-Mn} 也高，与此同时 TJ 土壤中 Fe 还原进程最为缓慢，Eh 值下降速率最低，高含量的 Mn 在一定程度上延缓淹水厌氧情况下 As 释放和 Fe 氧化物的还原。回归分析结果表明 C_{DGT-Fe} 与 C_{DGT-Mn} 分别解释 HN、SC 土壤中 As 动态变化原因的 64% 和 59%（表 3-36）。

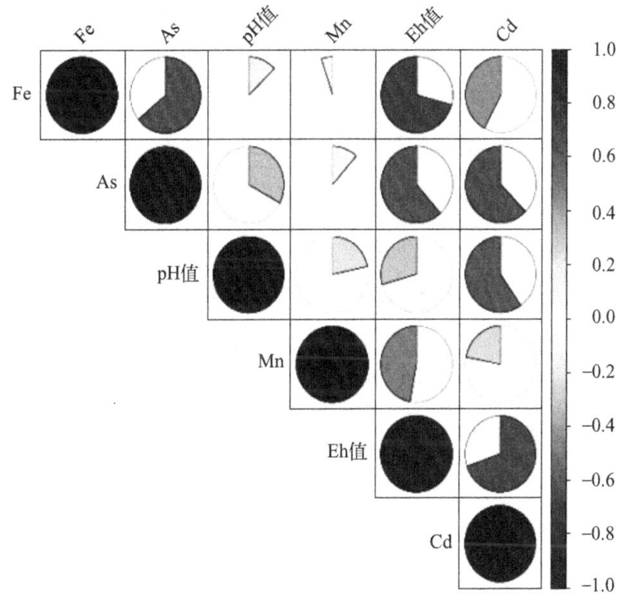

图 3-59　淹水期间 3 种土壤各元素间相关性

表 3-36　3 种土壤 C_{DGT-As} 含量变化预测模型

序号	方程	标准化系数	N	R^2	P
1	TJ_{DGT-As} =53.00211−0.004560Eh−6.08447pH	Eh=−0. 5855 pH=−0. 5578	20	0.719	＜ 0.001
2	HN_{DGT-As} =0.86779+0.0004866Fe −0.0005101Mn	Fe=0.8205 Mn=−0. 0207	20	0.642	＜ 0.001
3	SC_{DGT-As} =10.53186+0.001071Fe −0.02661Mn	Fe=1.4475 Mn=−0.874	20	0.590	＜ 0.001

此外，As 与 Mn（Ⅲ）的相关性要好于 Fe（Ⅲ），在同时降低 C_{DGT-As} 和 C_{DGT-Cd} 方面，通过使用非线性回归分析，确定了同时达到 As 和 Cd 最小浓度的土壤 Eh 值为 10mV（或 Eh 值范围为 −40 ～ 40mV），该值可能是帮助土壤进行水分管理的有用工具。

淹水处理促进 C_{DGT-Fe} 和 C_{DGT-Mn} 增加，但其增加态势在 3 种土壤中并非完全一致，受到土壤环境条件（如土壤 pH 值、Eh 值、有机质含量及 Mn/Fe 比例等）的影响，较高的 Mn/Fe 值和较低的有机质含量均会延缓 Fe 的还原转化进程。3 种土壤 Cd 浓度在淹水还原阶段迅速降低，但在排水氧化阶段有所增加。随着厌氧条件的发展，淹水后次生铁矿物将 Cd 存于土壤固相中，次级矿物正是由 Fe（Ⅱ）转化而来，在环境中大多以带负电的胶体形式存在，为 Cd 提供了更多的活性吸附位点，保持充足的 Fe（Ⅱ）是间接控制 Cd 低浓度的关键。此外，排水后 Fe（Ⅱ）被氧化导致次级铁矿物含量迅速降低，并且 pH 值同步降低，这些都直接导致与次级铁矿物关联的 Cd 比例减少。同时，本研究还发现 C_{DGT-As} 与 C_{DGT-Fe} 在 30d 内同步增加，表明活性 As 的增加是由于铁锰矿物质还原溶解并释放结合的 As。这些结果表明，铁锰的溶解 / 转化会影响 Cd、As 的迁移率，并且这种现象在 Fe 活性较高的南方土壤中更为明显。

3.6.2 硫肥使用对重金属 Cd 活性变化的影响及机制

硫作为继氮、磷和钾之后第四位重要的营养元素，是蛋白质的主要组成元素之一，缺硫会导致生物很多功能受阻。而硫的形态变化直接影响硫在土壤、生物及大气圈层的交换和循环[193]。人们很早就认识到，硫对于生物体中的许多反应来说是不可或缺的，当硫供应不足时植物往往展现出较大的生理差异。植物缺硫往往由于以下原因：

① 只注重土壤氮、磷、钾肥的补充，忽视硫肥的施用；

② 作物产量增加，硫的需求不断增加，大量的硫随着作物收获而被移出土壤；

③ 焚烧植物秸秆也会导致硫进入大气而损失。

我国某些稻田由于施肥和种植方式不合理，使得土壤中硫输出大于输入，土壤和植物缺硫的现象不断加重[194]。

我国缺硫区域主要分布于长江以南地区，该地区高温多雨，剧烈的微生物活动是导致土壤中的硫分解淋失的主要原因。在改善稻田土壤缺硫导致的农作物生产问题时，发现施硫肥不仅可以提高水稻产量，还会显著影响稻田 Cd 等重金属的生物有效性。这是因为硫体系是土壤氧化还原体系的重要组成部分，土壤性质直接受硫化物含量、化学形态及其相互之间的转化情况影响，并进而影响重金属在土壤中的化学形态、活性及生物有效性。

3.6.2.1 硫在土壤中的行为以及对 Cd 影响的研究进展

硫是地壳中含量最丰富的元素之一，平均含硫量为 0.06%～ 0.10%。中国土壤全硫含量为 100 ～ 500mg/kg，中国南方 10 个省土壤全硫含量平均为 299.2mg/kg，其中四川省土壤的含量最低，仅为 207mg/kg ；贵州省土壤含硫量最高，达 480mg/kg。10 个省有机硫含量平均为266.8mg/kg，占全硫含量的89.2%。10省土壤有效硫平均含量为34.3mg/kg，其中以江西省土壤的有效硫含量最低，为22.5mg/kg；贵州土壤有效硫量最高，为66.7mg/kg[195]。不同类型土壤含硫量相差也很大，土壤含硫量与成土母质、风化程度、降水量、土壤质地和有机质含量等因素有密切关系。土壤中的硫有母质、大气沉降、灌溉水和施肥等不同来源[196]。大气沉降是各种生态系统获得硫素的重要途径之一，大气中的含硫化合物主要是气态 SO_2 和硫酸盐离子（SO_4^{2-}）。作为燃料的煤炭、原油和其他含硫物质在燃烧过程中可使 SO_2 排入大气，进而被植物吸收，有时作物需硫量的1/2可能来自大气。大气中的硫素一部分被雨水带回土地，每年由雨水降入土壤的硫为3～4.5kg/hm^2。灌溉水也是土壤中硫的来源，干旱地区灌溉水中硫的浓度一般为300～1500mg/L，含硫量高足以满足作物的需要。在温带地区，灌溉水中的 SO_4^{2-} 浓度为5～100mg/L。此外，含硫肥料亦是土壤中硫的重要来源，动物粪肥的长期施用对土壤中全硫含量虽无重大影响，但对土壤中可提取的硫影响十分显著。

要全面评价土壤硫的丰缺和了解土壤的潜在供硫能力及环境影响，必须对土壤硫形态组分进行研究。土壤中硫一般分为无机态硫（磷酸盐溶液提取的硫）和有机态硫两大部分。土壤中无机硫占总硫的10%左右，主要是水溶性和吸附性 SO_4^{2-} 及难溶性硫酸盐，在透水很好、无盐化的土壤表层中90%以上的硫是有机硫[197]。无机硫指以无机化合物形态存在的硫，主要包括易溶硫酸盐、吸附态硫酸盐、与碳酸钙共沉淀的难溶硫酸盐以及还原态无机硫和化合物（包括硫化物、单质硫等）。因植物主要以溶解态硫酸根形态吸收硫，所以易溶态和吸附态硫酸根是植物利用的有效态土壤硫。单质硫在土壤中一般不易被检测到，它不是土壤还原条件下硫酸盐的直接还原产物，而是硫化物经以化学反应过程为主的氧化反应形成的中间产物，可能短期存在于土壤中。但在三角洲地区可能因周期性淹水中断了还原态硫的完全氧化而出现单质硫累积。单质硫不能直接提供作物所需要的硫，必须转化为 SO_4^{2-} 后才能供作物吸收利用。在排水良好的土壤中，SO_4^{2-} 是硫的稳定形态，但也存在着少量的硫化物；在淹水土壤中的厌氧条件下会因有机质分解而导致 H_2S 的累积。土壤中存在的 SO_4^{2-} 亦可作为硫酸还原细菌的电子受体被还原为 H_2S。SO_4^{2-} 的还原依赖于氧化还原电位和pH值，氧化还原电位高于−150mV或pH值在6.5～8.5范围以外时，极少或根本没有 S^{2-} 累积。土壤中硫化物的性质因其生成方式而千差万别，主要取决于沉淀的粒径和结晶度。易溶解于土壤溶液中的硫酸盐称为易溶性硫酸盐。几乎所有排水良好的耕地土壤中无机硫均以与 Ca^{2+}、Mg^{2+}、K^+ 和 Na^+ 等阳离子结合的硫酸根离子态存在。土壤或培养液中 SO_4^{2-} 的浓度为（3～5）$\times 10^{-6}$mol/L时，就足以满足许多植物的生长。湿润、半干旱、温带和亚热带地区排水良好的农业土壤表层中，硫大多为有机态。一般认为，大多数非石灰性土壤表层中有机硫占全硫的90%以上。有机硫在全硫中的比例因土壤类型和在土壤剖面的深度而异，通常底土低于表土[198]。

土壤重金属污染[199]严重威胁着农业生产，镉（Cd）过量导致的安全问题引起人们的重视。有研究表明，水稻容易吸收Cd，通过食物链传递对人体健康产生威胁[179]。因此，减少稻米Cd吸收对于确保粮食安全是十分重要的。研究表明，还原状态下铁锰氧化物的还原溶解导致Cd吸附位点减少，Cd生物有效性增加。但随着还原条件不断加强，铁氧化物硫酸盐被还原为Fe^{2+}和S^{2-}，从而形成CdS、FeS等沉淀，降低Cd生物有效性。尽管硫可以作为一种潜在的方法缓解稻田Cd污染，但先前的研究报道了硫对土壤Cd生物利用度的不同影响。例如，向稻田中添加硫酸盐可以提高水稻产量，减少Cd从水稻根部向芽的转运[200]。元素S的添加会因为氧化过程质子的产生而酸化土壤，H^+竞争吸附作用导致Cd进入土壤溶液，提高Cd生物有效性[201]。存在上述不同现象的原因是硫对Cd生物有效性的影响是由其形态决定的。硫（S）、硫酸盐（SO_4^{2-}）以及有机硫是典型的硫素，对土壤环境因子（Eh值、pH值、DOC）以及铁锰氧化物形态转化有不同影响，导致Cd生物有效性不同。稻田环境因水稻根系活动而变化剧烈，根区出现显著的时空异质性，氧化还原条件变化十分剧烈，有效态Cd、S、Fe随水稻生长发生波动，从而影响水稻吸收Cd的速度和幅度。此前研究主要集中在水稻某些生长阶段，缺乏针对Cd时空变化的动态监测，无法反映稻米吸收Cd的动态变化态势，涉及土壤溶液、固相及水稻根系之间的耦合作用，而相关研究由于缺乏令人满意的原位监测技术，无法直接观察到土壤中Cd^{2+}、Fe^{2+}、S^{2-}等的同步变化。

硫在土壤中对Cd的影响主要通过氧化还原、吸附-解吸、沉淀-溶解等过程完成，与土壤溶液及土壤颗粒表面之间的界面反应过程和机理密切相关。之前的研究表明，重金属有优先与土壤中含硫官能团结合的趋势[193]，硫对缓解稻田Cd污染问题有一定的积极作用。Karlsson等[202]扩展的X射线吸收精细结构光谱学证明了天然有机物中还原的硫醇会配位镉，得到含硫官能团对Cd进行配位的直接证据。Qayyum等[203]的研究也表明，石膏的施用会降低土壤中DTPA的可萃取Cd，而S提高了土壤中的生物可利用Cd。S在土壤中被硫氧化细菌氧化成SO_4^{2-}，氧化过程质子的产生会酸化土壤，H^+的竞争吸附作用提高了Cd生物有效性。例如，Wu等[191]的研究表明，在有氧条件下施用S，其氧化作用显著酸化土壤，增加了可溶性SO_4^{2-}、Cd和Fe的浓度，并促进植物对Cd的吸收。然而，Liu等[204]考察了S对重金属植物吸收的影响，虽然S促进了植物根系对Cd的吸收累积，但是硫对土壤pH值影响很小。上述研究表明S造成重金属生物利用度的变化，并不一定是通过调节pH值实现的。Hoefer等[205]利用孔隙水采样技术结合DGT技术研究硫施用对金属溶解度和吸收的影响，观察到S添加后促进还原性Mn氢氧（氧）化物的溶解，其中Mn最终在消耗O_2和NO_3^-后成为末端电子受体，S处理使叶中Mn浓度增加了接近10倍。Hu等[194]考察S的施用对根际土壤元素的影响，观察到S可以促进Fe/Mn化合物在水稻根表面和根际铁斑中的溶解，根表面铁斑块和根际中铁浓度随着S应用速率的增加而增加。Sun等[195]也发现硫促进了铁斑的形成，将重金属生物可利用组分转化和在根部表面隔离，降低重金属的生物利用率。大量研究表明，在厌氧条件下，由硫酸盐还原细菌介导的硫酸盐还原为硫化物会导致CdS沉淀，并且形成的FeS沉淀也可以吸收Cd，降低其生物有效性。在稻田中添加硫酸盐可以提高水稻产量，同时降低稻米中Cd含量。Na_2SO_3可提高土壤pH值，而Na_2SO_4对土壤pH值没有影响。Hashimoto等[206]的研究指出，与低硫土壤相比，有效硫含量高3倍的高硫土壤从土壤溶液中去除镉的速度更快，而可交换部分中镉的比例更小。过量的S可能造成相反的结果。Fan 等[207]的研究表明，S 的过量供应明显导致水稻根部表面铁斑的减少，增加镉在根部的累积。在排水条件下，S^{2-} 易被氧化，此时硫化物中的 Cd 被释放出来，导致水稻 Cd 吸收量的增加。硫化物在土壤的氧化还原过程中，其价态的变化将引起土壤 pH 值变化，而 pH 值的变化直接对土壤中重金属的溶解吸附产生影响。存在上述不同现象的原因是硫对 Cd 生物有效性的影响是由其形态决定的，硫单质（S）、硫酸根（SO_4^{2-}）以及有机硫是典型的硫素，它们对土壤环境因子（如 Eh 值、pH 值、DOC）的变化有不同的影响，进一步影响铁锰氧化物的形态转化，导致水稻生长过程中 Cd 生物有效性的不同。硫对镉在土壤中的生物有效性有巨大的影响。然而，目前尚未系统研究硫供应对土壤中镉、铁生物有效性的影响机制。采用 LDHs-DGT 原位监测技术分析不同硫对 Cd 生物有效性的影响机制，并总结土壤环境因子和其他元素的协同变化规律。使用元素硫（S^0）、硫酸钠（SO_4^{2-}）和巯基改性有机黏土（MP）进行处理，共设计了 CK（对照组，不施硫）、S-L（50mg/kg）、S-H（100mg/kg）、SO_4^{2-}-L（50mg/kg）、SO_4^{2-}-H（100mg/kg）以及 MP（100mg/kg）6 种处理。供试土壤采自四川省绵竹市的水稻田（山地黄棕壤），在水稻生长期间部署 DGT 监测元素变化，同时监测 pH 值、Eh 值等的变化。

3.6.2.2 不同硫对土壤理化性质的影响

水稻分蘖期所有处理土壤 pH 值都大幅下降（图 3-60），这归因于根系生长作用分泌的酸性物质。S 和 SO_4^{2-} 均可不同程度降低 pH 值，但对 pH 值的影响效果并不显著，表明根际对 pH 值有较明显的调控作用。分蘖期 Cd 生物有效性最大，其次是孕穗期和成熟期。随着还原条件加强，质子不断消耗以及 CO_2 的扩散速度减缓，导致土壤 pH 值逐渐升高。H^+ 浓度降低会增加胶体表面的吸附位点而有利于 Cd 的固定，这可能是降低重金属生物有效性的原因之一。此外，水稻成熟期前后发现 S 处理土壤溶液 pH 值较高，但 Cd 含量却高于其他处理。研究中出现低 pH 值低 Cd、高 pH 值高 Cd 的这种现象，表明 pH 值并不是水稻生长期 Cd 溶解度变化的良好预测变量。大量研究证明，Eh 值会显著影响土壤 Cd 的生物有效性[181, 208]。Eh 值由环境中氧化剂 / 还原剂的比例决定，氧气消耗殆尽后导致 Eh 值逐步降低，并始终维持在较低数值。值得注意的是，在水稻生长前期 SO_4^{2-} 处理土壤溶液中 Cd 含量大于 S 处理，并且 Cd 含量的下降速度比其他处理慢很多，这归因于在 SO_4^{2-} 处理中观察到较高的 Eh 值。添加 SO_4^{2-} 浓度越高，Eh 值和 Cd 含量就越高。可溶性有机碳（DOC）是土壤有机碳的一种相对活跃的成分，易于氧化分解。DOC 形成过程会消耗土壤中的氧化剂，是形成还原条件的主要因素。换句话说，水稻土中大量的 DOC 浓度可能是土壤长期处于厌氧条件下的结果，根系分泌的有机酸也起着重要作用。随着水稻的不断生长，所有处理土壤溶液的 DOC 含量均是先增加后下降。分蘖期 DOC 含量处在较低水平，在 S、SO_4^{2-} 和 MP 处理中分别为 4.90%、3.23% 和 6.14%。S 处理在分蘖期和孕穗期增加了土壤溶液 DOC 含量，而在此阶段 SO_4^{2-} 处理却并未出现变化。此外，MP 处理土壤溶液 DOC 含量在整个生育期一直显著高于其他处理。DOC 含有丰富的配体（例如羧基和酚羟基），通过形成配合物捕获 Cd，从而影响 Cd 的活性和迁移。一般来讲，羟基氧化铁是 DOC 的主要吸附剂。DOC 可以通过它们的官能团直接结合 Cd，并吸附到氧化物和黏土矿物中，从而形成三元表面复合物。分蘖期 S 处理土壤溶液中 DOC 浓度均高于 CK，这可能是导致 S 处理 Cd 含量低的原因。SO_4^{2-} 处理根际土壤 DOC 含量较低，可能是在较高 Eh 值环境下有机碳被氧化得较为彻底。

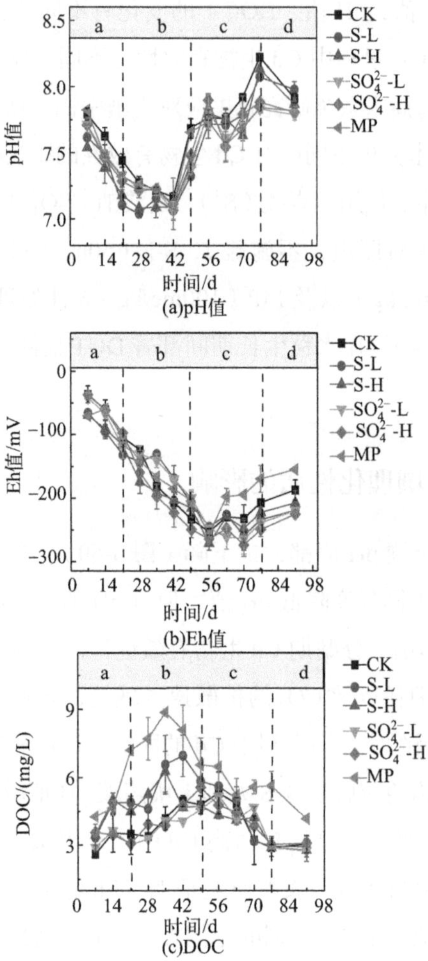

图 3-60　不同硫处理下土壤溶液 pH 值、Eh 值和 DOC 随时间的动态变化

采样位置在土壤水界面以下 0 ~ 10cm 处，数据显示为平均值 ± 标准差形式（n=3）

a—分蘖期；b—孕穗期；c—灌浆期；d—成熟期

3.6.2.3　不同硫对水稻生长及 Cd 积累的影响

Zhang 等[209]的研究表明，与对照相比，S^0 和石膏（$CaSO_4$）均显著提高了水稻生物量，水稻产量提高了 2.8 ～ 4.8 倍。本研究中，S 和 SO_4^{2-} 处理的水稻长势显著高于 CK，分别使稻米质量提高 1.77 ～ 2.02 倍。S-L 处理稻米质量比 S-H 处理低 21.9%，SO_4^{2-}-L 比 SO_4^{2-}-H 低 23.8%，表明施加硫肥浓度越高，对产量影响越大。硫处理显著降低稻米和稻根中 Cd 的累

积，不同 S 对 Cd 的降低效果不同（图 3-61，书后另见彩图）。MP 处理稻根中 Cd 含量仅为 0.497mg/kg，与 CK 的累积量 2.22mg/kg 相比，减少了 77.6%。S^0 和 SO_4^{2-} 也分别使稻根 Cd 累积量减少了 31% 和 16%，表明适当的硫添加可以有效减缓根系对 Cd 的累积。值得注意的是，根中 Cd 的累积与土壤中溶解态 Cd 含量和 $C_{DGT\text{-}Cd}$ 高度相关。S 处理也减少稻米中 Cd 的累积，S-L 的施用将水稻籽粒中 Cd 的浓度从 0.017mg/kg（CK）降低到 0.01mg/kg，SO_4^{2-}-L 将 Cd 浓度降低至 0.013mg/kg。稻米中 Cd 的累积也与 $C_{DGT\text{-}Cd}$ 高度相关（R^2=0.916），表明 LDHs-DGT 可用于预测稻米中 Cd 的累积（图 3-62）。

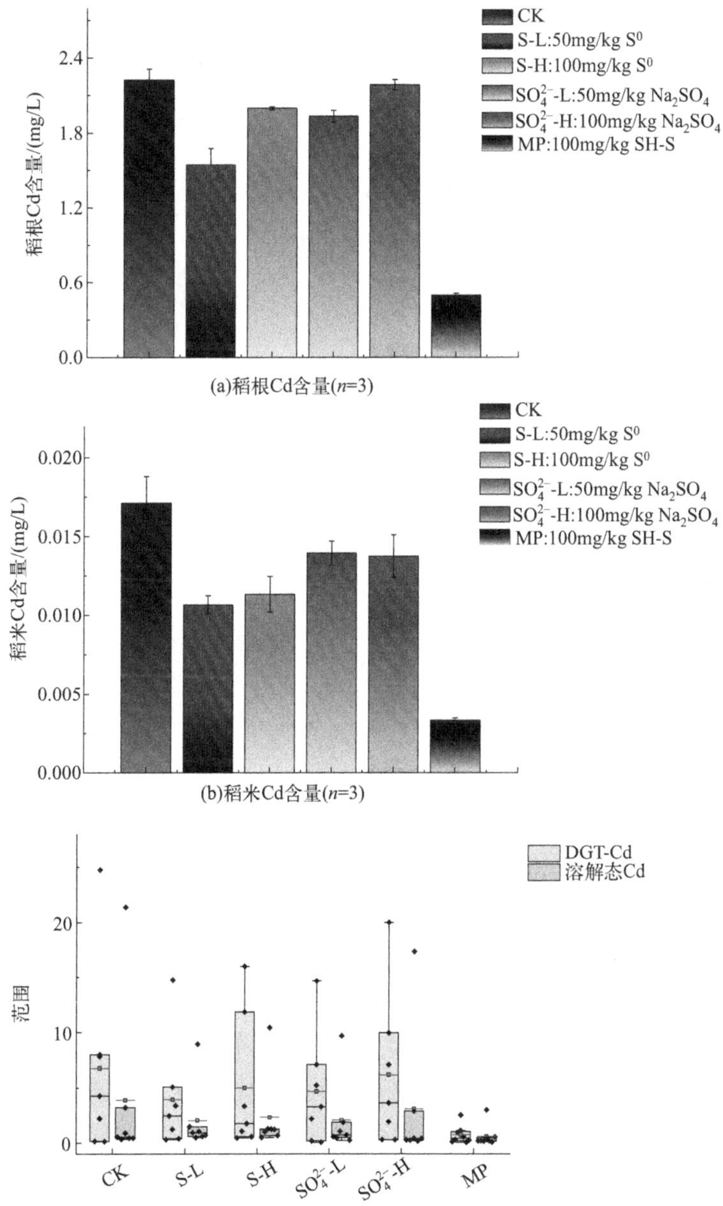

图 3-61　不同硫处理对土壤中 Cd 生物有效性和水稻对 Cd 吸收的影响

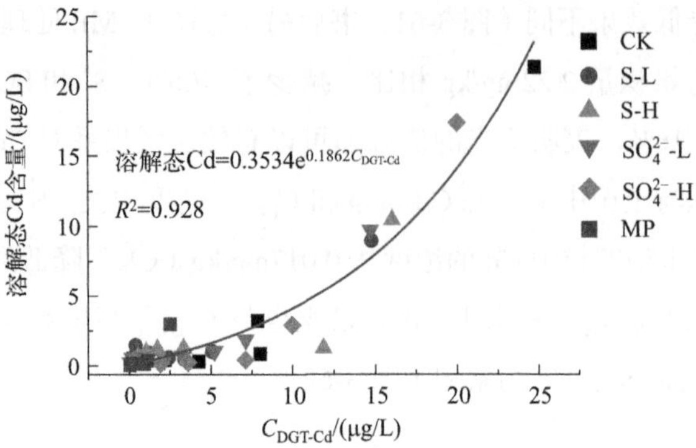

(a)土壤溶液中溶解态Cd含量与C_{DGT-Cd}的关系

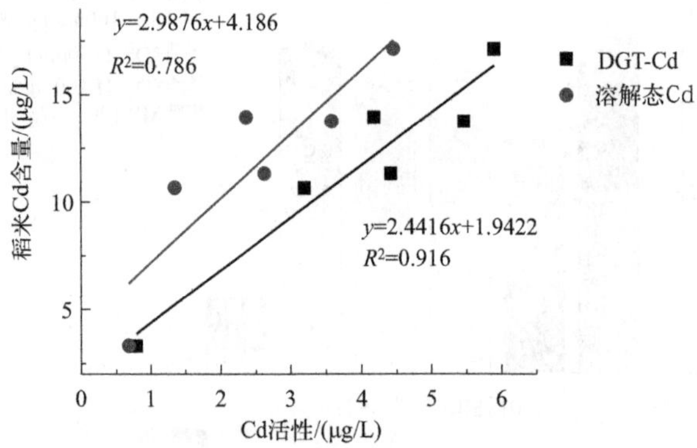

(b)Cd活性与稻米Cd含量的关系

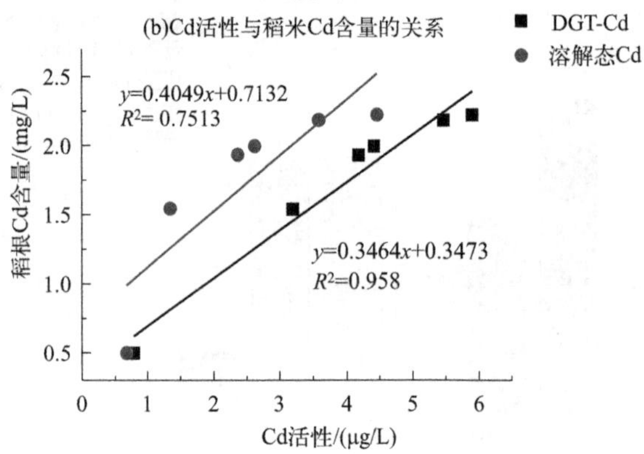

(c)Cd活性与稻根Cd含量的关系

图 3-62　土壤 Cd 活性（土壤溶液中溶解态 Cd 和 C_{DGT-Cd}）与稻米、稻根 Cd 含量的相关性

3.6.2.4　不同硫对土壤 Cd 活性的影响

稻田土壤经过 1 个月时间的老化，Cd 活性维持在较低水平（图 3-63）。水稻移栽后，Cd 含量随即达到最大值，然后在 5 周内不断下降，波动变化至盆栽实验结束。分蘖期所有处理溶解态 Cd 含量达到最大值，其中 CK 和 SO_4^{2-}-H 处理分别为 26.854μg/L、30.186μg/L，MP 处理为 5.12μg/L。不同硫处理造成的 Cd 含量差异在分蘖期尤为明显。相比 CK，前 3 周 MP、S、SO_4^{2-} 处理分别使土壤溶液 Cd 浓度降低 95.5%、75.5% 和 53.2%，Cd 在 MP 和 S 处理中下降速度明显快于 SO_4^{2-} 处理。对所有处理而言，整个生育期土壤溶液中 Cd 浓度按

照 CK > SO_4^{2-} > S > MP 降序排列。值得注意的是，在成熟期观察到 S 处理的土壤溶液中 Cd 含量有升高的趋势，其他处理无此现象。与溶解态 Cd 相似，在水稻分蘖观察到较高的 C_{DGT-Cd}，CK 和 SO_4^{2-}-H 处理分别为 24.76μg/L、22.34μg/L。与 CK 相比，S 和 SO_4^{2-} 处理使 C_{DGT-Cd} 在 30d 内分别降低 51.1% 和 17.1%。令人注意的是，MP 处理对 Cd 生物有效性降低效果十分明显，在整个生育期内 C_{DGT-Cd} 均保持在 5μg/L 以内。淹水层中 C_{DGT-Cd} 一直处于比较低的数值，在水稻整个生育期最大值为 8.3μg/L，平均值为 1.4μg/L（图 3-64）。

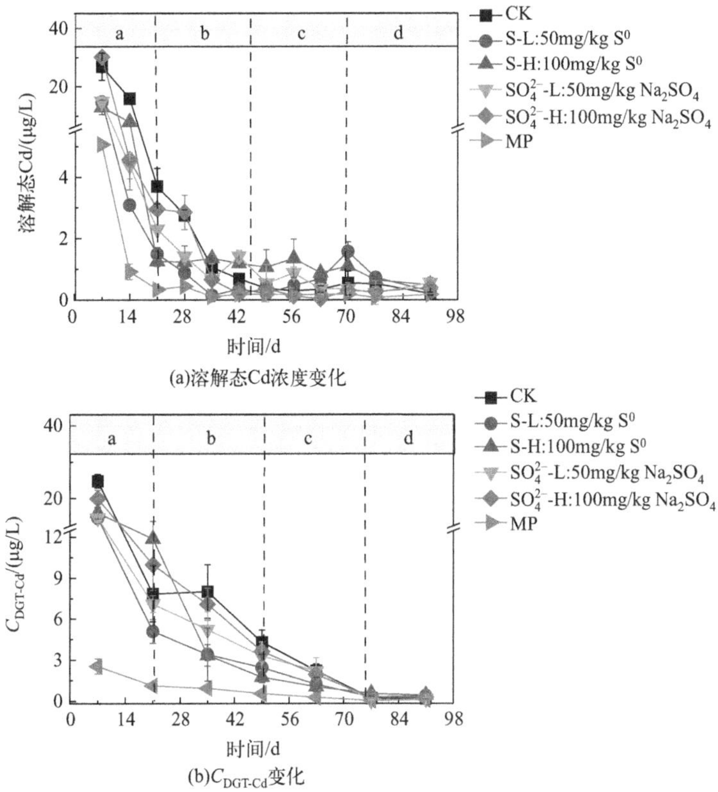

图 3-63 不同硫处理对土壤中 Cd 生物有效性的影响

数据显示为平均值 ± 标准差（n=3）

a—分蘖期；b—孕穗期；c—灌浆期；d—成熟期

在水稻生长过程中，Cd 生物有效性的变化是由多种生化过程引起的，硫的添加影响了诸多环境因子（pH 值、Eh 值、DOC），从而会影响土壤中 Cd 生物有效性[183]。水稻移栽后，根际 pH 值随水稻生长不断降低，在 40d 左右降至最低点，随后升高至盆栽实验结束。整个生育期内，pH 值在 6.90 ～ 8.20 之间动态变化，与 CK 相比，S 和 SO_4^{2-} 处理分别导致土壤 pH 值降低 0.12 和 0.22 个单位，并且施加浓度越高，pH 值越低。值得注意的是，前 40d 下降期间，SO_4^{2-} 处理的土壤 pH 值高于 S 处理。而 40d 后 pH 值上升阶段中却显示出相反的趋势，即 S 处理土壤 pH 值高于 SO_4^{2-} 处理。Eh 值在分蘖期和抽穗期逐渐降低，在成熟期趋于稳定。土壤 Eh 值整个生育期内始终处于比较低的数值（−300 ～ −40mV），这表明移栽水稻后还原状态是一直进行的。所有处理 Eh 值在第 60 天降至最低，其中 CK 为 −229.4mV，S 和 SO_4^{2-} 处理分别为 −250.5mV 和 −256.4mV。分蘖期 S 处理使土壤 Eh 值显著低于对照，而 SO_4^{2-} 处理却无此现象。

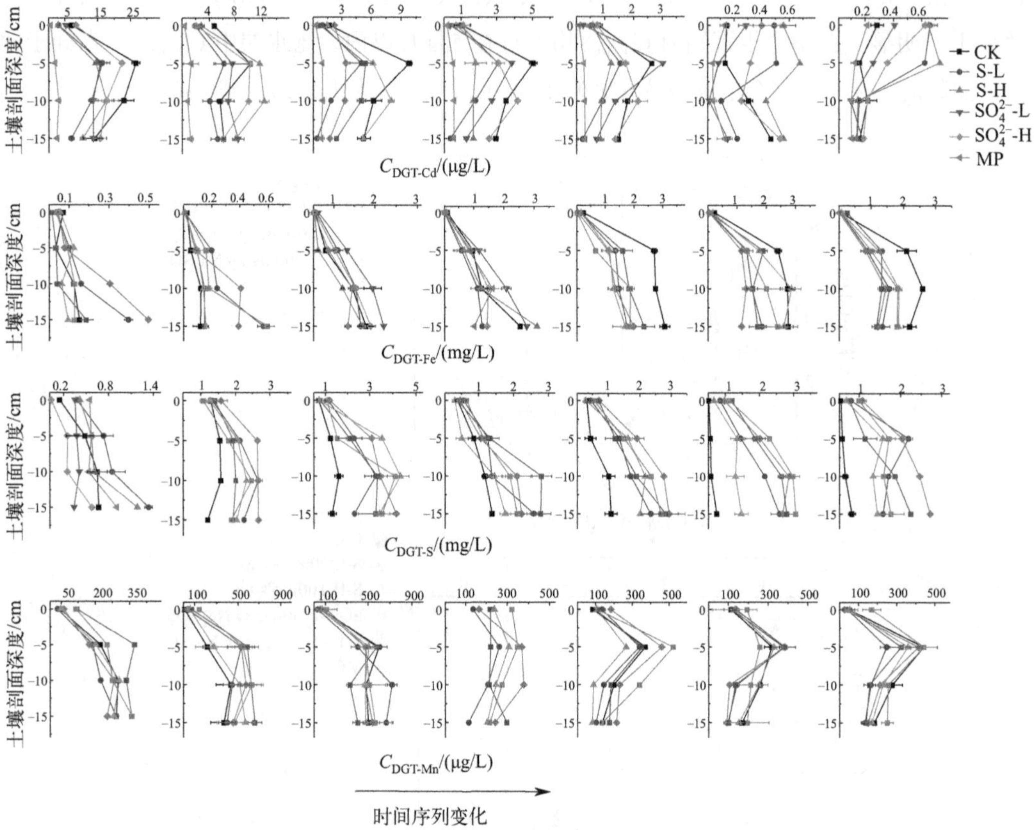

图 3-64　C_{DGT-Cd}、C_{DGT-Fe}、C_{DGT-S} 和 C_{DGT-Mn} 在土壤剖面上水稻生长过程中的时空变化

土壤剖面按深度分为 4 个位置，即 D1（淹水层）、D2（土水界面以下 0 ～ 5cm）、D3（土水界面以下 5 ～ 10cm）、D4（土 - 水界面以下 10 ～ 15cm）

3.6.2.5　不同硫通过调控土壤 Fe、Mn、S 活性影响 Cd

溶解 Fe 浓度在 0.01 ～ 0.61mg/L 范围内波动，S、SO_4^{2-} 和 MP 处理在水稻移栽 50d 时达到最大值，比 CK 处理提前 1 周。随后，溶解 Fe 减少，直到盆栽实验结束。整个生育期内，硫处理在不同时期对孔隙水中溶解态铁浓度影响不同。分蘖期所有处理的溶解态铁浓度未超过 0.10mg/L，CK 浓度最低只有 0.033mg/L，S 和 SO_4^{2-} 处理分别是 CK 处理的 2.01 倍和 1.39 倍。然而灌浆期 CK 溶解铁高于其他处理，分别是 S 和 SO_4^{2-} 处理的 2.23 倍和 1.66 倍，并且该现象保持到盆栽实验结束。C_{DGT-Fe} 与溶解态 Fe 含量趋势类似，但高于溶解态铁含量，随培养时间的增加而不断上升，在 0.1 ～ 2.8mg/L 范围内波动。除 SO_4^{2-}-H 处理外，其他处理均在第 60 天达到平稳态势，此时 CK 土壤中 C_{DGT-Fe} 达到最大值 2.5mg/L，分别是 S 和 SO_4^{2-} 处理的 2.06 倍和 1.85 倍（图 3-65）。

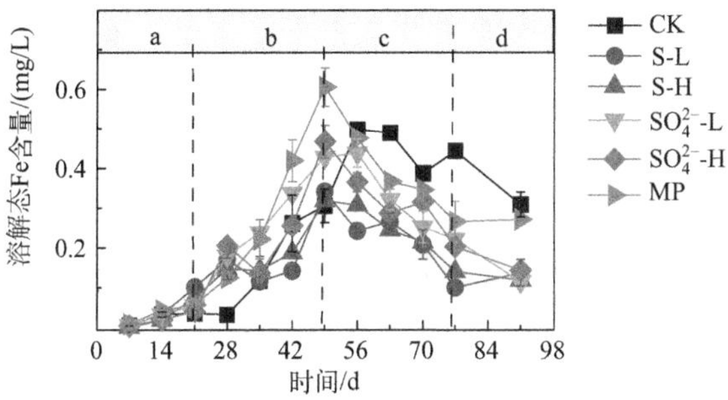

(a)Fe动态变化

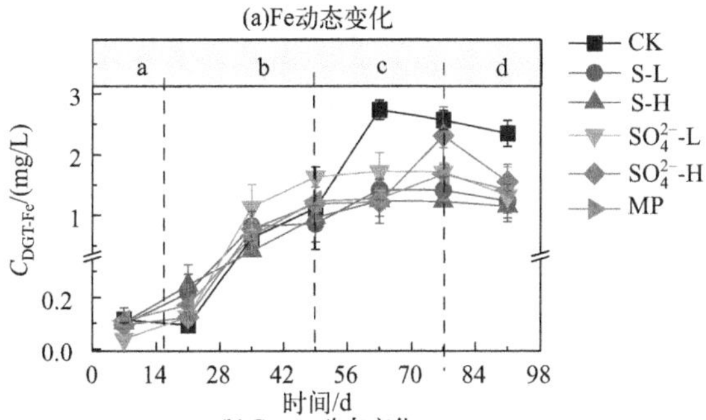

(b)$C_{DGT\text{-}Fe}$动态变化

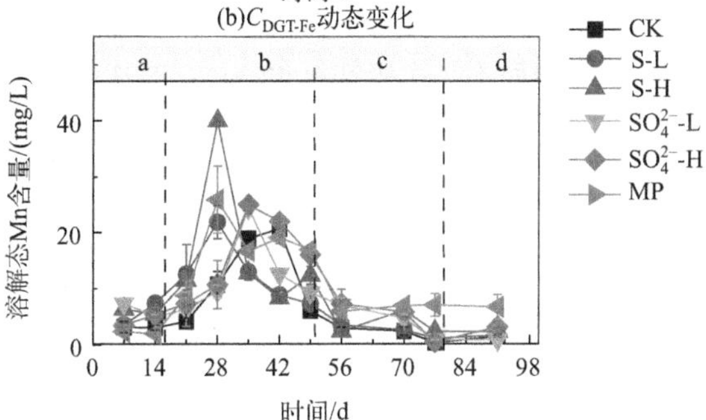

(c)Mn动态变化

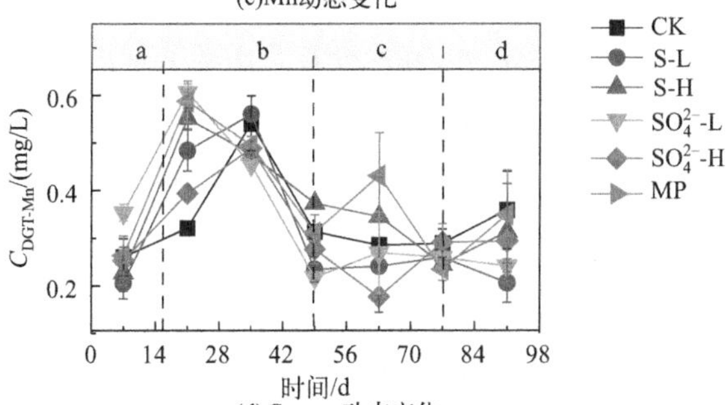

(d)$C_{DGT\text{-}Mn}$动态变化

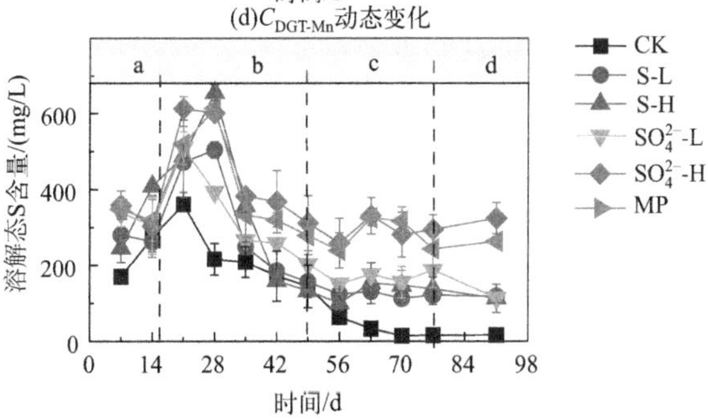

(e)S动态变化

图 3-65

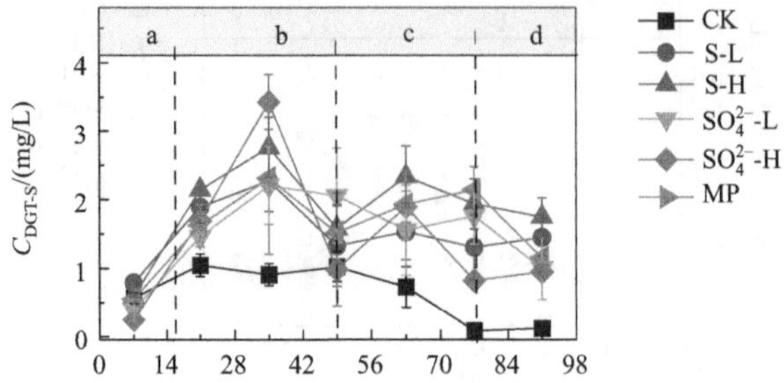

(f)C_{DGT-S}动态变化

图 3-65 水稻生长过程中土壤溶液中 TS、Fe、Mn 含量和 C_{DGT-Fe}、C_{DGT-Mn}、C_{DGT-S} 的动态变化

数据显示为平均值 ± 标准差（n=3）

a—分蘖期；b—孕穗期；c—灌浆期；d—成熟期

铁氧化物一直被认为是影响土壤 Cd 生物有效性的重要因素[184]。首先，氧化铁在水稻移栽前的老化阶段主要以水铁矿形式存在，其巨大的比表面积和吸附能力已被证明会降低 Cd 的迁移率和生物利用度。水稻移栽后初始 C_{DGT-Fe} 很低，而 Cd 活性很高，可能的原因：一是固定 Cd 的主要手段是 CdS 沉淀而不是次级铁氧化物；二是次级铁矿被根系泌氧作用影响后释放 Cd，剩余的 Fe（Ⅱ）也被氧化。然后随着 Eh 值不断下降，氧化物中的 Fe（Ⅲ）再次被还原为 Fe（Ⅱ）进入土壤溶液，由于 Fe（Ⅱ）与 Cd（Ⅱ）的竞争性吸附作用，减缓了水稻对 Cd 的吸收和累积。在移栽后的 Cd 活化阶段，S 和 MP 处理增加最少，SO_4^{2-} 处理和 CK 上升最多。这可能是因为 S 处理的 C_{DGT-Fe} 最高。孔隙水中溶解 Mn 在 0.36 ～ 39.93mg/L 范围内波动，所有处理在第 30 天时达到最大值，其中 S-H 在所有处理中达到最大值 39.93mg/L。值得注意的是 C_{DGT-Mn} 增加时间要早于 C_{DGT-Fe}，并在第 20 天达到最大值，随后波动变化至盆栽实验结束。S 会影响铁氧化物的转化，从而影响 Cd 的生物有效性。本研究中硫添加在水稻生长前期会促进土壤中 Fe^{2+} 的增加。然而在水稻生长 30d 后，硫添加导致土壤 Fe^{2+} 浓度降低，而 CK 却无此现象。存在两个可能的原因：第一，S 促进了水稻对 Fe 的吸收，导致 S 处理在后期 Fe 含量降低；第二，S 处理促进 Fe 转化成为次级铁矿物形式，比如 FeS 和 FeS_2 等。本研究中还原阶段 S 处理土壤中 Fe（Ⅱ）含量远大于对照土壤，表明还原过程不仅会产生 S^{2-}，还可能会促进 Fe（Ⅲ）氧化物向包括 FeS 在内的次级矿物转化。有研究证实，经过 S 处理的土壤中形成 FeS 是合理的[210]，还原条件下 FeS 的累积似乎更多受到硫含量的限制，而不是溶解铁含量。此外，S 处理降低 Cd 活性的效果好于 SO_4^{2-}，可能的原因是：

① SO_4^{2-} 处理的土壤在分蘖期还原程度较弱，高浓度的 SO_4^{2-} 起到稳定铁矿物的作用，可延缓铁矿的转变；

② 施加 SO_4^{2-} 加速了水稻的生长，氧气分泌能力加强；

③ SO_4^{2-} 可以与 Cd 形成复合物，使得活性态 Cd 比例增加。

C_{DGT-Fe} 与 C_{DGT-Cd} 在土壤剖面任意位置都存在显著负相关，并且 C_{DGT-Fe} 与 C_{DGT-Cd} 的相关

性高于 $C_{DGT\text{-}S}$ 与 $C_{DGT\text{-}Cd}$ 的相关性 [图 3-66，图 3-67（书后另见彩图）]。Eh 值持续下降，土壤剖面 Fe 和 S 含量大幅度上升，同时 Cd 活性下降。但是 D2、D3 部分仍然因为根际作用而呈现较高的 Cd 含量。分蘖期根系分泌有机酸使得局部土壤酸化，解释了根系附近 D2、D3 层 $C_{DGT\text{-}Cd}$ 升高。此外，原本处于还原区域的土壤遇到根系扩展，根系分泌的氧气显著改变此区域的氧化还原状态，$C_{DGT\text{-}Fe}$ 降低，但是 $C_{DGT\text{-}Mn}$ 几乎不受影响。不稳定 Cd 的浓度会随土壤深度的增加而降低，D4 层中 $C_{DGT\text{-}Cd}$ 一直处于较低水平。$C_{DGT\text{-}Fe}$ 随土壤深度的增加而增加，这表明 Cd 的迁移受到 Fe 转化的影响。土壤经历长时间的淹水，其还原程度从上到下逐渐增加。并且水稻根短时间无法深入底部，导致 D4 存在很强的还原环境。土壤中的 Fe^{2+} 越多，转化过程会提供更多的吸附位置，降低 Cd 的迁移（图 3-67）。分蘖期 $C_{DGT\text{-}Mn}$ 与 $C_{DGT\text{-}Cd}$ 存在显著负相关，其相关程度大于 $C_{DGT\text{-}Fe}$ 与 $C_{DGT\text{-}Cd}$ 之间的关系。锰还原通常发生在比铁还原更高的氧化还原电位下，分蘖期所有处理土壤溶液中溶解 Mn 含量迅速增加，并且发现 S 的加入促进锰氧化物的溶解。这表明 Cd 浓度的初期降低还受到 Mn 氧化物还原的影响。

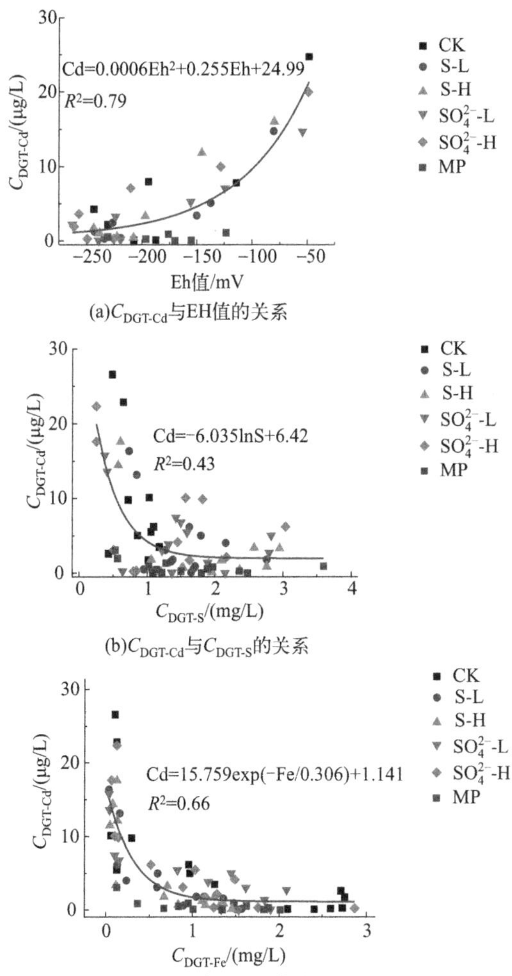

(a) $C_{DGT\text{-}Cd}$ 与EH值的关系

(b) $C_{DGT\text{-}Cd}$ 与 $C_{DGT\text{-}S}$ 的关系

(c) $C_{DGT\text{-}Cd}$ 与 $C_{DGT\text{-}Fe}$ 的关系

图 3-66　水稻生育期 $C_{DGT\text{-}Cd}$ 与 Eh 值、$C_{DGT\text{-}S}$、$C_{DGT\text{-}Fe}$ 的关系

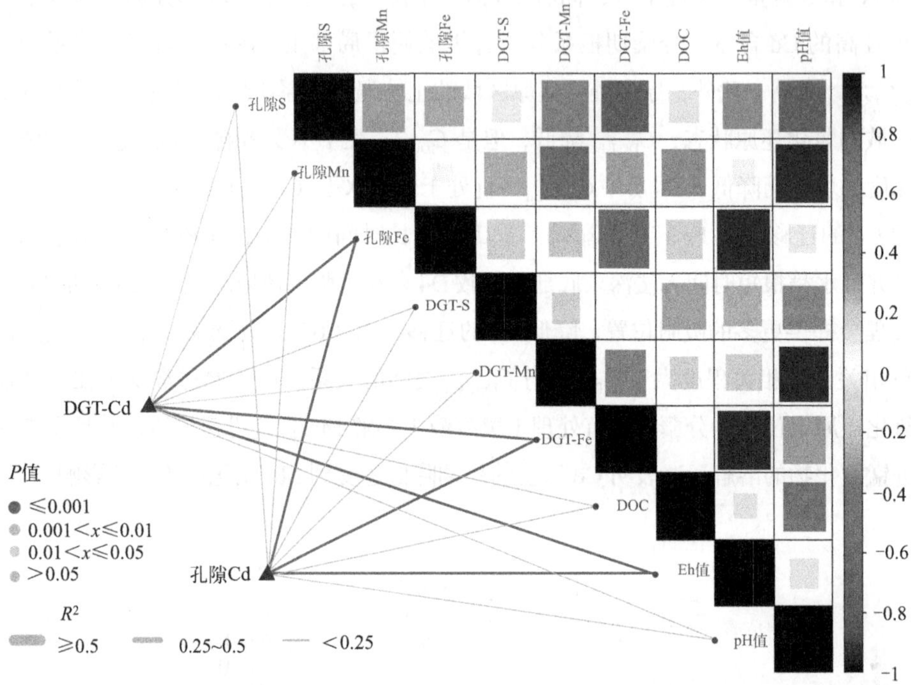

图 3-67 从土壤溶液中提取的 Cd 浓度和 DGT 与土壤中其他元素的相关性

稻田土壤中元素生物利用度的异质性模式在水平面和垂直剖面之间有所不同，在后者中，短距离发生变化的可能性更大。造成这种情况的原因主要与稻田环境的复杂性有关。要理解这一点，实验必须满足原位、多元素以及动态监测的要求。与其他 DGT 设备相比，LDHs-DGT 的独特之处在于可以同时提取不稳定的 Cd、Fe、Mn 和 S，从而提高检测效率，降低实验成本。LDHs-DGT 提供了探查根 - 土界面 Cd 生物有效性的原位监测手段，这对于观察 Cd 在根 - 土界面的迁移是非常重要的。结果表明，土壤中可溶性 Cd 含量和 $C_{DGT\text{-}Cd}$ 在添加硫后迅速降低，S 单质处理将稻根 Cd 含量从 2.07mg/kg（CK）降低到 1.01mg/kg，而 SO_4^{2-} 处理降低至 1.3mg/kg。水稻生长初期，硫添加提高土壤中 DOC 含量，促进 Fe、Mn 的还原溶解，降低土壤中不稳定镉的含量；随后，硫添加促进次级铁矿以及 CdS 的形成，是降低 Cd 生物有效性的重要因素；水稻生长后期，S 单质处理的土壤溶液 Cd 含量增加，而 SO_4^{2-} 处理无此现象，可能的原因是 DOC 的消耗或者 CdS 沉淀氧化导致 Cd 进入土壤溶液。水稻生长初期通过增加土壤 DOC 含量来增加 Cd 的配位，随后通过次级铁矿物的吸附 / 共沉淀以减少土壤中 Cd 生物有效性。

结果表明，适当的硫处理显著改善了水稻的生长，降低了土壤中 Cd 生物利用度和水稻籽粒对 Cd 的吸收。淹水条件下适量 S 的添加可以降低稻田 Cd 生物有效性，但不同土壤类型下 Cd 生物有效性对硫处理的响应仍然需要进一步研究。

3.6.3 有机黏土钝化材料对重金属Cd活性变化的影响及机制

3.6.3.1 有机黏土钝化材料对土壤Cd活性变化影响的研究进展

土壤中的黏土矿物是由土壤风化形成的[211, 212]，是土壤胶体的主要成分，是土壤自净能力的体现形式之一[211]。黏土矿物（如海泡石、坡缕石）拥有巨大的比表面积和较强的吸附能力，因而能够降低土壤中重金属离子的活性[213]。但天然黏土矿物对重金属离子的吸附选择性低、吸附量有限、金属离子结合常数低，因此对天然黏土矿物进行人工修饰、接枝处理后，可增强黏土矿物的吸附效果及稳定性[214]。

巯基改性坡缕石（MP）是农业农村部环境保护科研监测所开发的一种可高效钝化Cd的有机改性黏土材料[215]。MP自创制成功以来，在湖南、四川、河南、天津等区域镉污染农田钝化修复应用中表现出高效、持续性降低土壤Cd活性的能力，且与土壤酸碱性及农艺管理方式关系不显著[216-218]。为了揭示MP降低Cd活性的机理，Liang等[219, 220]进行了诸多研究，如通过实验发现MP能够降低根际土壤和非根际土壤中DTPA提取态镉含量，减少水稻对镉的富集；小麦田使用MP后，小麦Cd吸附量减少60%以上，土壤中铁锰态镉含量升高，可交换态镉含量降低，进一步检测发现，MP可以显著降低土壤颗粒zeta电位进而增加土壤颗粒对Cd的吸附量。而在蔬菜地的实验也得到了相似的结果[216, 221]。除上述研究外，为探究MP是否通过影响土壤微生物群落及活性从而改变土壤Cd活性，Wang等[218]采用灭菌的方式对比了土壤添加MP后土壤微生物体系的变化，发现土壤灭菌提高了MP的抑Cd效果，说明MP不是通过土壤微生物渠道来降低Cd活性的。此外，我们在实验中发现，MP在Cd^{2+}溶液中有一定吸附能力但并不强，说明MP自身吸附性并非土壤Cd活性降低的主要机制，还需要进一步探究MP在土壤中的降Cd机制。

以上研究虽然对揭示MP的抑Cd机制有一定帮助，但始终没有发现其主要原理。这可能与实验的方式方法有关。

① 以往研究监测重金属活性多采用化学浸提法，异位化学浸提使土壤自身环境条件改变，影响对机制的解释。

② 对重金属活性变化的检测往往以天为单位进行[218, 221, 222]，且实验发现，MP施用后土壤Cd活性在短时间内就已发生了显著变化，但相关研究并未捕捉到这一变化过程。

③ 不同元素间的协同变化监测不足，无法满足解析MP钝化机制的需要。

薄膜扩散梯度技术（DGT）是一种重金属活性变化原位、动态、被动采样技术，其采样过程不扰动土壤，不向土壤中添加酸、碱、盐等化学提取剂，且可以多时间段原位布设从而实现对重金属运移的动态提取检测。DPTA-LDHs-DGT（简称LDHs-DGT）是以DTPA（二亚乙基三胺五乙酸）插层双层金属氢氧化物纳米材料作为结合膜的一种DGT设备，具有阴阳离子同时吸附、吸附容量高、高效全解离等特点。

3.6.3.2 MP降低土壤Cd活性的原理与影响因素

为了进一步揭示MP钝化土壤重金属Cd的机制，本研究以河北省、四川省、湖南省某地3种理化性质差别大的Cd污染土壤为研究对象，采用LDHs-DGT联合土壤溶液原位提取技术，创新性分析了土壤添加不同浓度MP后土壤有效态Cd含量及其活性影响因子Fe、Mn在短期（48h）及长期（155d）的动态变化规律（图3-68、图3-69）。由图可知，无论土壤是酸性还是碱性，即使添加少量MP也可以在实验初期（第2天）有效降低土壤有效态Cd含量，降幅分别为64.81%（河北省）、90.51%（四川省）、89.16%（湖南省）；到实验第34天，与CK相比，3种土壤0.2%组的Cd^{2+}含量下降幅度分别为78.15%（河北省）、90.90%（四川省）、88.98%（湖南省），说明MP具有良好的Cd活性抑制能力。实验第49天将土壤搅拌，3种土壤Cd^{2+}含量与第34天相比有一定上升态势，这种上升可能与土壤相对厌氧有关，导致Fe/Mn氧化物的还原溶解（图3-70，图3-71），将其吸附的易动态Cd释放，导致有效态Cd含量增加；但添加MP后，易动态Cd含量升高态势被明显抑制，且用量越多抑制性能越强。此后，土壤不再受到扰动，各组有效态Cd含量持续降低，至第155天再次加水测量时，发现低MP剂量组土壤Cd活性较CK虽总体有所下降，但效果不如初期明显。而高添加量依然有明显的抑Cd活性的能力。

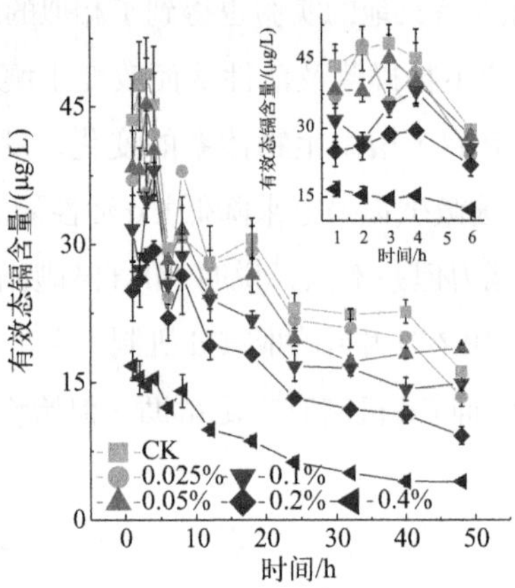

(a)Cd^{2+}

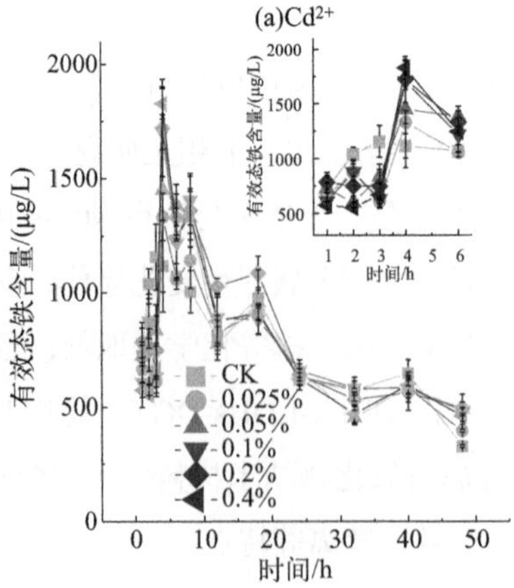

(b)Fe^{2+}

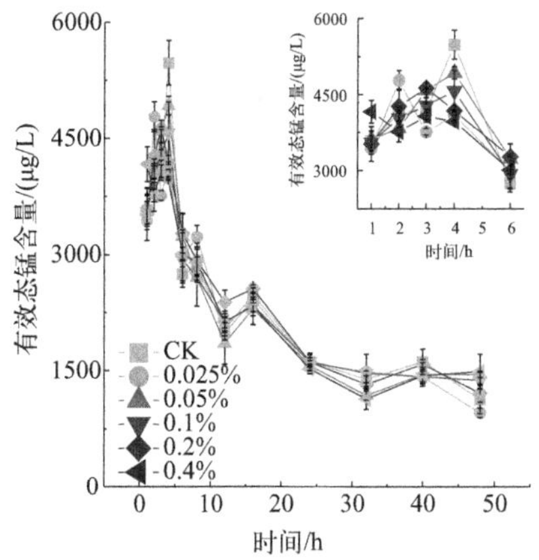

(c)Mn^{2+}

图 3-68 土壤 Fe^{2+}、Mn^{2+}、Cd^{2+} 含量变化

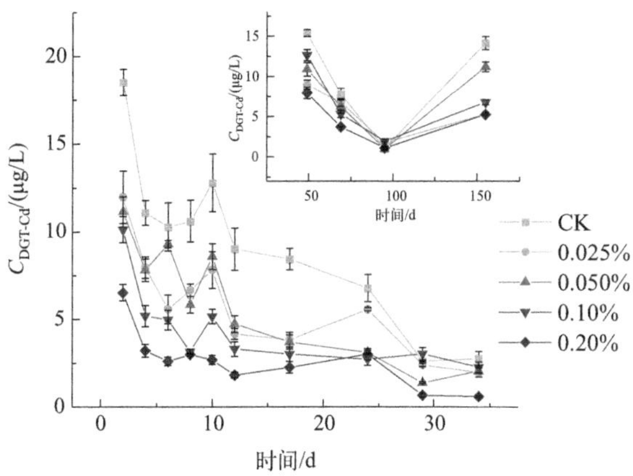

(a)河北省

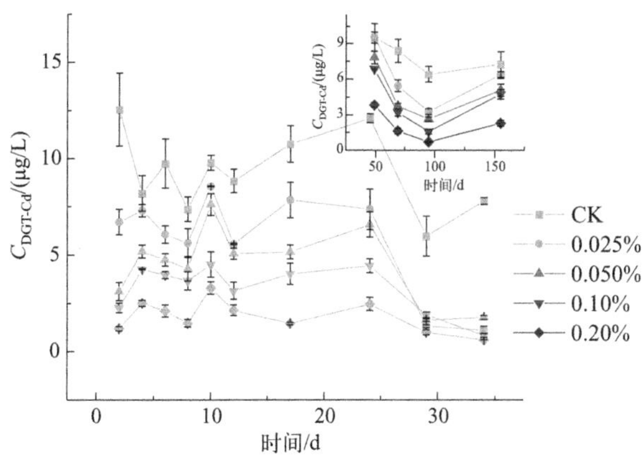

(b)四川省

图 3-69

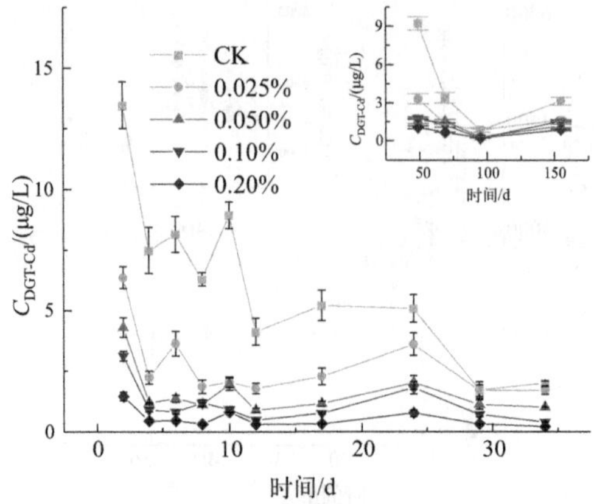

(c)湖南省

图 3-69　土壤有效态 Cd^{2+} 含量随时间变化

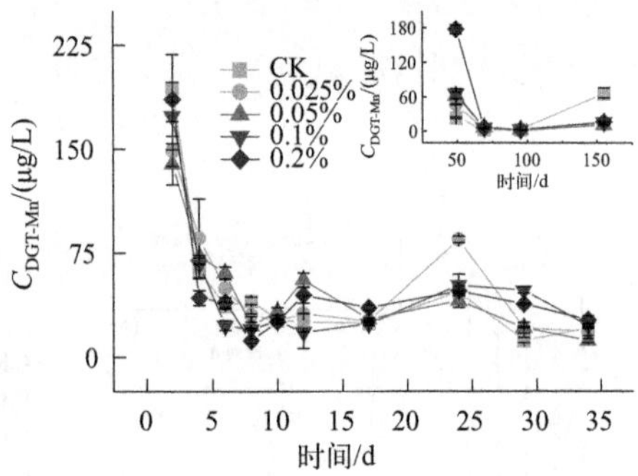

(a)河北省

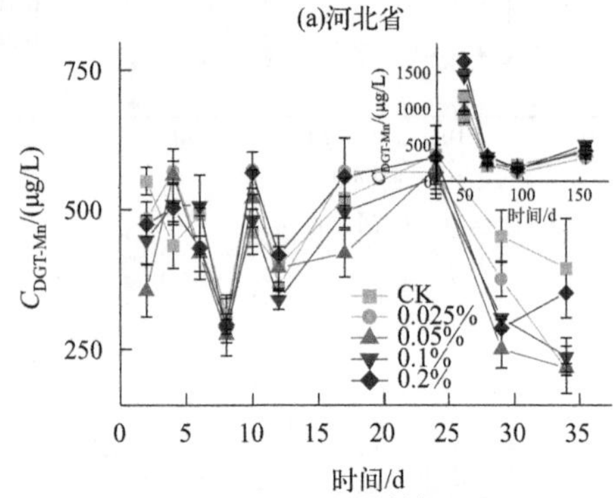

(b)四川省

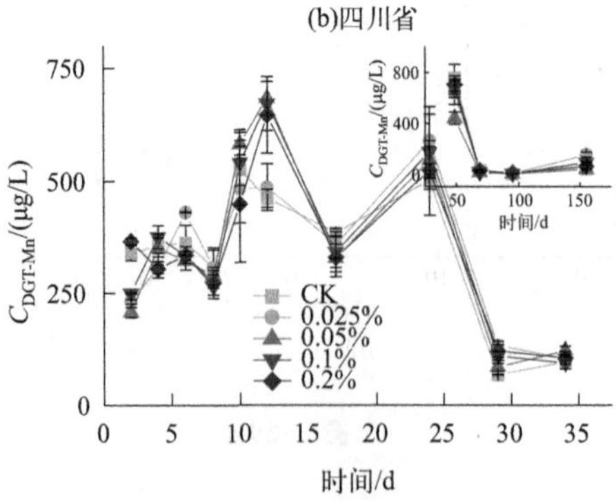

(c)湖南省

图 3-70　土壤有效态 Mn^{2+} 含量变化

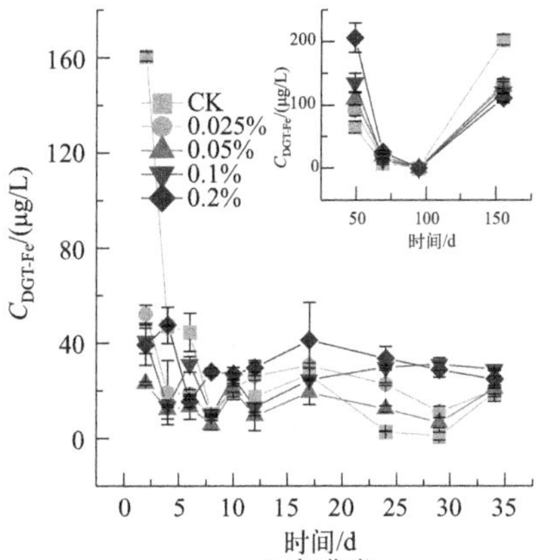

(a)河北省

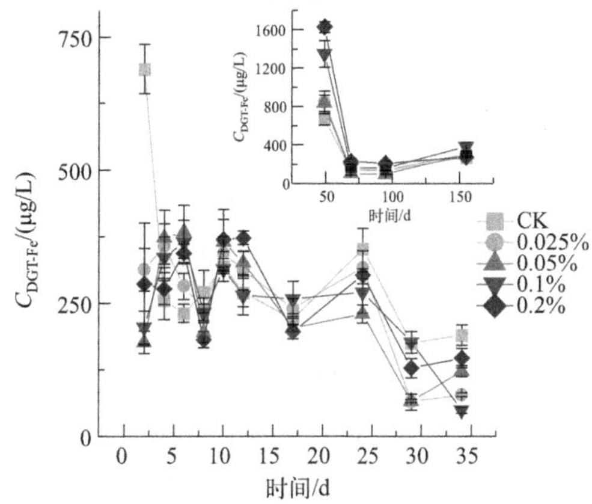

(b)四川省

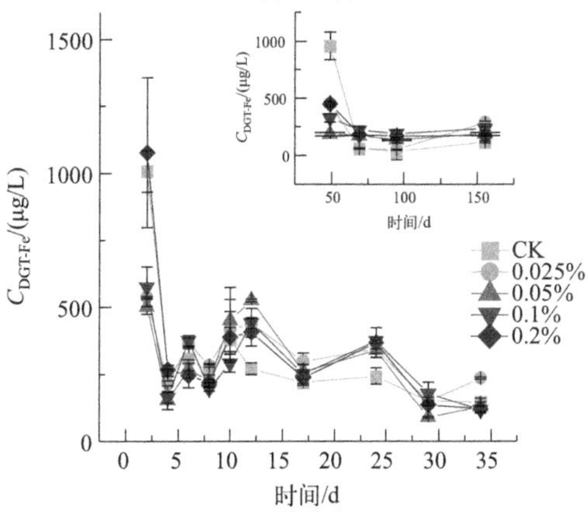

(c)湖南省

图 3-71　土壤有效态 Fe^{2+} 含量随时间变化

添加 MP 后，整个实验过程中土壤 Fe^{2+} 浓度均高于对照组（CK），说明 MP 在土壤中具有一定的还原性和催化能力。CK 组初期 Fe^{2+} 含量较高可能是由土壤加水后土壤颗粒、胶体、铁锰氧化物及有机质吸附的铁溶解释放导致[223]；而加入 MP 后，土壤颗粒 zeta 电位降低，土壤吸附阳离子能力增强，导致 MP 处理后土壤 Fe^{2+} 含量低于 CK[224]。将土壤重新翻整后（第 49 天），土壤 Fe^{2+} 浓度显著上升，正说明了底层土壤有向表层土壤运移 Fe^{2+} 的浓度梯度差；实验第 49 ～ 95 天，土壤不再受到扰动，与 Cd 活性变化一致，Fe^{2+} 浓度也逐步下降，说明表层土壤Fe在氧气作用下逐步被氧化。到实验第155天，四川省、湖南省土壤Fe^{2+}虽有增加，但增加态势不明显，这可能是由最后一次测定时土壤DOC含量升高吸附Fe^{2+}所致（图3-71）。

总体而言，土壤添加MP后并没有对Mn^{2+}浓度及其随时间的变化态势产生明显影响。且从Fe、Mn还原态数量可知，虽然土壤总Fe含量和总Mn含量不同，但还原态Mn^{2+}含量与Fe^{2+}的值相当，甚至更大一些，说明Mn较Fe更易被还原，相反地也更不易被氧化，四川省土壤总Mn浓度较低，但活性高，这与土壤pH值低有很大的关系[103]。

进一步通过拟合线性方程分析土壤有效态Fe^{2+}浓度（$C_{DGT\text{-}Fe^{2+}}$）、有效态Mn^{2+}浓度（$C_{DGT\text{-}Mn^{2+}}$）与有效态Cd^{2+}浓度（$C_{DGT\text{-}Cd^{2+}}$）变化关系。其中，模型斜率大小代表了铁锰氧化物还原对易动态Cd含量变化的影响效率，斜率越大，表示Fe/Mn氧化还原对易动态Cd含量影响越大；模型截距代表了Fe/Mn氧化物氧化还原对易动态Cd含量变化的影响强度，截距越大，说明相同量的Fe/Mn还原会造成更大量的易动态Cd释放。由图3-72可知（书后另见彩图），未添加MP时，土壤铁锰氧化物还原对土壤易动态Cd释放有显著影响，说明铁锰氧化物还原是土壤易动态Cd的重要来源。随着MP的添加，3种土壤拟合模型的斜率总体呈逐步下降态势，截距也逐步减小。以河北省土壤为例，MP添加量为0、0.025%、0.05%、0.1%、0.2%时，Fe^{2+}与Cd^{2+}拟合模型的斜率由0.15逐步下降为0.14、0.31、0.076、0.032，截距由4.85分别减少为2.58、1.67、2.49、1.69。再以四川省土壤为例，MP添加量由0（CK）增加至0.2%，$C_{DGT\text{-}Mn^{2+}}$与$C_{DGT\text{-}Cd^{2+}}$拟合模型的斜率由0.012下降为0.0025，截距由3.59减少到0.27。模型斜率值的减小表明土壤易动态Cd含量的提高效率与Fe/Mn氧化物的还原，在MP添加后不再凸显，截距值的下降表明MP的添加直接消减了Fe/Mn氧化物还原释放易动态Cd的量，这与MP添加初期易动态Cd即被固定有关。

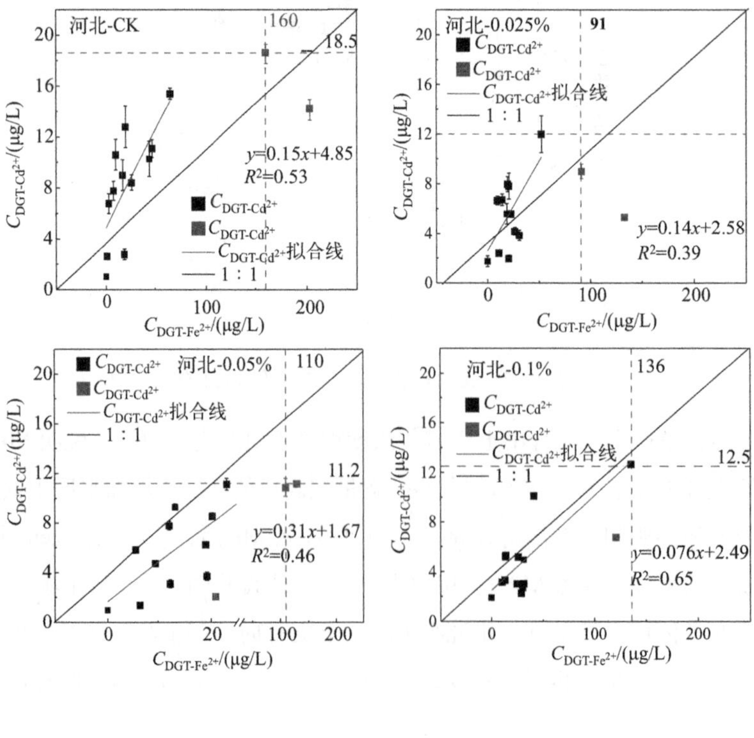

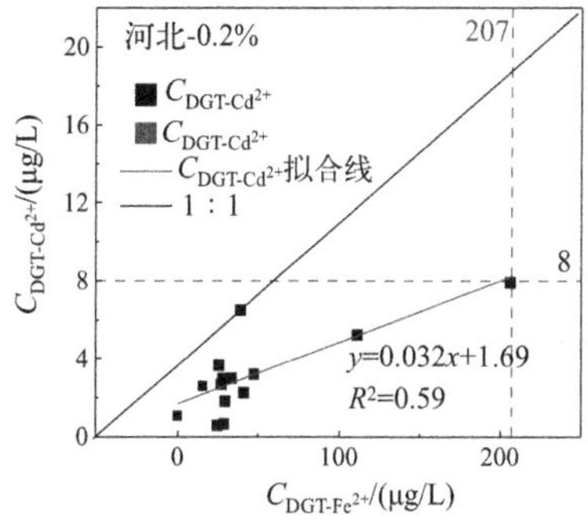

(a)河北省土壤$C_{DGT-Cd^{2+}}$与$C_{DGT-Fe^{2+}}$的关系

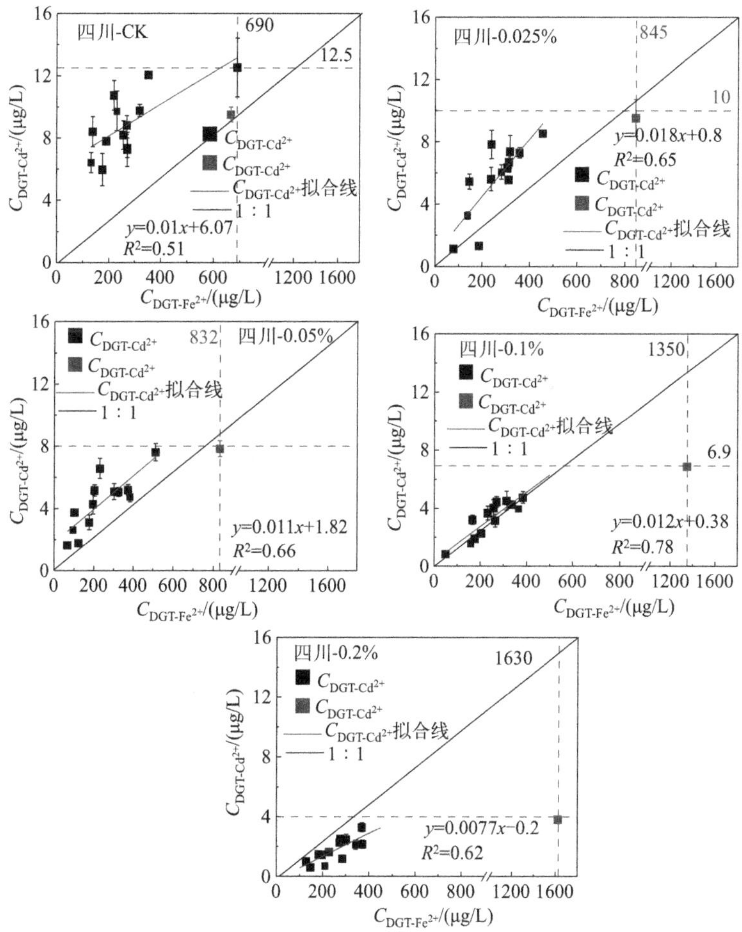

(b)四川省土壤$C_{DGT-Cd^{2+}}$与$C_{DGT-Fe^{2+}}$的关系

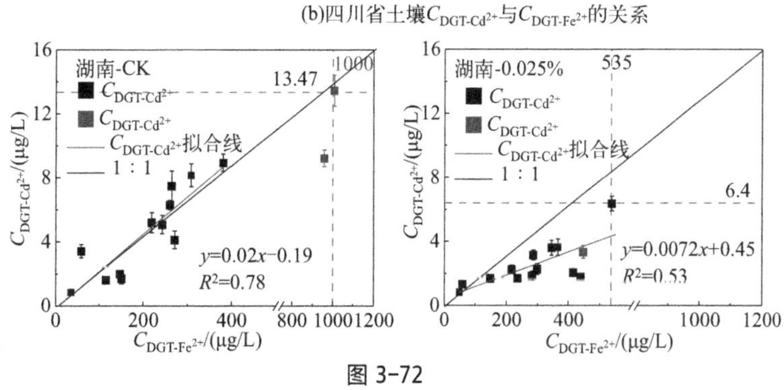

图 3-72

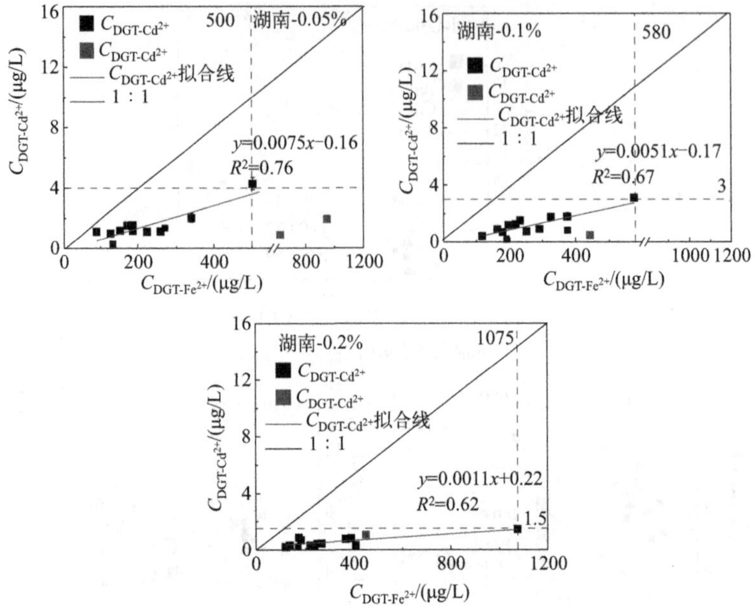

(c)湖南省土壤$C_{DGT-Cd^{2+}}$与$C_{DGT-Fe^{2+}}$的关系

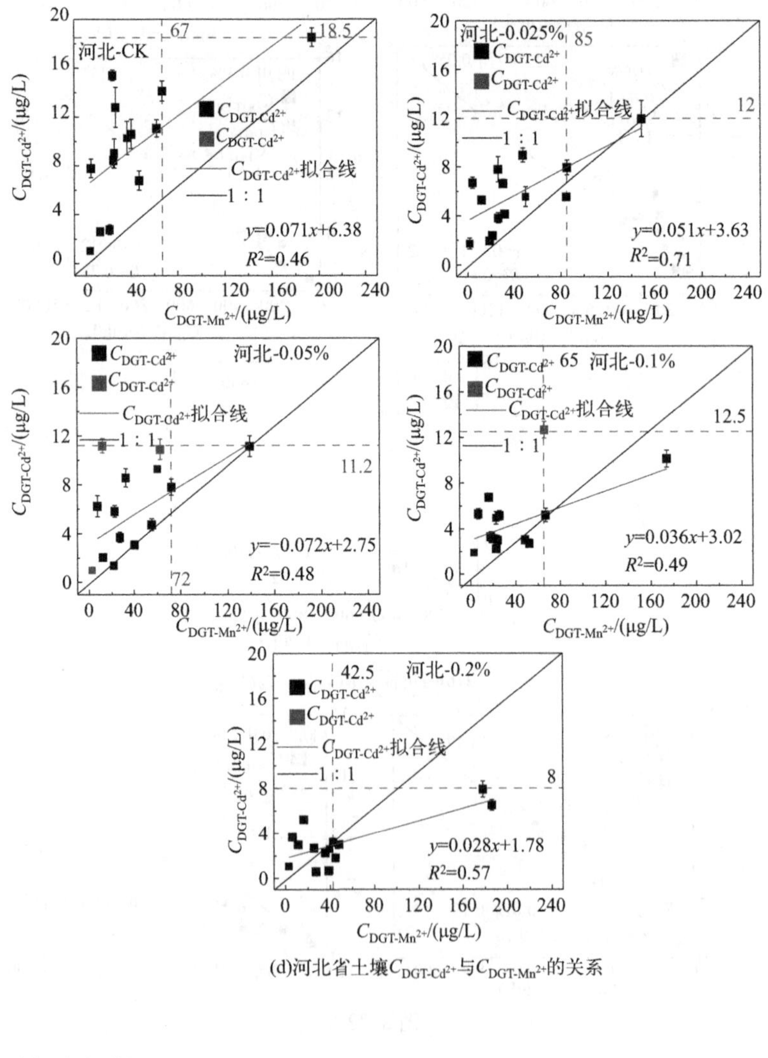

(d)河北省土壤$C_{DGT-Cd^{2+}}$与$C_{DGT-Mn^{2+}}$的关系

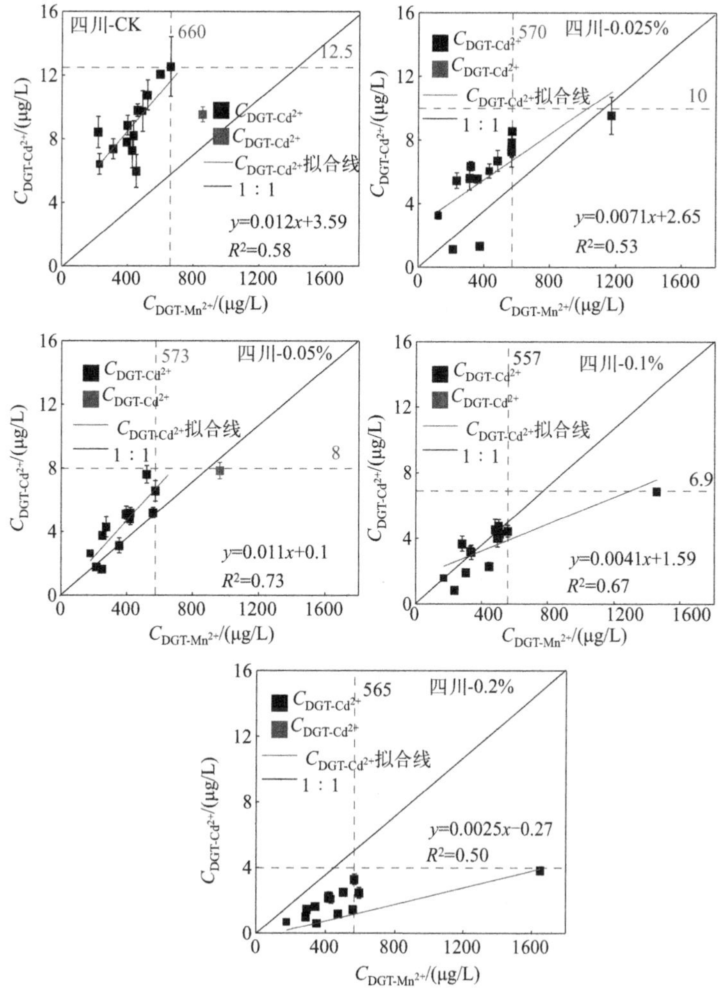

(e)四川省土壤$C_{DGT-Cd^{2+}}$与$C_{DGT-Mn^{2+}}$的关系

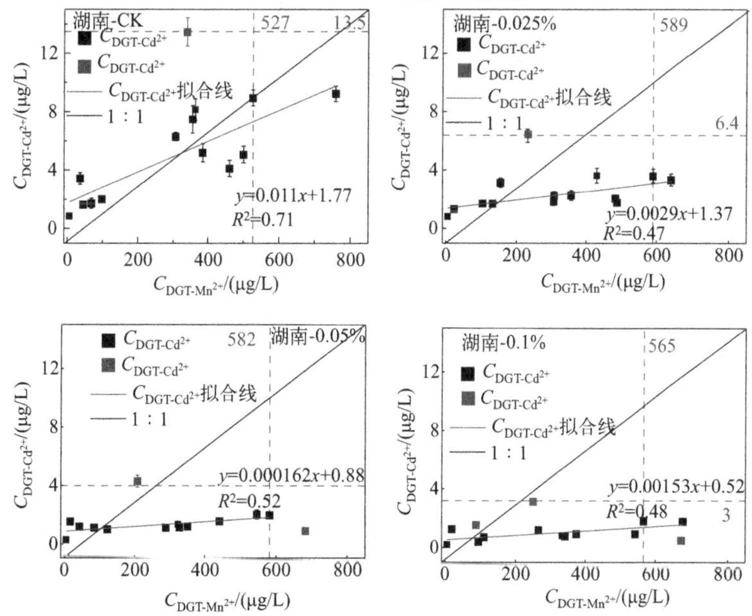

图 3-72

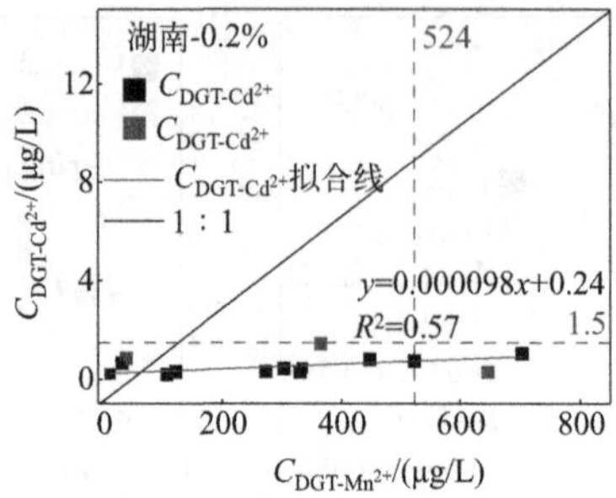

(f)湖南省土壤$C_{DGT\text{-}Cd^{2+}}$与$C_{DGT\text{-}Mn^{2+}}$的关系

图 3-72　土壤有效态 Fe^{2+} 含量、有效态 Mn^{2+} 含量与有效态 Cd^{2+} 含量变化

以上研究结果表明，MP 对土壤 Cd 活性的抑制及对 Fe、Mn 形态变化的影响主要表现在实验前 2d，此时 MP 将易动态 Cd 牢牢锁住，而还原态 Fe^{2+}、Mn^{2+} 含量则随 MP 的添加表现出先减少后增加的态势。2d 后，Fe、Mn 的氧化还原虽然与 Cd 易动态变化仍然呈现显著相关性，但模型拟合结果表明，其影响效能随 MP 的添加变得越来越弱，不再是易动态 Cd 含量变化的主要影响因素。

为明确 MP 在短时间内将土壤 Cd 活性抑制的原因，采用四川省土壤和不同添加量 MP 进行了 48h 短期变化实验（图 3-73，书后另见彩图）。结果表明，在 1 ～ 4h，土壤 Cd^{2+}、Fe^{2+}、Mn^{2+} 处于释放阶段，4h 后 3 种离子浓度开始下降。随着 MP 添加量增加，Cd 增量明显下降，相应的 Fe/Mn 含量也有所下降。Mn^{2+} 在 3h 左右达到最大值，4h Fe 含量的大幅上升说明 MP 具有还原性和催化性，且 Mn 比 Fe 更早受到 MP 影响。

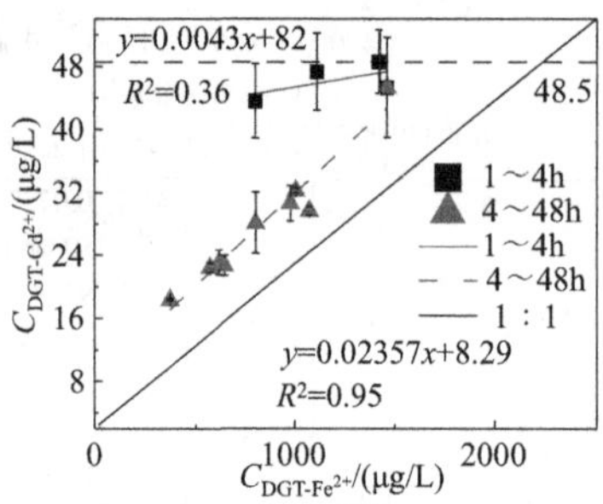

(a)CK

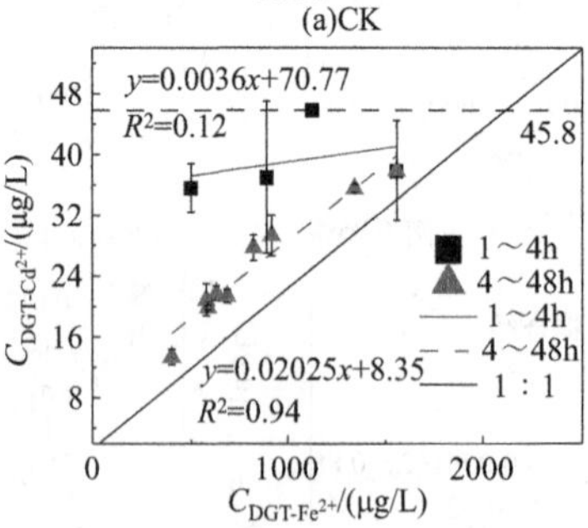

(b)0.025%

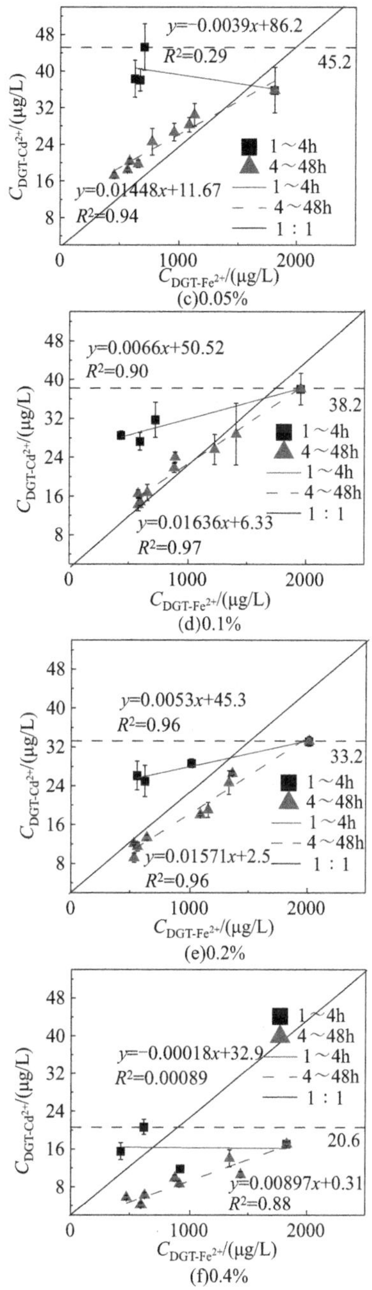

图 3-73　土壤有效态 Fe 含量与 Cd 含量变化关系（图中各点均为平均值 ± 标准差）

进一步分析 4h 后 Fe 与 Cd 的变化趋势和协同效应，发现其变化与长期实验一致。本次拟合模型中截距值随 MP 增加而降低，说明易动态 Cd 含量随着 MP 的添加在 4h 以前已有较大的减少，与此同时 Fe^{2+} 与 Cd^{2+} 拟合模型斜率也在减小。就 CK 而言，Fe^{2+} 与 Cd^{2+} 的拟合曲线与 1∶1 直线基本平行，说明 Fe、Cd 形态变化速率一致，而随着 MP 添加量增加，模型斜率逐步减小。与对照相比，MP 不同添加量（0.025% ～ 0.4%）模型的斜率变化率［(对照模型斜率 − 添加 MP 后模型斜率）/ 对照模型斜率 ×100%］分别为 14%、39%、31%、

33%、62%，说明随着MP添加量增加，Fe、Cd间协同变化效应降低，Fe形态变化对Cd形态变化的控制能力在下降，更多Cd的减少与其他土壤因子相关联。

向土壤中加入MP后，MP含有的S-H对Cd、Mn、Fe离子有选择性吸附作用[225]，导致离子向土壤的释放量下降。但如果仅考虑MP吸附作用，则随着MP用量增加，土壤中Fe、Mn浓度应降低，而实验结果与之相反。实验结果表明，MP不仅可吸附Cd、Fe、Mn从而减少其向土壤中释放，更关键的在于它具有促进土壤自身释放Fe^{2+}、Mn^{2+}的能力，土壤Fe^{2+}、Mn^{2+}的释放，使土壤矿物有更多吸附点位因而可以更高效地吸附固定Cd^{2+}，最终降低土壤Cd活性。土壤Fe^{2+}、Mn^{2+}被释放后其含量又快速下降，其机制也应该是多方面的，一是Fe^{2+}、Mn^{2+}、Cd^{2+}一起被黏土矿物等土壤颗粒吸附，而MP添加量越多，黏土矿物zeta电位越低，吸附Cd、Fe、Mn的能力越强[220]；二是土壤加水后可能促进了水铁矿（$Fe_5HO_8\cdot4H_2O$）或羟基氧化锰（MnOOH）的形成，它们对Cd有较强的吸附能力，虽然其吸附的Cd无法被DGT检测到，但FeOOH和MnOOH吸附的Cd在一定条件下会被释放[188]。长期实验结果表明，MP添加使土壤易动态Cd逐步脱离Fe/Mn氧化还原体系控制。因此，本研究认为MP添加促进了黏土矿物释放其吸附的Fe、Mn而增加了Cd的固定。

为验证这一假设，采用蒙脱石和高岭石两种典型黏土矿物并添加MP，在其吸附Fe^{2+}后，分析材料对Cd的吸附效果及MP对吸附效果的影响（图3-74）。实验结果表明，蒙脱石和高岭石均在溶液体系中表现出对Cd有一定的吸附能力，而且蒙脱石吸附能力强于高岭石。高岭石吸附Fe后，无论是否添加MP，其吸附Cd能力大打折扣，几乎不再吸附Cd，说明Fe屏蔽了高岭石对Cd的吸附，即使添加了MP，其促进高岭石吸附Cd的能力也是有

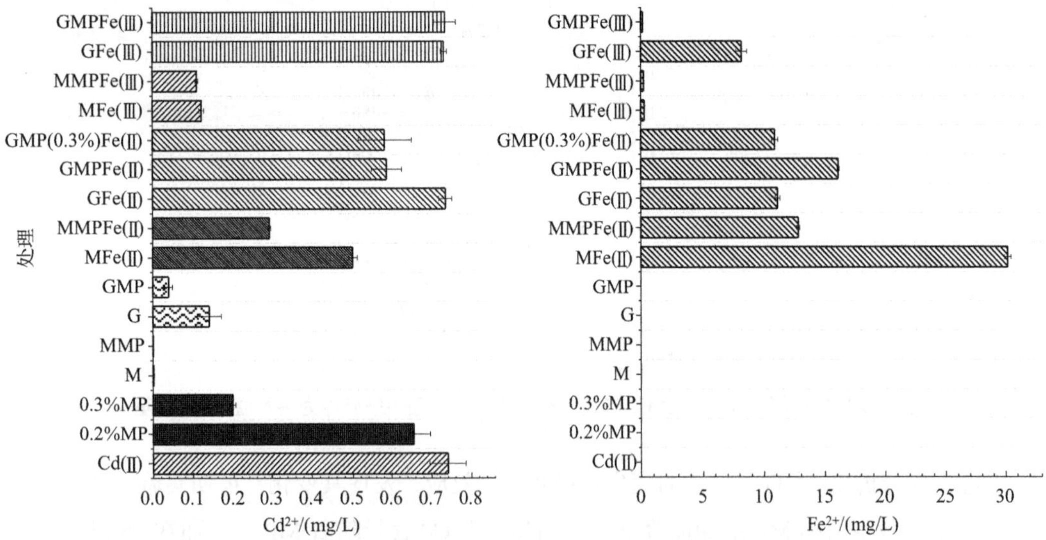

图3-74 黏土矿物及MP对Cd的吸附

M—蒙脱石；G—高岭石；MFe（Ⅱ）—蒙脱石吸附Fe（Ⅱ）；GFe（Ⅱ）—高岭石吸附Fe（Ⅱ）；MMPFe（Ⅱ）—蒙脱石吸附Fe（Ⅱ）并与MP混合；GMPFe（Ⅱ）—高岭石吸附Fe（Ⅱ）并与MP混合；MFe（Ⅲ）—蒙脱石吸附Fe（Ⅲ）；GFe（Ⅲ）—高岭石吸附Fe（Ⅲ）；MMPFe（Ⅲ）—蒙脱石吸附Fe（Ⅲ）并与MP混合；GMPFe（Ⅲ）—高岭石吸附Fe（Ⅲ）并与MP混合

限的。但从溶液中 Fe 浓度变化情况来看，高岭石添加了 0.2% MP，可促进其释放所吸附的 Fe^{2+}，而对 Fe^{3+} 基本无影响。而当 MP 用量增加到 0.3% 时，溶液中 Fe 浓度又出现下降，应是由于 MP 吸附了高岭石所释放的 Fe。对于蒙脱石而言，吸附 Fe 后同样导致 Cd 吸附能力下降，尤其是吸附 Fe^{2+} 以后，但添加 MP 后，其吸附 Cd、Fe 的能力明显增强，尤其是吸附 Fe^{2+} 的蒙脱石添加 MP 后效果更加明显。

以上分析表明，添加 MP 导致吸附 Fe 后的黏土矿物吸附及释放 Cd、Fe 的能力有所不同，对于高吸附量的黏土矿物如蒙脱石，添加 MP 可增加其吸附 Cd、Fe 离子的能力，而低吸附量的黏土矿物如高岭石，一定量的 MP（0.2%）添加可促使其释放 Fe^{2+}，但促进其吸附 Cd 的能力有限。同时也证明了 MP 的添加确实会影响黏土矿物对 Cd、Fe 离子的吸附及释放，但其作用于不同黏土矿物的效能却有明显差别。土壤是一个复杂体系，在长期成土过程中，会形成不同类型黏土矿物，而且还受土壤有机质以及其他土壤元素的联合作用影响。MP 添加后，当然也会对这些因素起到一定的作用，但最终会表现为 Fe^{2+}、Mn^{2+} 浓度增加，活性Cd浓度下降。

另外，通过 DGT 测定发现土壤所含 SO_4^{2-} 整体上并未发生明显上升或下降（图 3-75），说明 MP 和土壤 SO_4^{2-} 并非土壤 Fe/Mn 还原的电子供体。有研究表明，土壤有机质分解所形成的还原性物质（如 DOC）可作为土壤 Fe/Mn 还原的电子来源[103]。在本研究长期实验过程中，低剂量 MP 促使土壤 DOC 含量增加，高剂量 MP 则降低 DOC 含量（图 3-76），说明应是消耗土壤 DOC 含量为 Fe/Mn 还原过程提供电子，且添加量越高消耗 DOC 越多。

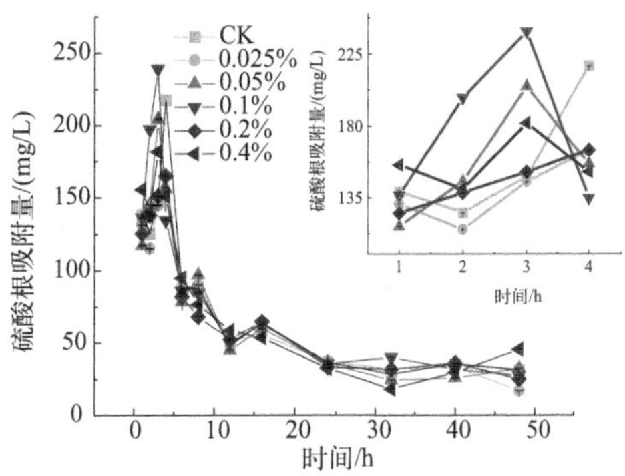

图 3-75　短期实验土壤硫酸根含量随时间变化

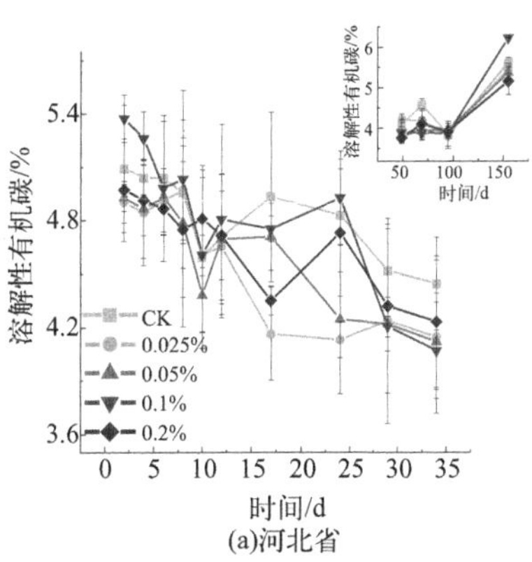

图 3-76

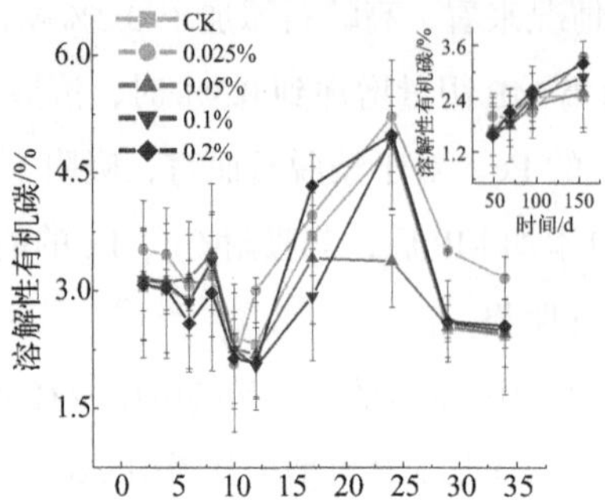

(b)四川省

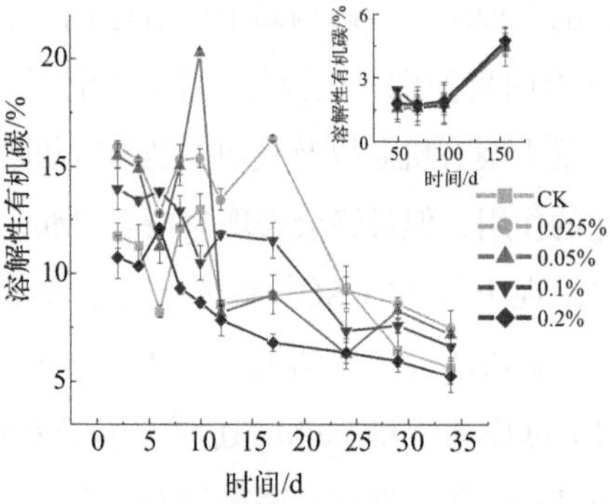

(c)湖南省

图 3-76　长期实验土壤 DOC 含量随时间的变化

综上所述，本研究通过长期实验、短期实验以及验证性实验相结合的方式，采用 DGT 技术研究了土壤添加 MP 后促进土壤吸附 Cd、降低 Cd 有效态含量的机制。研究结论如下：

① 无论是酸性土壤还是碱性土壤 MP 都可良好降低 Cd 活性，土壤氧化还原条件变化对 0.2% MP 影响较小。

② 长期实验结果表明，MP 施用 2d 内即将有效态 Cd 固定，此后土壤 Fe、Mn 氧化还原对易动态 Cd 释放的影响效能随 MP 添加量增加逐渐减小，土壤黏土矿物吸附将成为活性 Cd 浓度下降的主要因素。

③ 短期实验及验证性实验结果表明，MP 会促进土壤释放 Fe^{2+} 及 Mn^{2+}，激发黏土矿物吸附 Cd 的能力，尤其是吸附能力强的黏土矿物，其促进效果更加突出。

3.6.3.3　Fe/Mn 氧化物使用对重金属 Cd 活性变化的影响及机制

土壤中除黏土矿物外，还含有大量铁锰氧化物和氢氧化物等天然矿物[211, 226, 227]。这些氧化物具有较大的比表面积以及良好的吸附性能，因而对重金属有良好的吸附能力。虽然在上一小节中 Mn^{2+} 作用并不明显，这是由实验条件限制以及 MP 作用机制导致的。但实际上，已有研究证明 Mn^{2+} 在抑制作物累积 Cd 方面有重要作用。例如：Chen 等[228]利用水稻盆栽实验发现向土壤中添加 Mn^{2+} 能够促进土壤 Fe 氧化物形成，有效降低水稻植株中的 Cd 含量。

此外，还有研究表明，土壤 Cd 溶解度的变化在很大程度上取决于 Cd 在 Fe/Mn（羟基）氢氧化物部分和可交换部分之间的转化。Fe/Mn 氧化物在控制水稻系统土壤排水过程中 Cd 的迁移方面起着关键的作用[184]。诸多研究表明，土壤中的 Fe 通过形成 Fe 氧化物、Fe（Ⅱ）沉淀（如 FeS）或参与次生矿物形成从而将 Cd 固定；同时水稻根表铁膜也可抑制水稻吸附 Cd，因为铁膜主要由铁氧化物（Fe_nO_m）或铁氢氧化物［$Fe(OH)_n$］构成，这些化合物含有大量结合点位，对 Cd 结合能力强，可有效降低水稻植株及稻米 Cd 含量[229-231]。对 Mn 元素来说，Mn 与 Cd 在水稻植株内会竞争转运蛋白以达到抑制 Cd 向水稻转移的作用[232]；其次，Mn 通过影响水稻氨基酸合成和分泌过程增加 Cd 稳定性[233]；此外，Mn 可在水稻根部形成氧化锰（MnO）斑块，它同样是抑制水稻吸收 Cd 的屏障和缓冲剂[234]。稻田淹水使土壤高价态 Mn（Ⅲ / Ⅳ）羟基氧化物还原、溶解形成 Mn^{2+}，这些 Mn^{2+} 可与 Mn（Ⅲ / Ⅳ）羟基氧化物再次形成混合价态次生 Mn 矿物，然后利用矿物通过吸附、共沉淀作用使土壤 Cd 浓度降低[235，236]。研究表明，向土壤引入 Mn 可增加 Fe/Mn 氧化物所配位 Cd 的稳定性，所以增加土壤 Mn^{2+} 含量对抑制水稻富集 Cd 有一定可行性[233]。

因此，为了进一步提高铁锰氧化物对重金属 Cd 的效果，往往将铁锰氧化物负载到生物炭、沸石、硅藻土等载体上，然后施加到重金属污染土壤中[237]。例如：Wang 等[184]将铁锰改性生物炭应用于 Cd 和 Sb 污染土壤，以降低黑麦草中 Cd 含量，结果表明，铁锰生物炭能够有效降低黑麦草中 Cd 和 Sb 的累积；宋小旺[238]研究表明，向土壤中添加铁锰生物炭能够促进镉的形态转变。周其文[239]研究表明，铁锰改性生物炭（FMBC）能够提高红壤土吸附 Cd（Ⅱ）的能力，有效降低土壤有效态 Cd 含量以及水稻植株及籽粒 Cd 累积量。由此可见，FMBC 可有效降低稻田土壤 Cd 活性，抑制稻米富集 Cd。但对于 FMBC 在土壤好氧、无作物条件下能否同样降低土壤有效态含量还不清楚，对其在好氧、无作物条件下的降 Cd 稳定性还不够明确。因此需要展开实验进行探究。

图 3-77、图 3-78 为好氧、无作物条件下 FMBC 在四川省、湖南省某 Cd 污染土壤上的应用案例。由图 3-77 可知，FMBC 和生物炭（BC）的添加并未对土壤有效态 Cd 活性产生明显抑制效果。这主要与土壤 pH 值下降、Cd 活性上升有关（图 3-78）。一方面，材料所含 SO_4^{2-}

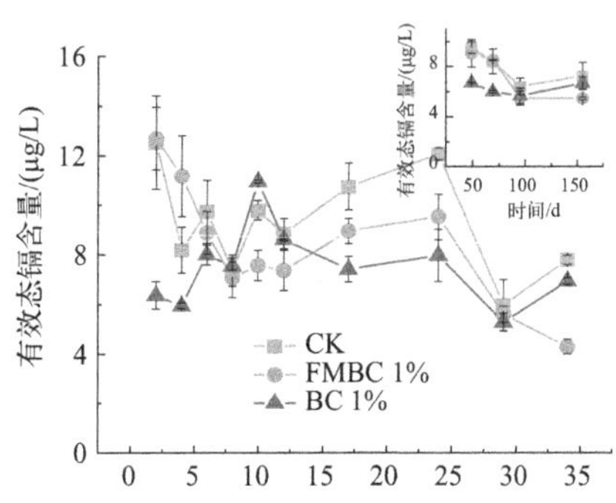

(a)四川省

图 3-77

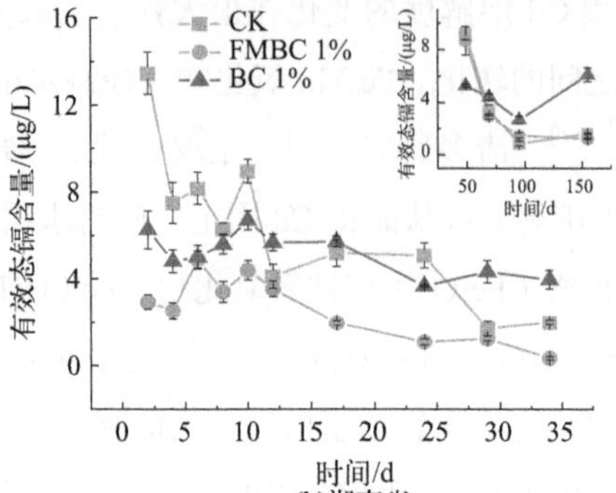

(b)湖南省

图 3-77　FMBC 对土壤有效态镉含量的影响

进入土壤后发生还原作用导致土壤 pH 值下降（$2CH_2O+SO_4^{2-}\longrightarrow H_2S+2HCO_3^-$），由反应关系式可知，$SO_4^{2-}$ 还原过程中还会产生 HCO_3^-，HCO_3^- 溶于水会形成 H_2CO_3，会进一步降低土壤 pH 值；另一方面，SO_4^{2-} 与土壤 H^+ 结合同样会降低土壤 pH 值[183]。

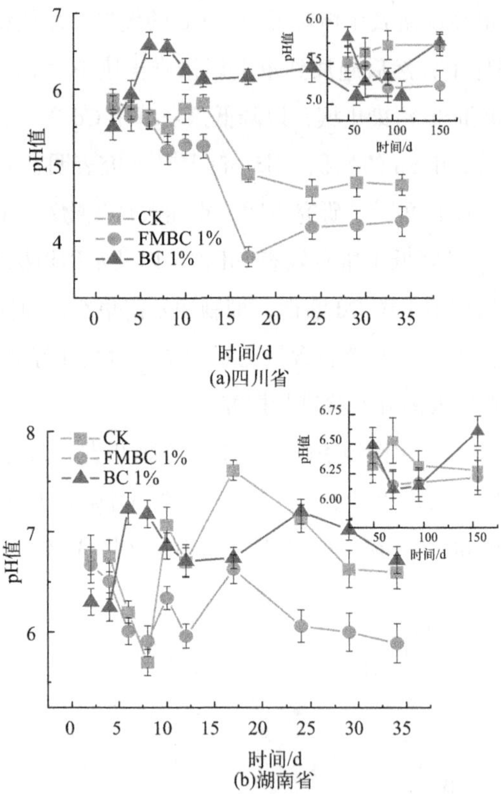

(b)湖南省

图 3-78　FMBC 对土壤 pH 值的影响

种植水稻后［图 3-79（书后另见彩图）和图 3-80（书后另见彩图）］，与对照相比，FMBC 处理整体上仍然可降低四川、湖南根际土壤 pH 值，这种降低同样由 SO_4^{2-} 还原所引起。然而，在水稻抽穗期，下降幅度更加明显，这是因为水稻根系在抽穗期会分泌大量苹果酸、柠檬酸以及其他有机酸物质，导致土壤 pH 值下降更多，这与赵萌[240]的研究结果相一致。

随着水稻的生长，在水稻不同生育期，FMBC 有一定降 Cd 能力，但效果并不理想，Cd 的降低除 FMBC 吸附外，还可能是因为在淹水条件下，Fe（Ⅱ）可与硫化物生成 FeS 或 FeS_2，计算结果表明，形成 FeS 的土壤环境条件也会形成 CdS 沉淀[240]。此外，Fe（Ⅱ）会参与 Fe 氧化物形成次生矿物的过程，从而将 Cd 固定在矿物表面[239, 241]。同时，淹水条件下形成的 FeS 与 CdS 间会短暂出现伏特效应，防止 Cd 溶解[242]。

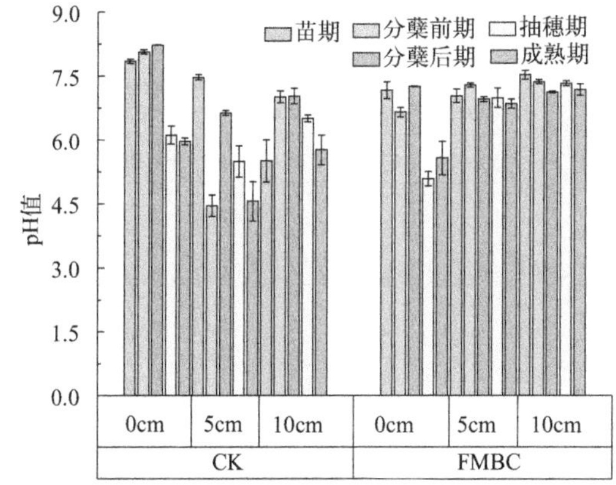

(a)四川省

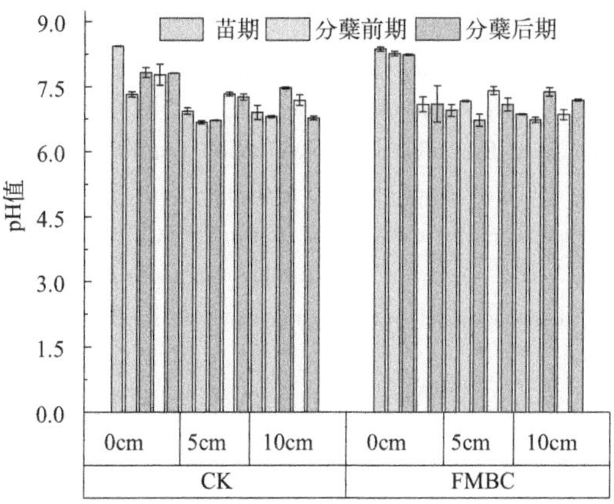

(b)湖南省

图 3-79　种植水稻后 FMBC 对根际土壤 pH 值的影响

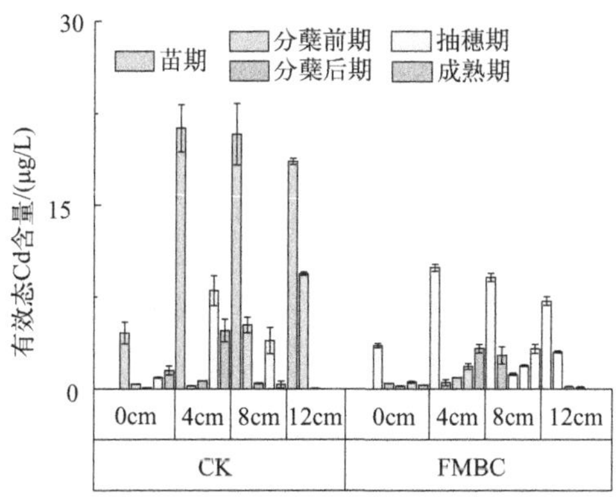

(a)四川省

图 3-80

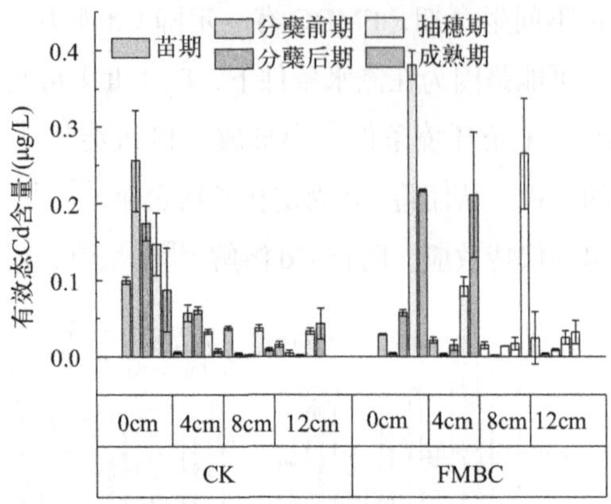

(b)湖南省

图 3-80 种植水稻后 FMBC 对土壤有效态镉活性的影响

参考文献

[1] 魏天娇，管冬兴，方文，等. 梯度扩散薄膜技术（DGT）的理论及其在环境中的应用Ⅲ——植物有效性评价的理论基础与应用潜力［J］. 农业环境科学学报，2018，37（05）：841-849.

[2] Tian Y，Wang X，Luo J，et al. Evaluation of holistic approaches to predicting the concentrations of metals in field-cultivated rice［J］. Environmental Science & Technology，2008，42（20）：7649-7654.

[3] Xiao W，Ye X，Zhu Z，et al. Evaluation of cadmium（Cd）transfer from paddy soil to rice（*Oryza sativa* L.）using DGT in comparison with conventional chemical methods：Derivation of models to predict Cd accumulation in rice grains［J］. Environmental Science and Pollution Research，2020，27（13）：14953-14962.

[4] Li D Q，Li W Y，Lu Q，et al. Cadmium bioavailability well assessed by DGT and factors influencing cadmium accumulation in rice grains from paddy soils of three parent materials［J］. Journal of Soils and Sediments，2018，18（7）：2552-2561.

[5] 刘小莲，杜平，陈娟，等. 基于梯度扩散薄膜技术评估稻田土壤中镉的生物有效性［J］. 农业环境科学学报，2017，36（12）：2429-2437.

[6] Liu J，Feng X，Qiu G，et al. Prediction of methyl mercury uptake by rice plants（*Oryza sativa* L.）using the diffusive gradient in thin films technique［J］. Environmental Science & Technology，2012，46（20）：11013-11020.

[7] Soriano Disla J M，Speir T W，Gómez I，et al. Evaluation of different extraction methods for the assessment of heavy metal bioavailability in various soils［J］. Water，Air，& Soil Pollution，2010，213（1）：471-483.

[8] 陈静，孙琴，姚羽，等. DGT 和传统化学法比较研究复合污染土壤中 Cd 的生物有效性［J］. 环境科学研究，2014，27（10）：1172-1179.

[9] 王进进，白玲玉，曾希柏，等. 薄膜扩散梯度技术评价土壤砷生物有效性研究［J］. 中国农业科学，2012，45（04）：697-705.

[10] Zhang H，Zhao F，Sun B，et al. A new method to measure effective soil solution concentration predicts copper availability to plants［J］. Environmental Science & Technology，2001，35（12）：2602-2607.

[11] 王芳丽，宋宁宁，赵玉杰，等. 聚丙烯酸钠为结合相的梯度扩散薄膜技术预测甘蔗田土壤中镉的生物有效性［J］. 环境科学，2012，33（10）：3562-3568.

[12] 宋宁宁，王芳丽，唐世荣，等. 基于梯度薄膜扩散技术的广西环江流域桑田土壤中铅的生物有效性研究［J］. 农业环境科学学报，2012，31（7）：1317-1323.

[13] Fitz W J，Wenzel W W，Zhang H，et al. Rhizosphere characteristics of the arsenic hyperaccumulator *Pteris vittata* L. and monitoring of phytoremoval efficiency［J］. Environmental Science & Technology，2003，37（21）：5008-5014.

[14] Guan D. Diffusive gradients in thin-films（DGT）：An effective and simple tool for assessing contaminant bioavailability in waters，soils and sediments［J］. Encyclopedia of Environmental Health，2019，2（2）：111-124.

[15] 穆莉，王跃华，徐亚平，等. 湖南省某县稻田土壤重金属污染特征及来源解析［J］. 农业环境科学学报，2019，38（03）：573-582.

[16] 李玉浸，高怀友. 中国主要农业土壤污染元素背景值图集［M］. 天津：天津教育出版社，2006.

[17] 赵晓军，陆泗进，许人骥，等. 土壤重金属镉标准值差异比较研究与建议［J］. 环境科学，2014，35（4）：1491-1497.

[18] 周其文，赵玉杰，师荣光，等. 农产品产地环境安全评估与风险防控［M］. 北京：中国农业出版社，2020.

[19] 师荣光，周其文，赵玉杰，等. 不同土地利用类型下土壤－作物砷的积累特征及健康风险［J］. 土壤学报，2011（04）：751-758.

[20] 王祖光，周其文，赵玉杰，等. 土壤筛选值在镉污染稻米产地环境评价与分类适用性探讨［J］. 农业环境科学学报，2019，38（10）：2328-2337.

[21] 彭华，戴金鹏，纪雄辉，等. 稻田土壤与稻米中的镉含量关系初探［J］. 湖南农业科学，2013（07）：68-72.

[22] 李锐. 典型区域土壤－水稻系统重金属污染空间变异规律及迁移转化特征研究［D］. 南京：南京农业大学，2008.

[23] 赵科理. 土壤 - 水稻系统重金属空间对应关系和定量模型研究［D］. 杭州：浙江大学，2010.

[24] 周娅，杨定清，张东，等. 成都平原部分地区农田土壤和稻米中镉含量及形态分布［J］. 环境与健康杂志，2015，32（7）：614-616.

[25] 崔冬霞. Cd 元素在土壤 - 水稻系统中的富集和分布［J］. 农业科学，2017，07（04）：288-294.

[26] 甘国娟. 土壤 - 水稻系统重金属迁移特征与区域污染风险评价［D］. 长沙：中南林业科技大学，2013.

[27] 王昌全，代天飞，李冰，等. 稻麦轮作下水稻土重金属形态特征及其生物有效性［J］. 生态学报，2007，27（3）：889-897.

[28] 汤丽玲. 作物吸收 Cd 的影响因素分析及籽实 Cd 含量的预测［J］. 农业环境科学学报，2007，26（02）：699-703.

[29] 王梦梦，何梦媛，苏德纯. 稻田土壤性质与稻米镉含量的定量关系［J］. 环境科学，2018（04）：1918-1925.

[30] Wang C，Li W，Yang Z，et al. An invisible soil acidification：Critical role of soil carbonate and its impact on heavy metal bioavailability［J］. Scientific Reports，2015，5（12735）：1-9.

[31] 刘凤枝，刘潇威. 土壤和固体废弃物监测分析技术［M］. 北京：化学工业出版社，2007.

[32] 黄运湘，郭春秋，张杨珠，等. 湖南省稻米土壤硫素状况研究［J］. 土壤与环境，2000，9（3）：235-238.

[33] 张福锁，崔振岭，陈新平. 最佳养分管理技术列单［M］. 北京：中国农业出版社，2010.

[34] 张福锁. 测土配方施肥技术［M］. 北京：中国农业大学出版社，2011.

[35] 陶雪莹，徐应明，王林，等. 叶面施锌对油菜镉锌生物可给性与形态的影响［J］. 农业环境科学学报，2022，41（4）：735-745.

[36] Six L，Smolders E，Merckx R. The performance of DGT versus conventional soil phosphorus tests in tropical soils-maize and rice responses to P application［J］. Plant & Soil，2013，366（1-2）：49-66.

[37] 姜晓. 氧化铈薄膜扩散梯度技术用于无机砷和溶解性磷的原位测定［D］. 大连：大连理工大学，2018.

[38] Christel W，Lemming C，Mundus S，et al. Measuring phosphorus availability in recently fertilized soils with the diffusive gradient in thin-films（DGT）method—Challenges and opportunities［J］. Communications in Soil Science & Plant Analysis，2016，47（5）：563-570.

[39] Cai C，Williams P N，Li H，et al. Development and application of the diffusive gradients in thin films technique for the measurement of nitrate in soils［J］. Analytical Chemistry，2016，89（2）：1178-1184.

[40] Huang J，Bennett W W，Teasdale P R，et al. Development and evaluation of the diffusive gradients in thin films technique for measuring nitrate in freshwaters［J］. Analytica Chimica Acta，2016，923：74-81.

[41] Huang J，Bennett W W，Welsh D T，et al. Development and evaluation of a diffusive gradients in a thin film technique for measuring ammonium in freshwaters［J］. Analytica Chimica Acta，2016，904：83-91.

[42] Huang J，Bennett W W，Teasdale P R，et al. A modified DGT technique for the simultaneous measurement of dissolved inorganic nitrogen and phosphorus in freshwaters［J］. Analytica Chimica Acta，2017，988：17.

[43] Six L, Smolders E, Merckx R. In contrast with established soil P tests, the diffusive gradients in thin films (DGT) technique accesses the same phosphorus (P) pool as plants in strongly weathered tropical soils [J]. Communications in Agricultural & Applied Biological Sciences, 2012, 77 (1): 127-131.

[44] 宋宁宁，王芳丽，沈跃，等.梯度薄膜扩散技术(DGT)与传统化学方法评估黑麦草吸收Cd的对比[J].环境化学，2012，31(12)：1960-1967.

[45] 郑丽萍，王国庆，龙涛，等.不同国家基于生态风险的土壤筛选值研究及启示[J].生态毒理学报，2018，13(6)：39-49.

[46] Sanchez Hernandez J C. Earthworm biomarkers in ecological risk assessment [J]. Reviews of Environmental Contamination & Toxicology, 2006, 188: 85-126.

[47] 石利利，刘纯新.化学品测试方法-降解与蓄积卷[M].北京：中国环境出版社，2013.

[48] Simpson M J, Mckelvie J R. Environmental metabolomics: New insights into earthworm ecotoxicity and contaminant bioavailability in soil [J]. Analytical & Bioanalytical Chemistry, 2009, 394 (1): 137-149.

[49] 张慧琦，王坤，岳士忠，等.土壤镉污染对赤子爱胜蚓(*Eisenia fetida*)和加州腔蚓(*Metaphire californica*)体表角质层的影响[J].生态环境学报，2017，26(10)：1807-1813.

[50] 章淼，肖洪文，胡伟，等.土壤重金属对蚯蚓的毒性作用研究进展[J].科技创新导报，2019，16(05)：114-115.

[51] 吴波.参环毛蚓对重金属镉离子的生理响应及其变化规律的研究[D].广州：广州中医药大学，2010.

[52] Chai L, Yang Y, Yang H, et al. Transcriptome analysis of genes expressed in the earthworm *Eisenia fetida* in response to cadmium exposure [J]. Chemosphere, 2020, 240: 124902.

[53] Nozaki M, Miura C, Tozawa Y, et al. The contribution of endogenous cellulase to the cellulose digestion in the gut of earthworm (*Pheretima hilgendorfi*: Megascolecidae) [J]. Soil Biology and Biochemistry, 2009, 41 (4): 762-769.

[54] 李超民，胡吉林，赵丽，等.重金属对蚯蚓体内金属硫蛋白和谷胱甘肽过氧化物酶的影响[J].浙江农业学报，2015，27(04)：544-548.

[55] 刘海龙，王玉军，宣亮，等.土壤基本理化性质对外源镉蚯蚓慢性毒性的影响[J].农业环境科学学报，2016，35(2)：225-233.

[56] 陈娴，王晓蓉，季荣.蚯蚓(*Eisenia foetida*)对水稻土中Cd的富集及其氧化应激[J].农业环境科学学报，2015，34(08)：1464-1469.

[57] Eismann C E, Menegário A A, Gemeiner H, et al. Predicting trace metal exposure in aquatic ecosystems: Evaluating DGT as a biomonitoring tool [J]. Exposure and Health, 2020, 12 (1): 19-31.

[58] 赵晓峰，雷梅，陈同斌.中国镉超富集植物的物种，生境特征和筛选建议[J].环境科学，2023，44(5)：2786-2798.

[59] 聂亚平，王晓维，万进荣，等.几种重金属(Pb、Zn、Cd、Cu)的超富集植物种类及增强植物修复措施研究进展[J].生态科学，2016，35(02)：174-182.

[60] 贺瑶，林华，俞果，等.铬处理下超富集植物李氏禾根际溶解氧时空分布特征[J].土壤，2022，54(5)：1024-1031.

[61] 赵珂艺，张宁宁，薛洁怡，等.重金属超富集植物研究CiteSpace可视化分析[J].广西师范大学学报：自然科学版，2023，41(3)：191-209.

[62] 周琼.我国超富集·富集植物筛选研究进展[J].安徽农业科学，2005(05)：910-912.

[63] 顾继光，周启星.镉污染土壤的治理及植物修复[J].生态科学，2002，21(4)：352-356.

[64] 范洪黎，周卫.镉超富集苋菜品种(*Amaranthus mangostanus* L.)的筛选[J].中国农业科学，2009，42(04)：1316-1324.

[65] 李凝玉，卢焕萍，李志安，等.籽粒苋对土壤中镉的耐性和积累特征[J].应用与环境生物学报，2010，16(01)：28-32.

[66] 韦朝阳，陈同斌.重金属超富集植物及植物修复技术研究进展[J].生态学报，2001(07)：1196-1203.

[67] 叶海波，杨肖娥，何冰，等.东南景天对锌、镉复合污染的反应及其对锌、镉的吸收和积累特性(英文)[J].Acta Botanica Sinica，2003(09)：1030-1036.

[68] 杨肖娥，龙新宪，倪吾钟，等.东南景天(*Sedum alfredii* H.)——一种新的锌超积累植物[J].科学通报，

2002（13）：1003-1006.
[69] 何冰，杨肖娥，倪吾钟，等.一种新的铅富集植物——富集生态型东南景天（英文）[J].Acta Botanica Sinica，2002（11）：1365-1370.
[70] 何勇强，陶勤南，小畑仁，等.镉胁迫下大豆中镉的分布状况及其籽粒品质[J].环境科学学报，2000(04)：510-512.
[71] 佟倩，张秀双，魏晓敏，等.不同品种水稻对镉累积特性研究[J].北方水稻，2014，44（05）：1-7.
[72] 殷敬峰，李华兴，卢维盛，等.不同品种水稻对Cu积累分配的差异[J].生态环境学报，2010，19(02)：334-339.
[73] 林小兵，周利军，王惠明，等.不同水稻品种对重金属的积累特性[J].环境科学，2018，39（11）：5198-5206.
[74] 李坤权，刘建国，陆小龙，等.水稻不同品种对镉吸收及分配的差异[J].农业环境科学学报，2003(05)：529-532.
[75] Yu E，Wang W，Yamaji N，et al. Duplication of a manganese/cadmium transporter gene reduces cadmium accumulation in rice grain [J]. Nature Food，2022，3（8）：597-607.
[76] 黄道友，朱奇宏，朱捍华，等.重金属污染耕地农业安全利用研究进展与展望[J].农业现代化研究，2018，39（06）：1030-1043.
[77] 贾永霞，张春梅，方继宇，等.细叶百日草对镉的生长响应及富集特征研究[J].核农学报，2015，29(08)：1577-1582.
[78] 邵泽强，李翠兰，张晋京.花卉植物修复铅污染土壤的研究现状及展望[J].环境科学与管理，2010，35（09）：23-25.
[79] 李翠兰，邵泽强，王玉军，等.几种花卉植物对铅富集特征的研究[J].水土保持学报，2010，24(04)：127-130.
[80] 冯子龙.玉米与香根草、伴矿景天间作对重金属Cd、Pb污染土壤的修复研究[D].温州：温州大学，2017.
[81] 冯子龙，卢信，张娜，等.农艺强化措施用于植物修复重金属污染土壤的研究进展[J].江苏农业科学，2017，45（02）：14-20.
[82] 蒋成爱，吴启堂，吴顺辉，等.东南景天与不同植物混作对土壤重金属吸收的影响[J].中国环境科学，2009，29（09）：985-990.
[83] 周建利，邵乐，朱凰榕，等.间套种及化学强化修复重金属污染酸性土壤——长期田间试验[J].土壤学报，2014，51（05）：1056-1065.
[84] 居述云，汪洁，宓彦彦，等.重金属污染土壤的伴矿景天/小麦-茄子间作和轮作修复[J].生态学杂志，2015，34（08）：2181-2186.
[85] 王学礼，马祥庆.重金属污染植物修复技术的研究进展[J].亚热带农业研究，2008（01）：44-49.
[86] 曾沐梵.长期施肥导致农田土壤酸化的机制及缓解策略[D].北京：中国农业大学，2017.
[87] 王伯仁，李冬初，周世伟，等.红壤质量演化与培肥技术[M].北京：中国农业科学技术出版社，2015.
[88] 艾绍英，孙自航，姚建武，等.氮肥种类及用量对赤红壤pH和可溶性盐的影响[J].生态环境，2008（04）：1614-1618.
[89] 楼玉兰，章永松，林咸永.氮肥形态对污泥农用土壤中重金属活性及玉米对其吸收的影响[J].浙江大学学报（农业与生命科学版），2005（04）：392-398.
[90] 张树兰.陕西几种土壤中硫酸铵的硝化作用及其影响因素[J].干旱地区农业研究，1998（01）：67-71.
[91] 孟红旗，刘景，徐明岗，等.长期施肥下我国典型农田耕层土壤的pH演变[J].土壤学报，2013，50(06)：1109-1116.
[92] Wang M，Chen S，Zheng H，et al. The responses of cadmium phytotoxicity in rice and the microbial community in contaminated paddy soils for the application of different long-term N fertilizers [J]. Chemosphere，2020，238（Jan.）：124700-124701.
[93] 徐国明.氮磷化肥对潮褐土铜铅活性及其植物效应的影响[D].保定：河北农业大学，2007.
[94] 王朋超，孙约兵，徐应明，等.施用磷肥对南方酸性红壤镉生物有效性及土壤酶活性影响[J].环境化学，2016，v.35（01）：154-162.
[95] 雷鸣，曾敏，胡立琼，等.不同含磷物质对重金属污染土壤-水稻系统中重金属迁移的影响[J].环境

科学学报，2014，34（06）：1527-1533.
[96] 曹仁林，霍文瑞，何宗兰，等. 钙镁磷肥对土壤中镉形态转化与水稻吸镉的影响［J］. 重庆环境科学，1993（06）：6-9.
[97] 熊礼明，鲁如坤. 几种物质对水稻吸收镉的影响及机理［J］. 土壤，1992（04）：197-200.
[98] 王果，陈建斌，高山，等. 稻草和紫云英对土壤外源铜的形态及生态效应的影响［J］. 生态学报，1999（04）：551-556.
[99] 焦文涛，蒋新，余贵芬，等. 土壤有机质对镉在土壤中吸附-解吸行为的影响［J］. 环境化学，2005（05）：545-549.
[100] 范文宏，陈俊，王琮. 胡敏酸对沉积物中重金属形态分布的影响［J］. 环境化学，2007（02）：224-227.
[101] 陈同斌，陈志军. 水溶性有机质对土壤中镉吸附行为的影响［J］. 应用生态学报，2002（02）：183-186.
[102] 王美，李书田，马义兵，等. 长期不同施肥措施对土壤铜、锌、镉形态及生物有效性的影响［J］. 农业环境科学学报，2014，33（08）：1500-1510.
[103] 丁昌璞，徐仁扣. 土壤的氧化还原过程及其研究法［M］. 北京：科学出版社，2011.
[104] 唐罗忠，生原喜久雄，户田浩人，等. 湿地林土壤的 Fe^{2+}，Eh 及 pH 值的变化［J］. 生态学报，2005，25（01）：103-107.
[105] 田桃，曾敏，周航，等. 水分管理模式与土壤 Eh 值对水稻 Cd 迁移与累积的影响［J］. 环境科学，2017，38（01）：343-351.
[106] 布雷迪尼尔，韦尔雷. 土壤学与生活［M］. 李保国，徐建明，译. 北京：科学出版社，2019.
[107] 刘昭兵，纪雄辉，官迪，等. 镉胁迫条件下淹水时间对水稻吸收累积镉的影响［J］. 生态与农村环境学报，2017，33（12）：1125-1131.
[108] 季玉洁，万亚男，王琪，等. 不同铁营养状况下根系特征及蒸腾对黄瓜幼苗吸收镉的影响［J］. 环境科学学报，2017，37（05）：1939-1946.
[109] 衣纯真，李花粉，张福锁. 水稻根表及其自由空间的铁氧化物对吸收镉的影响［J］. 北京农业大学学报，1994（04）：375-379.
[110] 庞晓辰. 硒对水稻镉毒性的影响及其机制的研究［D］. 南京：南京农业大学，2014.
[111] 尹俊钦，涂路遥，赵小虎，等. 硒对菜地土壤镉微区分布及其吸附解吸特性的影响［J］. 环境科学学报，2015，35（07）：2254-2260.
[112] 屈婵娟，吴志超，赵小虎，等. 硒对镉胁迫下不同基因型油菜镉积累、光合特性及抗氧化活性的影响［J］. 农业资源与环境学报，2015，32（05）：490-497.
[113] 万亚男. 硒对水稻吸收、转运及累积镉的影响机制［D］. 北京：中国农业大学，2018.
[114] 万亚男，余垚，齐田田，等. 硒对植物吸收转运镉影响机制的研究进展［J］. 生物技术进展，2017，7（05）：473-479.
[115] 贺前锋，李鹏祥，易凤姣，等. 叶面喷施硒肥对水稻植株中镉、硒含量分布的影响［J］. 湖南农业科学，2016（01）：37-39.
[116] 贺前锋，易凤姣，李鹏祥，等. 不同富硒叶面肥对轻度镉污染稻田稻米降镉富硒效果的研究［J］. 湖南农业科学，2015（12）：38-41.
[117] 黄青青，刘艺芸，徐应明，等. 叶面硒肥与海泡石钝化对水稻镉硒累积的影响［J］. 环境科学与技术，2018，41（04）：116-121.
[118] 王世华，罗群胜，刘传平，等. 叶面施硅对水稻籽实重金属积累的抑制效应［J］. 生态环境，2007（03）：875-878.
[119] 崔晓峰，李淑仪，丁效东，等. 喷施硅铈溶胶缓解镉铅对小白菜毒害的研究［J］. 土壤学报，2013，50（01）：171-177.
[120] 杨超光，豆虎，梁永超，等. 硅对土壤外源镉活性和玉米吸收镉的影响［J］. 中国农业科学，2005（01）：116-121.
[121] 俞丹丹. 硅质叶面阻隔剂抑制豆芽 Cd 积累效应及机理分析［D］. 南宁：广西大学，2018.
[122] 陈晓婷，王果，梁志超，等. 钙镁磷肥和硅肥对 Cd、Pb、Zn 污染土壤上小白菜生长和元素吸收的影响［J］. 福建农林大学学报（自然科学版），2002（01）：109-112.

[123] 陈蕊 . 硅离子对水稻镉吸收转运特性的影响 [D] . 北京：中国农业科学院， 2018.

[124] 王世华 . 叶面喷施纳米硅增强水稻抗重金属毒害机理研究 [D] . 南京：南京农业大学， 2007.

[125] 刘传平， 李芳柏， 刘新铭， 等 . 叶面施用两种硅溶胶抑制水稻籽粒 Cd 吸收及其机理研究 [C] // 第四次全国土壤生物和生物化学学术研讨会论文集，2017.

[126] 虞银江， 廖海兵， 陈文荣， 等 . 水稻吸收、运输锌及其籽粒富集锌的机制 [J] . 中国水稻科学， 2012， 26（03）：365-372.

[127] 董如茵， 徐应明， 王林， 等 . 土施和喷施锌肥对镉低积累油菜吸收镉的影响 [J] . 环境科学学报， 2015， 35（08）：2589-2596.

[128] 代晶晶， 徐应明， 王林， 等 . 不同锌营养下喷施锌肥对油菜生长和元素含量的影响 [J] . 环境化学， 2017， 36（05）：1017-1025.

[129] 韩潇潇， 任兴华， 王培培， 等 . 叶面喷施锌离子对水稻各器官镉积累特性的影响 [J] . 农业环境科学学报， 2019， 38（08）：1809-1817.

[130] 王林，周启星 . 化学与工程措施强化重金属污染土壤植物修复 [J] . 安全与环境学报，2007，7（5）：50-56.

[131] 蒲琦， 李素贞， 李盼 . 植物锌铁转运蛋白 ZIP 基因家族的研究进展 [J] . 生物技术通报， 2012（10）：15-19.

[132] 杨茹月， 李彤彤， 杨天华， 等 . 植物基因工程修复土壤重金属污染研究进展 [J] . 环境科学研究， 2019， 32（08）：1294-1303.

[133] 王丹 . 膜蛋白 Nramp 跨膜区相关肽的结构及功能研究 [D] . 长春：吉林大学， 2011.

[134] Kim K， Lee S Y， Cho Y S， et al. Molecular characterization and mRNA expression during metal exposure and thermal stress of copper/zinc- and manganese-superoxide dismutases in disk abalone， Haliotis discus discus [J] . Fish & Shellfish Immunology， 2007， 23（5）：1043-1059.

[135] 吴平治 . 拟南芥 CDF 家族基因 AtMTP6 的功能研究 [D] . 长沙：湖南师范大学， 2009.

[136] 王晓娟， 王文斌， 杨龙， 等 . 重金属镉（Cd）在植物体内的转运途径及其调控机制 [J] . 生态学报， 2015， 35（23）：7921-7929.

[137] Zhu Y L， Pilon Smits E， Tarun A S， et al. Cadmium tolerance and accumulation in Indian mustard is enhanced by over expressing gamma-glutamylcysteine synthetase [J] . Plant Physiology， 1999， 121（4）：1169-1177.

[138] 胡红青， 黄益宗， 黄巧云， 等 . 农田土壤重金属污染化学钝化修复研究进展 [J] . 植物营养与肥料学报， 2017， 23（06）：1676-1685.

[139] 张振兴， 纪雄辉， 谢运河， 等 . 水稻不同生育期施用生石灰对稻米镉含量的影响 [J] . 农业环境科学学报， 2016， 35（10）：1867-1872.

[140] 周世伟， 徐明岗 . 磷酸盐修复重金属污染土壤的研究进展 [J] . 生态学报， 2007， 27（7）：3043-3050.

[141] 董善辉，李军，赵梅 . 磷对镉污染土壤中水稻吸收积累镉的影响 [J] . 东北农业大学学报，2010，41（09）：39-43.

[142] 陈世宝， 朱永官， 杨俊诚 . 土壤 - 植物系统中磷对重金属生物有效性的影响机制 [J] . 环境污染治理技术与设备， 2003（08）：1-7.

[143] 李艳梅， 任晓莉， 杜云云， 等 . 粘土矿物吸附重金属的研究 [J] . 天津农业科学， 2011， 17（02）：34-37.

[144] 林云青， 章钢娅 . 粘土矿物修复重金属污染土壤的研究进展 [J] . 中国农学通报， 2009， 25（24）：422-427.

[145] 钱功明， 钟康年， 刘涛 . 新型改性磷灰石水处理剂去除废水中铅离子的研究 [J] . 环境科学与技术， 2009， 32（10）：153-157.

[146] 鲁春霞， 于云江， 吴俊平 . 粘土矿物对环境污染的防治作用 [J] . 中国沙漠， 1999（03）：3-5.

[147] 郝秀珍， 周东美， 薛艳， 等 . 天然蒙脱石和沸石改良对黑麦草在铜尾矿砂上生长的影响 [J] . 土壤学报， 2005（03）：434-439.

[148] 屠乃美，郑华，邹永霞，等 . 不同改良剂对铅镉污染稻田的改良效应研究 [J] . 农业环境保护，2000（06）：324-326.

[149] 朱奇宏， 黄道友， 刘国胜， 等 . 改良剂对镉污染酸性水稻土的修复效应与机理研究 [J] . 中国生态农业学报， 2010， 18（04）：847-851.

[150] 孙约兵， 徐应明， 史新， 等 . 污灌区镉污染土壤钝化修复及其生态效应研究 [J] . 中国环境科学，

2012，32（08）：1467-1473.

［151］ 王林，徐应明，孙国红，等．海泡石和磷酸盐对镉铅污染稻田土壤的钝化修复效应与机理研究［J］．生态环境学报，2012，21（02）：314-320.

［152］ 余贵芬，蒋新，吴泓涛，等．镉铅在粘土上的吸附及受腐殖酸的影响［J］．环境科学，2002（05）：109-112.

［153］ 余贵芬，蒋新，孙磊，等．有机物质对土壤镉有效性的影响研究综述［J］．生态学报，2002（05）：770-776.

［154］ 杨俊兴，郭庆军，郑国砥，等．赤泥条件下水稻根际铁膜形成及镉吸收机理研究［J］．生态环境学报，2016，25（04）：698-704.

［155］ 孙岩，吴启堂，许田芬，等．土壤改良剂联合间套种技术修复重金属污染土壤：田间试验［J］．中国环境科学，2014，34（08）：2049-2056.

［156］ 艾金华．重金属污染对不同品种小麦镉累积差异及间作修复实验研究［D］．南昌：南昌大学，2019.

［157］ 能凤娇，吴龙华，刘鸿雁，等．芹菜与伴矿景天间作对污泥农用锌镉污染土壤化学与微生物性质的影响［J］．应用生态学报，2013，24（05）：1428-1434.

［158］ 韩存亮，黄泽宏，肖荣波，等．粤北某矿区周边镉锌污染稻田土壤田间植物修复研究［J］．生态环境学报，2018，27（1）：158-165.

［159］ 刘坤．有机酸对土壤重金属 Pb、Cd 的活化及蚯蚓诱导植物修复作用的研究［D］．泰安：山东农业大学，2008.

［160］ 卫泽斌，吴启堂，龙新宪，等．可生物降解螯合剂 GLDA 和磷素活化剂促进东南景天提取土壤重金属的潜力［J］．农业环境科学学报，2014，33（7）：1402-1404.

［161］ 蒋先军，骆永明，赵其国，等．镉污染土壤植物修复的 EDTA 调控机理［J］．土壤学报，2003，40（2）：205-209.

［162］ 唐浩，朱江，黄沈发，等．蚯蚓在土壤重金属污染及其修复中的应用研究进展［J］．土壤，2013，45（01）：17-25.

［163］ 倪少仁．蚯蚓对土壤重金属的富集作用研究［D］．兰州：兰州交通大学，2010.

［164］ Kim R，Yoon J，Kim T，et al. Bioavailability of heavy metals in soils：Definitions and practical implementation—A critical review［J］. Environmental Geochemistry and Health，2015，37（6）：1041-1061.

［165］ 中华人民共和国国家质量监督检验检疫总局．土壤质量 有效态铅和镉的测定 原子吸收法：GB/T 23739—2009［S］．北京：中国标准出版社，2009.

［166］ 环境保护部．土壤 8 种有效态元素的测定 二乙烯三胺五乙酸浸提 - 电感耦合等离子体发射光谱法：HJ 804—2016［S］．北京：环境出版社，2016.

［167］ 张国忠，黄威，潘月鹏，等．河北典型农田大气重金属干沉降通量及来源解析［J］．中国生态农业学报（中英文），2019，27（08）：1245-1254.

［168］ 鄂倩，赵玉杰，刘潇威，等．不同土壤镉提取方法预测稻米富集镉性能评估［J］．农业环境科学学报，2020，39（5）：1000-1009.

［169］ Zhao M，Qian E，Zhang F，et al. Spatiotemporal dynamics of labile Cd in soil during rice growth［J］. Science of the Total Environment，2020，738：139832.

［170］ McGifford R W，Seen A J，Haddad P R. Direct colorimetric detection of copper（Ⅱ）ions in sampling using diffusive gradients in thin-films［J］. Analytica Chimica Acta，2010，662（1）：44-50.

［171］ Ding S，Sun Q，Xu D，et al. High-resolution simultaneous measurements of dissolved reactive phosphorus and dissolved sulfide：The first observation of their simultaneous release in sediments［J］. Environmental Science & Technology，2012，46（15）：8297-8304.

［172］ Guan D，Williams P N，Luo J，et al. Novel precipitated zirconia-based DGT technique for high-resolution imaging of oxyanions in waters and sediments［J］. Environmental Science & Technology，2015，49（6）：3653-3661.

［173］ Yao Y，Wang C，Wang P，et al. Zr oxide-based coloration technique for two-dimensional imaging of labile Cr（Ⅵ）using diffusive gradients in thin films［J］. Science of the Total Environment，2016，566-567：1632-1639.

［174］ Metzger E，Thibault de Chanvalon A，Cesbron F，et al. Simultaneous nitrite/nitrate imagery at millimeter scale through the water-sediment interface［J］. Environmental Science & Technology，2016，50（15）：8188-8195.

[175] Jezequel D, Brayner R, Metzger E, et al. Two-dimensional determination of dissolved iron and sulfur species in marine sediment pore-waters by thin-film based imaging. Thau lagoon (France) [J]. Estuarine Coastal and Shelf Science, 2007, 72 (3): 420-431.

[176] Ding S, Wang Y, Xu D, et al. Gel-based coloration technique for the submillimeter-scale imaging of labile phosphorus in sediments and soils with diffusive gradients in thin films [J]. Environmental Science & Technology, 2013, 47 (14): 7821-7829.

[177] 李希媛，滕辉，赵玉杰，等. 薄膜扩散梯度（DGT）技术在环境微界面物质运移过程研究中的应用 [J]. 农业环境科学学报，2020，39（8）：1649-1660.

[178] Zhao F, Wang P. Arsenic and cadmium accumulation in rice and mitigation strategies [J]. Plant and Soil, 2020, 446 (1-2): 1-21.

[179] Fulda B, Voegelin A, Kretzschmar R. Redox-controlled changes in cadmium solubility and solid-phase speciation in a paddy soil as affected by reducible sulfate and copper [J]. Environmental Science & Technology, 2013, 47 (22): 12775-12783.

[180] He S, Wang X, Wu X, et al. Using rice as a remediating plant to deplete bioavailable arsenic from paddy soils [J]. Environment International, 2020, 141: 105799.

[181] Honma T, Ohba H, Kaneko Kadokura A, et al. Optimal soil Eh, pH, and water management for simultaneously minimizing arsenic and cadmium concentrations in rice grains [J]. Environmental Science & Technology, 2016, 50 (8): 4178-4185.

[182] Muehe E M, Obst M, Hitchcock A, et al. Fate of Cd during microbial Fe (Ⅲ) mineral reduction by a novel and Cd-tolerant geobacter species [J]. Environmental Science & Technology, 2013, 47 (24): 14099-14109.

[183] Wang G, Hu Z, Li S, et al. Sulfur controlled cadmium dissolution in pore water of cadmium-contaminated soil as affected by DOC under waterlogging [J]. Chemosphere, 2020, 240: 124846.

[184] Wang J, Wang P, Gu Y, et al. Iron-manganese (oxyhydro) oxides, rather than oxidation of sulfides, determine mobilization of Cd during soil drainage in paddy soil systems [J]. Environmental Science & Technology, 2019, 53 (5): 2500-2508.

[185] Zhang C, Ge Y, Yao H, et al. Iron oxidation-reduction and its impacts on cadmium bioavailability in paddy soils: A review [J]. Frontiers of Environmental Science & Engineering, 2012, 6 (4): 509-517.

[186] Wang Z, Liu X, Liang X, et al. Flooding-drainage regulate the availability and mobility process of Fe, Mn, Cd, and As at paddy soil [J]. Science of the Total Environment, 2022, 817: 152898.

[187] Li X, Yang Z, Zhang C, et al. Effects of different crystalline iron oxides on immobilization and bioavailability of Cd in contaminated sediment [J]. Chemical Engineering Journal, 2019, 373: 307-317.

[188] Suda A, Makino T. Functional effects of manganese and iron oxides on the dynamics of trace elements in soils with a special focus on arsenic and cadmium: A review [J]. Geoderma, 2016, 270 (SI): 68-75.

[189] Winkler P, Kaiser K, Thompson A, et al. Contrasting evolution of iron phase composition in soils exposed to redox fluctuations [J]. Geochimica et Cosmochimica Acta, 2018, 235: 89-102.

[190] Yuan C, Li F, Cao W, et al. Cadmium solubility in paddy soil amended with organic matter, sulfate, and iron oxide in alternative watering conditions [J]. Journal of Hazardous Materials, 2019, 378: 120672.

[191] Wu G, Hu P, Zhou J, et al. Sulfur application combined with water management enhances phytoextraction rate and decreases rice cadmium uptake in a Sedum plumbizincicola-*Oryza sativa* rotation [J]. Plant and Soil, 2019, 440 (1-2): 539-549.

[192] Yan J, Fischel M, Chen H, et al. Cadmium speciation and release kinetics in a paddy soil as affected by soil amendments and flooding-draining cycle [J]. Environmental Pollution, 2021, 268: 115944.

[193] Sun L, Liu Q, Xue Y, et al. Dynamic influence of S fertilizer on Cu bioavailability in rice (*Oryza sativa* L.) rhizosphere soil during the whole life cycle of rice plants [J]. Journal of Soils and Sediments, 2019, 19 (1): 198-210.

[194] Hu Z, Zhu Y, Li M, et al. Sulfur (S) -induced enhancement of iron plaque formation in the rhizosphere reduces arsenic accumulation in rice (*Oryza sativa* L.) seedlings [J]. Environmental Pollution, 2007, 147 (2): 387-393.

[195] Sun L, Zheng C, Yang J, et al. Impact of sulfur (S) fertilization in paddy soils on copper (Cu) accumulation in rice (*Oryza sativa* L.) plants under flooding conditions [J]. Biology and Fertility of Soils,

2016, 52 (1): 31-39.

[196] Yan J, Sharma N, Flynn E D, et al. Consistent controls on trace metal micronutrient speciation in wetland soils and stream sediments [J]. Geochimica et Cosmochimica Acta, 2022, 317: 234-254.

[197] Shan X Q, Chen B, Zhang T H, et al. Relationship between sulfur speciation in soils and plant availability [J]. Science of the Total Environment, 1997, 199 (3): 237-246.

[198] Blum S C, Lehmann J, Solomon D, et al. Sulfur forms in organic substrates affecting S mineralization in soil [J]. 2013, 200-201 (Complete): 156-164.

[199] de Livera J, McLaughlin M J, Hettiarachchi G M, et al. Cadmium solubility in paddy soils: Effects of soil oxidation, metal sulfides and competitive ions [J]. Science of the Total Environment, 2011, 409 (8): 1489-1497.

[200] Liu T, Huang D, Zhu Q, et al. Increasing soil moisture faciliates the outcomes of exogenous sulfate rather than element sulfur in reducing cadmium accumulation in rice (*Oryza sativa* L.) [J]. Ecotoxicology and Environmental Safety, 2020, 191: 110200.

[201] Cui Y, Dong Y, Li H, et al. Effect of elemental sulphur on solubility of soil heavy metals and their uptake by maize[J]. Environment International, 2004, 30 (3): 323-328.

[202] Karlsson T, Persson P, Skyllberg U. Extended X-ray absorption fine structure spectroscopy evidence for the complexation of cadmium by reduced sulfur groups in natural organic matter [J]. Environmental Science & Technology, 2005, 39 (9): 3048-3055.

[203] Qayyum M F, Rehman M Z U, Ali S, et al. Residual effects of monoammonium phosphate, gypsum and elemental sulfur on cadmium phytoavailability and translocation from soil to wheat in an effluent irrigated field [J]. Chemosphere, 2017, 174: 515-523.

[204] Liu Y, Huang Y, Zhang C, et al. Nano-FeS incorporated into stable lignin hydrogel: A novel strategy for cadmium removal from soil [J]. Environmental Pollution, 2020, 264: 114739.

[205] Hoefer C, Santner J, Puschenreiter M, et al. Localized metal solubilization in the rhizosphere of salix smithiana upon sulfur application [J]. Environmental Science & Technology, 2015, 49 (7): 4522-4529.

[206] Hashimoto Y, Yamaguchi N. Chemical speciation of cadmium and sulfur K-edge XANES spectroscopy in flooded paddy soils amended with zerovalent iron [J]. Soil Science Society of America Journal, 2013, 77 (4): 1189-1198.

[207] Fan J, Hu Z, Ziadi N, et al. Excessive sulfur supply reduces cadmium accumulation in brown rice (*Oryza sativa* L.) [J]. Environmental Pollution, 2010, 158 (2): 409-415.

[208] Li S, Chen S, Wang M, et al. Iron fractions responsible for the variation of Cd bioavailability in paddy soil under variable pe+pH conditions [J]. Chemosphere, 2020, 251: 126355.

[209] Zhang D, Du G, Chen D, et al. Effect of elemental sulfur and gypsum application on the bioavailability and redistribution of cadmium during rice growth [J]. Science of the Total Environment, 2019, 657: 1460-1467.

[210] Burton E D, Johnston S G, Kocar B D. Arsenic mobility during flooding of contaminated soil: The effect of microbial sulfate reduction [J]. Environmental Science & Technology, 2014, 48 (23): 13660-13667.

[211] 汤艳杰，贾建业，谢先德 . 粘土矿物的环境意义 [J]. 地学前缘，2002 (02): 337-344.

[212] 张铭杰，王先彬 . 干旱地区硫化矿床风化过程的穆斯堡尔谱特征——以青海锡铁山铅锌矿为例 [J]. 沉积学报，1998 (04): 153-158.

[213] Li J, Zhang P, Ye J, et al. Simultaneous *in-situ* remediation and fertilization of Cd-contaminated weak-alkaline farmland for wheat production [J]. Journal of Environmental Management, 2019, 250: 109528.

[214] Celis R, HermosÍn M C, Cornejo J. Heavy metal adsorption by functionalized clays [J]. Environmental Science & Technology, 2000, 34 (21): 4593-4599.

[215] Liang X, Xu Y, Tan X, et al. Heavy metal adsorbents mercapto and amino functionalized palygorskite: Preparation and characterization [J]. Colloids and Surfaces A: Physicochemical and Engineering Aspects, 2013, 426: 98-105.

[216] He L, Li N, Liang X, et al. Reduction of Cd accumulation in pak choi (*Brassica chinensis* L.) in consecutive growing seasons using mercapto-grafted palygorskite [J]. RSC Advances, 2018, 8 (56): 32084-32094.

[217] He L, Xu Y, Huang Q, et al. Immobilization of cadmium in neutral soil in a vegetable cultivation mode using thiolated palygorskite [J]. CLEAN-Soil, Air, Water, 2021, 49 (2): 2000337.

[218] Wang Y, Xu Y, Huang Q, et al. Effect of sterilization on cadmium immobilization and bacterial community in alkaline soil remediated by mercapto-palygorskite [J]. Environmental Pollution, 2021, 273: 116446.

[219] Liang X, Qin X, Huang Q, et al. Remediation mechanisms of mercapto-grafted palygorskite for cadmium pollutant in paddy soil [J]. Environmental Science and Pollution Research, 2017, 24 (30): 23783-23793.

[220] Liang X, Li N, He L, et al. Inhibition of Cd accumulation in winter wheat (*Triticum aestivum* L.) grown in alkaline soil using mercapto-modified attapulgite [J]. Science of the Total Environment, 2019, 688: 818-826.

[221] He D, Cui J, Gao M, et al. Effects of soil amendments applied on cadmium availability, soil enzyme activity, and plant uptake in contaminated purple soil [J]. Science of the Total Environment, 2019, 654: 1364-1371.

[222] Wang Y, Xu Y, Liang X, et al. Leaching behavior and efficiency of cadmium in alkaline soil by adding two novel immobilization materials [J]. Science of the Total Environment, 2020, 710: 135964.

[223] Kappler A. Geomicrobiological cycling of iron [J]. Reviews in Mineralogy and Geochemistry, 2005, 59 (1): 85-108.

[224] Wu Y, Yang H, Wang M, et al. Immobilization of soil Cd by sulfhydryl grafted palygorskite in wheat-rice rotation mode: A field-scale investigation [J]. Science of the Total Environment, 2022, 826: 154156.

[225] Pearson R G. Hard and soft acids and bases, HSAB, part 1: Fundamental principles [J]. Journal of Chemical Education, 1968, 45 (9): 581.á

[226] Komárek M, Vaněk A, Ettler V. Chemical stabilization of metals and arsenic in contaminated soils using oxides—A review [J]. Environmental Pollution, 2013, 172: 9-22.

[227] 曾祥峰，王祖伟，于晓曼，等.铁锰氧化物在碱性条件下对镉的吸附特征研究[J].中国地质，2011，38(01)：212-217.

[228] Chen H, Lei J, Tong H, et al. Effects of Mn (Ⅱ) on the oxidation of Fe in soils and the uptake of cadmium by rice (*Oryza sativa*) [J]. Water, Air, & Soil Pollution, 2019, 230 (8): 190.

[229] Hockmann K, Karimian N, Schlagenhauff S, et al. Impact of antimony (Ⅴ) on iron (Ⅱ)-catalyzed ferrihydrite transformation pathways: A novel mineral switch for feroxyhyte formation [J]. Environmental Science & Technology, 2021, 55 (8): 4954-4963.

[230] Zhang J, Zhou H, Gu J, et al. Effects of nano-Fe_3O_4-modified biochar on iron plaque formation and Cd accumulation in rice (*Oryza sativa* L.) [J]. Environmental Pollution, 2020, 260: 113970.

[231] 吴应光.土壤溶液中亚铁沉淀的形成机理的研究[J].中南林学院学报，2000(01)：56-60.

[232] Rahman A, Nahar K, Hasanuzzaman M, et al. Manganese-induced cadmium stress tolerance in rice seedlings: Coordinated action of antioxidant defense, glyoxalase system and nutrient homeostasis [J]. Comptes Rendus Biologies, 2016, 339 (11-12): 462-474.

[233] Wang M, Wang L, Zhao S, et al. Manganese facilitates cadmium stabilization through physicochemical dynamics and amino acid accumulation in rice rhizosphere under flood-associated low pe+pH [J]. Journal of Hazardous Materials, 2021, 416: 126079.

[234] Deng X, Chen Y, Yang Y, et al. Cadmium accumulation in rice (*Oryza sativa* L.) alleviated by basal alkaline fertilizers followed by topdressing of manganese fertilizer [J]. Environmental Pollution, 2020, 262: 114289.

[235] Borch T, Kretzschmar R, Kappler A, et al. Biogeochemical redox processes and their impact on contaminant dynamics [J]. Environmental Science & Technology, 2010, 44 (1): 15-23.

[236] Haque K M S, Eberbach P L, Weston L A, et al. Pore Mn^{2+} dynamics of the rhizosphere of flooded and non-flooded rice during a long wet and drying phase in two rice growing soils [J]. Chemosphere, 2015, 134: 16-24.

[237] 宋志莲.铁锰氧化物/煅烧牡蛎壳复合吸附剂对水中As(Ⅲ)的吸附性能及机理[D].大连: 大连理工大学，2021.

[238] 宋小旺.铁锰氧化物生物炭吸附/钝化镉研究[D].广州：广东工业大学，2020.

[239] 周其文.生物炭-铁锰氧化物复合材料调控稻田土壤镉有效性机制[D].长沙：中南林业科技大学，2019.

[240] 赵萌.硫对水稻根区微界面有效态镉的影响及机制[D].北京：中国农业科学院，2021.

[241] Frierdich A J, Catalano J G. Controls on Fe (Ⅱ)-activated trace element release from goethite and hematite [J]. Environmental Science & Technology, 2012, 46 (3): 1519-1526.

[242] Huang H, Ji X, Cheng L, et al. Free radicals produced from the oxidation of ferrous sulfides promote the remobilization of cadmium in paddy soils during drainage [J]. Environmental Science & Technology, 2021, 55 (14): 9845-9853.

第4章

其他重金属有效态提取及检测技术

重金属有效态（availability）是一个很广泛的概念，且针对不同的对象有不同的内涵，如针对环境可称为环境有效态，针对农作物或土壤生物称为生物有效态，进而生物有效态又可细分为可被植物或微生物吸附以及可吸附可利用的有效态。国际标准化组织（International Standards Organization，ISO）将重金属的生物有效性描述成一个动态的过程，包括3个步骤：

① 土壤中的重金属有效态（环境有效态性）；

② 被有机体吸收的重金属（环境生物有效性）；

③ 在有机体内富集并对有机体产生毒害影响的重金属（毒性生物有效性）。

这3类重金属有效态在特定的条件下可以相互转化。但无论如何细分，重金属有效态的实质都在于研究重金属与生物体之间的潜在相互关系——它将生物体与其周围环境联系起来。

重金属有效态不仅在概念上有差异，其获得量值的方式方法也不统一，这是因为至今没有哪一种方法获得的有效态没有缺陷性或区域限制性或使用条件的限制性[1]。具体选择哪种方法或哪种方法更适合研究者使用，需要技术使用方根据技术自身的特点、使用条件、研究目的等进行判断。但这一判断也有一些原则可以遵循。如针对土-作体系，农作物对土壤重金属有效态提取方法的筛选可遵循以下基本原则：

① 重金属有效态的值与待评估农作物重金属吸附量应有显著的关联性；

② 获得有效态含量的方法尽量简单；

③ 重金属有效态检测值应满足检测精确性和准确性的要求。

现在重金属有效态的提取方法除前文提出的DGT方法外，还有诸多相关方法，主要包括化学提取技术、仪器分析法、道南膜技术、薄膜扩散平衡技术以及化学计算方法等。以下就这些技术做简要说明。

4.1 化学提取技术

重金属有效态的化学提取技术是最常用也是最普遍的有效态表征方法，该方法是指采用一种适当组成与组成比例的试剂溶液（一种或几种试剂混合），或者几种不同的试剂溶液（浸提能力依次加强，以一定顺序依次浸提），按照一定的土液比与浸提工艺方法浸提，最后测定浸提液中重金属的含量。有效态的化学提取就步骤而言可分为一步提取、多步（3步或5步）提取。一步化学提取法常用的提取剂有中性盐、酸性提取剂、螯合剂等，主要包括0.001mol/L或0.01mol/L $CaCl_2$、0.01mol/L $MgCl_2$、1mol/L NH_4NO_3、0.1mol/L $NaNO_3$、0.05mol/L EDTA、0.005mol/L DTPA［0.005mol/L DTPA+0.1mol/L TEA（三乙醇胺）+0.01mol/L $CaCl_2$］、0.1mol/L HCl、0.43mol/L HNO_3、水浸提等。《土壤环境监测技术规范》（HJ/T 166—2004）、《土壤　8种有效态元素的测定　二乙烯三胺五乙酸浸提-电感耦合等离子体发射光谱法》（HJ 804—2016）、《土壤质量　有效态铅和镉的测定　原子吸收法》（GB/T 23739—2009）列举了 DTPA、HCl 及水浸提土壤重金属有效态的方法。除此之外，元素有效态提取的方法主要有：有效态 Mn 用 1mol/L 乙酸铵 - 对苯二酚溶液浸提；有效态 Mo 用草酸 - 草酸铵（24.9g 草酸铵与 12.6g 草酸溶解于 1000mL 水中）溶液浸提，固液比为 1∶10；硅（Si）用 pH 4.0 的乙酸 - 乙酸钠缓冲溶液、0.02mol/L H_2SO_4、0.025% 或 1% 的柠檬酸溶液浸提；用 1mol/L NH_4Ac 浸提土壤中有效钙、镁、钾、钠等。

$CaCl_2$ 浸提法是常用的重金属有效态提取方法之一，在酸性土壤中使用比较多，在中性及偏碱性土壤中虽也有使用，但常出现浸提量低而无法检出的情况。常用的 $CaCl_2$ 浸提液的浓度有 0.001mol/L、0.01mol/L 以及 0.1mol/L 3 种，其中 0.01mol/L 是应用最为广泛的[1]，而 0.001mol/L 是 ISO 规定的标准方法[2]。赵方杰团队采用 0.1mol/L $CaCl_2$ 浸提未干燥稻米成熟期根际土，发现 0.1mol/L $CaCl_2$ 提取 Cd 与稻米 Cd 有良好的相关性[3]。0.005mmol/L DTPA 浸提重金属 Cd 虽然是国标方法，但文献检索结果表明，采用 DTPA 作为浸提剂评估重金属有效性的研究最近几年并非研究热点，尽管也有一定的研究报道[4-7]。DTPA+TEA+$CaCl_2$ 组成的混合溶液是一种提取能力较强的提取剂，提取的重金属不仅包括可直接被植物利用部分，更多的是潜在可利用态，指示重金属有效态的作用因区域差异而有较大的不同，利用该技术评价重金属污染土壤的修复效果也会存在一定的偏差。表 4-1 列举了一些常用的重金属有效态提取方法（含 5 步提取全过程），可供参考。

表 4-1　重金属有效态浸提方法简表

提取剂	提取过程
$CaCl_2$	称取 3.0g 过 2mm 筛的土壤于 100mL 离心管，加入 30mL 0.01mol/L $CaCl_2$ 室温下振荡 2h。4000r/min 离心 20min，上清液过 0.45μm 的滤膜，ICP-MS 法测定
复合有机酸	称取 3.0g 过 10 目筛的土壤至 100mL 离心管中，加入 30mL LMWOAs 提取剂，其中 LMWOAs 为醋酸∶乳酸∶柠檬酸∶苹果酸∶甲酸（摩尔比）=4∶2∶1∶1∶1 的混合液。温室下振荡 16h，4000r/min 离心 20min，上清液过 0.45μm 的滤膜，ICP-MS 法测定
HAc	称取 0.5g 过 2mm 土样于 50mL 离心管中，加浓度为 0.11mol/L 的醋酸溶液 20mL，（22±1）℃下振荡 16h，4000r/min 离心 20min，上清液过 0.45μm 滤膜，ICP-MS 法测定
EDTA	称取 2g 土壤样品于 50mL 离心管中，加入用氨水调节至 pH 7 的 0.05mol/L 的 EDTA 溶液 20mL，25℃下充分振荡 2h，4000r/min 离心 10min，上清液过 0.45μm 滤膜，ICP-MS 法测定
DTPA	称取 1.967g DTPA 溶于 14.92g TEA 和少量水中，再将 1.47g $CaCl_2 \cdot 2H_2O$ 溶于水，一并转入 1000mL 容量瓶中，加水至约 950mL，用 6mol/L HCl 调节 pH 值至 7.30（每升浸提液约需加 HCl 8.5mL），最后用水定容。储存于塑料瓶中，几个月内不会变质。浸提手续：称取 25.00g 风干过 20 目筛的土样放入 150mL 硬质玻璃锥形瓶中，加入 50.0mL DTPA 浸提剂，在 25℃用水平振荡机振荡提取 2h，干滤纸过滤，滤液用于分析。DTPA 浸提剂适用于石灰性土壤和中性土壤
HCl 浸提	称取 10.00g 风干过 20 目筛的土样放入 150mL 硬质玻璃锥形瓶中，加入 50.0mL 1mol/L HCl 浸提液，用水平振荡器振荡 1.5h，干滤纸过滤，滤液用于分析。酸性土壤适合用 0.1mol/L HCl 浸提

续表

提取剂	提取过程
Mehlich3	（1）组成：0.2mol/L HAc-0.25mol/L NH_4NO_3-0.015mol/L NH_4F-0.013mol/L HNO_3-0.001mol/L EDTA（pH 2.5 ± 0.1）。该浸提剂可同时提取土壤中有效磷、钾、钙、镁、铁、锰、铜、锌、硼等多种元素。 （2）操作：称取 5.00g 风干土壤样品（过 2mm 尼龙筛）置于 200mL 塑料瓶中，用溶液分配器准确加入 50mL Mehlich3 浸提剂，置于往复振荡机（振荡强度 200r/min）振荡 5min，然后干滤纸过滤，收集滤液于 50mL 塑料瓶中。整个浸提过程应在恒温条件下进行，温度控制在（25 ± 1）℃
碳酸盐结合态、铁 - 锰氧化结合态等形态的提取	（1）可交换态：浸提方法是在 1g 试样中加入 8mL $MgCl_2$ 溶液（1mol/L $MgCl_2$，pH 7.0）或者乙酸钠溶液（1mol/L NaAc，pH 8.2），室温下振荡 1h。 （2）碳酸盐结合态：经（1）处理后的残余物在室温下用 8mL 1mol/L NaAc 浸提，在浸提前用乙酸把 pH 值调至 5.0，连续振荡，直到估计所有提取的物质全部被浸出为止（一般 8h 左右）。 （3）铁锰氧化物结合态：浸提过程是在经（2）处理后的残余物中，加入 20mL 0.3mol/L $Na_2S_2O_3$-0.175mol/L 柠檬酸钠 -0.025mol/L 柠檬酸混合液，或者用 0.04mol/L $NH_3OH \cdot HCl$ 在 20%（体积分数）乙酸中浸提。浸提温度为（96 ± 3）℃，时间可自行估计，到完全浸提为止，一般在 4h 以内。 （4）有机结合态：在经（3）处理后的残余物中，加入 3mL 0.02mol/L HNO_3、5mL 30% H_2O_2，然后用 HNO_3 调节 pH 值至 2，将混合物加热至（85 ± 2）℃，保温 2h，并在加热中间振荡几次。再加入 3mL 30% H_2O_2，用 HNO_3 调至 pH 2，再将混合物在（85 ± 2）℃加热 3h，并间断地振荡。冷却后，加入 5mL 3.2mol/L 乙酸铵 20%（体积分数）HNO_3 溶液，稀释至 20mL，振荡 30min。 （5）残余态：经（1）～（4）4 部分提取之后，残余物中将包括原生及次生的矿物，它们除了主要组成元素之外，也会在其晶格内夹杂、包藏一些痕量元素，在天然条件下，这些元素不会在短期内溶出。残余态主要用 HF-$HClO_4$ 分解。 上述各形态的浸提都在 50L 聚乙烯离心试管中进行，以减少固态物质的损失。在互相衔接的操作之间，用 10000r/min（12000*g*）离心处理 30min，用注射器吸出清液，分析痕量元素。残留物用 8mL 去离子水洗涤，再离心 30min，弃去洗涤液，洗涤水要尽量少用，以防止损失可溶性物质，特别是有机物的损失。离心效果对分离影响较大，要切实注意

除以上浸提剂外，人们还常用胃肠模拟的方法来评价重金属的有效态，体外模拟实验法主要有生理学提取试验（physiologically based extraction test，PBET）、体外胃肠法（*in vitro* gastrointestinal method，IVG）、溶解度生物利用度联合研究法（solubility bioavailability research consortium，SBRC）和统一驳船法（unified barge method，UBM），常用的方法如表 4-2 所列。其中，PBET 是最早基于人体生理学原理建立的体外模拟消化法，包括肠相和胃相 2 个阶段（2 ～ 3 岁儿童）；IVG 简化了胃液成分，在模拟过程中加入了生面团，并参考了人体胃蛋白酶相关文献，增加了胃蛋白酶浓度，缩短了肠液提取时间；SBRC 进一步简化了胃液成分，只添加了甘氨酸，肠相提取时间仍较长；UBM 是由欧洲生物可利用性研究小组于 2011 年提出的，提取成分最为复杂，且增加了唾液相，旨在建立一套适用于各种类型土壤中重金属生物可利用性的研究方法。对于上述方法不能简单判断其好坏，每种方法都有其特定的理论基础和适用对象，方法的选择取决于研究目的、研究对象、操作条件等因素。目前，PBET、IVG、SBRC 和 UBM 等体外实验方法已被广泛应用于土壤中重金属生物有效性的研究，主要还是集中于 As、Cd 和 Pb [8]。且这类研究多以人体健康及生态风险评估为目的 [9-11]，有关重金属对农作物危害性的研究虽也有报道，但相对而言较少 [12]。

表 4-2　重金属有效态提取胃肠模拟法简表

方法	提取相	组成成分	固液比	温度/℃	pH值	时间/h	优点与不足
PBET	胃	1.25g 胃蛋白酶，0.5g 苹果酸钠，0.5g 柠檬酸钠，420μL 乳酸，500μL 醋酸	1∶100	37	2.5	1	胃相提取组分中加有机酸类，参照 2～3 岁儿童消化系统
	肠	1.75g 胆汁，0.5g 胰酶（猪）	1∶100	37	7.0	4	
IVG	胃	10g 胃蛋白酶（猪），8.77g NaCl	1∶150	37	1.8	1	胃相提取成分组成简单，肠相相对时间短，但仅考虑单一食物进食影响
	肠	3.5g 胆汁（猪），0.35g 胰酶（猪）	1∶150	37	5.5	1	
SBRC	胃	30.03g 甘氨酸	1∶100	37	1.5	1	胃相提取成分简单，但肠相提取时间较长
	肠	1.75g 胆汁（牛），0.5g 胰酶（猪）	1∶100	37	7.0	4	
UBM	唾液	0.896g KCl，0.888g NaH_2PO_4，0.2g KSCN，0.57g Na_2SO_4，0.298g NaCl，1.8mL NaOH（1mol/L），0.2g 尿素，0.145g α-淀粉酶，0.05g 黏蛋白，0.015g 尿酸	1∶15	37	6.5	1/360	增加了唾液，结果更准确，普适性更强，但各个提取相成分复杂，操作烦琐
	胃	0.824g KCl，0.266g NaH_2PO_4，2.752g NaCl，0.4g $CaCl_2$，0.306g NH_4Cl，8.3mL HCl（37%），0.085g 尿素，0.65g 葡萄糖，0.02g 葡萄糖醛酸，0.33g 氨基葡萄糖盐酸盐，3.0g 黏蛋白，1.0g 血清蛋白（牛），1.0g 胃蛋白酶	1∶37.5	37	1.2	1	
	肠	0.94g KCl，12.3g NaCl，11.4g $NaHCO_3$，0.08g KH_2PO_4，0.05g $MgCl_2$，0.36mL HCl（37%），0.35g 尿素，0.42g $CaCl_2$，2.8g 血清蛋白（牛），3.0g 胰酶，0.5g 脂肪酶，6.0g 胆汁（包括十二指肠液和胆汁液）	1∶97.5	37	6.3	4	

为对比评估不同重金属有效态提取的重金属 Cd 与植物吸收量的相关性，沈阳农业大学刘鸣达团队以陈化时间为 20d 和 360d 的同一人工污染土壤为研究对象，采用化学提取法、DGT 和生物指标评价土壤 Cd 针对大麦的生物有效性。相关性分析结果表明，不同方法提取的土壤 Cd 含量与大麦 Cd 含量的决定系数（R^2）最小值排序为：DGT（0.7385，$P < 0.05$）＞总 Cd（0.6931，$P < 0.05$）＞ HAc 醋酸提取 Cd（0.6078）＞七步提取法所得离子交换态 Cd（0.5933）＞ DTPA 提取 Cd（0.5842）＞ $CaCl_2$ 提取 Cd（0.4980）＞七步提取法所得水溶态 Cd（0.4602）。DGT 可以识别土壤中 Cd 生物有效性的微量变化，相应地应用于陈化 360d 的土壤（R^2=0.7994，$P < 0.05$）效果优于陈化 20d 的土壤（R^2=0.7385，$P < 0.05$），是适用于评价实际重金属污染场地生物有效性的原位测定技术[13]。西南大学魏世强教授课题组对比了氯化钙（$CaCl_2$）、醋酸铵（NH_4Ac）、盐酸（HCl）、乙二胺四乙酸二钠盐和二乙烯三胺五乙酸（DTPA）这 5 种化学提取方法与薄膜扩散梯度技术（DGT）对供试土壤 Pb 和

Cd 的提取能力，并以黑麦草为指示植物开展盆栽实验，探讨不同提取剂提取量与植物 Pb 和 Cd 累积能力的相关性，进而综合评价不同方法的适宜性。结果表明，在不同类型土壤中，EDTA-Pb 提取态含量和 DGT-Cd 提取态含量与黑麦草地上部 Pb 和 Cd 含量相关性最高，相关系数分别为 0.941 和 0.919，说明 EDTA 提取适用于不同类型土壤间 Pb 生物有效性的比较与评价，而 Cd 则以 DGT 技术最好[14]。除以上研究外，笔者课题组还对不同方法提取重金属有效态的优劣性进行了对比研究，结果见图 4-1 及图 4-2。图 4-1 及图 4-2 是我国东南沿海某省土壤总 Cd、总 Zn 以及 0.1mol/L HCl 提取的土壤有效态 Cd、Zn 含量与稻米 Cd、Zn 含量的关系。可见，对于 Cd 而言，HCl 提取有效态 Cd 含量与稻米 Cd 含量之间的相关性并不比总 Cd 好多少，而 HCl 提取的有效态 Zn 含量与稻米 Zn 含量之间的相关性明显优于总 Zn 与稻米 Zn 之间的相关性。

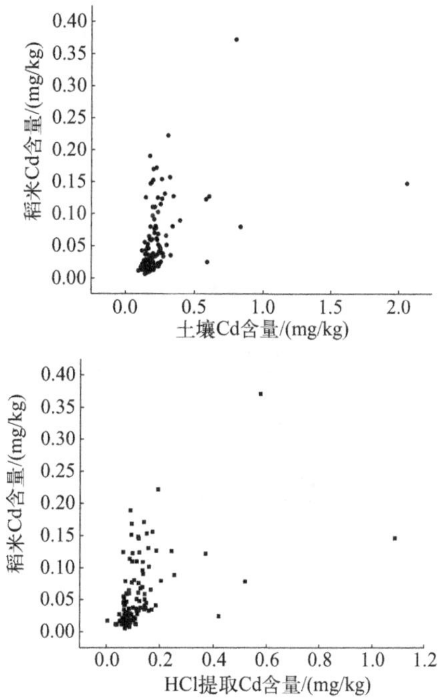

图 4-1　东南沿海某省土壤总 Cd 含量及盐酸提取 Cd 含量与稻米 Cd 含量关系散点图

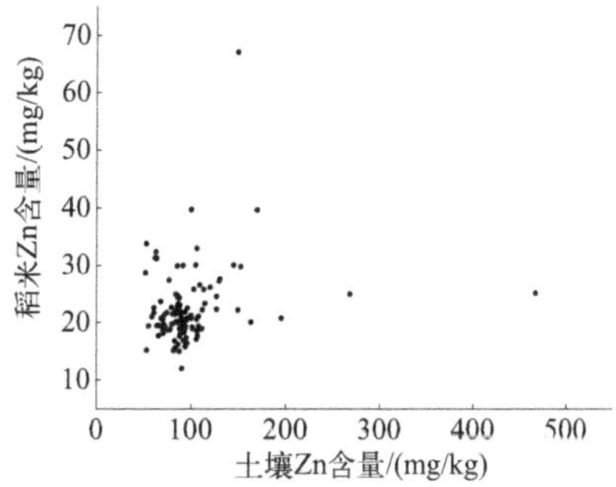

图 4-2

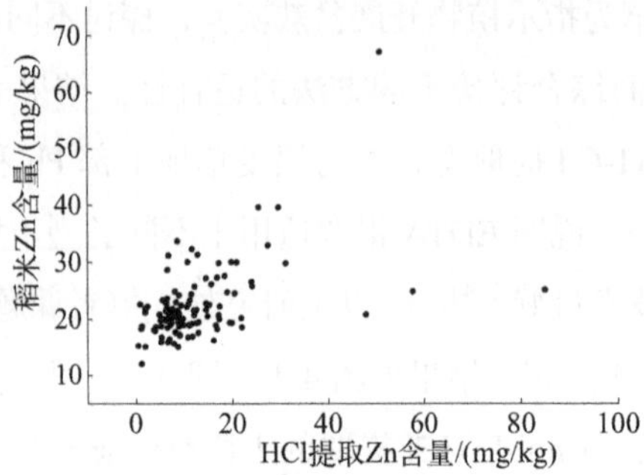

图 4-2　东南沿海某省土壤总 Zn 含量及盐酸提取 Zn 含量与稻米 Zn 含量关系散点图

图 4-3 为某区域土壤总 Cd 及 0.005mmol/L DTPA 联合提取剂［0.005mmol/L DTPA+0.1mol/L TEA（三乙醇胺）+0.01mol/L $CaCl_2$］提取的有效态 Cd 含量与稻米 Cd 含量散点图，可见，在此区域采用 DTPA 作为浸提剂提取的 Cd 并不比总量能更好地指示稻米镉污染情况。

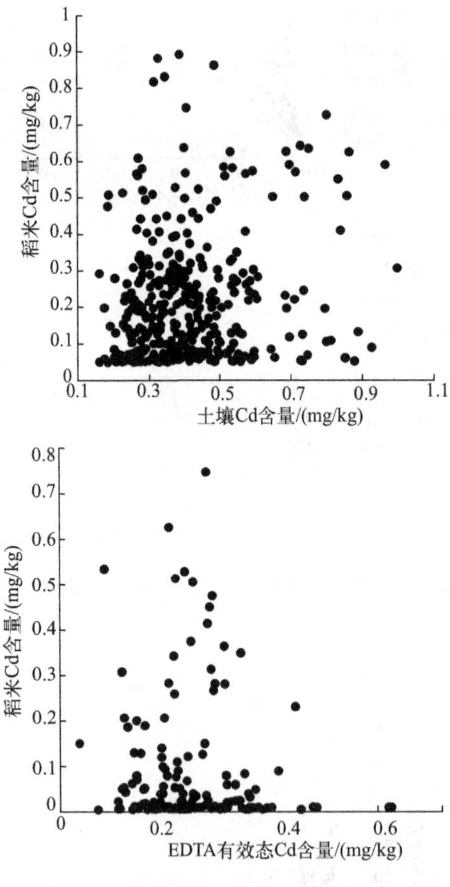

图 4-3　华中某区域土壤总 Cd 含量及 0.005mmol/L DTPA 联合提取剂提取有效态 Cd 含量与稻米 Cd 含量相关性散点图

采用不同提取剂提取土壤重金属有效态的研究还有很多，在此不一一赘述。

4.2 仪器分析法

近年来，随着同步辐射 X 射线吸收精细结构光谱（XAFS）、快速原位吸收光谱（Quick-XAFS）、微区 X 射线荧光光谱（μ-XRF）和微区吸收光谱（μ-XAFS）等技术的发展，重金属在土壤中的形态及分布、土壤矿物表面的快速反应动力学、弱晶质氧化物鉴定等研究上得到快速发展，同时微流控技术与原子力显微镜相结合，推动了土壤矿物 - 有机物 - 微生物相互作用的原位研究，傅里叶变换离子回旋共振质谱（FT-ICR-MS）、球差校正扫描透射电子显微镜（Cs-STEM）等先进技术也逐步应用到土壤化学及重金属形态分析研究中来，为有机质分子组成、元素空间分布和土壤中化合物的稳定性以及可能发生的变化等研究提供了超高分辨率的信息[15]。下面列举几个案例供读者参考。

4.2.1 同步辐射 X 射线吸收光谱（SRXAS）技术应用实例

浙江大学胡少平博士[16]采用 SRXAS 技术研究了重金属 Cu 在黏土矿物、土壤颗粒和植物根 - 土界面的分子形态。结果表明。在蒙脱石和赤铁矿表面，Cu 原子赤道平面上的 4 个水分子被 O 原子取代，形成 Cu—O 配位。在蒙脱石表面，Cu 除了与片层边缘 O 原子配位吸附外，还形成多核沉淀；在赤铁矿表面，Cu 除与 O 原子结合外，还存在两种可能的结合形态，分别是形成内层配位和表面沉淀。草酸和海州香薷根分泌物可将赤铁矿和蒙脱石表面的 Cu 沉淀转化为有机酸结合态，在矿物表面表现出活化作用。以矿区污染土壤为材料，以硫化物结合态、矿物吸附态、腐殖质结合态的 Cu 为参比，通过不同分子形态的同步辐射 X 射线吸收光谱特征分析，证明土壤中 Cu 含量大小依次为腐殖质结合态、赤铁矿结合态、水铁矿结合态、硅酸盐矿物结合态和硫化物结合态。在根分泌物影响下，土壤溶液中以草酸和根分泌物类似配合态 Cu 为主，土壤中水合离子态 Cu 含量显著下降，表明海州香薷根分泌物对土壤溶液中的 Cu 具有配位稳定作用。土壤重金属在迁移过程中逐渐向胶体颗粒富集，并随之迁移，土壤中可移动颗粒主要由硅酸盐矿物和有机质及铁铝氧化物胶结物组成，在胶体颗粒表面，存在一些含 Fe 氧化物和重金属硫化物的纳米颗粒。同步辐射 X 射线吸收光谱分析表明移动胶体颗粒中的有机质、Fe 氧化物是重金属的主要运移载体。

4.2.2 传统化学提取结合仪器分析应用实例

土壤有机质作为全球陆地表面最大的有机碳库，是土壤肥力的重要指标，显著影响全球碳循环。土壤环境中广泛存在的铁氧化物和钙离子在土壤有机碳稳定和周转中起着重要作用。同时，土壤有机质的形态和含量与土壤中污染物质的迁移转化密切相关。华中农业大学黄巧云团队[17]采集我国中东部地区典型耕地土壤，通过传统化学提取并结合同位素分析和同步辐射傅里叶变换红外光谱（SR-FTIR）技术，探讨了土壤中铁氧化物结合态有机碳的分布规律及分子组成；借助化学分析、傅里叶变换红外光谱（FTIR）、紫外光谱和同步辐射X射线吸收光谱（NEXAFS）技术，明确了不同结晶度铁氧化物、钙离子对土壤有机碳贮存的贡献，阐述了长期定位施肥对铁氧化物和钙离子稳定土壤有机碳的影响。通过向铅污染土壤添加水稻秸秆的长期培养实验，利用连续化学提取方法和同步辐射X射线吸收精细结构光谱（XAFS），阐明了土壤组分相互作用对铅在土壤组分中分配的影响，揭示了长时间尺度下铅化学形态和分子形态的动态变化过程。主要结论如下：

① 耕地土壤中铁氧化物结合态有机碳占土壤有机碳的6.2%～31.2%，是土壤碳循环的重要组成部分。土壤中的有机碳主要是以吸附的方式与铁氧化物结合，而在某些有机碳含量高的土壤中，共沉淀方式也是铁氧化物结合态有机碳形成的重要机制。不同土壤中铁氧化物结合态有机碳的分布不具有规律性，其含量在年均温度为16.4℃的土壤中达到一个峰值。土壤有机碳和铁的活化度控制着铁氧化物结合态有机碳的形成。

② 红壤中铁氧化物结合态有机碳含量高低为：非晶型胶体铁结合态有机碳（OC_{PP}）＞晶型铁氧化物结合态有机碳（OC_{DH}）＞非晶型铁氧化物结合态有机碳（OC_{HH}）。土壤中OC_{DH}和OC_{HH}主要是通过吸附的方式形成的，而OC_{PP}则主要是通过共沉淀或螯合的方式结合的。土壤中OC_{PP}和OC_{HH}对施肥比较敏感，施肥对OC_{DH}的影响较小。化肥处理显著促进了土壤中有机碳与非晶型胶体铁和非晶型铁氧化物结合，有机肥处理显著促进了土壤中有机碳与非晶型铁氧化物结合。OC_{HH}比OC_{DH}具有更大的平均分子量和更高的芳香化程度。化肥处理显著增加了土壤中OC_{PP}疏水性和芳香性，促进了大分子化合物与晶型铁氧化物结合；有机肥处理显著降低了土壤OC_{PP}的分子量、疏水性和芳香性以及OC_{HH}的疏水性和芳香性。

③ 红壤和潮土中分别有4.55%～19.28%和9.00%～25.15%的土壤有机碳是以钙结合态有机碳的形式存在的，化肥处理显著降低土壤中钙结合态有机碳的含量，而有机肥处理显著提高了潮土中钙结合态有机碳的含量。钙离子选择性保护土壤有机质中的芳香碳和羧基碳，有机肥处理促进土壤中氧烷基碳与钙离子结合。钙离子结合态有机碳表现出^{13}C相对富集的性质，化肥处理促进^{13}C相对富集的组分在钙结合态有机碳中累积，而有机肥处理促使钙结合态有机碳富集^{13}C相对亏损的组分。

④ 亚热带地区土壤中的铅主要是以铁氧化物结合态、表面结合态和残渣态形式存在。施用秸秆以后，土壤中的铁氧化物结合态铅显著增加，而土壤中活性形态的铅（离子交换态和表面结合态）显著降低。长时间的土壤老化会促进铅与铁氧化物结合，并且施用外源有机质会加速这一过程。有机质和土壤老化主要促进铅与非晶型铁氧化物结合。有机质的加入可能是通过形成Fe-OC-Pb和Fe-Pb-OC三元复合体促使铅与铁氧化物结合。

⑤ 亚热带地区土壤中铅的分子形态主要由铁氧化物结合态铅、铅的磷酸盐化合物以及蒙脱石结合态铅组成。有机质和土壤老化会促进土壤中的蒙脱石结合态铅和铅的磷酸盐化合物转化为铁氧化物结合态铅。铁氧化物结合态有机碳在铁氧化物结合态铅的形成中起了重要作用。

使用 SEM-EDS（扫描电子显微镜 - 能谱仪）观察到硅钙镁肥、钙镁磷肥、羟基磷灰石和两种生物炭钝化材料大多含有 C、O、Si、Ca、Al 等元素。各材料表面特征差异较大，硅钙镁肥为棱状，表面较为光滑；两种生物炭材料表面粗糙且凹凸不平，有助于对 Cd 的吸附配位固定。

4.3 道南膜技术

自由态重金属常用来衡量土壤中重金属生物有效性，是土壤中重金属生物有效性和毒性最大的一种形态。传统的测量自由态重金属的方法主要有伏安法、离子选择电极法和竞争螯合法等，但这些方法都存在一定的缺陷。伏安法对重金属离子的检出限较低，能够测定重金属离子含量低的溶液，但缺点是容易打乱原溶液平衡，且受干扰离子影响大；离子选择电极法虽然操作简便，但能测定的重金属类型有限；竞争螯合法虽然检出限也较低，但测定不同的离子需要适配相应的配体，操作烦琐且寻找相应的配体有一定的难度。道南膜技术（DMT）则是基于阳离子交换膜法的一种能够分离溶液中自由态重金属离子的技术，因其能够同时测定多种离子，且并不打乱原溶液平衡，测定浓度范围广，受到业界广泛关注[18]。

道南膜技术起源于 20 世纪 80 年代提出的道南平衡法。道南平衡法使供给端盐溶液中的阳离子通过阳离子交换膜交换至接收端，当阳离子交换膜两端的道南电势达到平衡时，收集供给端和接收端两端的溶液样品，并使用相应的检测手段测定接收端溶液中的离子含量。瓦赫宁根大学开发了基于道南平衡原理的土壤、水体以及沉积物自由态重金属测定装置并得到了广泛应用[19]。道南膜装置的核心为离子交换池，由供出池（D 池）、接收池（A 池）和阳离子交换膜组成，见图 4-4。图中，D 池中为样品溶液（D 液），包含自由态重金属离子及其配合物；A 池中通常为与 D 液离子强度相等且不含待测重金属离子的背景溶液（A 液）。D 液和 A 液由带负电的半渗透性阳离子交换膜分开，此膜仅允许阳离子通过。由于膜两侧存在浓度差，阳离子不断进入 A 液，直至达到道南平衡。基于以下两个假设利用道南平衡原理分析溶液中自由态重金属离子浓度：

① D 液中重金属离子浓度保持不变；

② Na、K 和 Ca 等金属阳离子不形成配合物，以自由态存在。

因此，为保证 DMT 系统最大程度接近假设条件，需首先保证 D 液和 A 液具有足够大的体积差，从 D 液扩散至 A 液的重金属离子足够少，D 液的重金属离子损失可忽略不计。其次是选择适宜的 A 液，几乎所有阴离子均会在一定程度上与金属离子形成配合物，因此需要选择 NO_3^- 等与金属离子结合能力较弱的阴离子作为 A 液的主要阴离子。基于此，当系统达到平衡时，A 液中无机配合态重金属离子可忽略不计。目前，常用 A 液的主要物质为 $Ca(NO_3)_2$ 和 $Sr(NO_3)_2$[20]。通过测定透过阳离子交换膜达到 A 端溶液中的自然态重金属离子浓度，按式（4-1）反算 D 端自然态重金属浓度，计算过程见图 4-5[21]。

$$\left(\frac{C_{i,\mathrm{D}}}{C_{i,\mathrm{A}}}\right)^{1/z}=\frac{y_\mathrm{D}}{y_\mathrm{A}} \tag{4-1}$$

式中 $C_{i,\mathrm{D}}$，$C_{i,\mathrm{A}}$——D 端、A 端自由态重金属离子摩尔浓度，mol/L；

z——重金属离子价态；

y_D，y_A——D 端、A 端不与配体形成配合物的自由态重金属离子摩尔浓度，一般为 K^+、Na^+ 用于修正两端重金属离子浓度差，mol/L。

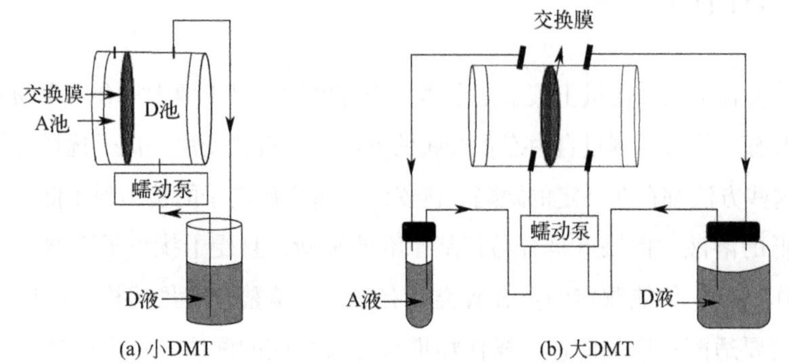

图 4-4 道南膜装置示意

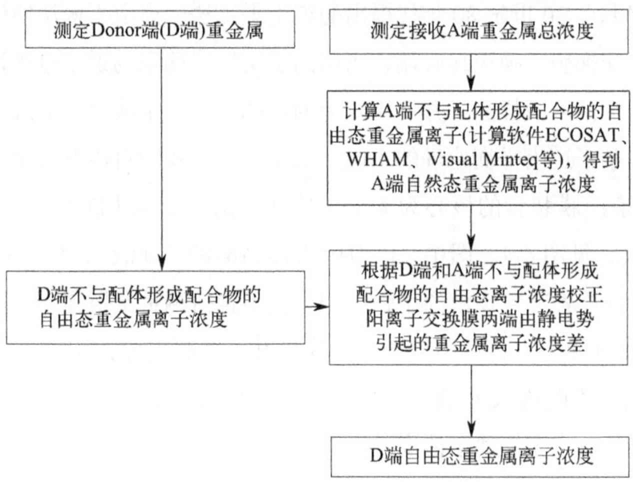

图 4-5 DMT 计算溶液体系自由态重金属离子浓度流程

4.4 DET 技术

薄膜扩散平衡（DET）技术是另一种重金属有效态提取技术，它与 DGT 技术不同的是其只由扩散膜、保护膜以及外部支撑组成，没有结合膜。DET 技术与透析法的采集原理相似，都是利用采样介质与水体之间的物质交换以达到扩散平衡来实现采样的目的。它与透析法的区别是采样介质不同，透析法采用去离子水或电解质溶液为采样介质，而 DET 技术采用水凝胶（含水量 95%）为采样介质。DET 技术中，采样位置的被监测物质的可溶性形态的浓度可以通过测量水凝胶介质中被监测物质的浓度来得到。DET 技术与透析法相比较而言，具有更高的空间分辨率。采用切割的方法，DET 技术的空间分辨率能够达到 1mm。DET 技术还具有快速的平衡响应时间，实验表明 DET 技术数小时就可达到平衡。另外，DET 装置具有结构简单、容易使用、易于处理、非选择性和可测量多维空间中被监测物质的可溶性形态等特点[22]。

4.5 化学计算方法

获得土壤重金属有效态的技术除 DGT、DET、化学浸提、道南膜（离子态）外，还可以采用化学计算的方法。化学计算主要是根据元素形态受配体、pH 值、竞争离子、离子强度、温度、溶解氧等因子影响的事实，采用先测定溶液元素组成、明确配体（自然配体主要为溶解态有机质 DOC 以及人为添加配体如 EDTA、DTPA、FA、HA 等）类型、组分及含量，确定环境条件后，采用理论模型（如 SHM，NICA-Donnan 等）计算而获取土壤溶液中重金属的形态组分的一种方法。

采用化学计算方法获得溶液元素的形态组成是一种很烧脑、烧钱的技术，不但要明白机理模型的基本概念，还要对土壤溶液元素的组成进行深度分析，对土壤所处环境条件有明确的认识（如土壤的氧化还原条件，DOC 的组成，Fe、Mn、Al 等的含量及形态，土壤胶体及土壤颗粒等），以免漏检关系元素，影响分析结果。当前，常用的土壤溶液形态分析的软件主要有 WHAM、Visual Minteq 等。以下就这两个软件的一些基本情况和使用方法做简述。

4.5.1 WHAM 软件计算重金属形态简介

WHAM 7 是一款计算水体及土壤溶液溶质形态化学平衡的计算软件，WHAM 7 包括离子溶液配体、离子与有机质、矿物氧化物及黏土物质配体模型 4 个关键模型。

4.5.1.1 与 WHAM 6 相比，WHAM 7 的一些变化

有机质及富里酸（FA）绑定模型升级为第 7 版的有机质绑定模型（Humic Ion Binding Model 7），现在模型可以分析微量金属元素及银与有机质的配体。

铁（Ⅲ）铝氧化物沉降可以通过两种方式模拟：一是溶解的铁铝氧化物与各自的氢氧化物形成动态平衡；二是铁铝可以形成氢氧化物沉淀。

如果铁铝氧化物形成沉淀，可以设定其表面化学活性。

碳酸盐碱度值可以作为碳酸盐系统输入来固定 pH 值。

任何单一溶液可以调整到强制电荷平衡，这是一种调节 pH 值方法的扩展。

可以输出绑定到有机质的质子形态。

4.5.1.2 软件基本说明

WHAM 7 采用 3 种类型的数据文件，输入文件用于定义溶液的化学物质成分，溶液数据库用于定义模拟溶液、溶液配体及沉淀的化学平衡常数、形成溶液配体及沉淀的熵、相数据库（用于描述离子绑定相的相关参数），当然用户可以对某些信息进行扩展。

WHAM 7 的开始界面如图 4-6 所示。

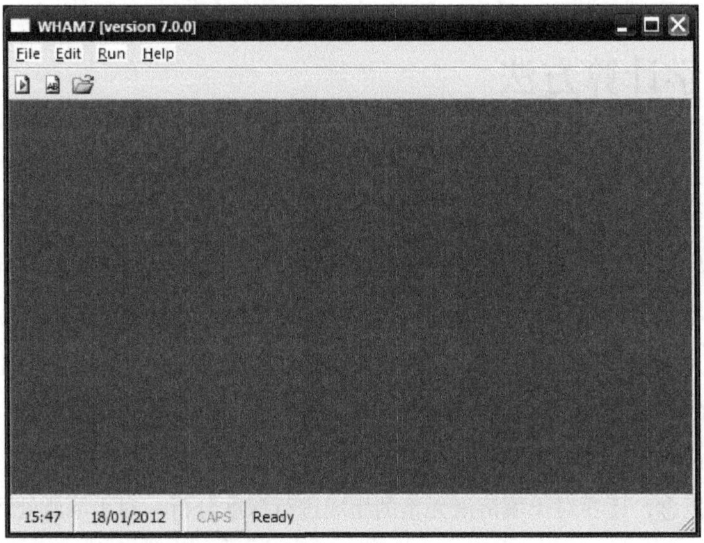

图 4-6 WHAM 软件开始界面

采用 WHAM 软件进行溶液化学形态分析主要有 3 个步骤。创建输入文件，运行程序，获取结果。

（1）创建一个输入文件

点击创建输入文件按钮（），或由文件菜单选择输入文件（new input file），就会出现以下界面（图 4-7）。

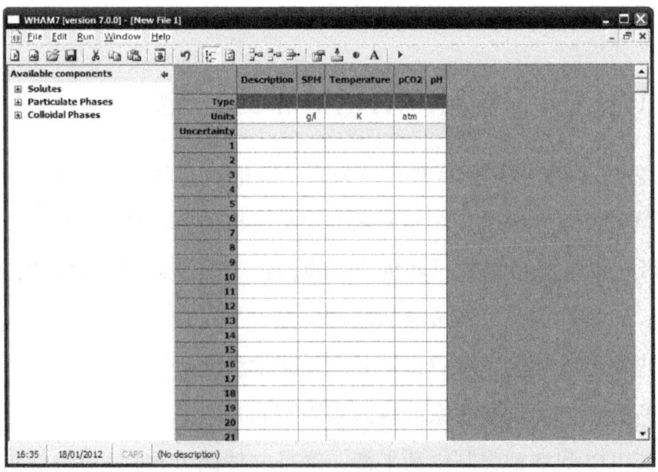

图 4-7 文件创建界面

输入文件以表格的形式展现，每一行代表一个要模拟的溶液或一个化学问题，图形的左边是溶液的形态树，单击“+”号可以打开其中的内容，用户可以通过选择的方式往里加入要模拟的溶液中的溶质，加入的溶质会在右边显示出来。此时，用户可以编辑溶质（如修改含量），并可以通过双击“单位（unites）”修改溶质的单位。如果想预测评估不确定性对结果的影响，可以对不确定性（uncertainty）的相关内容进行修改。通过左边组件数据选择要增加的溶液中所含溶质的内容，如溶解相盐分、颗粒相、胶体相等。双击增加的溶质内容对其含量进行编辑。如有必要，设定二氧化碳大气压及铁、铝沉降和溶解选项。

对于溶液的 pH 值，一方面可以通过软件计算获得，另一方面用户可以强制设定 pH 值。

对于常规性的数据编辑，如复制、粘贴、剪切、恢复、溶质单位编辑等，普通计算机使用者都可以自行学习，在此不作过多说明。

1）沉淀选项（precipitation options）

WHAM 7 允许用户通过不同的方式对 Fe(Ⅲ)、铝氢氧化物沉淀进行多种方式模拟计算：一是将可溶性铝（Al）或 Fe(Ⅲ)或是总量作为输入项，其氢氧化物是否形成沉淀由系统计算确定，这是系统建议的方式，形成沉淀的氢氧化物有活性表面，对离子有绑定作用；二是假定氢氧化物存在且与溶液存在动态平衡，铁、铝的自由离子活度是固定的。

可通过编辑文件选择沉淀选项对此内容进行设定。也可以通过工具栏上的沉淀按钮（ ）来设置。

沉淀设置界面如图 4-8 所示。

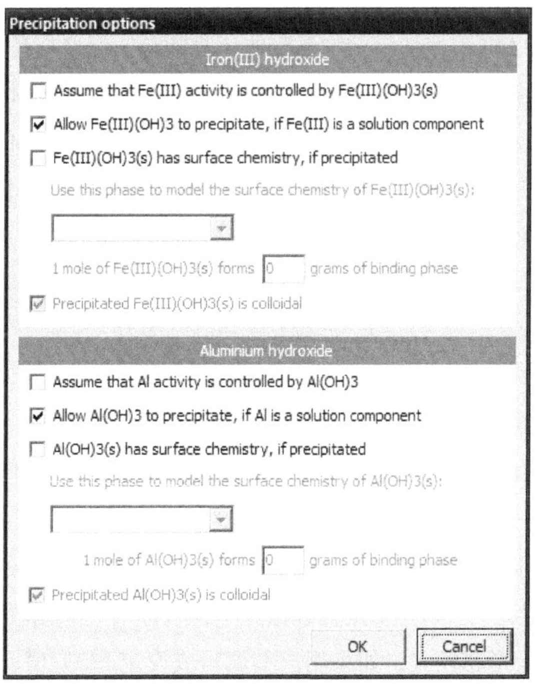

图 4-8　沉淀设置界面

图 4-8 面板有以下几个选项可供选择。

① 不允许有沉淀（prevent precipitation of the hydroxide）。通过输入文件数据计算 Fe（Ⅲ）、铝的形态，不引发氢氧化物沉淀，此种选择通过图 4-8 中的前两项不打勾实现。

② 允许氢氧化物有沉淀（allow precipitation of the hydroxide）。这是缺省选项，如图 4-8 所示。溶液中必须有铁、铝含量，此项才起作用。在此条件下溶液类型可以是总量或溶解态。

氢氧化物沉淀的反应式为：$M(OH)_3+3H^+ \!=\!= M^{3+}+3H_2O$。$K_{so}$是沉淀平衡溶度积（solubility product）。

离子活度积 IAP 为：$IAP=a_M/a_H^3$ 或 $lgIAP=lga_M+3pH$。如果 IAP 超过溶度积，则产生沉淀，金属离子的活度计算式为：$a_M=K_{so}a_H^3$ 或 $lga_M=lgK_{so}-3pH$。相关溶度积的参数在溶液数据库（solute database）中有相关链接。

③ 绑定相用于表面建模（the binding phase used to model the surface）。用户可以强制沉淀具有表面活性。用户需选择第 3 个选项，建议用户采用铁氧化物［iron oxide phase（FeO_x）］或铝氧化物相［aluminium oxide（AlO_x）］模拟铁、铝沉淀的表面化学性质，绑定相必须从下拉菜单中选择，用户不能选择相同的相去同时模拟铁、铝沉淀。

④ 活性相含量（the concentration of active phase）。用户必须输入一个转换因子，将沉淀金属的摩尔浓度与活性相的质量联系起来。

建议的参数如下。

铁氧化物：90g/mol；

铝氧化物：61g/mol。

用户必须告诉 WHAM 形成的沉淀物是胶体还是颗粒，但这与是否将金属的溶质类型定义为总量（total）或溶解态（dissolved）无关，沉淀物仍然可以是胶体或颗粒。

⑤ 假设活性被氧的溶解性控制（assume that the activity is controlled by oxide solubility）。如果选择此项，则离子的溶液活度将根据与氢氧化物沉淀的平衡来计算，此项通过选择第 1 个选项来实现。选择此项，则输入文件中铁、铝的含量将被忽略。金属离子的活性计算式如下：

$$a_M=K_{so}a_H^3 \text{ 或 } lga_M=lgK_{so}-3pH \tag{4-2}$$

确定所用溶解度产物的参数存储在链接的溶质数据库中。

2）二氧化碳系统建模

用户可通过设定碳酸盐总形态浓度来计算体系中的不同形态碳酸盐含量，就像其他溶质的计算过程一样。另一方面，用户也可以设定碱浓度。再者，用户可以通过设定与大气二氧化碳平衡或设定专门的大气压强 PCO_2 来调控碳酸盐。标准的二氧化碳计算模式，不用填写此项。如果将此值设定为 999，则是告诉软件不执行标准二氧化碳模式。用户可以在一个问题中设定两种碳酸盐形态模式，如果用户不填写或设定 PCO_2 值，则模型计算时用此值，如用户既设定碳酸盐含量又设定 PCO_2 或碱含量，则 WHAM 7 在计算时要综合考虑这些参数。

（2）输入文件选项（input file options）

用户可通过选项对话框对输入文件的很多参数进行设定，用户可以通过数据菜单的选项（options）来打开此设置内容，也可通过选项按钮（ ）来调用此命令。选项界面见图 4-9。

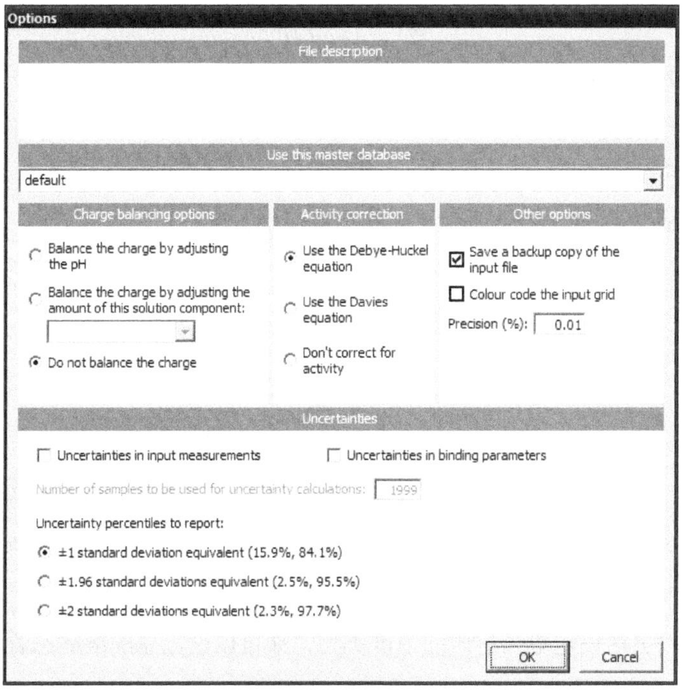

图 4-9　选项界面

通过此对话框，用户可以进行以下操作。

① 对文件进行描述性说明。

② 改变溶质数据库（如改变溶液配体设置及溶质的沉淀反应）。

③ 设定计算溶液 pH 值及未知溶质浓度的方法。

④ 设定更正溶液活度的方法。

⑤ 设定处理不确定性问题的方法。

（3）计算 pH 值及未知溶质浓度（calculating pH or an unknown solute）

计算 pH 值及未知溶质浓度，此部分包括 3 个选择：根据电荷平衡计算 pH 值；调节个别溶质浓度来平衡电荷，此选择会忽略输入文件中用户输入的物质的浓度；第 3 个选项为不平衡电荷，这是缺省选项。在选择某项以前要考虑以下问题。

① 最为重要的是所有其他离子浓度（除去 pH 值和未知溶质浓度）对溶液离子电荷均有贡献。

② 如果碱含量作为参数输入，则无法计算 pH 值，原因在于 WHAM 计算 CO_3^{2-} 浓度要通过测量的碱含量及 pH 值，如果 pH 值被设置为计算，此问题无解。

③ 更一般的是要考虑当未知溶质对总离子电荷有显著贡献时，所选方法应尽可能可靠。

（4）活性校正类型（type of activity correction）

这一选择允许用户选择溶液平衡计算活性校正方法。有 3 种方法可以选择采用等式法［扩展德拜体尔克（Debye-Hückel）理论］，表达式为：

$$\lg\gamma_Z=\frac{-AZ^2I^{0.5}}{1+aBAI^{0.5}} \tag{4-3}$$

式中 γ_Z——活度系数；

I——离子强度，mol/L；

Z——离子电荷数；

A——A=0.270+0.0008T，其中 T 是热力学温度；

B——0.330；

a——离子半径，Å，一般固定为 3Å（1Å=10^{-10}m）。

Davies 等式法，其计算公式为：

$$\lg r_Z=-AZ^2\left(\frac{I^{0.5}}{1+I^{0.5}}-0.2I\right) \tag{4-4}$$

式中各项意义与式（4-3）相同。只是两公式应用时离子强度要求存在一定差别。用户也可以选择不使用活度更正。此选项的目的是允许使用以给定离子强度为条件的绑定常数。

（5）反向计算问题

WHAM 可以灵活设定输入溶质的浓度类型，如可以设定总的溶解态含量，也可以测定自由离子活度或自由离子浓度，从而对其他类型的浓度或活度进行计算（图 4-10）。

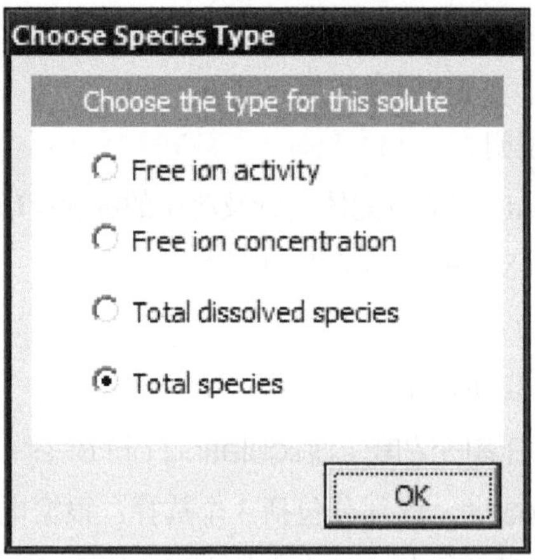

图 4-10 溶液选项界面

（6）碳酸盐系统的计算（calculations for the carbonate system）

碳酸盐系统的计算可以有多种情况：

① 假设与大气二氧化碳平衡及设定专门的压强。

② 固定 CO_2 或碳酸盐含量。

③ 作为溶质输入系统，此项操作需从软件左边溶质数据库中选择。然后双击“类型

(type)”，可对溶质类型进行设定。

选择溶质类型界面见图 4-11。

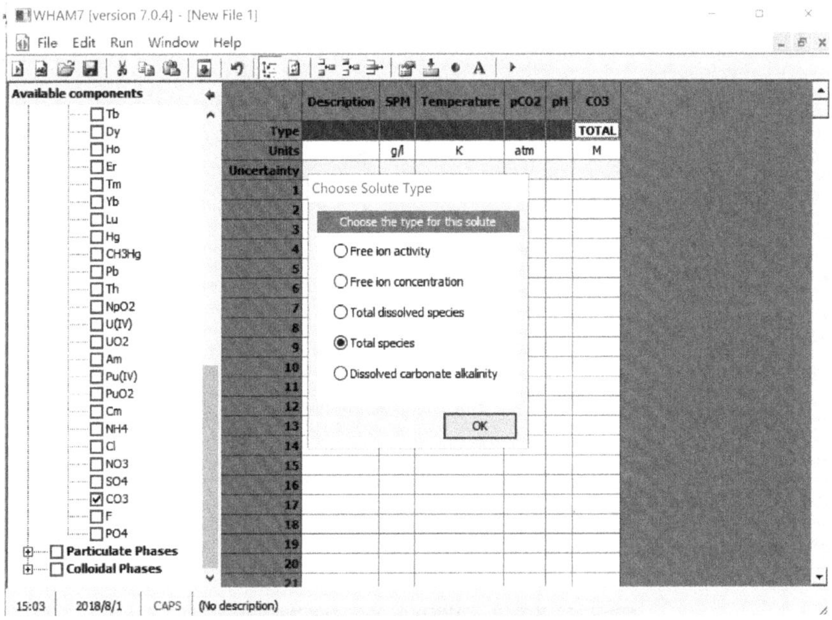

图 4-11　选择溶质类型界面

当用户选择第 5 项输入时，因为碳酸盐的浓度不能转化为碱度，反过来也一样，WHAM 需要删除列中已经存在的所有数据，因此用户将看到如图 4-12 所示的对话框。

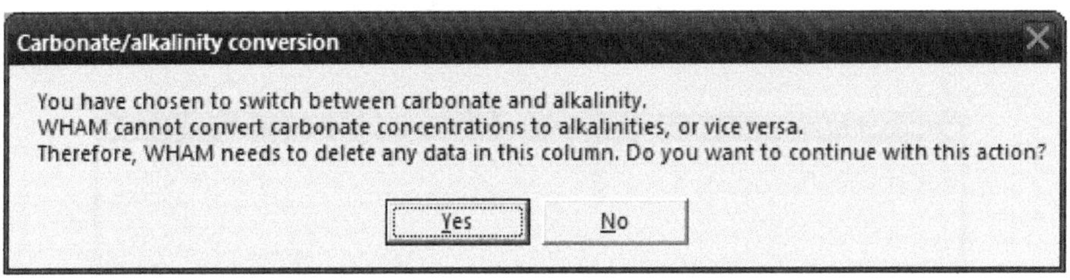

图 4-12　选择图 4-11 第 5 项后出现的警告界面

4.5.1.3　运行模型（running the model）

当用户单击运行按钮时 WHAM 开始计算过程。

图 4-13 是模型参数输入后运行前的软件状态展示。

如无输入错误，程序运行结束会展示如图 4-14 所示对话框，当然如果迭代达不到收敛，则当运算达到设定的停止条件时会弹出对话框要求用户选择后续处置方式。

当软件运行结束后会展示出如图 4-15 所示界面，供用户选择输出信息。用户可以双击调出信息输出窗口。

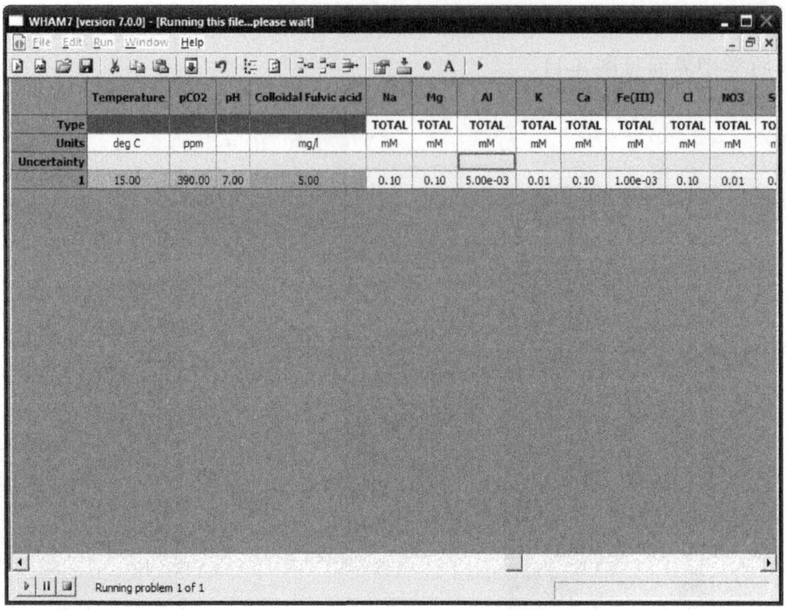

图 4-13　WHAM 运行结果前数据输入后界面

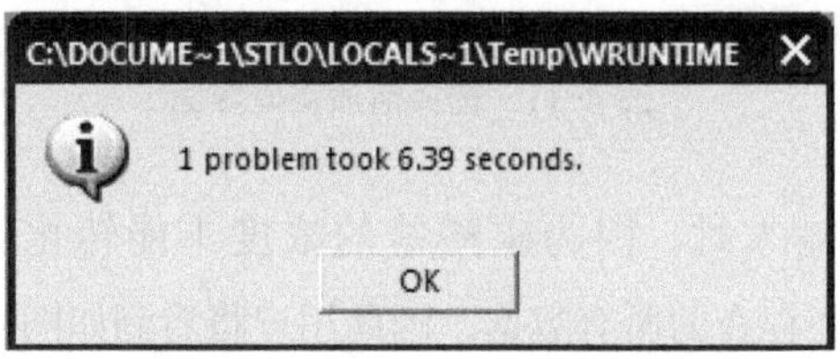

图 4-14　软件运行结束提示界面

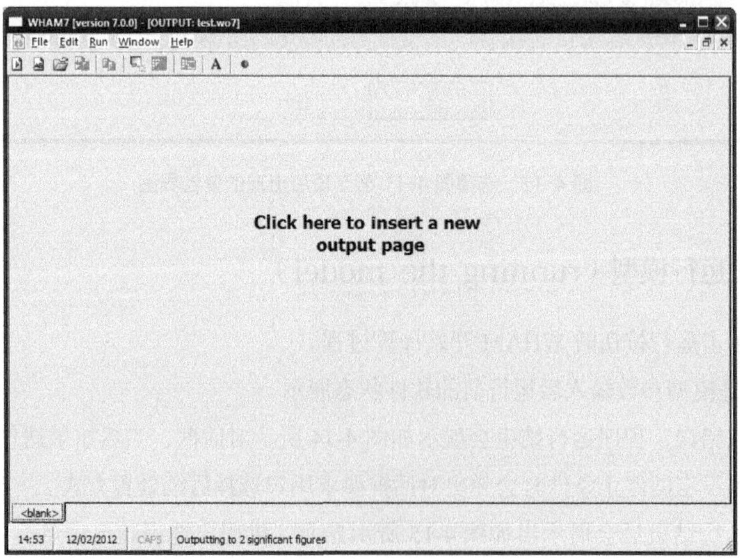

图 4-15　计算结束后等待用户进一步操作界面

软件输出信息选择界面如图 4-16 所示。

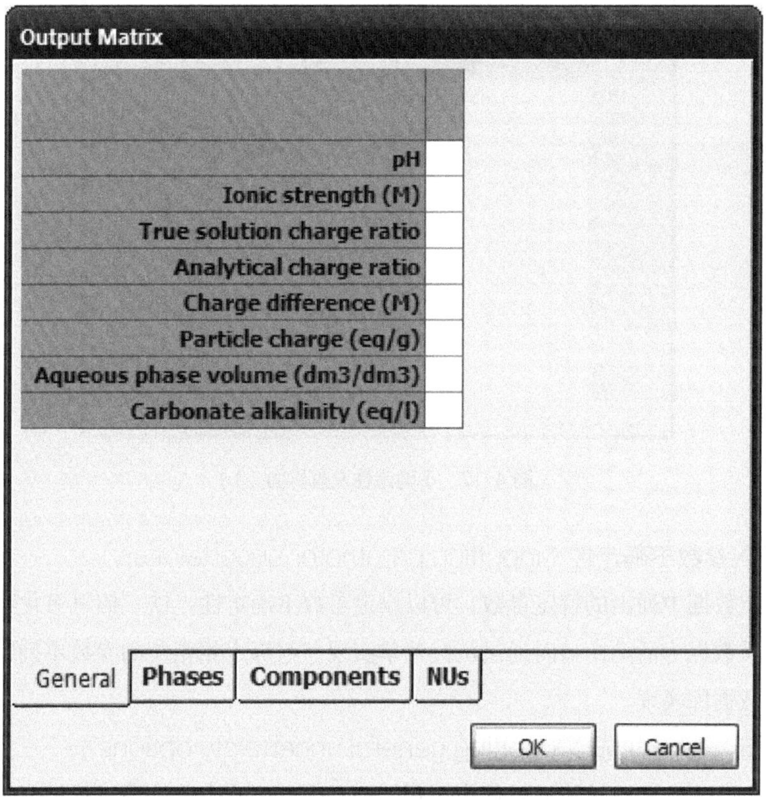

图 4-16 软件输出信息选择界面

信息输出窗口由 4 个标签（tabs）组成，用户可以根据自己的兴趣选择要输出的问题。并可以将输出信息导出到 Excel 中，用户也可以改变输出信息的行列展示方式。在此不一一说明。

4.5.1.4 不确定性计算（uncertainty calculations）

WHAM 7 的一个显著特征就是对输入及由模型引起的不确定性进行计算，采用的方法是蒙特卡罗方法，包括重采样、产生模型输入的分布等。不确定性对于测量及参数来说既可以表示为相对不确定性又可以表示为绝对不确定性。绝对不确定性表达为对数标度，相对不确定性表达为线性标度。

参数及模型的不确定性在参数输入及模型设定时需要用户设定完成后，计算结果才能体现出来。

（1）输入测量不确定性（inputting measurement uncertainties）

图 4-17 是测量不确定性输入的界面展示例子，参数绝对不确定性采用粗体显示，相对不确定性采用下划线表示。不确定性并非所有参数都要考虑，需根据实际需要设定。

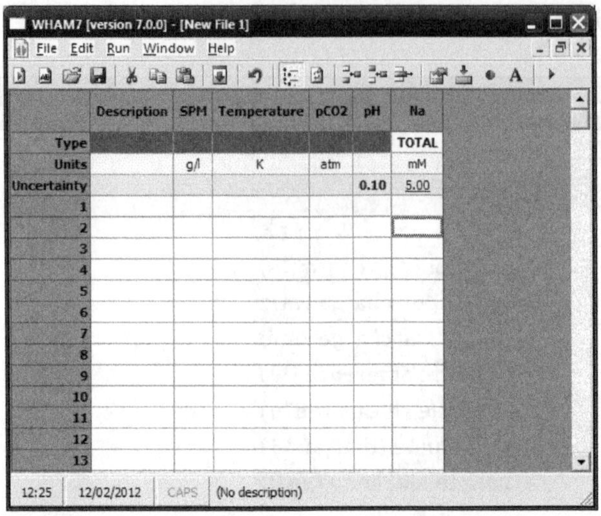

图 4-17　不确定性设置界面（1）

（2）输入参数不确定性（inputting parameter uncertainties）

对于溶质数据中列出的特定参数，可以设定参数不确定性。铁、铝氢氧化物不确定性设定，可当溶质数据为活动窗口时通过沉淀菜单实现。与绑定相相关的参数不确定性需要通过编辑专门的数据库实现。

（3）设定不确定性选项（setting general uncertainty options）

一旦数据及不确定性被输入软件中，则用户必须对不确定性选项进行设定，首先由编辑菜单打开选项对话框，点选输入测量不确定性选项（uncertainties in input measurements），见图 4-18，并设定不确定性计算次数。

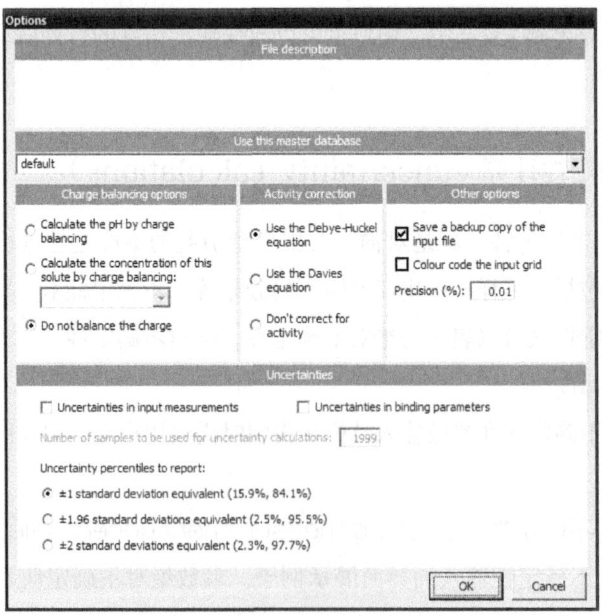

图 4-18　不确定性设置界面（2）

一般而言，输入不确定性可以更好地表述需模拟问题的真实性，但也增加了系统运行时间。因此，将模拟次数设定为 1999 次就能满足要求。同时用户可以根据实际情况，设定绑定参数的不确定性及报告不确定性的输出方式。

（4）不确定性输出（uncertainty outputs）

当有不确定性输入模式计算时，一般就有不确定性输出。图 4-19 是 Ca 形态计算结果的不确定性输出案例，软件可以计算诸如自由离子活度，活度上限、下限及中值等数据，而不是仅输出自由离子活度一个值。

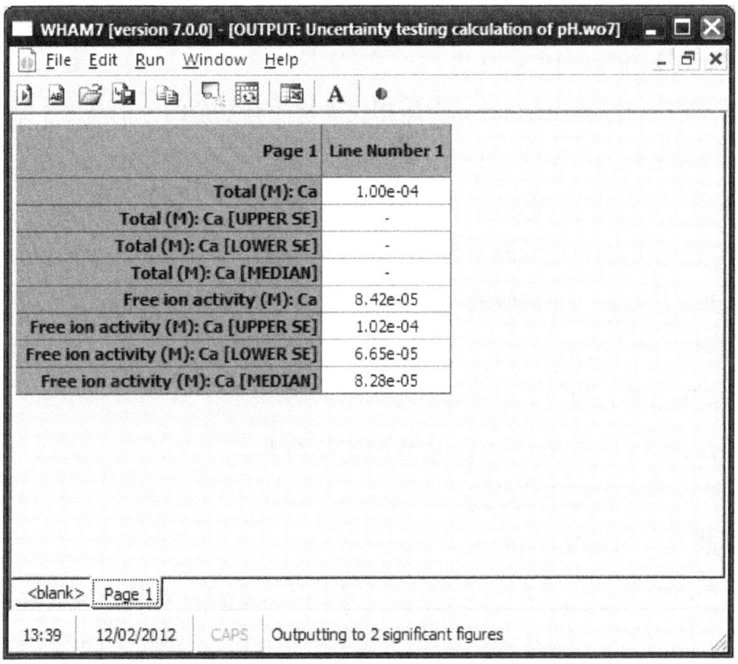

图 4-19　不确定性输出选项界面

4.5.1.5　软件核心术语表（aqueous phase）

WHAM 是一款水及土壤溶液溶质形态模拟计算软件，软件由重金属形态计算及平衡模型作为后台支撑，而要正确使用软件，就需要对模型中的一些核心术语有所了解，下面就相关问题做一些说明。

溶液系统由真溶液及胶体相的扩散层组成，在稀溶液体系中，扩散层的体积通常是微不足道的，而真溶液和水相体积大致相同。而在浓缩体系中，特别是含有大量腐殖质的体系中，水相体积可能明显小于总的溶液水体积。

图 4-20（书后另见彩图）是 WHAM 体系溶液系统的一个概念展示。图中，灰色区域代表真溶液，区域内的黑色圆圈代表胶体绑定相，蓝色为扩散层，左侧黑色代表颗粒绑定相，红色为扩散层，扩散层包括补偿离子用于平衡绑定相电荷，水相是灰色与蓝色区域的和。

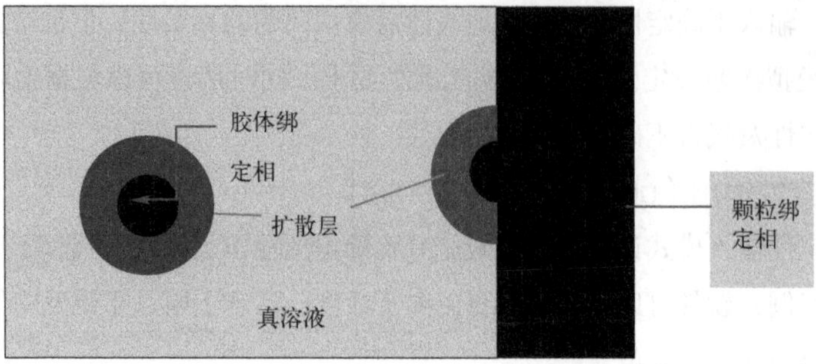

图 4-20 WHAM 体系溶液系统的概念展示

（1）绑定相（binding phase）

WHAM 软件中一组专门的组分，绑定相代表物质有复杂的分子高分子结构或表面化学特征，系统缺省绑定相为腐殖酸（HA）、富里酸（FA）、铁锰氧化物、硅、石英及黏土矿物。

（2）胶体相（colloidal phase）

对离子有绑定作用但可以溶解于溶液中的某些物质，物质绑定在颗粒相时认为是不溶解的，但被胶体绑定后则认为是溶解的。

（3）阳离子交换（cation exchanger）

没有专性吸附且带有固定负电荷的黏粒物质。

（4）配位反应（complex formation reaction）

两种或多种物质形成配体的过程。

（5）溶质类型（solute type）

建立化学形态问题的常规方法是指定每个溶质的总浓度，并计算这些溶液物种的活性。传统的解决化学形态问题的方法是设定总的溶质浓度并计算溶液中不同形态溶质的活度。然而，溶质的形态可以从该组分的任何单一配体（或一组配体）的浓度（或活度）开始确定，实际上为反向计算。因此，WHAM 允许使用组分自由离子（总形态）活性或浓度，或总溶解浓度作为输入浓度，而不是总组分浓度。对于碳酸盐，可以选择输入碱度浓度。

（6）扩散层（diffuse layer）

邻近大分子或颗粒表面溶质的概念层。扩散层拥有平衡电荷。这些离子为非特异性吸附。只有与相位相反电荷的离子和中性离子对可以在扩散层中。

（7）腐殖质（humic substances）

由植物和动物物质的部分分解产生的难降解有机物质。腐殖质在概念上被细分为富里酸（可溶于酸和碱）、腐殖酸（不溶于酸，可溶于碱）和胡敏素（不溶于酸和碱）。WHAM 使用复杂的机理模型（腐殖质离子结合模型 6）模拟腐殖酸和富里酸的离子结合化学。在大多数水域中，溶解有机碳大部分为腐殖质，富里酸比腐殖酸更丰富。

（8）主要形态（master species）

溶液中溶质的单一形态（离子形式），作为溶液配合物形成反应表达的基础。通常是游离离子形式，例如 Cu^{2+} 代表铜（Ⅱ），PO_4^{3-} 代表磷酸盐。所有溶液配合物必须通过两种或更多种主要物质的组合形成。

（9）矿物氧化物（mineral oxides）

水相颗粒物质中最重要的矿物氧化物成分是铁、铝、锰和硅的氧化物（包括结晶二氧化硅和硅藻壳）。矿物氧化物表现出两性表面化学性质，并且可具有几百 m^2/g 的高比表面积。它们通常作为黏土和石英颗粒的表层。腐殖质具有酸反应性基团并且只能直接结合阳离子，但是矿物氧化物具有可以直接结合阳离子和阴离子的两性表面基团。

（10）非专项绑定（nonspecific binding）

通过带电粒子或分子的静电吸引作用，离子绑定腐殖质分子、氧化物或黏土矿物表面的过程。非特异性结合是物理吸附过程，而特异性结合是化学吸附过程，涉及化学键的形成。反平衡离子非特异地积聚在扩散层中。

（11）颗粒相（particulate phase）

颗粒相也是一种离子绑定相的形式，离子一旦与颗粒相结合，则被认为是绑定到颗粒相中，颗粒相是相对于胶体相而言的，胶体相是可溶态的，而颗粒相不是溶的。

4.5.2 Visual Minteq 软件计算重金属形态简介

Visual Minteq 作为 Windows 平台运行的软件首次开发成功是在 2000 年，它是基于 EPA 的 MINTEQ A2 开发的，软件早期模型始于 20 世纪 80 年代西北太平洋国家实验室 Felmy 等开发的 MINTEQ，MINTEQ 耦合了 Mineql 的数学结构和 WATEQ3 的热力学数据库。此后在 EPA 的推进下，MINTEQ 又发展出了 MINTEQ A1 和 MINTEQ A2 版本，Visual Minteq 是瑞典农业科学大学 Jon Petter Gustafsson 于 1998 年开始在 MINTEQ A2 软件基础上开发的，起初用于研究生教学，2000 年开始 Gustafsson 采用 VB6.0 开发语言对 MINTEQ A2 4.0 版本代码进行了重写，形成了 Visual Minteq V1.0 D。在此之后，Visual Minteq 软件功能在原 MINTEQ A2 的基础上进行了大量扩展，如扩展了热力学数据库，可以模拟表面配体与有机配体，随后软件逐步迁移到 NET 平台。

较 MINTEQ A2，Visual Minteq 的不同主要体现在以下几个方面：

① 考虑到了滴定过程中的混合和稀释效应；

② 多达 6 个表面配体模型可选择应用并可对缺省参数进行修订；

③ 表面可以是立体或球形几何结构；

④ 在离子交换计算时对于永久电荷表面可以定义固定电荷点；

⑤ 可以采用 SHM、NICA-Donnan 模型模拟自然有机质配体；

⑥ 对于表面配体模型，每个表面最多可以有 6 个配点，其中包括 1 个固定电荷点用于离子交换反应；

⑦ Visual Minteq 可以考虑电荷表面扩散层的反离子累积；

⑧ 可以充分利用 Excel 的优点，数据可以直接读取。

4.5.2.1 基本术语

在 Visual Minteq 里有一些基本术语，最主要的是组分（component）、问题（question）以及固相形式［无限固相（infinite solid）、有限固相（finite solid）、可能固相（possible solid）］等。

① 组分是化合物参与化学反应的基本构成要素（building block），例如 H^+、Cl^-、Ca^{2+}、SO_4^{2-}、CO_3^{2-}、PO_4^{3-} 等。HCO_3^-、$H_2PO_4^-$ 等可拆开的离子不是组分，因为它们可以被其他组分代表，如 HCO_3^- 可以由 CO_3^{2-} 和 H^+ 代表，但在结果输出中 HCO_3^- 是可以作为一种离子形态存在的。

② 问题是由用户定义的需要 Visual Minteq 计算的水样或水中悬浮剂的成分或形态组成。Visual Minteq 的输入可以包括一个问题也可以包括多个问题，如果是多个问题，可以用扫描项（sweep options）加以解决。

③ 无限固相是指反应体系中沉淀，没有量的限制。如有足够的固相可使溶液反应自始至终保持平衡。这是最常见的一种形式。

④ 有限固相是指已知初始反应体系中沉淀的量，这意味着沉淀可能在反应平衡体系中完全溶解。当定义有限固体时，需要用户确定悬浮固体的初始量（mol/L），如果固体在平衡后没有完全溶解，Visual Minteq 将报告剩余的量。

⑤ 可能固相是指初始沉淀并不存在，而是在反应过程中形成的沉淀。

4.5.2.2 关于 pH 值的选项设置

Visual Minteq 软件里在关于 pH 值的设置共有 3 个选项，分别如下：

① 由量平衡计算（calculated from mass balance），此选项需要用户对溶液中的成分有充分了解，此计算过程并没有充分考虑溶液的电荷平衡，因此需要用户把握输入离子的电荷平衡问题，用户可通过参数（parameters-show initial charge balance）进行查看。

② 通过量平衡及电极平衡计算（calculated from mass and charge balance）。此选择计算 pH 值，H^+ 活度是固定的，需要充分考虑电荷平衡，也就是说，如果体系电荷不平衡，软件就是通过调整 H^+ 含量达到体系电荷平衡。在此条件下，Visual Minteq 在计算 pH 值时可能存在不收敛的情况。需要注意的是，当体系中存在可溶性有机质（DOM）等可变电荷物质时，应选择此方法计算体系 pH 值。

③ 固定 pH 值（fixed at），此选项在 pH 值已知的情况下选用。

4.5.2.3 基本应用案例

下面分析水体中含有 0.01mol/L $CaSO_4$ 时，各成分（Ca^{2+}、SO_4^{2-}、$CaSO_4^0$）的存在状况问

题。初始条件设定 pH 7.0，温度是 25℃。

首先打开 Visual Minteq 将 pH 值设定为 7.0，将浓度单位（concentration unit）设为 molal（相当于溶剂的 mol/kg、mol/L），将温度设为 25℃。

在增加组分中加入 Ca^{2+} 和 SO_4^{2-} [由下拉列表中选择，在总含量中写上添加浓度值，然后点击添加至列表（add to list）]，浓度分别为 0.01mol/L。添加完成后可以点击观察 / 编辑列表（view/edit list）查看结果，如图 4-21 所示。

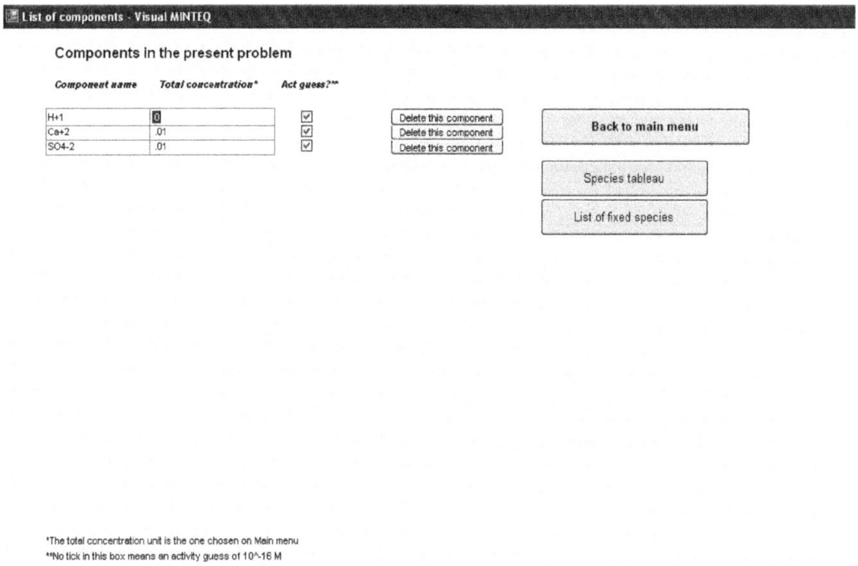

图 4-21　添加 0.01mol/L $CaSO_4$ 后组分列表

如用户需要重新建立问题，可点击“reset”按钮，则列表中的组分将全部清除，当然，在图 4-21 的状态下用户可以对各组分的浓度进行编辑。

点击“运行（run）”按钮对问题进行求解。运行结果见图 4-22。运行结果表明，溶液的离子强度为 0.0277，阴阳离子基本平衡，电荷差异不明显。电荷差异的计算方法为：

$$电荷差[\text{charge difference}（\%）]=100\times\left|\frac{\text{SumA}-\text{SumC}}{\text{SumA}+\text{SumC}}\right|$$

式中　SumA，SumC——阴离子、阳离子的当量（eq）和。

在了解以上信息的基础上，再点击“查看形态分布按钮（view species distribution）”，结果见图 4-23。可见，在该体系中，自由离子 Ca^{2+}、SO_4^{2-} 分别占溶解 $CaSO_4$ 的 69.2%，其余部分为零价 $CaSO_4^0$ 配体。

接下来看一下溶质的饱和状态（点击“display saturation indices”），结果见图 4-24（书后另见彩图）。直观地看，饱和指数显示为蓝色即为不饱和，显示为红色则为饱和。第一列为 IAP 指的是离子活度积（ion activity product），饱和指数是离子活度积的对数减去溶解常数的对数 $\lg K_s$。

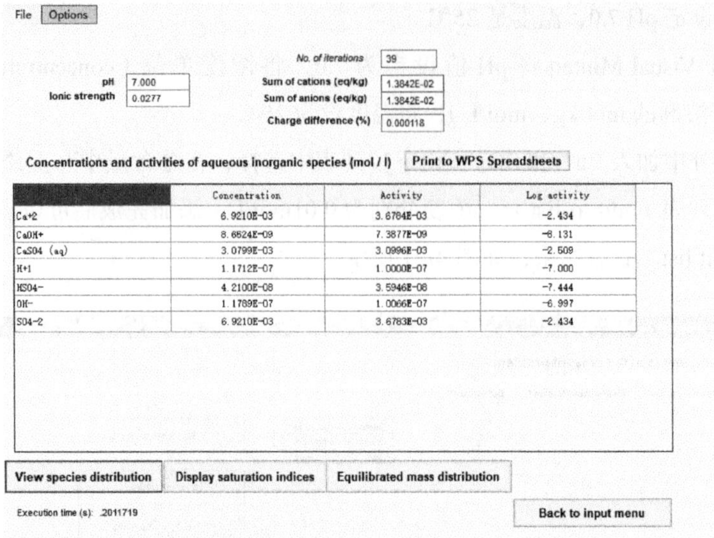

图 4-22　问题解结果列表

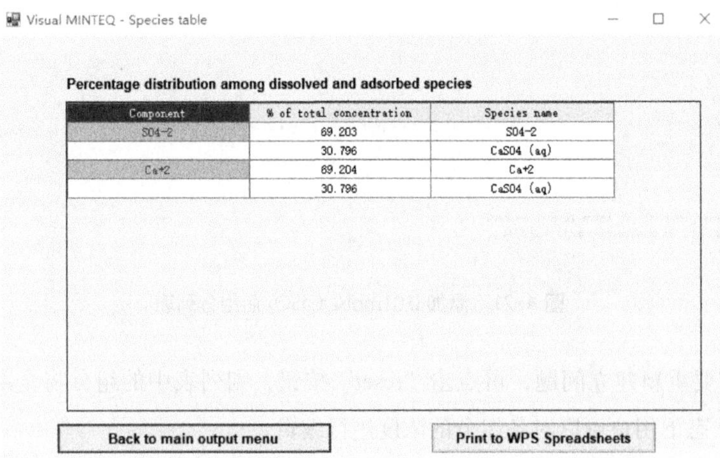

图 4-23　形态分布结果

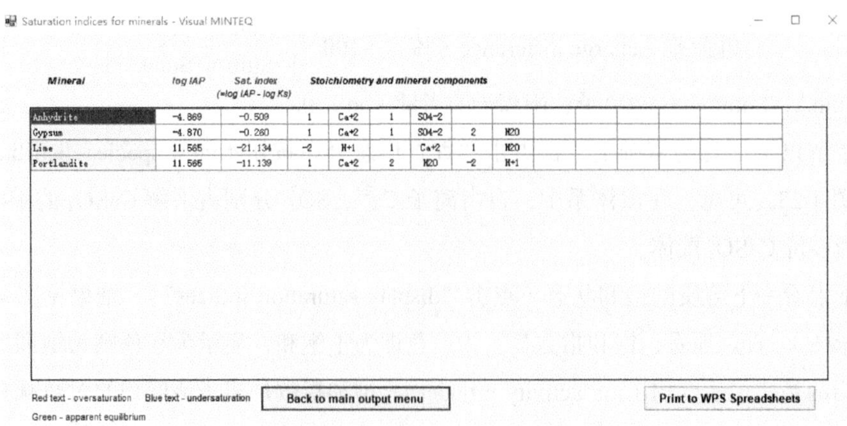

图 4-24　溶质组分的饱和状态

在平衡量分布（equilibrated mass distribution）中，可以看到不同组分的溶解、沉淀以及吸附情况，见图 4-25。

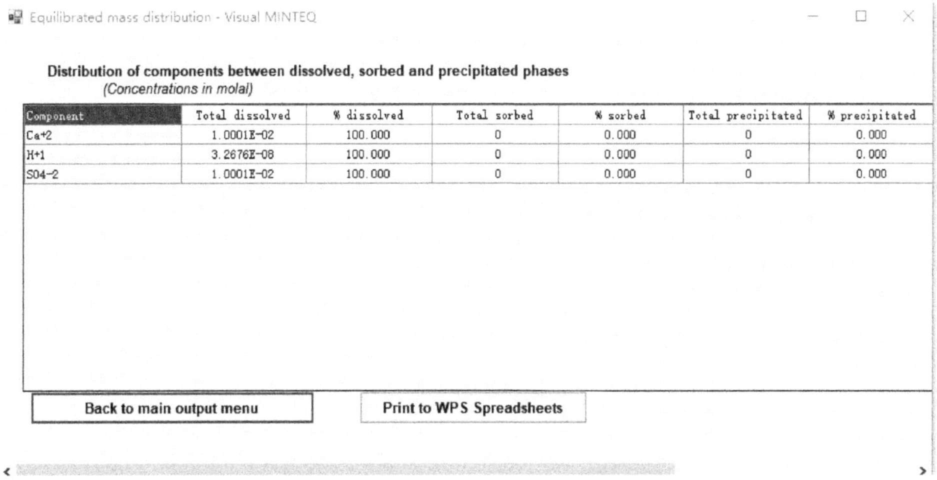

Component	Total dissolved	% dissolved	Total sorbed	% sorbed	Total precipitated	% precipitated
Ca+2	1.0001E-02	100.000	0	0.000	0	0.000
H+1	3.2676E-08	100.000	0	0.000	0	0.000
SO4-2	1.0001E-02	100.000	0	0.000	0	0.000

图 4-25　溶质溶解、沉淀、吸附状态展示

4.5.2.4　多问题求解

人们常常需要通过一次软件运行解决一系列化学平衡问题，Visual Minteq 充分考虑了这一需求，专门设置了多问题 / 扫描（muti-problem/sweep）选项，该选择共有 4 个核心项目。

① 扫描一个参数的变化（sweep：one parameter is varied）;

② 摘定 / 混合问题（titration/mixing with a titrant with defined composition）;

③ 模拟蒸发 / 含量变化（simulate evaporation/ concentration）;

④ 多问题产生器（add several problems to the same run）。

相关问题可以在 Excel 中设置好，用 Visual Minteq 进行读取。在该页最下面，用户可以设置输出的相关内容，包括某组分含量、对数含量、活度、活度对数、总溶解量、总吸附量等。

当选择第一个参数时，在页面中间就会出现如图 4-26 所示的内容，用户可以对 pH 值、Eh 值、p*E*、固定活度对数 / 压强以及其他形态，还有总含量和任意组分含量进行多变化设置。参数增加有两种方式：一是设定固定的步长；二是设定固定值。

Visual Minteq 可以用于滴定管理，它主要是通过计算两种溶液的体积、溶质含量等信息来确定滴定的情况，在滴定过程中 pH 值项应选择 “calculated from mass balance”。被滴定的溶液溶质信息在主窗口中设定，当选择滴定管理项时，滴定管理页面就会出现，见图 4-27。在此处，可以设置被滴定溶液的体积、滴定液的体积、浓度单位以及定义滴定的组分，且组分最多可达 10 个。图 4-27 中，H^+ 的浓度被定义为负，代表的是 OH^- 的浓度。图中总体含义是 0.005mol/L 的 1mL $Ca(OH)_2$ 作为滴定溶液去滴定被滴定的溶液。

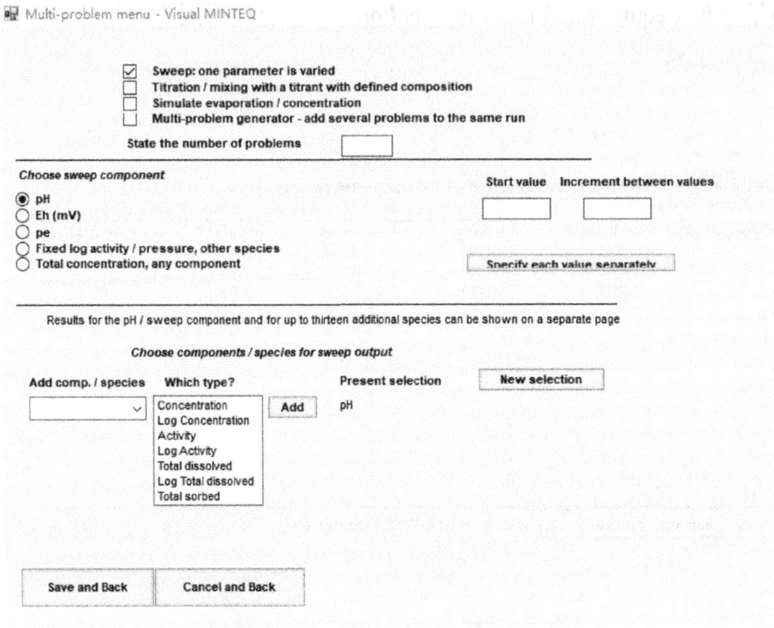

图 4-26　一个参数变化设置界面

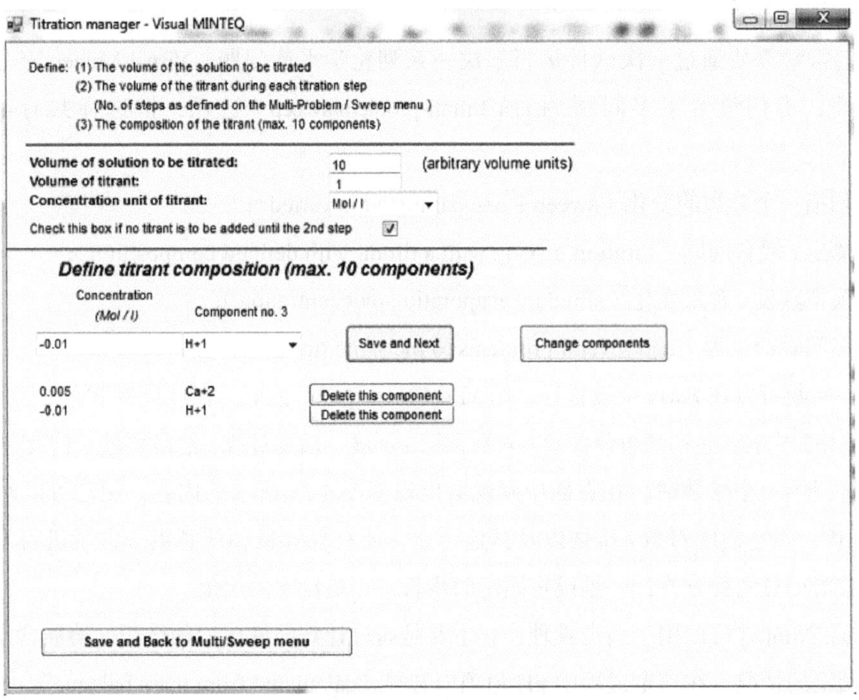

图 4-27　滴定管理页面

Visual Minteq 也可以模拟浓缩及稀释体系，见图 4-28。分别在原溶液的基础上进行稀释及浓缩计算。我们设计一个实验，初始溶液中含 0.01mol/L 的 Cl^-、SO_4^{2-} 和 0.015mol/L Ca^{2+}，然后将溶液稀释 0.01 倍、0.1 倍，浓缩 1 倍、2 倍、3 倍，结果见表 4-3。因为知道溶液的电荷平衡状况，因此采用量平衡来计算溶液的 pH 值。如果采用量平衡与电荷平衡来计算平衡状况溶液各组分情况，结果会有较大的差异，见表 4-4。尤其是在浓缩条件下 $CaOH^+$ 的形成结果方面，两者有明显的差别，使用者应重视。$CaSO_4$ 是碱性土壤的调理剂，溶解在水体中不应该呈现高碱性，由此考虑量平衡与电荷平衡的计算结果可能与实际有一定的差别。

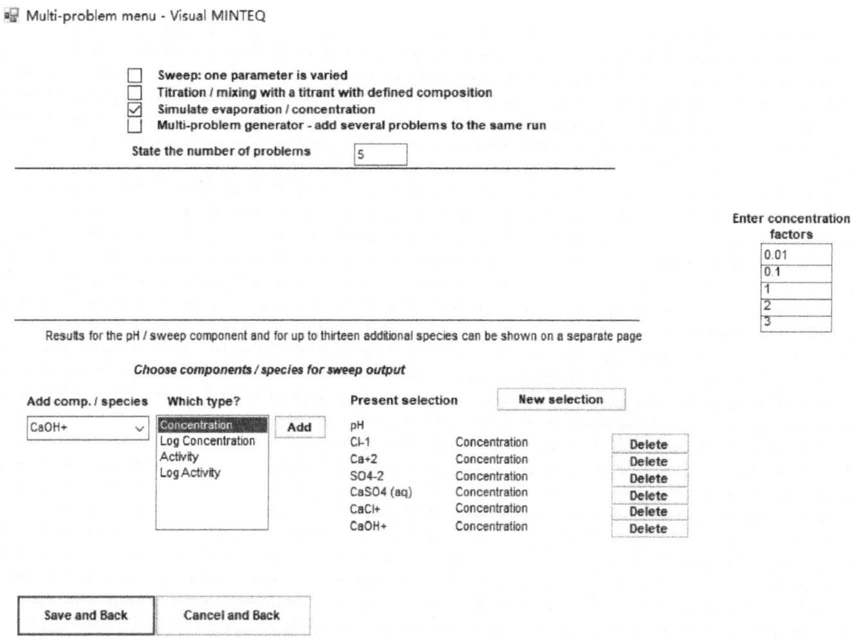

图 4-28　浓缩及稀释溶液体系设置界面

表 4-3　稀释或浓缩后 0.01mol/L $CaSO_4$ 溶液体系各组分变化（采用量平衡计算 pH 值）

稀释或浓缩	pH 值	Cl^-	Ca^{2+}	SO_4^{2-}	$CaSO_4$(aq)	$CaCl^+$	$CaOH^+$
0.01 倍	7	1.00×10^{-4}	1.47×10^{-4}	9.74×10^{-5}	2.66×10^{-6}	3.33×10^{-8}	2.73×10^{-10}
0.1 倍	7.007	9.97×10^{-4}	1.35×10^{-3}	8.55×10^{-4}	1.45×10^{-4}	2.51×10^{-6}	2.20×10^{-9}
1 倍	7.033	9.87×10^{-3}	1.12×10^{-2}	6.28×10^{-3}	3.72×10^{-3}	1.34×10^{-4}	1.40×10^{-8}
2 倍	7.045	1.96×10^{-2}	2.09×10^{-2}	1.13×10^{-2}	8.72×10^{-3}	4.16×10^{-4}	2.36×10^{-8}
3 倍	7.053	2.92×10^{-2}	3.00×10^{-2}	1.58×10^{-2}	1.42×10^{-2}	8.04×10^{-4}	3.20×10^{-8}

注：aq 表示溶液状态。

表 4-4　稀释或浓缩后 0.01mol/L $CaSO_4$ 溶液体系各组分变化（采用量及电荷平衡计算 pH 值）

稀释或浓缩	pH 值	Cl^-	Ca^{2+}	SO_4^{2-}	$CaSO_4$(aq)	$CaCl^+$	$CaOH^+$
0.01 倍	6.999	1.00×10^{-4}	1.47×10^{-4}	9.73×10^{-5}	2.66×10^{-6}	3.33×10^{-8}	2.73×10^{-10}
0.1 倍	10.956	9.98×10^{-8}	1.34×10^{-3}	8.56×10^{-4}	1.44×10^{-4}	2.48×10^{-20}	1.94×10^{-5}
1 倍	11.877	9.87×10^{-17}	1.05×10^{-2}	6.39×10^{-3}	3.61×10^{-3}	1.27×10^{-18}	9.24×10^{-4}
2 倍	12.139	1.96×10^{-16}	1.89×10^{-2}	1.16×10^{-2}	8.37×10^{-3}	3.83×10^{-18}	2.69×10^{-3}
3 倍	12.289	2.93×10^{-16}	2.66×10^{-2}	1.65×10^{-2}	1.35×10^{-2}	7.24×10^{-18}	4.93×10^{-3}

注：aq 表示溶液状态。

除以上多问题的设置外，Visual Minteq 还设置了多问题的项目，多问题产生器（muti-problem generator）用于一次解决多种相关的问题。这个多问题可通过 WPS 或 Excel 表格预先设定好直接读入，也可以采用在多问题界面设置后在主界面逐个添加的方式进行设置，在主界面问题依次添加时系统默认把上一个问题的参数自动带入下一个问题中。系统多问题设计界面见图 4-29。

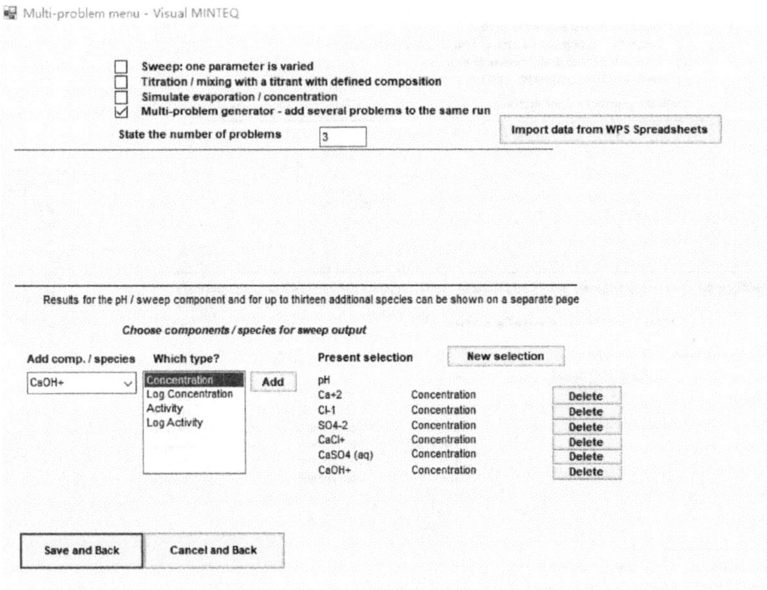

图 4-29　系统多问题设计界面

多问题设计器设定好后主界面的变化如图 4-30 所示。

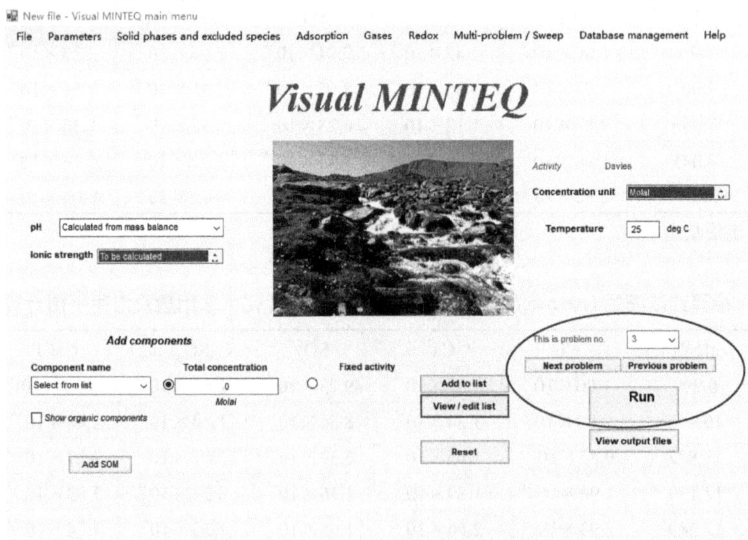

图 4-30　多问题设计器设定好后主界面的变化

参考文献

[1] 高慧，宋静，吕明超 . DGT 和化学提取法评价贵州赫章土法炼锌区污染土壤中镉的植物吸收有效性 [J]. 农业环境科学学报，2017，36（10）：1992-1999.

[2] Kim R，Yoon J，Kim T，et al. Bioavailability of heavy metals in soils：definitions and practical implementation—A critical review[J]. Environmental Geochemistry and Health，2015，37（6）：1041-1061.

[3] Chen H，Zhang W，Yang X，et al. Effective methods to reduce cadmium accumulation in rice grain[J]. Chemosphere，2018.

[4] 龚思同 . 贵州马铃薯产地土壤镉钝化材料筛选及效果研究 [D]. 贵阳：贵州大学，2020.

[5] 邹星莹，黄介生，姜伟成，等 . DTPA 浸提条件下土壤性质对镉浸提效果的影响 [J]. 水电与新能源，2018，32（12）：68-72.

[6] 王婷，王静，孙红文，等 . 天津农田土壤镉和汞污染及有效态提取剂筛选 [J]. 农业环境科学学报，2012，31（01）：119-124.

[7] 贺建群，许嘉琳，杨居荣，等 . 土壤中有效态 Cd、Cu、Zn、Pb 提取剂的选择 [J]. 农业环境保护，1994（06）：246-251.

[8] 唐文忠，孙柳，单保庆 . 土壤 / 沉积物中重金属生物有效性和生物可利用性的研究进展 [J]. 环境工程学报，2019，13（08）：1775-1790.

[9] Luba，Vasiluk，And，et al. *In vitro* estimates of bioaccessible nickel in field-contaminated soils，and comparison with *in vivo* measurement of bioavailability and identification of mineralogy[J]. Science of the Total Environment，2011，4019（14）：2700-2706.

[10] Gu Y G，Gao Y P. Bioaccessibilities and health implications of heavy metals in exposed-lawn soils from 28 urban parks in the megacity Guangzhou inferred from an *in vitro* physiologically-based extraction test.[J]. Ecotoxicol Environ Saf，2017，148（FEB.）：747-753.

[11] Leštan D，Finz Gar N，Szilágyi M，et al. Relationship of soil properties to fractionation，bioavailability and mobility of Pb and Zn in soil[C]//Trace Elements in the Food Cha An International Symposium on Trace Elements in the Food Chain，2006.

[12] Intawongse，Marisa. Uptake of heavy metals by vegetable plants grown on contaminated soils，their bioavailability and speciation[J]. Northumbria University，2007.

[13] Ma P，Tian T，Dai Z，et al. Assessment of Cd bioavailability using chemical extraction methods，DGT，and biological indicators in soils with different aging times[J]. Chemosphere，2022，296：133931.

[14] 陈莹，刘汉燚，刘娜，等 . 农地土壤重金属 Pb 和 Cd 有效性测定方法的筛选与评价 [J]. 环境科学，2021，42（07）：3494-3506.

[15] 杨忠兰，曾希柏，孙本华，等 . 铁氧化物固定土壤重金属的研究进展 [J]. 土壤通报，2021，52（03）：728-735.

[16] 胡少平 . 土壤重金属迁移转化的分子形态研究 [D]. 杭州：浙江大学，2009.

[17] 万丹 . 铁氧化物和钙离子对土壤有机碳的固定及有机质对 Pb 形态转化的影响 [D]. 武汉：华中农业大学，2019.

[18] 邓媓 . 水稻土中重金属形态分布的多表面模型预测 [D]. 武汉：华中农业大学，2018.

[19] 赵磊 . 道南膜方法测定土壤中重金属的形态及镉的吸附特征研究 [D]. 咸阳：西北农林科技大学，2004.

[20] 刘畅，康亭，宋柳霆，等 . 道南膜技术在重金属化学形态研究中的应用 [J]. 环境污染与防治，2019，41（10）：1233-1238.

[21] 张红振，骆永明，翁丽萍，等 . 道南膜技术测定自由态重金属离子研究 [J]. 环境污染与防治，2010，32（12）：75-80.

[22] 范洪涛，孙挺，隋殿鹏，等 . 环境监测中两种原位被动采样技术——薄膜扩散平衡技术和薄膜扩散梯度技术 [J]. 化学通报（印刷版），2009，72（5）：421-426.

第5章 可与DGT配合的重金属快速检测技术

目前研究的重金属快速检测技术，具有以下特点：

① 使用的仪器设备简单，具有微型化、便携化特点；

② 在线、连续、实时和计算机控制测量自动化；

③ 分析速度快，试样用量少，费用少；

④ 灵敏度和准确度高，选择性好。

这些方法主要包括化学比色法、纳米材料比色法、电化学方法、生物化学法、荧光探针法等[1-5]。

5.1 化学比色法

化学比色法利用重金属离子可以与特定的显色剂发生配位反应生成有色配合物，依据颜色变化与重金属浓度的线性关系进行粗略的定量分析；通过将变色反应与分光光度计、试纸、检测管、试剂盒等载体结合，对特定重金属进行定性定量分析[6]。依据生态环境部编制的《土壤环境监测分析方法》，土壤中铬的测定可使用二苯碳酰二肼分光光度法，土壤经硫酸、硝酸、磷酸消化，铬的化合物转化为可溶物，加入高锰酸钾将铬氧化成六价铬，过量的高锰酸钾用亚硝酸钠还原去除。在酸性条件下，六价铬与二苯碳酰二肼反应生成紫色化合物，于波长 540nm 处进行比色测定，该方法最小检出量为 0.2μg 铬。土壤中有效铜的测定使用 DDTC（二乙基二硫代氨基甲酸钠，又称铜试剂）比色法，用一定浓度的稀酸或螯合剂浸提样品，浸出液中的二价铜离子与 DDTC 形成棕黄色配合物，再用三氯甲烷或四氯化碳萃取，萃取液在波长 435 ～ 440nm 处有最大吸收峰，进行比色测定。有效钼的测定可采用草酸 - 草酸铵浸提 - 硫氰化钾比色法。在酸性溶液中，硫氰化钾（KCNS）与五价钼在有还原剂存在的条件下形成橙红色配合物 $Mo(CNS)_5$ 或 $[MoO(CNS)_5]^{2-}$，用有机溶剂（异戊醇等）萃取后，于波长 470nm 处进行比色测定。

试纸条通常为一片固定在支持物上的包含反应基质的塑料片，经显色反应后与比色条对比，或用专门设计的小型仪器即可进行定性或半定量分析。郭玉香[7]分别用维多利亚蓝 B、结晶紫、孔雀石绿作为 Cd^{2+}、Hg^{2+}、Pb^{2+} 检测试纸的显色剂，最低检出限分别为 100μg/L、50μg/L、500μg/L，适合环境水样的现场监测。祝波等[8]用二苯碳酰二肼试纸对海鲜产品中的汞离子进行测定，在 pH 7.5 ～ 8.0 的条件下，回收率为 90% ～ 100%，最低检出浓度为 1μg/mL。实验结果表明，二苯碳酰二肼试纸在制备后至少 5 ～ 6 个月内性质稳定，且重现性良好。此外，还有检测管法和试剂盒法。比色法检测重金属离子操作简单、价格低廉，现已经被广泛应用在重金属含量超标的现场快速检测、筛查方面；但检测精度相对较差，需要对样本进一步检测分析[4]。

5.2 纳米材料比色法

为提高比色法检测效率，以纳米金为主的纳米材料比色法逐渐发展起来应用于重金属的快速检测[9]。纳米金的光学性能优异，具有很高的消光系数，尤其是具有很强的表面等离子体共振（surface plasmon resonance，SPR）性能。纳米金颗粒的特征等离子体吸收峰在 510 ～ 550nm 处，并且随着粒子尺寸的增加或粒子间距的减小，吸收峰的位置发生红移。这种特殊的性质来源于入射光与纳米金粒子的自由电子相互作用：当入射光波长与自由电子的振动频率发生共振耦合时，就会产生表面等离子体共振，在紫外 - 可见光谱上显示出强的吸收峰。通过紫外 - 可见光谱上金颗粒的吸收峰，可以确定纳米金的尺寸范围和颗粒间的聚集程度。纳米金在宏观上表现为溶液具有鲜亮的红色，当纳米金颗粒聚集到一定的程度，2 个颗粒的距离小于粒径的 2 倍时，溶液的颜色就会发生明显的变化，由原来的红色变为蓝紫色。纳米金比色法快速检测重金属离子的原理如图 5-1 所示（书后另见彩图）。

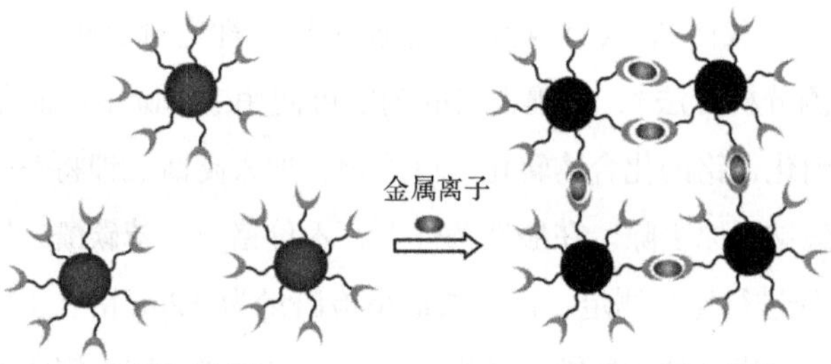

图 5-1 纳米金比色法用于重金属离子快速检测原理示意

纳米金的 SPR 性能成为其能够应用于重金属比色检测的理论基础。通过设计纳米金颗粒表面的功能化基团与检测的重金属目标能够发生配位，从而导致原本单分散的纳米金颗粒发生聚集，纳米金颗粒的聚集引起其 SPR 吸收峰的变宽和位移，并产生了比色响应，溶液颜色由红变为蓝紫。近年来，表面功能化的纳米金颗粒被用作比色器件来检测水或其他介质中的 Hg^{2+}、Pb^{2+}、Cu^{2+} 及其他重金属离子，取得了较好的效果[10]。

基于纳米金比色的重金属离子检测主要包括以下几种主要类型：a. 基于 DNA 修饰的纳米金比色检测；b. 基于氨基酸或肽修饰的纳米金比色检测；c. 基于有机小分子修饰的纳米金比色检测；d. 基于非修饰的纳米金比色检测；e. 基于量子点的纳米金比色检测。例如，Yang 等[11]发现吡啶可以诱导非修饰纳米金的凝聚，这种凝聚可以被 Hg^{2+} 所抑制，抑制的程度通过溶液的颜色由蓝变紫再到红色而表现出来，并且与 Hg^{2+} 的浓度有关。研究结果表明当 Hg^{2+} 浓度处于 0.15 ～ 3.00μmol/L 的范围内时，波长在 525nm 及 700nm 处的消光率呈线性增加的趋势，Hg^{2+} 的最低检出限达到 55nmol/L。Li 等[12]用一锅法制备由半胱氨酸修饰的银纳米粒子（AgNPs），借助溶液中的 Hg^{2+} 实现对组氨酸的检测。在溶液中添加 Hg^{2+} 有助于半胱氨酸修饰的银纳米粒子和氨基酸结合，从而使银纳米粒子聚集，颜色从原来的黄色变成粉红色。Lin 等[13]利用吐温 -20 修饰纳米金粒子（AuNPs）实现快速检测 Hg^{2+} 和 Ag^{+}，检测时间为 5min。吐温 -20 能使由柠檬酸根修饰的 AuNPs 在高离子强度下保持稳定。但当待测物中含有 Hg^{2+} 和 Ag^{+} 时，柠檬酸盐会还原 Hg^{2+} 和 Ag^{+}，并在 AuNPs 表面形成 Hg-Au 合金和 Ag，吐温 -20 从 AuNPs 表面去除，AuNPs 不再稳定，发生聚集，从而引起颜色变化。Zhang 等[14]也利用 AuNPs，在乙二胺的条件下用硫代硫酸盐（$S_2O_3^{2-}$）作为稳定剂，检测了水体中的二价钴（Co^{2+}），检出限为 0.04μmol/L（2.36×10^{-9}ng/mL），线性范围为 0.1 ～ 0.7μmol/L。Ma 等[15]利用多巴胺作为稳定剂修饰银纳米粒子，实现了在 10min 内对自来水中的二价铜（Cu^{2+}）的检测，检出范围在 3.20×10^{-9} ～ 5.12×10^{-9}ng/mL。Ali 等[16]将水溶性稳定的 CdTe 及 CdZnSe 量子点用谷胱甘肽（GSH）壳体修饰后用于 Pb^{2+} 的检测。GSH 及其聚合物有一种天然的去除重金属离子毒性的作用。在重金属离子如 Pb^{2+} 存在的条件下，GSH 与 Pb^{2+} 发生特异反应，导致 GSH 修饰的量子点的荧光强度选择性降低。采用光谱法、显微镜及动态光散射等先进的技术手段进一步研究表明，GSH 与 Pb^{2+} 及量子点内核的竞争性结合改变了量子点的表面及物理光学性质，荧光猝灭导致量子点凝集。该方法检出限达到 40nmol/L。比色传感器对各种分析物都有着较高的灵敏度和选择性响应，因而被广泛应用[17]。

5.3 电化学方法

电化学分析是一种利用待测物质的电化学性能，在检测传感器表面发生化学反应，将浓度信号转换成电信号来确定物质组分和浓度的分析方法。通过简单的设备就可以直接测定物质在化学反应过程中的电流、电位、电荷、电导等参数来研究确定参加反应的化学物质含量，具有准确度高、灵敏度好、选择性好、可测组分含量范围宽、适用范围广等特点[18, 19]。

常用的重金属检测的电化学方法有电位分析法、电导分析法、极谱法和溶出伏安法[20, 21]。

（1）电位分析法

电位分析法是利用电极电位和溶液中金属离子浓度之间的关系来实现含量的测定。最常用的是离子选择性传感器，也是一种特殊的压电传感器。该传感器是由内参比电极、内参比溶液和选择性敏感膜 3 个部分组成，当传感器被浸入含有重金属离子的待测溶液中时，特定的重金属离子会利用选择性敏感膜的选择性进行扩散和交换，促使膜的两侧重金属离子浓度不同而产生一定的电势差，通过电势差的大小实现对重金属离子的定量检测。该类型的检测传感器结构简单、易于微型化、平衡时间短、使用方便、选择性好、不损及试液体系，但传感器内部电阻较高，容易受温度影响[22]。Huang 等[23]研发了一种离子选择性电极，利用导电聚硫氨基醌（PSA）纳米粒子作为敏感膜中的固体离子球来检测 Pb^{2+}，检出限为 0.16μmol/L，并能持续稳定 21d。这种分析方法因成本低、准确性较高、无损、反应快的优点，成为一种有趣的研究方向[24]。

（2）电极分析法

电导分析法是一种通过测定待测液体 / 气体的导电性或者导电性变化来确定液体 / 气体

中待测物质含量的分析方法，常用的有直接电导法和电导滴定法两种。这种方法具有设备结构简单、操作方便、检测迅速等优点。但由于该方法只能测得总电导率，因此无法实现对复杂体系中多种离子种类进行识别。

（3）极谱法

极谱法是一种在特殊条件下进行电解的分析方法，通过测定电解过程得到的电流 - 电位或者电压 - 时间曲线来确定待测物质浓度。该方法具有灵敏度较高、重现性好、分析速度快、易实现自动化等优点，不足之处是使用毒性强且易挥发的 Hg 金属。

（4）溶出伏安法

溶出伏安法是一种结合了预富集和电溶出的电化学分析方法，具有准确性好、灵敏度高、抗干扰能力强等优点，广泛用于检测环境、临床以及工业制造中样品超低含量物质。图 5-2 为电化学分析检测过程中的检测设备、电解池以及三电极系统，其中三电极分别是工作电极、参比电极和对电极。

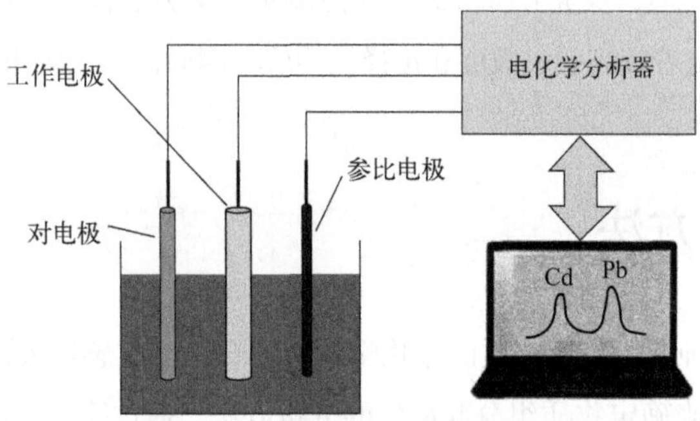

图 5-2　三电极检测重金属示意

重金属离子检测采用阳极溶出伏安法，其检测需要预先在工作电极表面施加一个负向电压，使溶液中的重金属离子富集在电极表面，然后施加一个正向扫描电压使富集在工作电极表面的重金属离子发生还原反应而溶出，记录溶出过程中产生的电流信号[25]。其工作示意如图 5-3 所示。阳极溶出伏安法对于重金属离子的检测具有非常高的灵敏度和超低的检测下限，同时相应的检测设备结构简单、价格低廉，因此引起国内外科研工作者的关注。阳极溶出伏安法在检测锌、镉、铅、铜、汞等重金属方面表现出了非常好的检测性能，但是部分重金属离子的溶出电位过高或过低导致传感器在检测过程中很容易析氢或析氧，会造成检测值不准确等问题。Krolicka 等[26]利用吸附溶出伏安法（AdSV）和催化吸附溶出伏安法（CAdSV）测定 Co(Ⅱ)-丁二酮肟（Co-DMG）配合物中的痕量 Co，最低检出限为 0.07μg/L，检测时间在 5min 以内。Jothimuthu 等[27]研发了一种基于阳极溶出伏安法电化学检测锰（Mn）、锌（Zn）等高电负性重金属的传感器。这种传感器由铋工作电极、银 / 氯化银参比电极和金辅助电极 3 个电极系统构成。

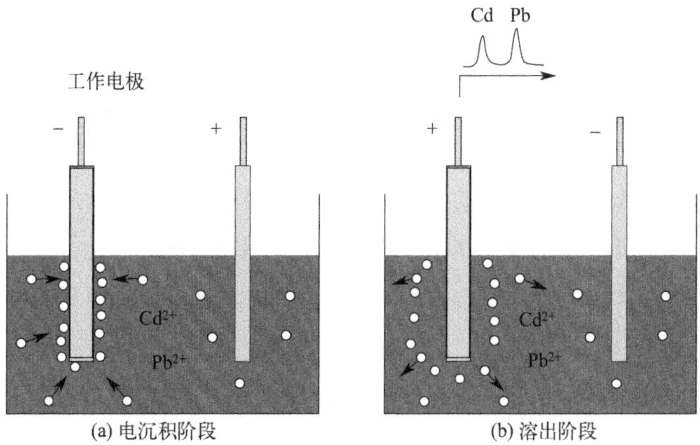

图 5-3 阳极溶出伏安法重金属检测原理

5.4 生物化学法

生物化学法主要包括酶抑制法、免疫分析法、生物传感器法等[28]。

5.4.1 酶抑制法

酶抑制法的工作原理是毒性重金属离子与生物酶结合后导致酶的活性降低，进而使得底物 - 酶体系的化学性质发生改变，从而引起显色剂颜色、电导率、pH 值或在特定波长吸光度发生改变，然后借助这些信号的变化建立与重金属种类或浓度的相关关系[29]。

早在 20 世纪 50 年代就有学者提出运用酶抑制法来检测环境中的有害物质。其中，脲酶由于对重金属的高灵敏度而被广泛应用。此外，相较于游离态，经固定化的脲酶可与光电传感器相结合，操作自动化程度高，重金属检出限更低，且稳定性、结果的可重现性也更好，因此在检测中的应用更为广泛[30]。

除了脲酶以外，其他酶如过氧化物酶、葡萄糖氧化酶、乙酰胆碱酯酶、磷酸酯酶等，也越来越多地被用来检测重金属。近年来，蛋白酶也被用于测定环境中的重金属，通常以酪蛋白 - 考马斯亮蓝体系作为反应底物，具有较高的有害物质相容性、较广的 pH 值活性范围、较强的温度稳定性和相对较短的反应时间。与传统快速检测方法相比，酶抑制法检测重金属具有快速、简便、能实现在线检测等特点，近年来已经成为相关领域研究的一个热点。但由于不同重金属离子对于酶活性的抑制效应相差很大以及重金属离子对酶活力抑制的广谱性，该方法对单一重金属检测存在一定的困难，需要采用特殊预处理技术，如预先分离、“掩盖”干扰物等。另外，酶的使用方式（游离或固定）和检测方法（静态或流动）的不同也影响检测的准确性。因此，酶源的筛选、检测结果的可重复性、样品提取以及与之相结合的酶传感器、试纸条、量热计、比色法等方面将会是今后进一步研究的方向。

5.4.2 免疫分析法

免疫分析法具有较高的灵敏度和特异性，其检测原理是利用抗体与抗原的高度专一性特异反应[31]。重金属离子免疫检测的关键在于重金属特异性单克隆抗体的制备。抗体的产生需要有抗原来刺激机体，但重金属的分子量小，并且带有电荷的重金属离子趋向于与生物分子发生强烈的不可逆反应，自身不能作为有效的抗体识别目标。因此，设计金属离子完全抗原，是制备单克隆抗体以及建立重金属离子免疫检测方法的基础。可见免疫法检测重金属必须进行两方面的工作：

① 选用合适的配合物或其他化合物与金属离子特异性结合，使其获得一定空间结构，从而产生免疫原性，能与相应的抗体发生特异性结合；

② 将结合了金属离子的化合物耦联到载体蛋白上，产生免疫原性，以便制备相应的抗体。

自 1985 年 Reardan 等[32]首次通过金属 - 螯合剂抗原产生并分离出单克隆抗体以来，国内外研究人员开展了广泛的研究，越来越多的抗 Hg^{2+}、Cd^{2+}、In^{3+}、U^{6+}、Pb^{2+} 等金属 - 螯合剂复合物抗原被研制出来，获得了以上重金属离子的特异性抗体，建立了相应的重金属离子免疫检测方法，并且对抗体和抗原亲和力的研究也有一定报道[33]。

Blake 实验室[33, 34]发展了一种重金属单克隆抗体检测重金属的特定方法，其流程见图 5-4，简要概述如下。含有检测目标重金属阳离子的样品中加入过量的不含重金属阳离子的螯合物，使用的螯合物是能与金属阳离子特异结合的，以确保样品中金属阳离子能被螯合物充分结合。然后，样品中的重金属 - 螯合物复合物与固定到容器中的重金属 - 螯合物复合物竞争抗体的结合位点，其中固定到容器中的重金属 - 螯合物复合物的量已经确定，加入抗体的物质的量比样品中重金属 - 螯合物复合物的物质的量多，又比固定到容器及样品中总的重金属 - 螯合物复合物的物质的量少。洗去样品溶液和没有被结合的抗体，反应体系中就只剩下与固定的重金属 - 螯合物复合物结合的抗体，这些抗体的量可以通过加入酶标有特异性抗体的量来确定，这个确定的量也就是固定到容器中的重金属 - 螯合物复合物的量。因为最后用酶标仪检出的数值和固定的重金属 - 螯合物复合物的量成正比，这样就可以反过来推出样品中重金属 - 螯合物复合物的量，也就是样品中重金属的量。

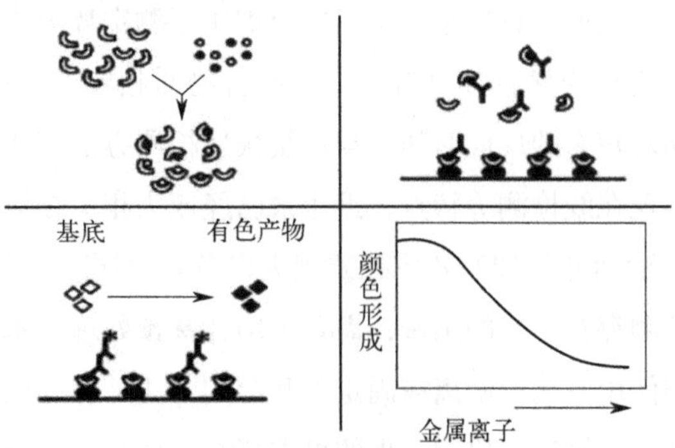

图 5-4 重金属单克隆抗体检测法流程示意

目前，用免疫分析法测定重金属的检测结果与传统的检测方法，如ICP-AES（电感耦合等离子体原子发射光谱）、ICP-MS等，具有高度的一致性[35]。免疫分析法具有高度特异性和高灵敏度等优点，在环境分析领域中有着广泛的应用。在重金属检测研究中，因为重金属本身不具有免疫原性，必须先与双功能螯合剂［如1-（4-异硫氰酸苄基）乙二胺四乙酸（ITCBE）、乙二胺四乙酸（EDTA）、二乙烯三胺五乙酸（DTPA）等］螯合形成半抗原，具备反应原性，再与大分子蛋白偶联产生免疫原性。现有的免疫方法主要包括酶联免疫法、胶体金免疫层析法等。

（1）酶联免疫法

酶联免疫法是将抗原抗体特异性反应和酶催化反应相结合，利用酶标仪将酶促反应结果转换成数字信号，从而实现定量检测的方法。目前已有研究报道适用于Pb、Cd、Cr、Hg、Cu等重金属检测的酶联免疫法。邹淑珍[36]制备了Hg、Pb、Cd 3种有害重金属的单克隆抗体，并建立了ic-ELISA法对抗体性能进行评价。邹军辉[37]研制了一种采用间接竞争ELISA法检测样品中六价铬的试剂盒。利用纳米二氧化钛分离水样中的Cr^{3+}和Cr^{6+}，选择$NaHSO_3$和$Na_2S_2O_5$作为六价铬还原剂，除去水样中原有的Cr^{3+}，最终制备的试剂盒检出限为0.95ng/mL，灵敏度为6.2ng/mL。张燚[38]制备了Hg-ITCBE抗体，鉴定后用于ic-ELISA法检测，半数抑制率（IC_{50}）为2.95ng/mL。郝代玲等[39]制备了Cu^{2+}单克隆抗体，并确立了直接竞争ELISA方法，实现了对Cu^{2+}的快速检测，检测灵敏度为12.89ng/mL，检出限为0.88ng/mL。

（2）胶体金免疫层析法

胶体金免疫层析法是继放射性标记、荧光标记和酶联免疫法之后发展起来的固相标记免疫测定法（图5-5）[40]。胶体金是一种疏水性金溶胶，呈红色或紫红色，用肉眼就可观察到[41]，在弱碱条件下带负电荷，与蛋白质上的正电荷形成静电结合，不影响蛋白分子的性质[42]。其检测过程为：将待测样品加到样品垫上后，如果待测样品中重金属超标，则其中的重金属离子会与金标垫中的金标抗体特异性结合，再沿着层析方向向前移动，到达T线，若该胶体金免疫层析的T线处是嵌有包被原的，则偶联的重金属离子（抗原）不被T线截留，在T线处不显色，而前往C线处显色；若T线处是嵌有单克隆抗体的，则偶联的重金属离子被T线截留显色，剩余的金标抗体前往C线显色。

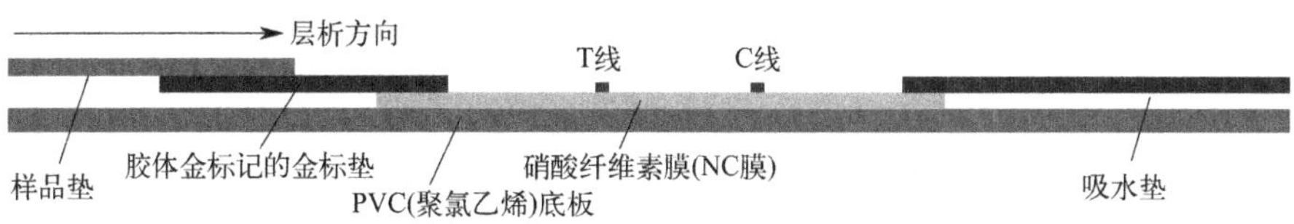

图5-5　胶体金免疫层析法

朱旭东等[43]研发了一种基于CGICA技术的定量检测镉离子浓度的方法，采用双功能螯合剂iEDTA螯合镉离子，以匙孔血蓝蛋白（KLH）作为大分子蛋白偶联半抗原制备完全抗原，通过免疫小鼠制得单克隆抗体，最终该方法的检测灵敏度达50μg/kg。王亚楠等[44]

采用异硫氰酯法，使双功能螯合剂 iEDTA 先螯合 Cr^{3+} 再偶联牛血清白蛋白（BSA）制备 Cr-iEDTA-BSA 完全抗原，利用细胞融合、体内腹水诱生技术制备 Cr^{3+}-iEDTA 单克隆细胞株，建立了 Cr^{3+} 胶体金免疫层析检测方法，检测水体中的 Cu^{2+}，检出限为 5ng/mL，检测时间为 10min。CGICA 法因胶体金能与许多生物大分子非共价结合，且检测时间基本可控制在 5min 左右，受到了广泛关注，并被应用于实际免疫检测中[45]。

5.4.3 生物传感器法

生物传感器法是最近几年发展起来的新型检测技术，其工作原理是将生物活性分子（酶、免疫抗体、蛋白质、DNA、生物细胞、微生物等）作为识别单元固定到电极或敏感元件上，这些生物活性分子与重金属离子结合后会导致检测体系中的物理化学性质发生改变，将这些变化通过转换器件转换为光电信号，随后利用检测仪器对其进行分析即可实现对重金属的定性及定量分析。生物传感器法具有自动化程度高、检测准确性好、能够在线测量等优点。但其主要缺点是检测成本较高，且生物体受外界环境影响较大，对检测条件要求苛刻[30]。

5.5 荧光探针法

荧光探针法就是利用荧光物质或体系在某些外界因素（金属阳离子、阴离子）的刺激下，与外界物质发生物理或化学等性质变化，从而引起相应的荧光信号改变的方法[46-48]。

（1）荧光探针基本结构

一般而言，荧光探针包括荧光报告基团、连接基团和识别基团 3 部分。

常见重金属离子识别荧光探针的结构如图 5-6 所示。

图 5-6　荧光探针结构示意

① 荧光报告基团，负责光学信号表达，是荧光探针分子中的荧光输出部分，能够将客体分子与识别基团相互作用产生的光学信号转化为仪器检测或人为感知的信号（如光谱变化、颜色改变等）。

② 连接基团也称连接臂，是连接识别基团和荧光发色团即报告基团的部分；此外，连接臂在分子识别过程中，还可以与识别基团及荧光发色团共同作用，进而识别不同种类的金属离子。

③ 识别基团也称接受基团，是指荧光探针分子中用于识别客体分子或者离子的部分，

该部分通过氢键、范德华力、配位键合等共价作用及化学反应方式实现与被分析物的结合，可以选择性识别客体离子。

荧光报告基团是荧光离子探针的最基本组成部分，其作用是将重金属离子识别信息转化为荧光信号反馈出来。通常选择具有荧光量子效率高、光稳定性好、Stocks（斯托克斯）位移大等优点的荧光化合物作为探针的发色团。当识别基团与重金属离子相互作用之后，荧光团表现出光学性质变化（发射光谱的强度、波长或者荧光寿命等），上述荧光团变化可以依据不同的反应机理来解释，如光致电子转移（photoinduced electron transfer，PET）、分子内电荷转移（intermolecular charge transfer，ICT）、荧光共振能量转移（fluorescence resonance energy transfer，FRET）以及激基缔合物（excimer）[49]。

① PET 机理是指电子供体或电子受体受光激发后，激发态的电子供体与电子受体之间发生电子转移从而导致荧光猝灭的过程。例如，韩国 Yoon Ju Young 研究小组[50]以二羧基结构为识别基团，通过连接发色团蒽，设计合成了能够反转的 PET 荧光探针，当没有金属离子存在时探针以两性离子状态存在，表现出很强的荧光，当加入金属离子之后金属离子与羧酸基团中的氧原子配位，而引起 PET 效应，导致荧光猝灭。该探针可以用来检测 Cd^{2+}。

② 按 ICT 机理设计的荧光探针，一般是由供电子基团和吸电子基团两部分组成，供电子基团和吸电子基团通过共轭的 π 电子体系连接在一起，在光的激发下，分子内的电子从供电子基团转移到吸电子基团。当客体分子与上述荧光探针作用时，若荧光团上连接的是供电子的受体，此时，由于与客体离子结合而使其供电子能力减弱，体系的共轭程度减弱，吸收光谱向短波长移动，即蓝移；若为吸电子基团，则吸收光谱向长波长移动，即红移。彭教授团队[51]报道了首例基于 ICT 机理的 Cd^{2+} 荧光探针，如图 5-7 所示（书后另见彩图）。该探针本身的吸收光谱峰位于 600nm，加入 Cd^{2+} 后溶液由浅蓝色逐渐变成明亮的红色，吸收峰蓝移。

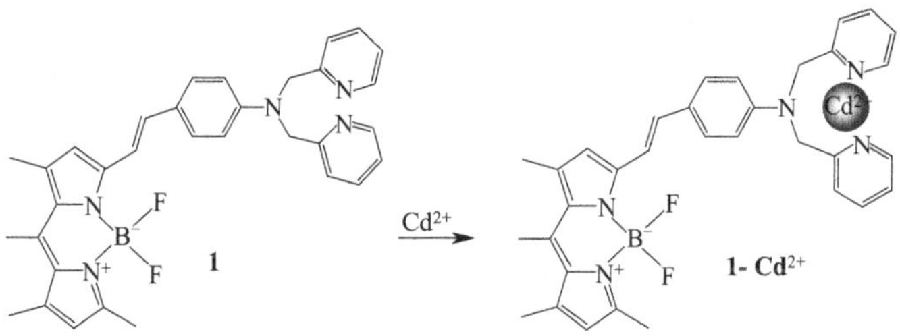

图 5-7 Cd^{2+} 荧光探针结构示意

③ FRET 机理是指荧光探针体系内含有不同的荧光团：受体荧光团和供体荧光团。其吸收光谱有一定的重叠，在光的激发作用下，在供体荧光团产生荧光的同时，在受体荧光团也能够观察到荧光现象，即能量由供体到受体转移的现象[52]。如基于 BODIPY- 罗丹明的 FRET 机理的 Hg^{2+} 荧光探针[53]，在此化合物中，具有长波长的罗丹明荧光团可以作为能量受体，BODIPY 作为能量供体，这是因为 BODIPY 的荧光光谱与罗丹明的吸收光谱可以重叠。在加入 Hg^{2+} 后，溶液由绿色变为红色，其吸收波长在 560nm，对应罗丹明的开环状态，

其对 Hg^{2+} 的检出限可以达到 ppb（$\times10^{-9}$）级别。

④ 基于激基缔合物机理的荧光化学传感器是指一个分子中含有两个荧光基团，并且两个基团处于分子的合适位置。当两个荧光基团相同时，其中一个荧光基团（单体）被激发后会和另一个处于基态的荧光基团形成分子内激基缔合物。通过设计氮杂二烯结构，南京理工大学 Zhou 等[54]设计合成了新型的 Hg^{2+} 荧光探针，如图 5-8 所示（书后另见彩图）。探针本身没有荧光，该探针在乙腈溶液中对 Hg^{2+} 表现出很好的选择性，溶液颜色由黄色变为无色，并出现很强的荧光（激基缔合物），对 Hg^{2+} 的检出限可达 ppb 级别。

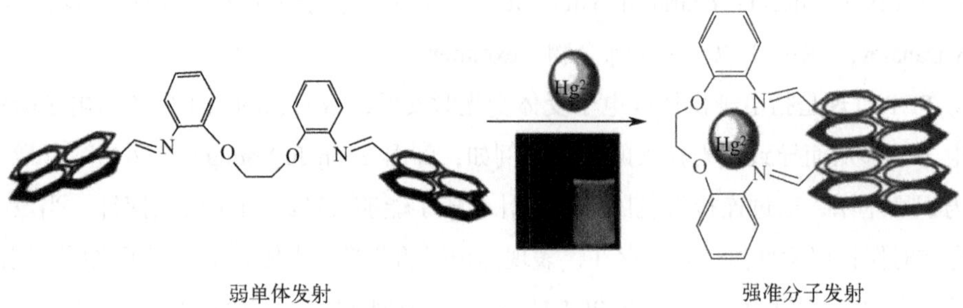

图 5-8　荧光探针识别机理示意

（2）有机小分子荧光探针

基于以上识别机理，有机小分子荧光探针主要包括罗丹明类、香豆素类、喹啉类、荧光素类、萘酰亚胺类等，这些不同类型的荧光探针在重金属离子检测领域得到应用。

① 罗丹明类因具有良好的荧光性能和光稳定性、较高的荧光量子产率和水溶性以及独特的螺内酰胺开环荧光增强响应，是制备荧光增强型探针的良好选择，也是目前为止研究最多的一类荧光探针。Sunnapu 等[55]以罗丹明 6G 肼和 3,4- 二甲氧基苯甲醛为原料合成了一种新型荧光比色探针。在乙腈 / 水（体积比 2：8）溶液中，此探针对 Cr^{3+} 表现出高选择性和灵敏度识别，加入 Cr^{3+} 后，在 554nm 处出现一个新的发射带，荧光强度增加 100 倍以上，而 EDTA 的加入可使荧光猝灭，说明识别过程是可逆的。该探针的检出限达到 1.78×10^{-8}mol/L。曾竟等[56]则合成一种可以在双波长下检测 Fe^{3+} 的罗丹明类荧光探针。在乙醇 / 水（体积比 1：1）溶液中，加入 Fe^{3+} 后溶液由无色变为红色，而荧光强度则出现两种相反的变化。当激发波长为 350nm 时，在 508nm 处发生了荧光猝灭现象，而当激发波长为 530nm 时，则在 582nm 处出现明显的荧光增强现象，且两种荧光强度的变化均与 Fe^{3+} 的浓度在一定范围内具有良好的线性关系，检出限分别为 4.56×10^{-6}mol/L、7.4×10^{-7}mol/L。

比率型荧光探针，是通过两处荧光强度变化的比值来对金属离子的浓度进行检测，在实际应用中可减弱其他环境因素的干扰。陈家逸等[57]设计了一种萘酰亚胺 - 罗丹明 B 荧光探针，可对 Hg^{2+} 实现比率荧光检测。在甲醇 / 乙腈 /HEPES 缓冲液（体积比 8：1：1）中，基于荧光共振能量转移机理，Hg^{2+} 浓度的增加使探针在 540nm 处的荧光强度减弱，在 580nm 处出现新的发射峰且荧光强度逐渐增加，两处荧光强度的比值（F_{580}/F_{540}）与 Hg^{2+} 浓度成良好的线性关系，检出限为 1.05×10^{-8}mol/L。由于 Hg^{2+} 还能引起荧光探针颜色从绿色到橙色的变化，研究者还用含有该探针的滤纸检测了湖水水样中 Hg^{2+} 浓度引起的比色响应，结果可靠。具有检测多种离子功能的荧光探针在应用中更具优势。Li 等[58]设计合成了一种基于罗丹明衍生物的双功能探针，对 Pb^{2+} 具有荧光增强响应，还可通过颜色的变化检测 Cu^{2+}。在含 1% 乙腈的 HEPES 缓冲液中，Pb^{2+} 的加入可以引起荧光强度显著增加，但 Cr^{3+}、Hg^{2+} 和 Cu^{2+} 的共存会使荧光强度降低 30% ～ 50%；而 Cu^{2+} 浓度的增加会引起 567nm 处吸光度的增加以及颜色从无色到淡紫色的变化。此探针对 Pb^{2+} 和 Cu^{2+} 的检出限分别为 2.5×10^{-7}mol/L、5.8×10^{-7}mol/L。

② 香豆素的母体本身不具荧光，但通过引入吸电子基团、供电子基团可形成含有推拉电子体系的荧光团，因其容易修饰且具有高量子产率、大斯托克斯位移及高光稳定性等优势，被用于荧光探针的合成研究。Shaily 等[59]合成了一种香豆素类荧光猝灭型分子探针，用于 Pb^{2+} 的检测。在磷酸缓冲液中，只有 Pb^{2+} 的加入可以使荧光发生猝灭，同时产生颜色的变化。实验表明，Pb^{2+} 与探针形成 1：1 的配合物，检出限达到 1.9×10^{-9}mol/L。另外，研究者还将该探针溶液涂在测试带上用于金属离子的检测，发现 Pb^{2+} 使测试带变为亮黄色且在紫外灯照射下无荧光。王海娜等[60]以香豆素为荧光基团、以酰腙为识别基团合成了 2 种检测 Cu^{2+} 的荧光探针。在 DMSO（二甲基亚砜）/H_2O（体积比 9：1）溶液中，基于光诱导电子转移机理，随着 Cu^{2+} 浓度的增加，两种探针在 529nm 处的荧光强度呈下降趋势，且当加入 1 倍量的 Cu^{2+} 时荧光完全猝灭。其中一种探针的荧光强度可以在加入 EDTA 后恢复，表明探针与 Cu^{2+} 的结合是可逆的。两种探针对 Cu^{2+} 的检出限达到 1.0×10^{-9}mol/L。刘琪梦等[61]则通过引入三羟基作为识别基团合成了可用于纯水中 Fe^{3+} 检测的香豆素类荧光探针。该探针对 Fe^{3+} 具有高选择性，且响应迅速，加入 Fe^{3+} 后荧光在 2min 内被猝灭，猝灭机理与 Fe^{3+} 的顺磁性有关，其他金属离子的存在不产生干扰。该探针对 Fe^{3+} 的检出限为 1.16×10^{-6}mol/L。

③ 喹啉及其衍生物是一种良好的金属离子螯合剂，且喹啉本身具有刚性结构、大共轭体系和较好的水溶性，因此容易与金属离子配位，适合作为荧光增强型分子探针用于金属离子的检测。Xu 等[62]通过 5- 羟甲基 -8- 羟基喹啉和 2,6- 二氯甲基吡啶反应合成了荧光探针。此探针在不同缓冲液（tris-HCl、HEPES、PBS）及纯水中均能对 Cd^{2+} 表现出良好的选择性荧光增强响应，检测的灵敏度也较高，检出限分别为 2.301×10^{-7}mol/L、2.389×10^{-7}mol/L、3.261×10^{-7}mol/L 和 2.165×10^{-7}mol/L。Velmurugan 等[63]以 3- 甲酰基 -2- 羟基喹啉和邻苯二胺为原料通过一步反应合成了荧光探针。该探针对 Zn^{2+} 具有专一的选择性和灵敏度，在乙腈 / 水（体积比 1：1）溶液中加入 Zn^{2+} 后，溶液表现出明显的颜色变化和荧光增强现象。Shi 等[64]则合成了一种基于喹啉的双光子荧光探针，对 Cd^{2+} 表现出优良的选择性和高灵敏度的荧光增强反应。在乙醇 / 水（体积比 2：8）溶液中随着 Cd^{2+} 浓度的增加，原本在 407nm 处的发射带逐渐消失，在 500nm 处出现一个新的显著增强的发射带，且在 439nm 处形成了一个清晰的等发射点，这是由于探针与 Cd^{2+} 形成的配合物发生了分子内电荷转移。

该探针的检出限为 2.363×10^{-7}mol/L。

（3）荧光纳米材料

随着纳米技术的快速发展，将纳米材料用于荧光探针的构建受到了越来越多的关注。与传统的荧光染料相比，荧光纳米材料不仅有较高的荧光强度和良好的光稳定性，同时还具有纳米材料所特有的小尺寸效应、量子效应和表面效应等特性，可以弥补传统荧光染料的不足。目前，研究比较多的荧光纳米材料主要包括金属纳米材料、半导体量子点、碳点及金属 - 有机骨架材料等，在重金属离子检测方面有应用研究报道。

1）金属纳米材料

金属纳米材料包括金属纳米粒子和由 10 ～ 100 个金属原子组成的金属纳米簇，其常用的金属主要有金、银、铜等。其中金属纳米粒子主要通过与荧光物质间的荧光共振能量转移作用使荧光物质发生猝灭来实现荧光检测。而金属纳米簇自身具有荧光发射，其与待测物的相互作用可使荧光性质发生改变，从而可用于荧光探针的构建。马继平课题组制备了一种水溶性的金纳米粒子，可以用于水中 Cu^{2+} 的荧光检测[65]。通过将异硫氰酸荧光素（FITC）加入柠檬酸盐改性的 AuNPs 中，合成了 FITC-AuNPs。由于两者间形成了 FRET 系统使得 FITC 的荧光被极大地猝灭，而半胱氨酸的加入，可以取代 FITC 与 AuNPs 形成比 Au—SCN 亲和力更强的 Au—S 键将 FITC 释放出来，使其荧光恢复。但当 Cu^{2+} 存在时，Cu^{2+} 可以催化半胱氨酸被氧化生成二硫胱氨酸，而二硫胱氨酸不能置换出 FITC。因此，在半胱氨酸存在的条件下，随着 Cu^{2+} 浓度的增加，FITC-AuNPs 在溶液中的荧光强度会降低，且存在良好的线性关系，可以实现 Cu^{2+} 的定量检测，检出限达到 3.7×10^{-10}mol/L。在桶装矿泉水中加入 Cu^{2+} 进行检测，检出限为 6.4×10^{-10}mol/L。Zhang 等[66]以胞嘧啶为稳定剂制备了金纳米簇作为检测 Ag^{+} 和 Hg^{2+} 的双功能荧光探针。在 AuNCs 溶液中加入 Ag^{+} 会形成 AuAgNCs，使荧光增强，而在 AuAgNCs 溶液中再加入 Hg^{2+} 则会引起荧光猝灭，响应速度快且稳定，推测其机理与 Au—Ag 金属键和 Hg^{2+}—Ag^{+} 高亲和金属键的相互作用有关。该探针对 Ag^{+} 和 Hg^{2+} 的检出限分别为 1.0×10^{-8}mol/L 和 3.0×10^{-8}mol/L，将其用于湖水样品的检测，结果显示对 Ag^{+} 的测定结果与给定浓度之间的相对误差＜ 5%，对 Hg^{2+} 的检测回收率为 97.7% ～ 99.3%。Peng 等[67]则以甲硫氨酸作稳定剂制备了一种金纳米簇作为荧光增强型探针检测 Cd^{2+}。实验表明只有 Cd^{2+} 的加入会使溶液荧光增强，推测是由 Cd^{2+} 与配体上的氨基或羧基螯合使 AuNCs 聚集所致，其他金属阳离子和阴离子均无响应。该方法的检出限为 1.225×10^{-8}mol/L，对自来水、湖水和奶粉样品的分析发现平均回收率在 95.33% ～ 106.21%。Hu 等[68]以谷胱甘肽（GSH）作为还原剂和稳定剂制备了铜纳米簇（GSH-CuNCs）检测 Hg^{2+}。Hg^{2+} 的加入与配体表面的羧基和巯基发生反应诱导了 CuNCs 的聚集从而使荧光猝灭，检出限为 3.3×10^{-9}mol/L。该方法对自来水、嘉陵江水及大米中 Hg^{2+} 的测定结果与氢化物发生原子荧光光谱法的测定结果吻合度较好。

2）半导体量子点

半导体量子点类荧光探针多为 CdX（X=Te、Se、S）量子点，通过不同的物质对量子点表面进行修饰来增加其水溶性及对金属离子的选择性。高雪等[69]用巯基乙酸作稳定剂合成了 CdTe 量子点，然后通过乙二胺四乙酸钠与 Cd^{2+} 的配位作用对量子点的表面进行了化学蚀刻，形成Cd^{2+}空腔使荧光猝灭，以此作为一种Cd^{2+}增强型荧光探针，检出限为1.0×10^{-9}mol/L。用于自来水和海水水样中 Cd^{2+} 的检测，回收率为 97% ～ 108%。将有机荧光团连接到量子点上是制备比率型纳米探针的一种简单有效的方法。Ma 等[70]将具有绿光发射的咪唑荧光团（PIPT）螯合到有红光发射的 CdTe@SiO_2 量子点表面，作为一种比率型纳米探针 PIPT-CdTe@SiO_2 用来检测 Hg^{2+}。由于 PIPT 与 Hg^{2+} 存在强螯合作用，加入 Hg^{2+} 后 PIPT 的荧光被猝灭，但 CdTe 量子点对 Hg^{2+} 不敏感，荧光不变，因此出现荧光比值的变化，该方法对 Hg^{2+} 的检出限为 6.5×10^{-9}mol/L，用于自来水和湖水水样的检测，回收率为 96.3% ～ 107.0%。

3）碳点

碳点是以碳为基础的粒径＜10nm 的零维碳纳米材料，具有荧光性质，因具有水溶性好、光稳定性高、原料成本低、制备过程简单、易功能化、毒性低及发射光谱可调等优点，可用于催化、荧光检测、生物成像等领域，是一种较为理想的构建荧光纳米探针的材料。Zhang 等[71]以天冬氨酸和碳酸氢铵为原料通过微波辅助热解法一步合成了石墨烯量子点（GQDS），可用于检测水中的 Fe^{3+}。选择性实验显示在 Fe^{3+}、Fe^{2+}、Hg^{2+}、Ca^{2+}、Ba^{2+}、Cu^{2+}、Mn^{2+}、Mg^{2+}、Ni^{2+}、Ag^{+} 中只有 Fe^{3+} 会使荧光明显猝灭，因为 Fe^{3+} 会与 GQDS 表面的酚羟基配位导致电子跃迁到 Fe^{3+} 的 d 轨道，从而引起荧光猝灭．该探针的检出限为 2.6×10^{-7}mol/L。Gedda 等[72]则以虾壳为原料制备了一种低成本、响应速度快、选择性和灵敏度高的绿色荧光碳点（CD），基于 Cu^{2+} 与 CD 表面氨基的配位作用形成铜氨配合物及内过滤效应使荧光发生猝灭，可对水中 Cu^{2+} 进行检测，检出限为 5.0×10^{-9}mol/L。碳点荧光探针对金属离子的选择性识别除上述通过 CD 表面官能团直接识别外，还可通过配体对 CD 的修饰提高选择性以及 CD 与其他物质结合形成复合物来提高识别能力。Xu 等[73]合成了一种经胸腺嘧啶（T）修饰的 CD，用于检测 Hg^{2+}。通过形成 T-Hg-T 结构使 CDs-T 聚集，导致荧光强度降低。荧光探针 CDs-T 对 Hg^{2+} 的检出限为 9.3×10^{-10}mol/L，用于自来水与池塘水水样的检测，回收率为 97.2% ～ 103.7%。

4）金属 - 有机骨架材料

金属 - 有机骨架材料（MOFs）是由金属离子和有机配体自组装形成的多孔材料，具有尺寸、结构可调性，在催化、吸附、气体储存与分离等方面具有良好的应用前景。Rudd 等[74]通过引入荧光团和功能化的二羧酸酯连接体合成了一系列 MOFs 材料，用于检测和去除水中的重金属离子。研究发现 LMOF-263 可在很低的浓度下（3.3×10^{-9}mol/L，1.97×10^{-8}mol/L）检测 Hg^{2+} 和 Pb^{2+}。Chen 等[75]制备了含卟啉基团的金属 - 有机骨架材料 PCN-222-Pd（Ⅱ）对水溶液中的 Cu^{2+} 表现出荧光增强响应。Cu^{2+} 的加入取代了与卟啉中氮原子螯合的钯离子，将钯离子置换出来并还原成钯纳米粒子从而催化了 Heck（赫克）反应，使苯胺转化为具有荧光的吲哚产物，产生荧光增强响应．检出限为 5.0×10^{-8}mol/L。Wang 等[76]则合成了一种具有双发射峰的 MOFs 作为比率型荧光探针检测 Cu^{2+}。加入 Cu^{2+} 后，

Eu(Ⅲ)复合物的中心 Eu(Ⅲ)被 Cu^{2+} 取代导致荧光发生猝灭，而荧光素异硫氰酸酯(FITC)的荧光信号不变可作为参考，呈现出比值荧光响应。该探针对 Cu^{2+} 的检测灵敏度很高，检出限达到 1.0×10^{-10}mol/L。稀土 - 有机骨架荧光探针由于稀土离子自身的特性和配体向稀土离子能量转移而呈现的发光现象，使其在荧光分析检测方面得到应用。Xia 等[77]采用溶剂热法合成了以稀土离子为中心的 MOFs，可用于水溶液中 Hg^{2+} 的检测。向溶液中加入 Hg^{2+} 后，由于 Hg^{2+} 与配体的相互作用显著影响了配体向中心 Tb^{3+} 的能量转移从而发生荧光猝灭，检出限为 4.4×10^{-9}mol/L。将该方法用于河水、饮用水和自来水水样的检测，相对标准偏差＜4.80%。

参考文献

[1] 余若祯，王红梅，方征，等 . 重金属离子快速检测技术研究与应用进展 [J]. 环境工程技术学报，2011，1（5）：438-442.

[2] 毛雪飞，刘霁欣，钱永忠 . 土壤重金属快速检测技术研究进展 [J]. 中国农业科学，2019，52（24）：4555-4566.

[3] Sivakumar R，Lee N Y. Recent progress in smartphone-based techniques for food safety and the detection of heavy metal ions in environmental water[J]. Chemosphere，2021，275：130096.

[4] Kim H N，Ren W X，Kim J S，et al. Fluorescent and colorimetric sensors for detection of lead，cadmium，and mercury ions[J]. Chemical Society Reviews，2012，41（8）：3210-3244.

[5] Aragay G，Pons J，Merkoci A. Recent trends in macro-，micro-，and nanomaterial-based tools and strategies for heavy-metal detection[J]. Chemical Reviews，2011，111（5）：3433-3458.

[6] Yan Z，Yuan H，Zhao Q，et al. Recent developments of nanoenzyme-based colorimetric sensors for heavy metal detection and the interaction mechanism[J]. Analyst，2020，145（9）：3173-3187.

[7] 郭玉香 . 试纸法快速测定环境水样中痕量重金属镉、汞、铅的研究 [D]. 天津：天津理工大学，2006.

[8] 祝波，周杰华，杨钊，等 . 鲜活海产品中重金属汞的试纸法快速检测研究 [J]. 中国海洋药物，2011，30（4）：49-54.

[9] 戚红卷，陈雯雯，岳丽君，等 . 纳米金比色法快速检测水中重金属的研究进展 ?[J]. 环境化学，2013（1）：21-28.

[10] Lin Y，Huang C，Chang H. Gold nanoparticle probes for the detection of mercury，lead and copper ions[J]. Analyst，2011，136（5）：863-871.

[11] Yang X，Liu H，Xu J，et al. A simple and cost-effective sensing strategy of mercury（Ⅱ）based on analyte-inhibited aggregation of gold nanoparticles[J]. Nanotechnology，2011，22（27）：275503.

[12] Li H，Bian Y. Selective colorimetric sensing of histidine in aqueous solutions using cysteine modified silver nanoparticles in the presence of Hg^{2+}[J]. Nanotechnology，2009，20（14）：145502.

[13] Lin C，Yu C，Lin Y，et al. Colorimetric sensing of silver（Ⅰ）and mercury（Ⅱ）ions based on an assembly of tween 20-stabilized gold nanoparticles[J]. Analytical Chemistry，2010，82（16）：6830-6837.

[14] Zhang Z，Zhang J，Lou T，et al. Label-free colorimetric sensing of cobalt（Ⅱ）based on inducing aggregation of thiosulfate stabilized gold nanoparticles in the presence of ethylenediamine[J]. Analyst，2012，137（2）：400-405.

[15] Ma Y，Niu H，Zhang X，et al. Colorimetric detection of copper ions in tap water during the synthesis of silver/dopamine nanoparticles[J]. Chemical Communications，2011，47（47）：12643-12645.

[16] Ali E M，Zheng Y，Yu H H，et al. Ultrasensitive Pb^{2+} detection by glutathione-capped quantum dots[J]. Anal

Chem，2007，79（24）：9452-9458.

[17] Piriya V S A，Joseph P，Daniel S C G K，et al. Colorimetric sensors for rapid detection of various analytes[J]. Mater Sci Eng C Mater Biol Appl，2017，78：1231-1245.

[18] 邝颖聪 . 电化学方法在土壤重金属检测中的研究 [J]. 生态环境与保护，2019（6）：39-40.

[19] 周兴辉，胡敬芳，宋钰，等 . 便携式水质重金属电化学检测仪的研究进展 [J]. 传感器世界，2020，26（3）：7-13.

[20] Bansod B，Kumar T，Thakur R，et al. A review on various electrochemical techniques for heavy metal ions detection with different sensing platforms[J]. Biosensors & Bioelectronics，2017，94：443-455.

[21] Cui L，Wu J，Ju H. Electrochemical sensing of heavy metal ions with inorganic，organic and bio-materials[J]. Biosensors & Bioelectronics，2015，63：276-286.

[22] 王玉龙 . 重金属 Hg^{2+} 和 Cu^{2+} 快速检测方法的研究 [D]. 南京：南京农业大学，2017.

[23] Huang M，Ding Y，Li X. Combinatorial screening of potentiometric Pb（Ⅱ）sensors from polysulfoaminoanthraquinone solid ionophore[J]. ACS Combinatorial Science，2014，16（3）：128-138.

[24] Radu A，Diamond D. Chapter 2 Ion-selective electrodes in trace level analysis of heavy metals：Potentiometry for the XXI century[M]//Alegret S，Merkoçi A. Comprehensive Analytical Chemistry. Amsterdam：Elsevier，2007：25-52.

[25] 王志强 . 农产品及其产地环境中重金属快速检测关键技术研究 [D]. 北京：中国农业大学，2014.

[26] Krolicka A，Bobrowski A，Kalcher K，et al. Study on catalytic adsorptive stripping voltammetry of trace cobalt at bismuth film electrodes[J]. Electroanalysis，2003，15（23-24）：1859-1863.

[27] Jothimuthu P，Wilson R A，Herren J，et al. Lab-on-a-chip sensor for detection of highly electronegative heavy metals by anodic stripping voltammetry[J]. Biomed Microdevices，2011，13（4）：695-703.

[28] 苏帅鹏，徐斐，曹慧，等 . 重金属快速检测方法的研究进展 [J]. 应用化工，2013，42（02）：355-359.

[29] 陆贻通，沈国清，华银锋 . 污染环境重金属酶抑制法快速检测技术研究进展 [J]. 安全与环境学报，2005（02）：68-71.

[30] 王金梁 . 纳米探针结合酶抑制法检测水中铜离子的研究 [D]. 哈尔滨：哈尔滨工业大学，2012.

[31] 李兴涛，李霞，赵艺欣 . 免疫测定法检测重金属技术的进展 [J]. 生物技术通讯，2009，20（2）：299-302.

[32] Reardan D T，Meares C F，Goodwin D A，et al. Antibodies against metal chelates[J]. Nature，1985，316（6025）：265-268.

[33] Blake D A，Jones R M，Blake R N，et al. Antibody-based sensors for heavy metal ions[J]. Biosens Bioelectron，2001，16（9-12）：799-809.

[34] Darwish I A，Blake D A. Development and validation of a one-step immunoassay for determination of cadmium in human serum[J]. Anal Chem，2002，74（1）：52-58.

[35] Feng L N，Bian Z P，Peng J，et al. Ultrasensitive multianalyte electrochemical immunoassay based on metal ion functionalized titanium phosphate nanospheres[J]. Anal Chem，2012，84（18）：7810-7815.

[36] 邹淑珍 . 汞、铬、铅三种重金属免疫快速检测方法的研究 [D]. 无锡：江南大学，2017.

[37] 邹军辉 . 六价铬间接竞争 ELISA 检测试剂盒的研制及新型一步法竞争 ELISA 的建立 [D]. 广州：暨南大学，2012.

[38] 张燚 . Hg^{2+} 快速免疫检测技术研究 [D]. 长春：吉林大学，2011.

[39] 郝代玲，黄建芳，杨浩，等 . 重金属铜的单抗的制备及免疫学检测方法的建立 [J]. 食品工业科技，2017，38（19）：245-248，255.

[40] 张书永 . 免疫胶体金快速诊断技术的临床应用与质量控制 [J]. 中国医学装备，2013，10（05）：37-39.

[41] Sithigorngul P，Rukpratanporn S，Pecharaburanin N，et al. A simple and rapid immunochromatographic test strip for detection of pathogenic isolates of *Vibrio harveyi*[J]. J Microbiol Methods，2007，71（3）：256-264.

[42] 李斌 . 呋喃西林代谢物 SEM 单克隆抗体的制备及其荧光定量检测试纸条的研究 [D]. 广州：华南理工大学，2018.

[43] 朱旭东，赵小旭 . 粮食中重金属镉定量快速检测方法的建立 [J]. 粮食科技与经济，2017，42（3）：39-42，61.

[44] 王亚楠，王晓斐，丁菡，等 . 铬离子单克隆抗体的制备及食品总铬含量检测胶体金免疫层析试纸条的研制 [J]. 食品工业科技，2016，37（18）：63-69.

[45] 龚频，王思远，陈雪峰，等．胶体金免疫层析试纸条技术及其在食品安全检测中的应用研究进展 [J]. 食品工业科技，2019，40（13）：358-364.

[46] 纪雪峰，单斌，王莎莎，等．荧光探针在水中重金属离子检测中的应用研究进展 [J]. 青岛理工大学学报，2021，42（01）：109-118.

[47] de Acha N，Elosua C，Corres J M，et al. Fluorescent sensors for the detection of heavy metal ions in aqueous media[J]. Sensors，2019，19（3）.

[48] Lodeiro C，Luis Capelo J，Carlos Mejuto J，et al. Light and colour as analytical detection tools：A journey into the periodic table using polyamines to bio-inspired systems as chemosensors[J]. Chemical Society Reviews，2010，39（8）：2948-2976.

[49] 詹深山．基于功能核酸的水体重金属检测新方法研究 [D]. 上海：上海交通大学，2016.

[50] Choi M，Kim M，Lee K D，et al. A new reverse PET chemosensor and its chelatoselective aromatic cadmiation[J]. Organic Letters，2001，3（22）：3455-3457.

[51] Peng X，Du J，Fan J，et al. A selective fluorescent sensor for imaging Cd^{2+} in living cells[J]. J Am Chem Soc，2007，129（6）：1500-1501.

[52] 何旭东，时萌萌，杨松，等．基于 FRET 机理的荧光分子探针的研究进展 [J]. 精细化工中间体，2012，42（06）：1-5.

[53] Karakuş E，Üçüncü M，Emrullahoğlu M. A rhodamine/BODIPY-based fluorescent probe for the differential detection of Hg（Ⅱ）and Au（Ⅲ）[J]. Chemical Communications，2014，50（9）：1119-1121.

[54] Zhou Y，Zhu C Y，Gao X S，et al. Hg^{2+}-selective ratiometric and “off-on” chemosensor based on the azadiene-pyrene derivative[J]. Org Lett，2010，12（11）：2566-2569.

[55] Sunnapu O，Kotla N G，Maddiboyina B，et al. Rhodamine based effective chemosensor for Chromium（Ⅲ）and their application in live cell imaging[J]. Sensors and Actuators B：Chemical，2017，246：761-768.

[56] 曾竟，刘瑞姣，陈佳敏．在双波长下识别 Fe^{3+} 的一种新型可视化荧光探针的合成及性能 [J]. 发光学报，2019，40（04）：542-551.

[57] 陈家逸，苏伟，王恩举．基于 1,8- 萘酰亚胺与罗丹明 B 间荧光共振能量转移的高选择性 Hg^{2+} 比率荧光探针 [J]. 高等学校化学学报，2016，37（02）：232-238.

[58] Li M，Jiang X，Wu H，et al. A dual functional probe for “turn-on” fluorescence response of Pb^{2+} and colorimetric detection of Cu^{2+} based on a rhodamine derivative in aqueous media[J]. Dalton Transactions，2015，44（39）：17326-17334.

[59] Shaily，Kumar A，Parveen I，et al. Highly selective and sensitive coumarin-triazole-based fluorometric ‘turn-off’ sensor for detection of Pb^{2+} ions[J]. Luminescence，2018，33.

[60] 王海娜，张慧，俞天智，等．香豆素类双酰腙荧光探针的合成及对 Cu^{2+} 的识别性能（英文）[J]. 化学通报，2020，83（03）：240-245.

[61] 刘琪梦，汪欢，郭昊冉，等．在纯水体系和活细胞中高选择检测 Fe^{3+} 的香豆素荧光探针（英文）[J]. 无机化学学报，2019，35（05）：923-929.

[62] Xu Z，Li G，Ren Y，et al. A selective fluorescent probe for the detection of Cd^{2+} in different buffer solutions and water[J]. Dalton Transactions，2016，45（30）：12087-12093.

[63] Velmurugan K，Raman A，Don D，et al. Quinoline benzimidazole-conjugate for the highly selective detection of Zn（Ⅱ）by dual colorimetric and fluorescent turn-on responses[J]. RSC Advances，2015，5（55）：44463-44469.

[64] Shi Z，Han Q，Yang L，et al. A highly selective two-photon fluorescent probe for detection of cadmium（Ⅱ）based on intramolecular electron transfer and its imaging in living cells[J]. Chemistry，2015，21（1）：290-297.

[65] Wang S，Wang X，Zhang Z，et al. Highly sensitive fluorescence detection of copper ion based on its catalytic oxidation to cysteine indicated by fluorescein isothiocyanate functionalized gold nanoparticles[J]. Colloids and Surfaces A：Physicochemical and Engineering Aspects，2015，468：333-338.

[66] Zhang Y，Jiang H，Wang X. Cytidine-stabilized gold nanocluster as a fluorescence turn-on and turn-off probe for dual functional detection of Ag^{+} and Hg^{2+}[J]. Anal Chim Acta，2015，870：1-7.

[67] Peng H，Huang Z，Deng H，et al. Dual enhancement of gold nanocluster electrochemiluminescence：Electrocatalytic excitation and aggregation-induced emission[J]. Angew Chem Int Ed Engl，2020，59（25）：9982-9985.

[68] Hu X, Wang W, Huang Y. Copper nanocluster-based fluorescent probe for sensitive and selective detection of Hg^{2+} in water and food stuff[J]. Talanta, 2016, 154: 409-415.
[69] 高雪，葛丹，赵月，等 . CdTe 量子点作为荧光探针测定水环境中微量镉离子 [J]. 化学通报，2015，78（10）：902-906.
[70] Ma F, Sun M, Zhang K, et al. A ratiometric fluorescence sensor for highly selective and sensitive detection of mercuric ion[J]. Sensors and Actuators B: Chemical, 2015, 209: 377-383.
[71] Zhang C, Cui Y, Song L, et al. Microwave assisted one-pot synthesis of graphene quantum dots as highly sensitive fluorescent probes for detection of iron ions and pH value[J]. Talanta, 2016, 150: 54-60.
[72] Gedda G, Lee C, Lin Y, et al. Green synthesis of carbon dots from prawn shells for highly selective and sensitive detection of copper ions[J]. Sensors and Actuators B: Chemical, 2016, 224: 396-403.
[73] Xu H, Huang S, Liao C, et al. Highly selective and sensitive fluorescence probe based on thymine-modified carbon dots for Hg^{2+} and l-cysteine detection[J]. RSC Advances, 2015, 5 (108): 89121-89127.
[74] Rudd N D, Wang H, Fuentes Fernandez E M A, et al. Highly efficient luminescent metal-organic framework for the simultaneous detection and removal of heavy metals from water[J]. ACS Applied Materials & Interfaces, 2016, 8 (44): 30294-30303.
[75] Chen Y, Jiang H. Porphyrinic metal-organic framework catalyzed Heck-reaction: Fluorescence "turn-on" sensing of Cu(Ⅱ) ion[J]. Chemistry of Materials, 2016, 28 (18): 6698-6704.
[76] Wang J, Chen H, Ru F, et al. Encapsulation of dual-emitting fluorescent magnetic nanoprobe in metal-organic frameworks for ultrasensitive ratiometric detection of Cu^{2+}[J]. Chemistry, 2018, 24 (14): 3499-3505.
[77] Xia T, Song T, Zhang G, et al. A terbium metal-organic framework for highly selective and sensitive luminescence sensing of Hg^{2+} ions in aqueous solution[J]. Chemistry, 2016, 22 (51): 18429-18434.

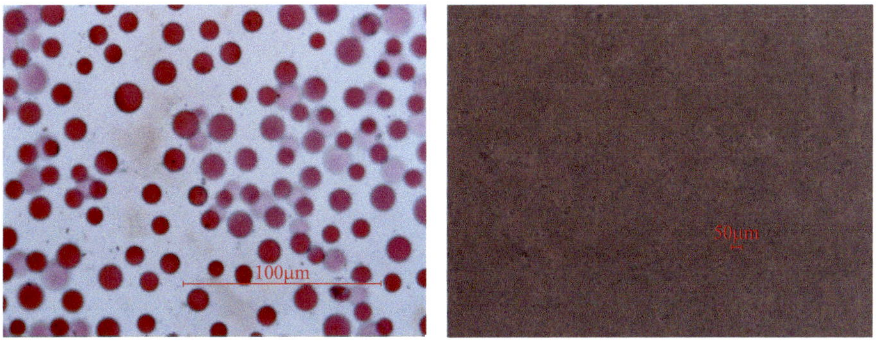

(a) 某种树脂　　　　(b) 某种纳米材料

图 2-7　不同粒径材料制备的 DGT 结合膜在电子显微镜下的表现

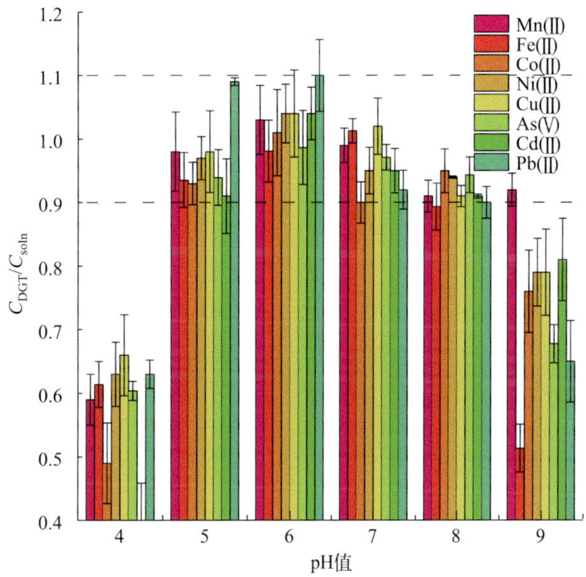

(a) pH值

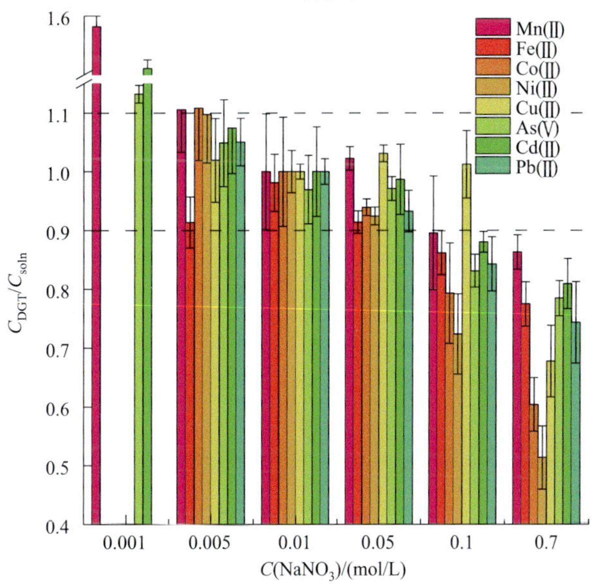

(b) 离子强度

图 2-8　pH 值及离子强度对 DTPA-LDHs-DGT 结合膜吸附能力的影响

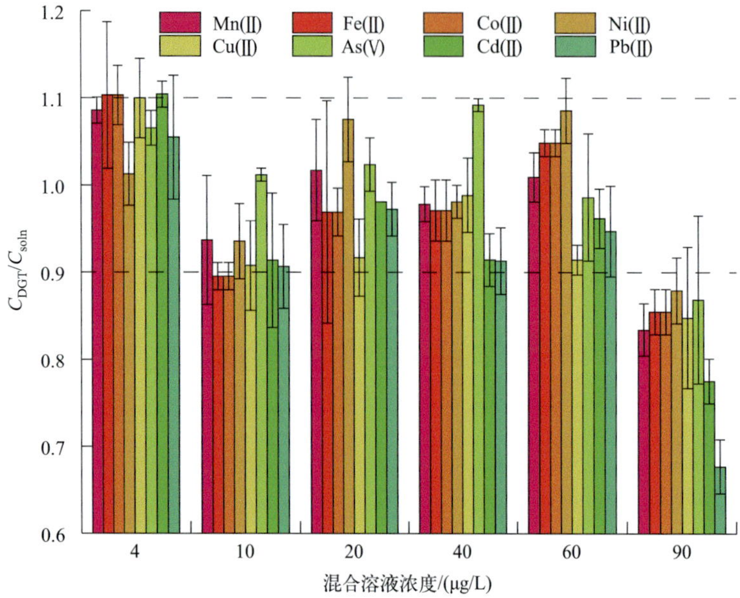

图 2-9　离子竞争吸附对 DTPA-LDHs-DGT 的影响

图 3-21　油菜对 Zn 肥的反应

(a) 缺Zn玉米症状　　(b) 缺Zn水稻症状

图 3-22　玉米与水稻缺 Zn 症状

图 3-23　SIR-100-HP 硝酸盐选择性交换树脂

图 3-51　土壤厌氧培养不同时间段 LDHs-DGT 测定土壤 Fe 含量颜色变化

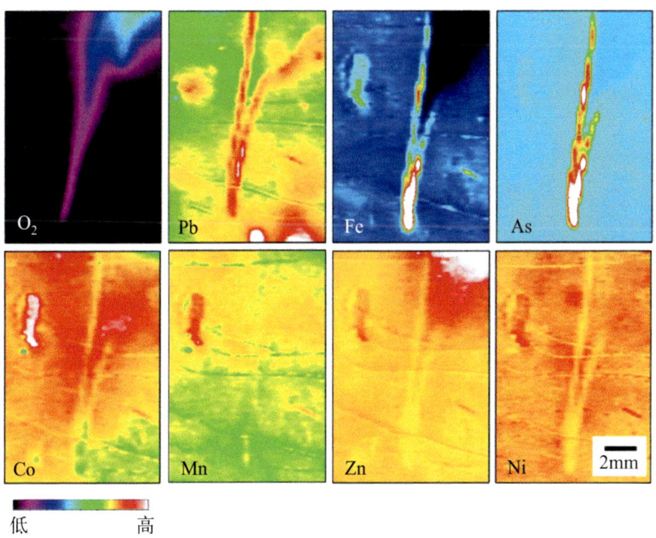

图 3-52　DGT 与平面光极（planar optode）结合分析水稻根际对微量元素迁移特征的影响

图 3-58 SC 土壤中 DGT 黏结层颜色随淹水时间的变化

从左到右依次为淹水第 1 天、淹水第 10 天、淹水第 20 天针铁矿与 DGT 结合膜颜色对比

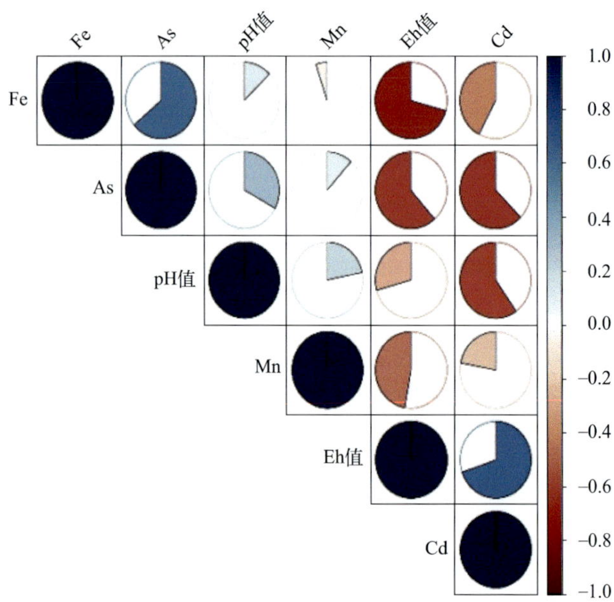

图 3-59 淹水期间 3 种土壤各元素间相关性

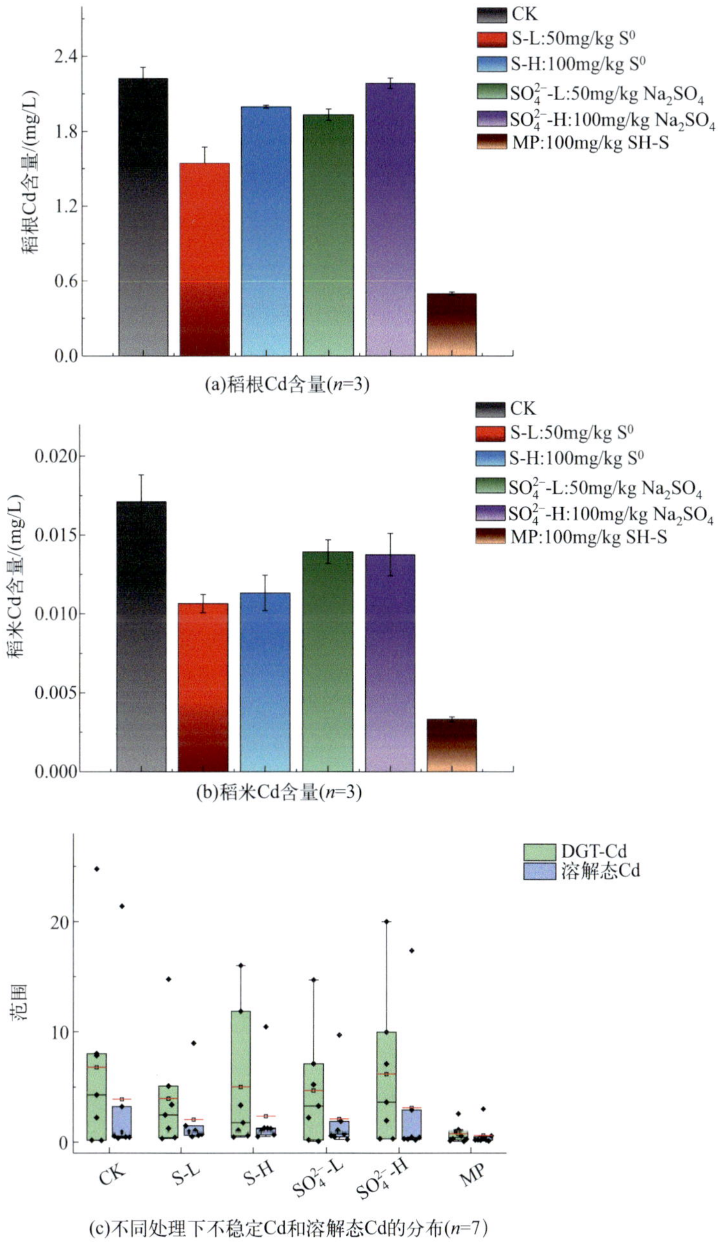

图 3-61　不同硫处理对土壤中 Cd 生物有效性和水稻对 Cd 吸收的影响

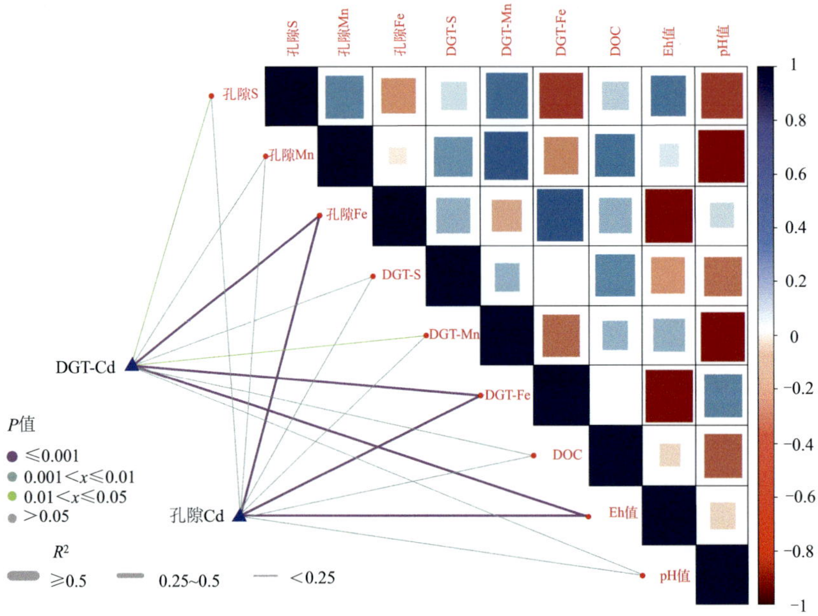

图 3-67 从土壤溶液中提取的 Cd 浓度和 DGT 与土壤中其他元素的相关性

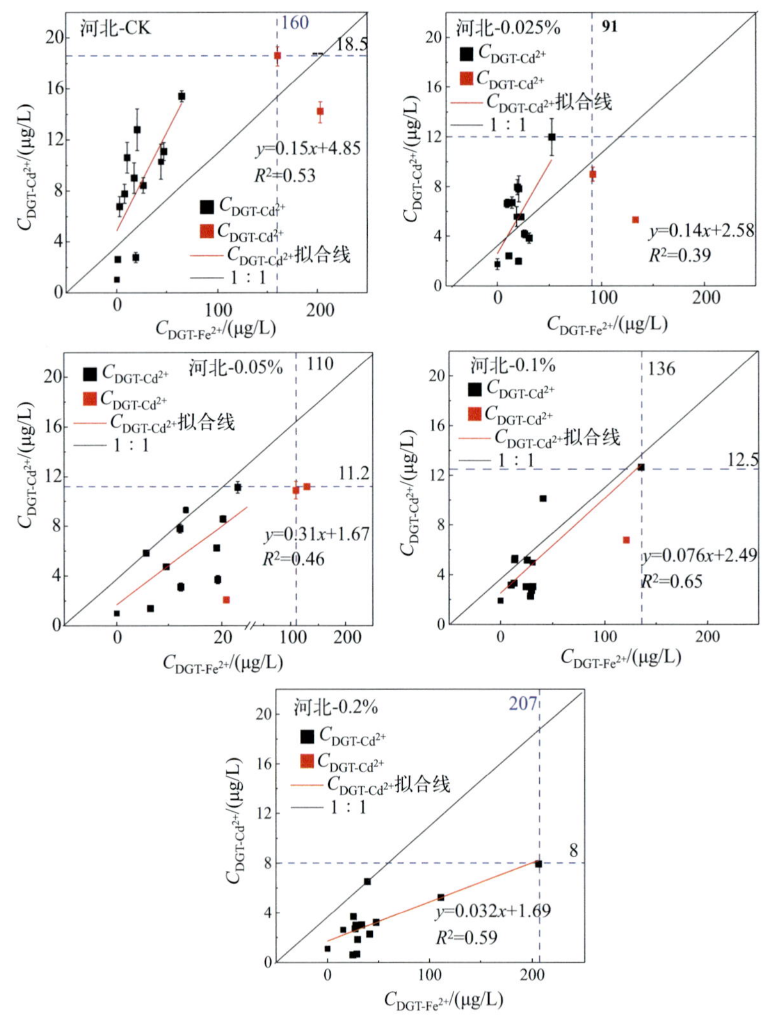

(a) 河北省土壤$C_{DGT-Cd^{2+}}$与$C_{DGT-Fe^{2+}}$的关系

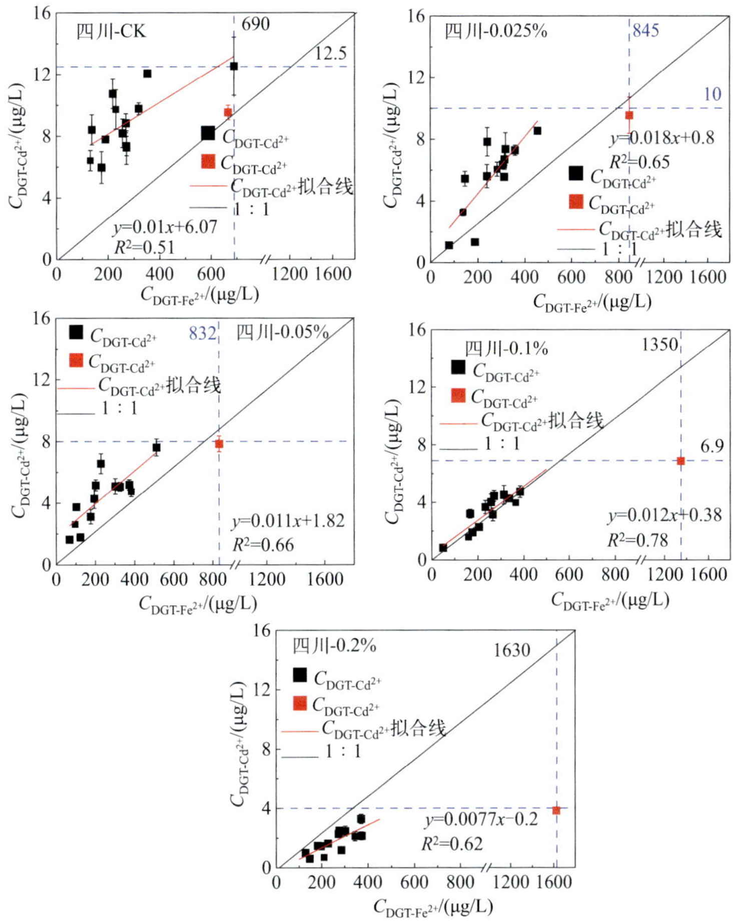

(b) 四川省土壤$C_{DGT-Cd^{2+}}$与$C_{DGT-Fe^{2+}}$的关系

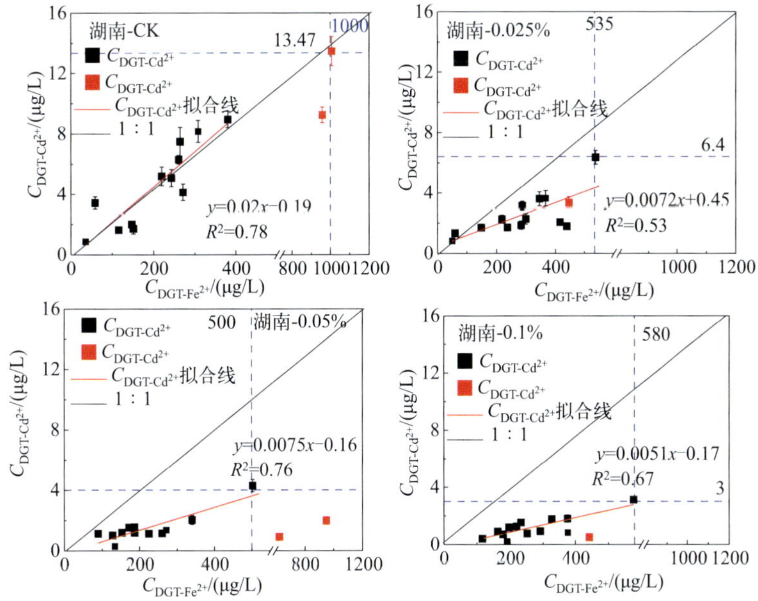

图 3-72

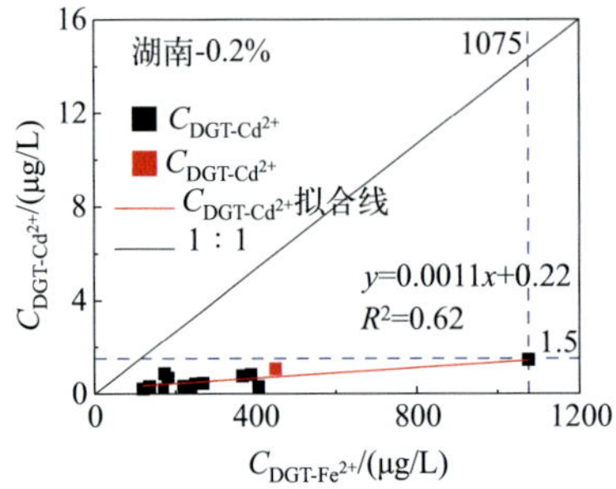

(c) 湖南省土壤$C_{DGT-Cd^{2+}}$与$C_{DGT-Fe^{2+}}$的关系

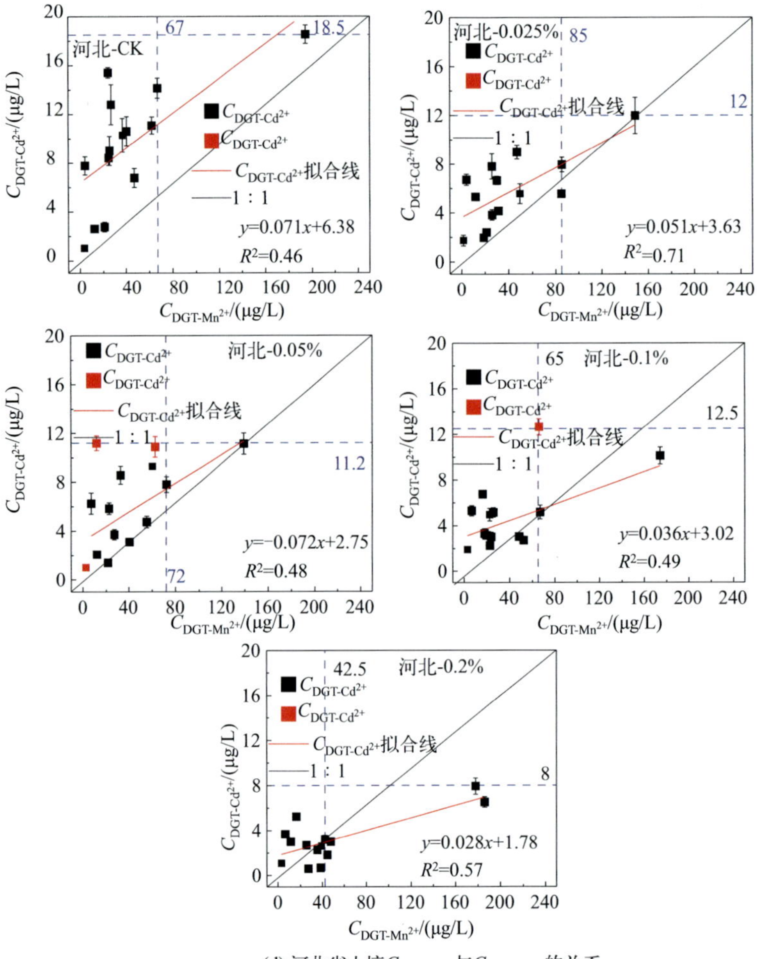

(d) 河北省土壤$C_{DGT-Cd^{2+}}$与$C_{DGT-Mn^{2+}}$的关系

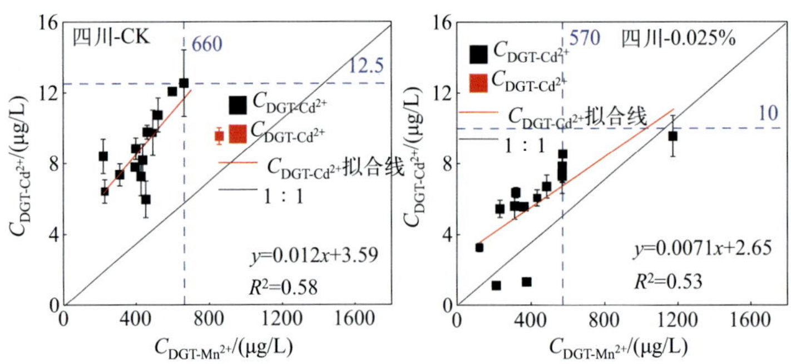

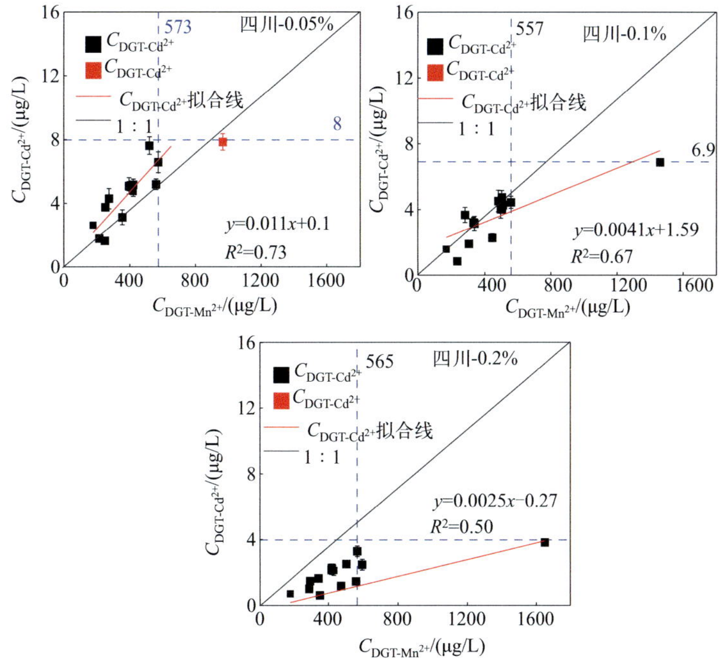

(e) 四川省土壤$C_{DGT-Cd^{2+}}$与$C_{DGT-Mn^{2+}}$的关系

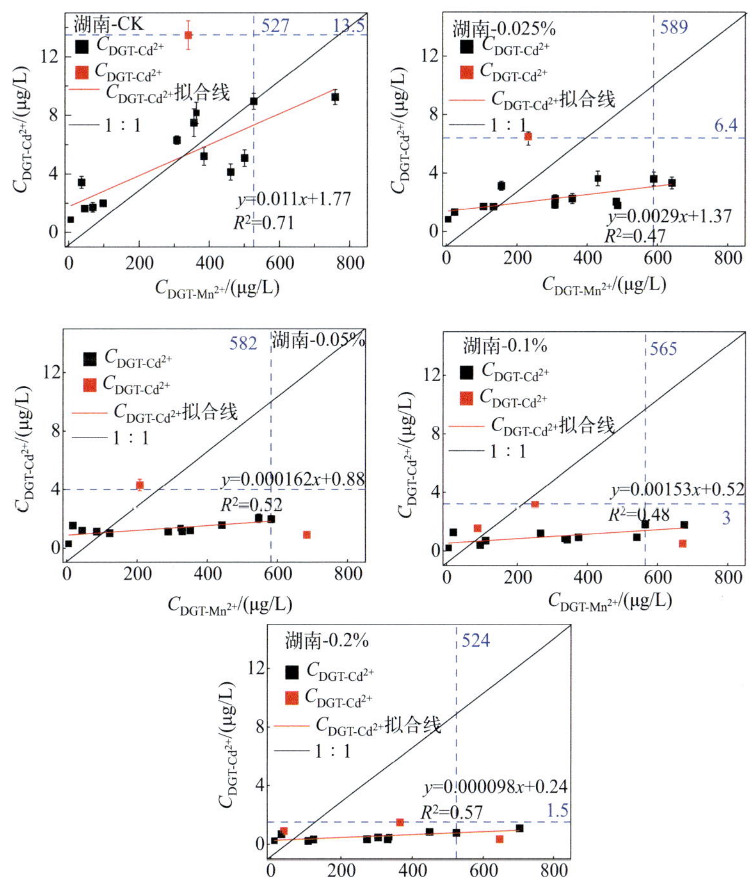

(f) 湖南省土壤$C_{DGT-Cd^{2+}}$与$C_{DGT-Mn^{2+}}$的关系

图 3-72 土壤有效态 Fe^{2+} 含量、有效态 Mn^{2+} 含量与有效态 Cd^{2+} 含量变化

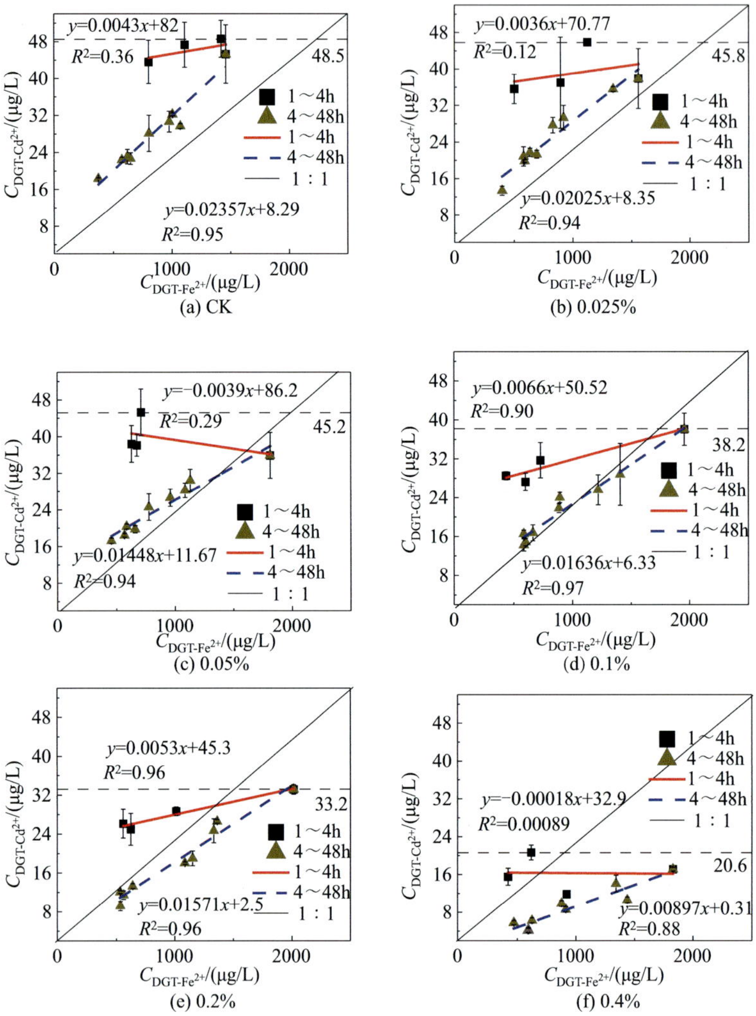

图 3-73　土壤有效态 Fe 含量与 Cd 含量变化关系（图中各点均为平均值 ± 标准差）

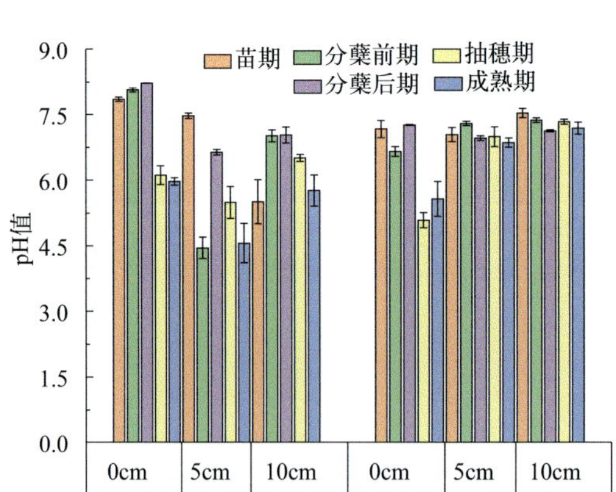

(a)四川省

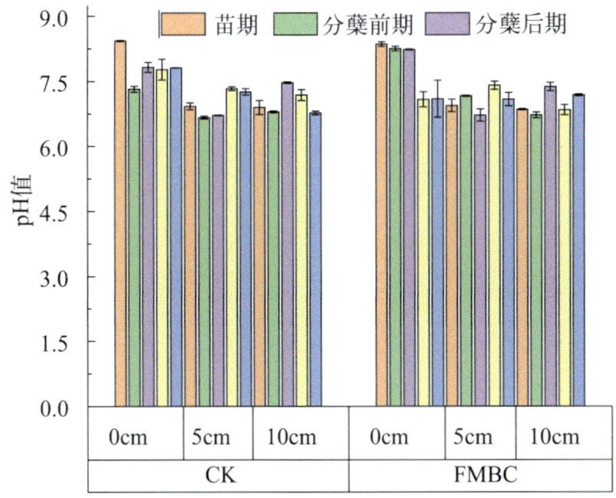

(b)湖南省

图 3-79　种植水稻后 FMBC 对根际土壤 pH 值的影响

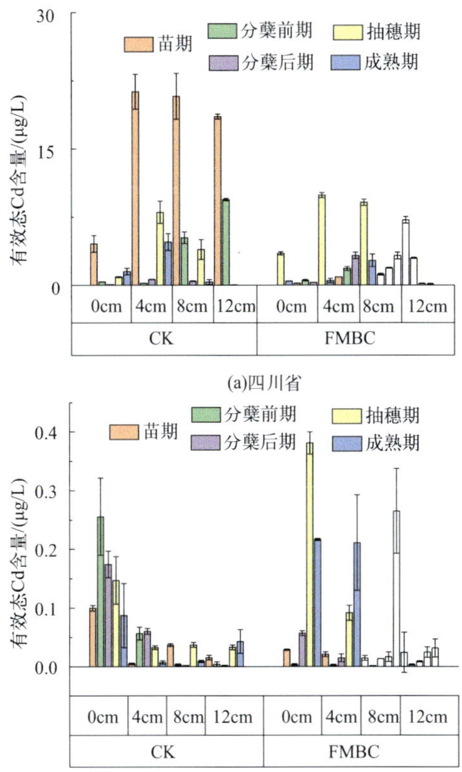

(a)四川省

(b)湖南省

图 3-80　种植水稻后 FMBC 对土壤有效态镉活性的影响

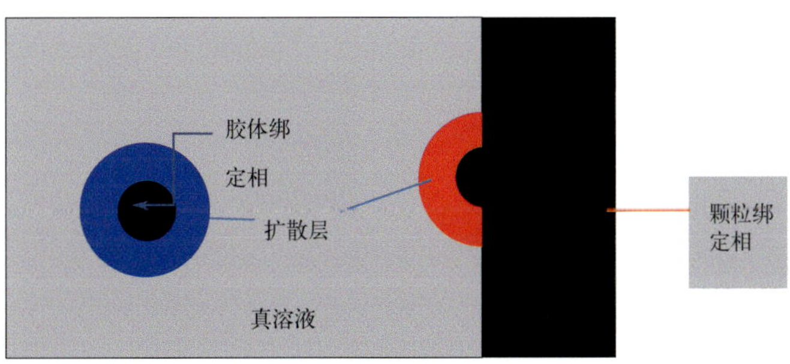

图 4-20　WHAM 体系溶液系统的概念展示

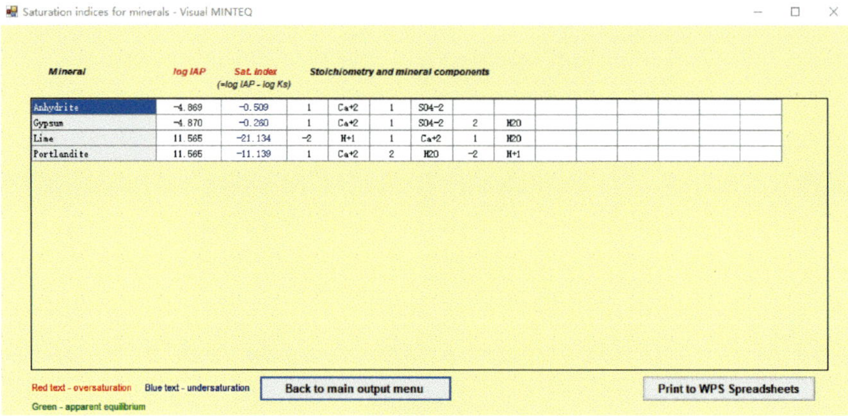

Mineral	log IAP	Sat. index (=log IAP - log Ks)	Stoichiometry and mineral components							
Anhydrite	-4.869	-0.509	1	Ca+2	1	SO4-2				
Gypsum	-4.870	-0.260	1	Ca+2	1	SO4-2	2	H2O		
Lime	11.565	-21.134	-2	H+1	1	Ca+2	1	H2O		
Portlandite	11.565	-11.139	1	Ca+2	2	H2O	-2	H+1		

图 4-24　溶质组分的饱和状态

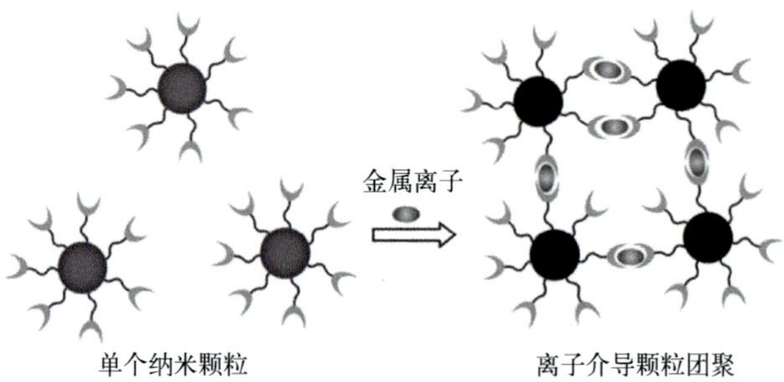

图 5-1　纳米金比色法用于重金属离子快速检测原理示意

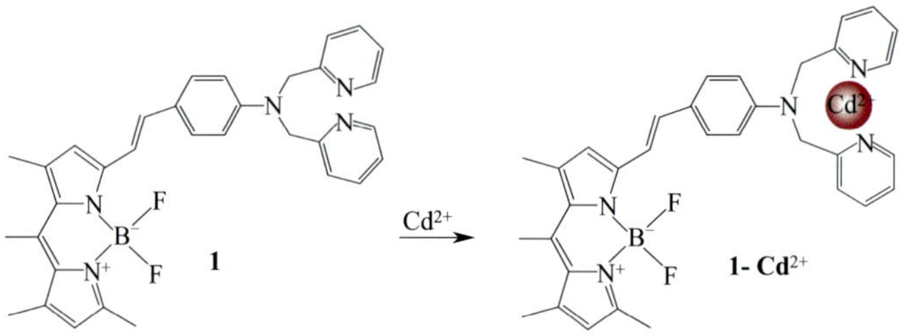

图 5-7　Cd^{2+} 荧光探针结构示意

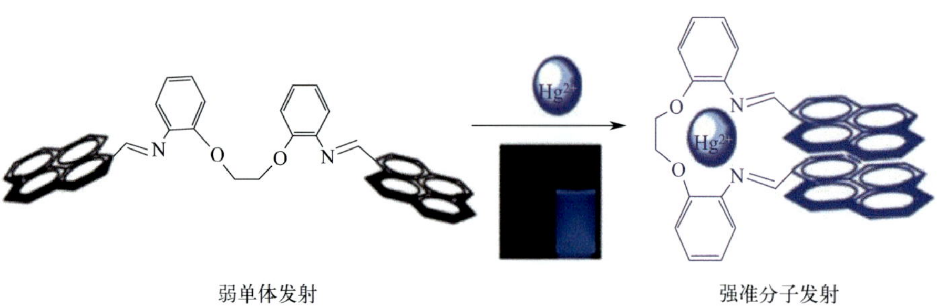

图 5-8　荧光探针识别机理示意